高职高专“十二五”规划教材

涂料生产与涂装技术

主　编　崔金海
副主编　徐翠香

中国石化出版社

内 容 提 要

本书根据高职高专院校涂料与涂装课程的教学实际，结合多年教学经验编著而成。内容主要包括天然树脂清漆的生产与涂装技术、合成树脂清漆的生产与涂装技术、特殊性能清漆的生产与涂装技术、涂料生产工艺及设备、溶剂型色漆的生产及涂装技术、乳胶漆的生产与涂装技术和粉末涂料的生产与涂装技术。全书突出强调了典型油漆涂料的生产和涂装技术。

本书不仅可以作为高职高专高聚物生产技术、应用化工技术、有机化工生产技术、涂装与防护工艺等高职化工类专业及中职精细化工工艺类专业学生用教材；也可以作为高职汽车学院汽车整形专业、建筑工程学院建筑装饰工程技术专业和工艺美术学院装潢艺术设计和装饰艺术设计专业的教材参考用书。同时，该书也可供从事涂料生产、涂装工作的工程技术人员参考。

图书在版编目(CIP)数据

涂料生产与涂装技术 / 崔金海主编.
—北京：中国石化出版社，2014.6(2024.2 重印)
高职高专“十二五”规划教材
ISBN 978-7-5114-2824-0

Ⅰ.①涂… Ⅱ.①崔… Ⅲ.①涂料-生产工艺-高等职业教育-教材 ②涂漆-技术-高等职业教育-教材
Ⅳ.①TQ63

中国版本图书馆 CIP 数据核字(2014)第 093942 号

中国石化出版社出版发行

地址:北京市东城区安定门外大街 58 号
邮编:100011 电话:(010)57512500
发行部电话:(010)57512575
http://www.sinopec-press.com
E-mail:press@sinopec.com
北京科信印刷有限公司印刷
全国各地新华书店经销

*

787 毫米×1092 毫米 16 开本 17 印张 426 千字
2014 年 6 月第 1 版 2024 年 2 月第 4 次印刷
定价:38.00 元

《涂料生产与涂装技术》编委会

前 言

随着国民经济的飞速发展，高等职业教育迎来了黄金发展时期。如何办好高等职业教育，让高等职业教育成为国民经济发展的人才发源地之一，为国民经济的发展提供强劲动力，已成为高等职业教育理论研究和实践探索举足轻重的课题。

高等职业教育发展过程中，不仅教学、教法要创新，教师素质要稳步提高，教材的编著、组织和选取也至关重要。长期以来，高职院校的涂装与防护工艺、高聚物生产技术、应用化工技术、有机化工生产技术，中职的精细化工工艺等专业的教学用书脱胎于《涂料工艺学》和《涂装工艺学》两本本科教材，这对于高等职业教育来说，内容浩繁，难度较高，尤其是涂料生产和涂装不能够结合在一起讲授，往往使读者学习之后，难以形成清晰的关于涂料生产和应用的印象。

本书的编著，将涂料和涂装这两个生产和应用的问题有机地结合在一起，尤其是将高分子树脂部分的讲解细化，简化为天然清漆、合成清漆和特殊功能清漆的合成与生产三个部分，增进了读者对于清漆、油漆生产和涂装的理解。同时，将常用涂料划分为油溶性、水溶性和固态粉末涂料三种类型，精心编著，深化了读者对于涂料生产和涂装知识和技能的认知与把握。通过这些结构上的调整、内容上的更新和传承，使得本书不仅可以作为高聚物生产技术、应用化工技术、有机化工生产技术、涂装与防护工艺等高职化工类专业和中职精细化工工艺类专业学生用教材，也可以作为高职汽车学院汽车整形专业、建筑工程学院建筑装饰工程技术专业和工艺美术学院装潢艺术设计和装饰艺术设计专业的教材用书。同时，该书也可以作为从事涂料生产、涂装的工程技术人员培训和施工的参考用书。

本书由开封大学崔金海担任主编，南京化工职业技术学院徐翠香担任副主编。其中第一、二、四、六、七章由开封大学崔金海编著，并负责全书的组织和构思，徐翠香负责本书第三章的编著和整个清漆章节的组织和构思，第五章由江苏理工学院的苗兰民编著，第八章由开封大学的王明瑞编著。广东食品医药职业学院的葛虹老师审核了本书的初稿，并给出了中肯的建议。油漆集团的张武星、张秋生先生在本书编著过程中，提供了诸多的涂料、油漆生产配方，提出许多宝贵的意见，使得本书具有了校本教材的性质。

限于作者水平，本书难免有不足之处，还待读者批评指正，以待再版、修订时更正。

目　录

第一章　绪　论

【教学目标】

了解涂料的分类、涂料工业的特点及发展趋势；掌握涂料的定义、组成、命名和作用。

【教学思路】

传统教学外，以涂料成分中成膜物质、辅助成膜物质或者助剂的概念、类别的成功掌握为成品，理解并掌握涂料的分类、作用，构成成品化教学的相关环节，或者以某一系列涂料产品命名的成功掌握为成品，设计发散到所有类别涂料的命名，完成成品化教学环节。

【教学方法】

建议多媒体讲解和后续清漆、涂料的综合实训项目相结合。

第一节　涂料的分类、组成和命名

涂料是一种涂敷在物体(被保护和被装饰的对象)表面，并能形成牢固附着的连续薄膜的配套性工程材料。它是以油脂、天然树脂(主要是漆树的漆胶)或者合成树脂为主要原料，添加适当的助剂所形成的液态黏稠混合物或者粉状混合物。

涂料的最早称谓是“油漆”，是一些天然的高分子树脂与干性油、半干性油的混合物。随着科学技术的发展，各种高分子树脂广泛用作油漆的原料，使得油漆的面貌发生了根本的变化，渐渐地出现了“有机涂料”的概念，简称涂料。现代对于油漆的称谓，往往是指非水溶剂型涂料。

涂料属于精细化工产品，不论是传统的以天然物质为原料的油漆产品，还是现代发展中以合成化工产品为原料的涂料产品，都属于有机化工高分子材料，现代的涂料正在逐步成为一类多功能性的工程材料。

一、涂料的分类

涂料经过长期的发展，品种变得特别繁杂，根据习惯，形成了各种不同的涂料命名和分类方法，也有了涂料品种有各种不同的称谓。现代通行的涂料的分类和命名方法有以下几种。

(一) 按涂料的形态分类和命名

根据涂料的聚集态不同，可以将涂料分为固态及液态涂料两种。

(1) 固态的涂料，即粉末涂料。

(2) 液态的涂料，包括有溶剂和无溶剂两类。有溶剂的涂料又可分为溶剂型涂料(即溶剂溶解型，也称溶液型涂料，包括常规和高固体分型两类)、溶剂分散型涂料和水性涂料(包括水稀释型、水乳胶型和水溶胶型)。无溶型的涂料包括通称的无溶剂涂料和增塑剂分散型涂料(即塑性溶胶)。

(二) 按涂料的成膜机理分类

根据涂料涂装过程中，形成的涂膜是否发生化学反应，可以将涂料分为转化型和非转化型涂料两种。

(1) 非转化型涂料，包括挥发型涂料、热熔型涂料、水乳胶型涂料、塑性溶胶。

(2) 转化型涂料，包括氧化聚合型涂料、热固化涂料、化学交联型涂料、辐射能固化型涂料。

(三) 按涂料施工方法分类

根据涂装工具不同，可以将涂料分为如下六种类型：

(1) 刷涂料料；

(2) 辊涂涂料；

(3) 喷涂涂料；

(4) 浸涂涂料；

(5) 淋涂涂料；

(6) 电泳涂料(包括阳极电泳漆、阴极电泳漆)。

(四) 按涂膜干燥方式分类

主要有：常温干燥涂料(自干燥)、加热干燥涂料(烘漆)、湿固化涂料、蒸汽固化涂料、辐射固化涂料(光固化涂料和电子束固化涂料)。

(五) 按涂料使用层次分类

有底漆(包括封闭漆)、腻子、二道底漆、面漆(包括调合漆、磁漆、罩光清漆等)。

(六) 按涂膜外观分类

按照涂膜的透明状况，对清澈透明的称为清漆，其中带有颜色的称透明漆，不透明的通称为色漆。

按照涂膜的光泽状况，分别命名为有光漆、半光漆和无光漆。

按照涂膜表面外观，有皱纹漆、锤纹漆、橘皮形漆、浮雕漆等不同命名。

(七) 按涂料使用对象分类

这种分类方法主要有下面两种。

(1) 从使用对象的材质分类，如钢铁用涂料、轻金属涂料、纸张涂料、皮革涂料、塑料表面涂料、混凝土涂料、木家具涂料等。

(2) 从使用对象的具体物件分类，如汽车涂料、船舶涂料、飞机涂料、家用电器涂料、以及铅笔漆、锅炉漆、窗纱漆、罐头漆、交通标志漆等。随着适用对象的扩展，这种分类方法导致这种命名品种越来越多。

(八) 按涂膜性能分类

这种分类名包括的范围很广，如绝缘漆、导电漆、防锈漆、耐高温漆、防腐蚀漆、可剥漆等等，以及现在积极开发的各种功能涂料。

(九) 按涂料的成膜物质分类

以涂料所用成膜物质的种类为分类命名的依据，如酚醛树脂漆、醇酸树脂漆等。

(十) 按照涂料是否含有填料分类

按照涂料之中是否含有颜填料，可以把涂料分为清漆和磁漆两种类型。没有添加颜填料的涂料，只是显示出最初的高分子树脂透明或者半透明的溶液状态，常常称之为清漆。清漆添加了颜填料之后，由于填料的遮盖作用，清漆不再透明，所以又称为磁漆；当进一步添加合适的颜料之后，磁漆又可以称为有色磁漆或者色漆。

（十一）按照涂料中溶剂性能不同分类

按涂料中溶剂的性能不同，涂料又可分为水性涂料和油性涂料。其中，乳胶漆是主要的水性漆，而硝基漆、聚氨酯漆等多属于油性漆。

（十二）按照涂料的使用功能不同分类

这种分类方法中，涂料又可分为防水漆、防火漆、防霉漆、防蚊漆、及具有多种功能的多功能漆等。

以上列举的各种分类命名方法各具特点，但都是从某一角度来考虑，不能把涂料的所有产品的特点都包括进去。目前，世界上还没有统一的分类命名方法。

（十三）按照行业类别的分类方法

根据最新《涂料的分类及命名》标准（GB 2705—2003）的规定，我国涂料产品以主要成膜物质为主线，按照两种分类方法，将其进一步分类。第一种分类法方法中将涂料分为建筑涂料、工业涂料、通用涂料及辅助材料三大类别，如表 1–1 所示。

表 1–1　主要涂料产品分类

主要产品类型			主要成膜物质类型
建筑涂料	墙面涂料	合成树脂乳液内墙涂料；合成树脂乳液外墙涂料；溶剂型外墙涂料；其他墙面涂料	丙烯酸酯类及其改型乳液；醋酸乙烯及其改性共聚乳液；聚氨酯、氟碳等树脂；无机黏合剂等
	防水涂料	溶剂型树脂防水涂料；聚合物乳液防水涂料；其他防水涂料	EVA、丙烯酸酯类乳液；聚氨酯、沥青、PVC 胶泥或油膏、聚丁二烯等树脂
	地坪涂料	水泥基等非木质地面用涂料	聚氨酯、环氧等树脂
	功能性建筑涂料	防火涂料；防霉（藻）涂料；保温隔热涂料；其他功能性建筑涂料	聚氨酯、环氧、丙烯酸酯类、乙烯类、氟碳等树脂
工业涂料	木器涂料	溶剂型木器涂料；水性木器涂料；光固化木器涂料；其他木器涂料	聚酯、聚氨酯、丙烯酸酯类、醇酸、硝基、氨基、酚醛、虫胶等树脂
	铁路、公路涂料	铁路车辆涂料；道路标志涂料；其他铁路、公路设施用涂料	丙烯酸酯类、聚氨酯、环氧、醇酸、乙烯类等树脂
	轻工涂料	自行车涂料；家用电器涂料；仪器、仪表涂料；塑料涂料；纸张涂料；其他轻工专用涂料	聚氨酯、聚酯、醇酸、丙烯酸酯类、环氧、酚醛、氨基、乙烯类等树脂
	船舶涂料	船壳及上层建筑物用漆；船底防锈漆；船底防污漆；水线漆；甲板漆；其他船舶漆	聚氨酯、醇酸、丙烯酸酯类、环氧、乙烯类、酚醛、氯化橡胶、沥青等树脂
	防腐涂料	桥梁涂料；集装箱涂料；专用埋地管道及设施涂料；耐高温涂料；其他防腐涂料	聚氨酯、丙烯酸酯类、环氧、醇酸、酚醛、氯化橡胶、乙烯类、沥青、有机硅、氟碳等树脂
	其他专用涂料	卷材涂料；绝缘涂料；机床、农机、工程机械等涂料；航空、航天涂料；军用器械涂料；电子元器件涂料；以上未涵盖的其他专用涂料	聚酯、聚氨酯、环氧、丙烯酸酯类、醇酸、乙烯类、氨基、有机硅、氟碳、酚醛、硝基等树脂

续表

	主要产品类型		主要成膜物质类型
通用涂料及辅助材料	调和漆；清漆；磁漆；底漆；腻子；稀释剂；防潮剂；催干剂；脱漆剂；固化剂；其他通用涂料及辅助材料	以上未涵盖的无明确应用领域的涂料产品	改性油脂、天然树脂；酚醛、沥青、醇酸等树脂

注：主要成膜物类型中树脂类型包括水性、溶剂型、无溶剂型、固体粉末等。

该标准中的第二种分类方法是将涂料分为建筑涂料、其他涂料和辅助材料三大类别，将建筑涂料作为一大类特别列出，反映了我国建筑涂料的迅猛发展和对国民经济经济、人民生活的重大影响。第二类涂料产品的分类方法如表 1–2 所示。

表 1–2　建筑涂料的分类

	主要产品类型		主要成膜物质类型
建筑涂料	墙面涂料	合成树脂乳液内墙涂料；合成树脂乳液外墙涂料；溶剂型外墙涂料；其他墙面涂料	丙烯酸酯类及其改性共聚乳液；醋酸乙烯及其改性共聚乳液；聚氨酯、氟碳等树脂；无机黏合剂等
	防水涂料	溶剂型树脂防水涂料；聚合物乳液防水涂料；其他防水涂料	EVA、丙烯酸酯类乳液；聚氨酯、沥青、PVC 胶泥或油膏、聚丁二烯等树脂
	地坪涂料	水泥基等非木质地面用涂料	聚氨酯、环氧等树脂
	功能性建筑涂料	防火涂料；防霉（藻）涂料；保温隔热涂料；其他功能性建筑涂料	聚氨酯、环氧、丙烯酸酯类、乙烯类、氟碳等树脂

注：主要成膜物类型中树脂类型包括水性、溶剂型、无溶剂型等。

其他涂料的主要产品类型即按成膜物质分类的涂料产品，如表 1–3 所示。

表 1–3　其他涂料分类表

主要成膜物质类型		主要产品类型
油脂漆类	天然植物油、动物油(脂)、合成油等	清油、厚漆、调和漆、防锈漆、其他油脂漆
天然树脂[a] 漆类	松香、虫胶、乳酪素、动物胶及其衍生物等	清漆、调和漆、磁漆、底漆、绝缘漆、生漆、其他天然树脂漆
酚醛树脂漆类	酚醛树脂、改性酚醛树脂等	清漆、调和漆、磁漆、底漆、绝缘漆、生漆、其他天然树脂漆
沥青漆类	天然沥青(煤)、焦油沥青、石油沥青	清漆、磁漆、底漆、绝缘漆、防污漆、船舶漆、耐酸漆、防腐漆、锅炉漆、其他沥青漆
醇酸树脂漆类	甘油醇酸树脂、季戊四醇醇酸树脂、其他醇类的醇酸树脂、改性醇酸树脂等	清漆、调和漆、磁漆、底漆、绝缘漆、船舶漆、防锈漆、汽车漆、木器漆、其他醇酸树脂漆
氨基树脂漆类	三聚氰胺甲醛树脂、脲(甲)醛树脂及其改性树脂等	清漆、磁漆、绝缘漆、美术漆、闪光漆、汽车漆、其他氨基树脂漆
硝基漆类	硝基纤维素(酯)等	清漆、磁漆、铅笔漆、木器漆、汽车修补漆、其他硝基漆

续表

主要成膜物质类型		主要产品类型
过氯乙烯树脂漆类	过氯乙烯树脂等	清漆、磁漆、机床漆、防腐漆、可剥漆、胶液、其他过氯乙烯树脂漆
丙烯酸酯类树脂漆	热塑性丙烯酸酯类树脂、热固性丙烯酸酯类树脂等	清漆、透明漆、磁漆、汽车漆、工程机械漆、摩托车漆、家电漆、塑料漆、标志漆、电泳漆、乳胶漆、木器漆、汽车修补漆、粉末涂料、船舶漆、绝缘漆、其他丙烯酸酯类树脂漆
聚酯树脂漆类	饱和聚酯树脂、不饱和聚酯树脂等	粉末涂料、卷材涂料、木器漆、防锈漆、绝缘漆、其他聚酯树脂漆
环氧树脂漆类	环氧树脂、环氧酯、改性环氧树脂等	底漆、电泳漆、光固化漆、船舶漆、绝缘漆、划线漆、罐头漆、粉末涂料、其他环氧树脂漆
聚氨酯树脂漆类	聚氨(基甲酸)酯树脂等	清漆、磁漆、木器漆、汽车漆、防腐漆、飞机蒙皮漆、车皮漆、船舶漆、绝缘漆、其他聚氨酯树脂漆
元素有机漆类	有机硅、氟碳树脂等	耐热漆、绝缘漆、电阻漆、防腐漆、其他元素有机漆
橡胶漆类	氯化橡胶、环化橡胶、氯丁橡胶、氯化氯丁橡胶、丁苯橡胶、氯磺化聚乙烯橡胶等	清漆、磁漆、底漆、船舶漆、防腐漆、防火漆、划线漆、可剥漆、其他橡胶漆
其他成膜物类涂料	无机高分子材料、聚酰亚胺树脂、二甲苯树脂等以上未包括的主要成膜材料	

注：主要成膜物类型中树脂类型包括水性、溶剂型、无溶剂型、固体粉末等。

a 包括直接来自天然资源的物质及其经过加工处理后的物质。

同时，将以商品形式出现的涂料用辅助材料如稀释剂，催干剂、固化剂、脱漆剂等列为为辅助材料，如表 1 – 4 所示。

表 1 – 4　辅助材料分类表

序　号	代　号	名　称	序　号	代　号	名　称
1	X	稀释剂	4	T	脱漆剂
2	F	防潮剂	5	H	固化剂
3	G	催干剂	6	Q	其他辅助材料

二、涂料的组成

涂料本身是一种配方性产品，是混合物，按照涂料成分的不同作用，涂料可以由以下主要成分构成，如图 1 – 1 所示。

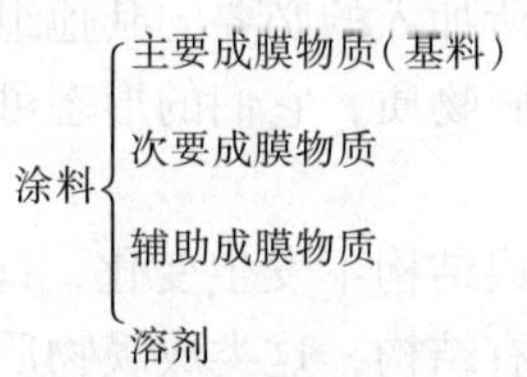

图 1 – 1　按照涂料成分不同作用分类的涂料构成

在溶剂或者无溶剂作用下，各类不同的成膜物质形成均匀的分散体，它们常见的品种如

表 1 –5 所示。

表 1 –5　涂料成膜物质及溶剂常见品种

组成		原　料
主要成膜物质	油料	动物油：鲨鱼油、带鱼油、牛油等 植物油：桐油、豆油、蓖麻油等
	树脂	天然树脂：虫胶、松香、天然沥青等 合成树脂：酚醛、醇酸、氨基酸、丙烯酸酯树脂等
次要成膜物质	颜料	无机颜料：钛白粉、氧化锌、铬黄、铁蓝、炭黑等 有机颜料：甲苯胺红、酞菁蓝、耐晒黄等 防锈颜料：红丹、锌铬黄、偏硼酸钡等
	体质颜料	滑石粉、碳酸钙、硫酸钡等
辅助成膜物质	助剂	增塑剂、催干剂、固化剂、稳定剂、防霉剂、防污剂、乳化剂、润湿剂、防结皮剂、引发剂等
溶剂	稀释剂	石油溶剂(如 200 号油漆溶剂)、苯、甲苯、二甲苯、氯苯、松节油、环戊二烯、醋酸丁酯、丁醇、乙醇等

同时，经常可以看到，按照涂料的成分差异，涂料又可以有如图 1 –2 所示的成分构成：

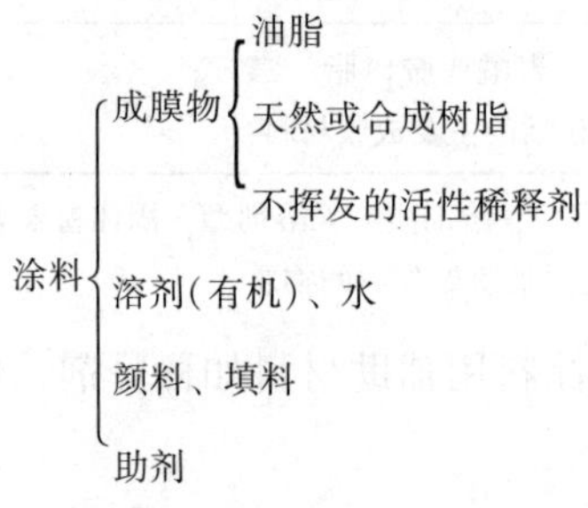

图 1 –2　按照涂料成分差异分类的涂料构成

(一) 成膜物质

成膜物质是组成涂料的基础，它具有黏结涂料中其他组分形成涂膜物质的功能，它对涂料和涂膜的性质起决定作用。

可以作为涂料成膜物质使用的物质品种很多，原始的涂料的成膜物质是油脂，主要是植物油，到现在仍在应用，后来大量使用树脂作为涂料成膜物质。树脂是一类以无定形状态存在的有机物，通指未经过加工的高分子聚合物。过去，涂料使用天然树脂为成膜物质，现代则广泛应用合成树脂，包括各种热塑性树脂和热固性树脂。

涂料成膜物质具有的最基本特性是，它能经过施工形成薄层的涂膜，并为涂膜提供所需要的各种性能。它还要能与涂料中所加入的必要的其他组分混溶，形式均匀的分散体。具备这些特性的化合物都可用为涂料成膜物质，它们的形态可以是液态，也可以是固态。

(1) 热塑性成膜物质

成膜物质在涂料成膜过程中组成结构不发生变化，即成膜物质与涂膜的组成结构相同，在涂膜中可以检查出成膜物质的原有结构，这类成膜物质称为非转化型成膜物质，它们具有热塑性，受热软化，冷却后又变硬，多具有可溶解性。由此类成膜物质构成的涂膜，具有与成膜物质同样的化学结构，也是可溶可熔的。属于这类成膜物质的品种有：

(a) 天然树脂，包括来源于植物的松香(树脂状低分子化合物)，来源于动物的虫胶，来源于文化石的琥珀、柯巴树脂等，和来源于矿物的天然沥青。

(b) 天然高聚物的加工产品，如硝基纤维素、氯化橡胶等。

(c) 合成的高分子线型聚合物即热塑性树脂，如过氯乙烯树脂、聚乙酸乙烯树脂等。用于涂料的热塑性树脂与用于塑料、纤维、橡胶或粘合剂的同类树脂在品种，组成、相对分子质量和性能都不相同，它应按照涂料的要求而制成。

(2) 热固性成膜物质

成膜物质在成膜过程中，组成、结构发生变化，即成膜物质形成与其原来组成结构完全不相同的涂膜，这类成膜物质称为热固性或者转化型成膜物质。

它们都具有能起化学反应的官能团，在热、氧或其他物质的作用下，能够聚合成与原来组成结构不同的不溶不熔的网状高聚物，即热固性高聚物，因而所形成的涂膜的热固性的，通常具有网状结构。属于这类成膜物质的品种有：

(a) 干性油和半干性油，主要是来源于植物油脂，它们是具有一定数量官能团的低分子化合物。

(b) 天然漆和漆酚，也属于含有活性基团的低分子化合物。

(c) 低分子化合物的加成物或反应物，如多异氰酸酯的加成物。

(d) 合成聚合物，有很多类型。属于低聚合度低分子量的聚合物有聚合度为 5 ~ 15 的齐聚物、低分子量的预聚物和低分子量的缩聚型合成树脂(如酚醛树脂、醇酸树脂、聚氨酯预聚物、丙烯酸酯齐聚物)等。属于线型高聚物的合成树脂，如环氧树脂、热固性丙烯酸树脂等。随着合成技术的发展，又出现了新型聚合物品种如基团转移聚合物，互穿网络聚合物等。

现代涂料很少使用单一品种树脂，而经常是采用几个树脂品种作为成膜物质，这些不同的成膜物质品种共存于一种涂料中，起到了互相补充互相改性，适应涂料多方面性能要求的作用。

(二) 颜料、填料

颜料是有颜色的涂料即通称的色漆的一个主要组分。颜料使涂膜呈现色彩，并使涂膜具有一定的遮盖涂装物的能力，以发挥其装饰和保护作用。颜料还能增加涂膜的机械性能和耐久性能。有些颜料还能为涂膜提供某一种特定功能，如防腐蚀、导电、防、延燃等。

颜料一般为微细的粉末状的有色物质，将其均匀分散在成膜物质或其分散体中之后，即形成色漆。在成为涂膜之后，颜料是均匀散布在涂膜中的，所以，色漆的涂膜实质上是颜料的成膜物质的固 - 固分散体。

颜料的品种很多，各具有不同的性能和作用，在配制涂料时，根据所要求的不同性能，需要注意选用合适的颜料。

颜料按其来源可分为天然颜料和合成颜料两类；又可按其化学成分，分为无机颜料和有机颜料；按其在涂料中所起的作用可分为着色颜料、体质颜料、防锈颜料和特种颜料等，每一类都有很多品种。

在涂料中最早使用的多是天然的无机颜料，现代涂料则广泛使用合成颜料，其中有机颜料不断发展，但仍以使用无机颜料为主。

着色颜料是涂料中广泛应用的颜料类型，随着国民经济的发展，特种颜料也将占有越来越重要的地位。

(三) 助剂

助剂，也称为涂料的辅助材料组分，它是涂料的一个组成部分，但它不能单独自己形成涂膜，它在涂料成膜后可作为涂膜中的一个组成而在涂膜中存在。助剂的作用是对涂料或涂膜的某一特定方面的性能起改进作用。不同品种的涂料需要使用不同作用的助剂，即使同一类型的涂料，由于其使用的目的、方法或性能要求的不同，也需要使用不同的助剂。根据涂料和涂膜的不同要求，一种涂料中可使用多种不同的助剂，以发挥其不同的作用。

原始的涂料使用种类有限的助剂，现代的涂料则使用了种类众多的助剂，而且不断发展。现代用作涂料助剂的物质包括多种无机和有机化合物，其中也包括高分子聚合物。

根据助剂对涂料和涂膜所起的作用，现代涂料所使用的助剂可分为以下四个类型：

（1）对涂料生产过程发生作用的助剂，如消泡剂、润湿剂、分散剂、乳化剂等；

（2）对涂料贮存过程发生作用的助剂，如防结皮剂、防沉淀剂等；

（3）对涂料施工成膜过程发生作用的助剂，如催干剂、固化剂、流平剂、防流挂剂等；

（4）对涂膜性能发生作用的助剂，如增塑剂、平光剂、防霉剂、阴燃剂、防静电剂、紫外光吸收剂等。

助剂在涂料中使用时，虽然用量很少，但能起到显著的作用，因而助剂在涂料在应用越来越受到重视，助剂的应用技术已成为现代涂料生产技术的重要内容之一。

（四）溶剂

溶剂是不包括无溶剂涂料在内的各种液态涂料中所含有的，为使这些类型液态涂料完成施工过程所必需的一类组分。它原则上不构成涂膜，也不应存留在涂膜之中。溶剂组分的作用是将涂料的成膜物质溶解或分散为液态，以使易于施工成薄膜，而当施工后又能从薄膜中挥发至大气中，从而使薄膜形成固态的涂膜。

溶剂组分通常是可挥发性液体，习惯上称之为挥发分。作为溶剂组分包括能溶解成膜物质的溶剂，能稀释成膜物质溶液的稀释剂和能分散成膜物质的分散剂，习惯统称为溶剂。现代的某些涂料中开发应用了一些既能溶解或分散成膜物质为液态而又能在施工成膜过程中与成膜物质发生化学反应形成新的物质而存留于涂膜中的化合物，它们原则上也属于溶剂组分，通称为反应性溶剂或活性稀释剂。

很多化学品包括水、无机化物和有机化合物都可以用为涂料的溶液剂组分，其中以有机化合物品种最多。常用的有机溶剂有脂肪烃、芳香烃、醇、酯、醚、萜烯、含氯有机物等，总称为有机溶剂。现代涂料中溶剂组分所占比例还是很大，常常达到50%（体积）。溶剂可以在涂料制造时加入，也可以涂料施工时加入。

对于溶剂品种的选用，是根据涂料和涂膜的要求而确定的。一种涂料可以使用一个溶剂品种，也可使用多个溶剂品种。溶剂组分虽然主要作用是将成膜物质变成液态的涂料，但它对涂料的生产、贮存、施工和成膜，涂膜的外观和内在性能都产生重要的影响，因此，生产涂料时选择溶剂的品种和用量不能忽视。

溶剂组分虽是制备液态涂料所必需，但它在施工成膜以后要挥发掉，造成资源的损失，特别是使用具有光化学反应性的溶剂，在涂料生产和施工过程中造成环境污染，危害人类健康，这些都是使用溶剂组分带来的严重问题。努力解决这些问题，减少这些问题，是涂料发展的一个重要方向和趋势。

三、涂料的命名

涂料全名一般是由颜色或颜料名称加上成膜物质名称，再加上基本名称而组成，即涂料全名＝颜色或颜料名称＋成膜物名称＋基本名称，如：红醇酸磁漆、锌黄酚醛防锈漆等。对不含颜料的清漆，其全名一般是由成膜物质的名称加上基本名称组成。基本名称表示涂料的基本品种、油漆特性和专业用途，如清漆、底漆、锤纹漆、罐头漆、甲板漆等。涂料命名中，没有明确区分涂料和油漆的差别，各种涂料品种中，尤其是溶剂类涂料、无填料涂料往往称为漆，但是在统称时仍然使用"涂料"一词。

为了区别具体涂料品种，不同涂料的型号被明确规定，并于 1981 年正式订正为我国的国家标准，标准号为 GB 2705—1981。1992 年又对该标准内容进行修订增补，如涂料基本名称的划分和其代号的划分，涂料命名的补充规定等，使标准更为完善，标准号为 GB 2705—1992。

为了适应涂料品种、类别的迅猛增长，进一步克服《涂料的命名和分类》中建筑涂料命名的无序状态，国家对 GB 2705—1992 标准进行了第二次修订，标准号为 GB 2705—2003，并于 2004 年起正式实施。

涂料的基本名称代号如表 1－6 所示。

表 1－6　涂料基本名称

基本名称	基本名称	基本名称	基本名称
清油	斑纹漆、裂纹漆、橘皮纹漆	耐热（高温）涂料	（覆盖）绝缘漆
清漆	锤纹漆	示温涂料	抗弧（磁）漆、互感器漆
厚漆	皱纹漆	涂布漆	（粘合）绝缘漆
调和漆	金属漆、闪光漆	桥梁漆、输电塔漆及其他大型露天）钢结构漆	漆包线漆
磁漆	防污漆		
粉末涂料	水线漆	航空、航天用漆	硅钢片漆
底漆	甲板漆、甲板防滑漆	电容器漆	外墙涂料
腻子	船壳漆	电阻漆、电位器漆	防水涂料
大漆	船底防锈漆	半导体漆	地板漆、地坪漆
电泳漆	饮水舱漆	电缆漆	锅炉漆
乳胶漆	油舱漆	可剥漆	烟囱漆
水溶漆	压载舱漆	卷材涂料	黑板漆
透明漆	化学品舱漆漆	光固化涂料	标志漆、路标漆、马路划线漆
车间（预涂）底漆	铅笔漆	保温隔热涂料	汽车底漆、汽车中涂漆、汽车面漆、汽车罩光漆
耐酸漆、耐碱漆	罐头漆		
防腐漆	木器漆	机床漆	汽车修补漆
防锈漆	家用电器漆	工程机械用漆	集装箱涂料
耐油漆	自行车漆	农机用漆	铁路车辆涂料
耐水漆	玩具涂料	发电输配电用漆	胶液
防火涂料	塑料涂料	内墙用漆	其他未列出的基本名称
防霉（藻）涂料	（浸渍）绝缘漆		

涂料的型号由三部分组成：第一部分是涂料的类别，用汉语拼音字母表示；第二部分是基本名称，用两位数字表示；第三部分是产品序号（一位或两位数字，用来区别同类、同名称涂料的不同品种），涂料基本名称和序号间加"—"。

例如Q01—17：硝基清漆、H07—5：灰环氧腻子等。又如C－04－2：C代表成膜物质醇酸树脂，04代表基本名称磁漆(见表1－5)，2则是序号。

最新修订的《涂料的命名及分类》标准(GB/T 2705—2003)取消了第一次修订的标准(GB/T 2705—1992)中产品型号划分的规定，不再统一对涂料的型号进行硬性的划分。这种规定适应了当前涂料产品型号纷繁复杂，难以统一规定的形势，顺应了许多生产厂家自定型号的潮流。

第二节　涂料的作用

涂料对所形成的涂膜而言，是涂膜的"半成品"，涂料只有经过使用即施工到被涂物件表面形成涂膜后，才能表现出其作用。涂料通过涂膜所起的作用，可概括为四个方面：

一、保护作用

物件暴露在大气之中，受到氧气、水分等的侵蚀，造成金属锈蚀、木材腐朽、水泥风化等破坏现象。在物件表面涂以涂料，形成一层保护膜，能够阻止或延迟这些破坏现象的发生和发展，使各种材料的使用寿命延长，所以，保护作用是涂料的一个主要作用。

二、装饰作用

不同材质的物件涂上涂料，外观可变得五光十色、绚丽多彩，起到美化人类生活环境的作用，对人类的物质生活和精神生活做出了不容忽视的贡献。

三、色彩标识作用

涂料的标志作用是利用色漆色彩的明度，相对于背景色的强烈反差，以及涂料本身较强的耐候性、耐腐蚀性，适于在醒目位置涂饰涂装的特性，引起人们警觉，避免危险事故发生，保障人们的安全。国际上，应用涂料作标志的色彩已经逐渐标准化。可用涂料来标记各种各样化学品、危险品的容器、各种管道，也可以用各种颜色的涂料来标志机械设备，如氢气钢瓶是绿色的，氯气钢瓶则用黄色，交通运输中也常用不同色彩表示警告、危险、前进、停止等信号以保证安全，有些公共设施，如医院、消防车、救护车、邮局等，同样也常常用涂料装饰的色彩来标示，方便人们辨别。

四、特殊功能作用

随着国民经济和人民生活水平不断发展，需要有越来越多的涂料品种能够为所涂物件提供一些特定的功能，以满足使用的要求，这就是涂料所能发挥的第四种作用，即特殊功能作用。对现代涂料而言，这种作用与前三种作用比较越来越显示其重要性。由于涂料具有特殊功能作用而使涂料在现代发展中成为一种功能性工程材料，为国民经济的发展发挥越来越重要的作用。

现代的一些涂料品种能提供多种不同的特殊功能，如：(1)电绝缘、导电、屏蔽电磁波、防静电产生等电磁学功能作用；(2)防霉、杀菌、杀虫、防海洋生物粘附等生物功能作用；(3)高温、保温、示温和温度标记、防止延燃、烧蚀隔热等热能作用；(4)反射光、发光、吸收和反射红外线、吸收太阳能、屏蔽射线、标志颜色等光学性能的作用；(5)防滑、自润滑、防碎裂飞溅等机械性能作用；(6)耐酸、耐碱、耐化学介质腐蚀的化学功能作用；(7)防噪声、减振、卫生消毒、防结露、防结冰等各种不同作用。

随着国民经济的发展和科学技术的进步，涂料将在更多方面提供和发挥各种更新的特种功能和作用。

第三节　涂料生产的现状与发展趋势

一、涂料的发展状况

涂料的发展史一般可以认为经历了三个阶段。

(一)天然成膜物质的使用

中国是世界上使用天然成膜物质涂料最早的国家之一，春秋时代(公元前770年~公元前476年)就掌握了熬炼桐油制造涂料的技术，战国时代(公元前475~公元前221年)能用桐油和大漆复配涂料。长沙马王堆出土的汉墓漆棺和漆器，做工细致，漆膜坚韧，保护性能良好，说明中国在公元前2世纪的汉初时，大漆的使用技术已相当成熟。此后，该项技术陆续传入朝鲜、日本及东南亚各国，并得到发展。到了明代(1368~1644年)，中国漆器技术达到高峰，明隆庆年间黄成所著的《髹饰录》系统地总结了大漆的使用经验。17世纪以后，中国的漆器技术和印度的虫胶(紫胶)涂料逐渐传入欧洲。

公元前的巴比伦人使用沥青作为木船的防腐涂料，希腊人掌握了蜂蜡涂饰技术，公元初年，埃及采用阿拉伯树胶制作涂料等史实也表明，天然涂料在世界其他文明古国中也占有相当的地位。

(二)涂料工业的形成

18世纪涂料工业开始形成，亚麻仁油熟油的大量生产和应用，促使清漆和色漆的品种迅速发展。1773年，英国韦廷公司搜集出版了很多用天然树脂和干性油炼制清漆的工艺配方，1790年，英国创立了第一家涂料厂。在19世纪，涂料生产开始摆脱了手工作坊的状态，很多国家相继建厂，法国在1820年、德国在1830年、奥地利在1843年、日本在1881年都相继建立了涂料厂。19世纪中叶，涂料生产厂家直接配制适合施工要求的涂料，即调合漆，从此，涂料配制和生产技术才完全掌握在涂料厂中，推动了涂料生产的大规模化。第一次世界大战期间，中国涂料工业开始萌芽，1915年开办的上海开林颜料油漆厂是中国第一个涂料生产厂。

(三)合成树脂涂料时期

19世纪中期，随着合成树脂的出现，涂料成膜物质的使用发生了根本的变革，进入了合成树脂涂料时期。

1855年，英国人A. 帕克斯取得了用硝酸纤维素(硝化棉)制造涂料的专利权，建立了第一个生产合成树脂涂料的工厂。1909年，美国化学家L. H. 贝克兰试制成功醇溶性酚醛树脂。随后，德国人K. 阿尔贝特成功研制出松香改性的油溶性酚醛树脂涂料。第一次世界大战后，为了打开过剩的硝酸纤维素的销路，适应汽车生产发展的需要，人们找到了醋酸丁酯、醋酸乙酯等良好溶剂，开发了空气喷涂的施工方法。1925年硝酸纤维素涂料的生产达到高潮，与此同时，酚醛树脂涂料也广泛应用于木器家具行业。在色漆生产中，轮碾机被逐步淘汰，球磨机、三辊机等现代机械研磨设备在涂料工业中得到推广应用。

1927年，美国通用电气公司的R. H. 基恩尔突破了植物油醇解技术，发明了用干性油脂肪酸制备醇酸树脂的工艺，醇酸树脂涂料迅速发展为主流的涂料品种，摆脱了以干性油和天然树脂混合炼制涂料的传统方法，开创了涂料工业的新纪元。1940年，三聚氰胺－甲醛树脂（氨基树脂）与醇酸树脂配合制漆（即氨基－醇酸烘漆），进一步扩大了醇酸树脂涂料的应用范围，发展成为装饰性涂料的主要品种，广泛用于工业涂装。

第二次世界大战结束后，合成树脂涂料品种发展很快。美、英、荷（壳牌公司）、瑞士（汽巴公司）在40年代后期首先生产环氧树脂，为发展新型防腐蚀涂料和工业底漆提供了新的原料。50年代初，性能广泛的聚氨酯涂料在原联邦德国拜耳公司投入工业化生产。1950年，美国杜邦公司开发了丙烯酸树脂涂料，逐渐成为汽车涂料的主要品种，并扩展到轻工、建筑等部门。美国在第二次世界大战后，积极研究用丁苯胶乳制备水乳胶涂料。20世纪50～60年代，又开发了聚醋酸乙烯酯胶乳和丙烯酸酯胶乳涂料，这些都是建筑涂料的最大品种。1952年原联邦德国克纳萨克·格里赛恩公司发明了乙烯类树脂热塑粉末涂料。壳牌化学公司开发了环氧粉末涂料。美国福特汽车公司1961年开发了电沉积涂料，并实现工业化生产。此外，1968年原联邦德国拜耳公司首先在市场出售光固化木器漆。乳胶涂料、水溶性涂料、粉末涂料和光固化涂料，使涂料产品中的有机溶剂用量大幅度下降，甚至不使用有机溶剂，开辟了低污染涂料的新领域。随着电子技术和航天技术的发展，以有机硅树脂为主的元素有机树脂涂料，在50～60年代发展迅速，在耐高温涂料领域占据重要地位。这一时期开发并实现工业化生产的还有杂环树脂涂料、橡胶类涂料、乙烯基树脂涂料、聚酯涂料、无机高分子涂料等品种。

随着合成树脂涂料的发展，逐步采用了大型的树脂反应釜，研磨工序逐步采用高效的研磨设备，如高速分散机和砂磨机得到推广使用，取代了40～50年代的三辊磨。

为配合合成树脂涂料的推广应用，涂装技术也发生了根本性变化。20世纪50年代，高压无空气喷涂在造船工业和钢铁桥梁建筑中推广，大大提高了涂装的工作效率。静电喷涂是60年代发展起来的，它适用于大规模流水线涂装，促进了粉末涂料的进一步推广。电沉积涂装技术是60年代适应于水溶性涂料的出现而发展的，尤其在超过滤技术解决了电沉积涂装的废水问题后，进一步扩大了应用领域。

70年代以来，由于石油危机的冲击，涂料工业向节省资源、能源，减少污染、有利于生态平衡和提高经济效益的方向发展，高固体涂料、水型涂料、粉末涂料和辐射固化涂料的开发，是其具体表现。

20世纪90年代以来，世界发达国家进行的“绿色革命”，对涂料工业形成了严峻的挑战，促进了涂料工业向“绿色”涂料方向大步迈进。以工业涂料为例，在北美和欧洲，1992年常规溶剂型涂料占49%，到2000年降为26%，水性涂料、高固体分涂料、光固化涂料和粉末涂料由1992年的51%增加到2002年的74%。

今后，涂料工业的技术发展趋势将主要体现在“四化”——水性化、粉末化、高固体分化和光固化。

（1）涂料的水性化

在水性涂料中，乳胶涂料占绝对优势，此外，水分散体涂料在木器、金属涂料领域的技术、市场发展很快。水性涂料重要的研究方向有以下几个方面：

① 成膜机理的研究

这方面的研究主要是改善涂膜的性能，优化配方组合，降低涂料的成本。

② 施工应用的研究

近年来对金属包装用水基涂料作了大量研究并获得十分可喜的进展，美国、日本、德国等国家已生产出金属防锈底、面漆，在市场上颇受欢迎。热塑性乳胶基料常用丙烯酸酯聚合物、聚氨酯分散体及其杂合乳液，通过大相对分子质量的聚合物颗粒聚结而固化成膜，乳胶颗粒的聚结性关系到乳胶成膜的性能。近几年来，着重于强附着性基料和快干基料的研制，以及混合树脂胶的开发。一般水性乳胶聚合物对疏水性底材（如塑料和净化度差的金属）附着性差，为提高乳胶附着力，必须注意乳胶聚合物的结构和配方设计，使其尽量与底材的表面能接近，并选择合适的聚结剂，降低体系的表面张力，以适应表面张力较低的市售塑料等基材的涂饰。新开发的聚合物乳胶容易聚结，聚结剂用量很少也能很好地成膜，现已在家具、机械和各种用具等塑料制品上广泛应用。

③ 水性聚氨酯涂料

这是近年来迅速发展的一类水性涂料，它除具有一般聚氨酯涂料所固有的高强度、耐磨等优异性能外，且对环境无污染，中毒和着火的危险性小。由于水性聚氨脂树脂分子内存在氨基甲酸酯键，所以水性聚氨酯涂料的柔韧性、机械强度、耐磨性、耐化学药品腐蚀性及耐久性等都十分优异，欧、美、日均将其视为高性能的现代涂料品种大力研究开发。

由于能源危机，油性漆原材料的价格大涨，为水性漆的发展提供了机遇。当然，目前水性涂料的发展还面临着很多挑战。一是消费者的消费习惯能不能被环保和健康观念改变，二是生产厂家能不能在水性漆的物理性能方面有更大的改进和提高。另外，政策面的推动也应加强、广大民众的消费观念也需更新。因此，水性漆的发展需要研发机构、生产企业、政府和用户的多方共同努力。

（2）涂料的粉末化

在涂料工业中，粉末涂料属于发展最快的一类。由于世界上出现了严重的大气污染，环保法规对污染控制日益严格，要求开发无公害、省资源的涂料品种。因此，无溶剂、100%地转化成膜、具有保护和装饰综合性能的粉末涂料，便因其具有独有的经济效益和社会效益而获得飞速发展。

粉末涂料的主要品种有环氧树脂、聚酯、丙烯酸和聚氨酯粉末涂料，近年来，芳香族聚氨酯和脂肪族聚氨酯粉末以其优异的性能引人注目。

（3）涂料的高固体分化

涂料的黏度和涂料的高分子成膜物质的含量成正比，如果能够在增加涂料成膜物质的含量的同时，涂料的黏度增加不高，满足涂料施工的要求，那么这种涂料的溶剂使用量会大大降低，环境污染和生产成本都会大大降低，是未来涂料发展的方向之一。在环境保护措施日益强化的情况下，高固体分涂料有了迅速发展。采用脂肪族多异氰酸酯和聚己内酯多元醇等低黏度聚合物多元醇，可制成固体分高达100%的聚氨酯涂料，该涂料各项性能均佳，施工性好。用低黏度IPDI三聚体和高固体分羟基丙烯酸树脂或聚酯树脂配制的双组分热固性聚氨酯涂料，其固体含量可达70%以上，且黏度低，便于施工，室温或低温可固化，是一种非常理想的高装饰性高固体分聚氨酯涂料。

（4）涂料的光固化

光固化涂料也是一种不用溶剂、节省能源的涂料，最初主要用于木器和家具等产品的涂饰，目前在木质和塑料产品的涂装领域开始广泛应用。在欧洲和发达国家，光固化涂料市场潜力大，很受大企业青睐，主要是流水作业的需要，美国现约有700多条大型光固化涂装线，德国、日本等大约有40%的木质或塑料包装物采用光固化涂料。最近又开发出聚氨酯丙烯酸光固化涂料，它是将有丙烯酸酯端基的聚氨酯齐聚物溶于活性稀释剂(光聚合性丙烯酸单体)中而制成的，它既保持了丙烯酸树脂的光固化特性，也具有特别好的柔性、附着力、耐化学药品腐蚀性和耐磨性。

环境压力正在改造全球涂料工业，一大批环境保护条例对VOC(可挥发性组分)的排放量和使用有害溶剂等都作了严格规定，整个发达国家的涂料工业已经或正在进行着调整。归根结底，全球市场正朝着更适应环境的技术尤其是水性漆、高固体、辐射固化和粉末涂料方向发展。

二、我国涂料的生产现状

涂料生产具有投资少、见效快的特点。改革开放以来乡镇企业发展较快，各地中小型涂料厂蜂拥而上，全国涂料生产企业已达4000多家，大部分企业盲目追求大而全、小而全，什么都生产，但什么都不精，没有形成自己的拳头产品，导致企业经济效益差，行业整体技术水平低，企业无法进行扩大再生产和技术改造，很难与相关工业同步发展，更谈不上引导用户的消费需求。我国涂料生产具有如下特点。

(一) 自动化水平较低、劳动环境较为恶劣

我国涂料生产企业众多，但是往往采用间歇式生产方式，具有全自动化生产线的企业屈指可数，自动化水平不高，劳动效率低。涂料生产过程中，涉及大量有机溶剂和的颜填料的使用，车间、生产场地的溶剂回收、除尘净化设施短缺，常常采用敞开式的生产设备，劳动环境需要继续改善。

(二) 原料不配套

涂料生产涉及溶剂、树脂、颜料、助剂等数百种原料。涂料生产所用的一些大宗原料如金红石型钛白、甲醚化氨基树脂、叔碳酸乙烯酯、高档颜料及各种专用助剂等长期短缺，一些涂料专用原料规格少，质量差，这些都严重影响引进装置的正常生产，也影响了新产品的开发和研制。

(三) 重复建设严重

国家对涂料生产缺乏统一的发展规划，相同技术、相同设备的涂料生产线重复上马。国内企业高端产品鲜见，低档产品产能过剩，外资企业、合资企业垄断高档涂料产品的生产，重复建厂的现象较为严重。

(四) 科研开发投入少

国外对涂料用树脂的研究非常重视，而我国涂料工业基础研究力量则很弱，往往只局限于配方的研究，对科研开发的投入仅占产品销售额的1.2%(国外一般为5%～10%)。而且，国内涂料行业还存在着只重视生产环节而忽视施工应用研究的不良倾向，使得好产品得不到好的应用效果，产品售后技术服务也比较薄弱。

(五) 涂料产品标准滞后

涂料产品标准的制定滞后于涂料品种的发展。我国涂料产品标准缺乏统一有效的监督管理手段，给假冒伪劣产品以可乘之机，扰乱了国内涂料市场，损害了国有涂料企业的生产积极性，破坏了民族工业的形象。

(六) 三废治理没有引起足够重视

涂料行业三废主要来自涂料原料的生产、涂料的生产及涂料涂装过程。

在涂料用树脂的生产过程中，有少量的挥发性有机物逃逸到大气中。如在生产氨基树脂时，有一定量的甲醛(3%左右)挥发，在生产酚醛、环氧等树脂时，要产生一定量的废水。

涂料生产过程中，由于含大量有机溶剂的产品还很多，必然会有溶剂挥发到大气中。传统防锈涂料含有铅、铬、锌等重金属盐，如使用不当，也会对环境造成污染。

涂料施工中，特别是涂料烘烤固化过程中，有数十万吨有机溶剂挥发到大气中，严重污染环境。另外，市场上销售的聚氨酯涂料，游离单体异氰酸酯含量严重超标，施工时散发到大气中，污染环境，危害人类健康。

三、涂料工业的发展趋势

我国涂料工业发展的指导思想应当是，大力发展高性能、低污染的涂料品种，并促进涂料生产向专业化方向发展。

（一）提高技术装备水平加强集团化、专业化、规模化生产

逐步改造现有生产装置，提高自动化水平和劳动生产率，降低劳动强度，改善操作环境，大宗产品生产实现设备大型化，高温树脂全面采用热媒加热系统。实现由间歇式、敞开式、低自动化的生产方式向连续化、自动化、专一化、封闭化的生产方式的转变。鼓励、引导企业向专业化方向发展，实现树脂生产专业化、涂料生产专业化、色浆生产专业化，并在此基础上形成规模化生产。

（二）加强科研开发

重点突破对国民经济有较大影响的专用涂料的研究开发，重点开发超耐候性(10年以上)建筑涂料，如有机硅、有机氟及其改性的丙烯酸酯类乳胶涂料，加快汽车涂料水性化、系列化研究，以轿车漆为重点，主攻高装饰、低污染轿车漆，发展水性化、高固体分、无溶剂以及金属闪光漆和高鲜映度等品种，开发防腐时效在15年以上的桥梁和船舶用防腐蚀涂料，开发具有特殊功能的防火涂料、隔音涂料、耐高温涂料、隔热涂料等，开发低能耗高性能的各类脂肪族和芳香族聚氨酯涂料及环氧树脂涂料，使汽车涂料、船舶涂料、集装箱涂料、建筑涂料、防腐涂料等方面的生产技术水平达到发达国家90年代初期的水平，基本上能够满足相关行业的发展要求。

（三）注重环境保护发展“绿色涂料”

随着经济的发展和人类生活质量的提高，人们要求保护自我生存空间的呼声也越来越高，环保法规也越来越严格。传统的低固含量溶剂型涂料约含50%的有机溶剂，这些有机溶剂在涂料的制造及施工阶段排入大气，污染环境，危害人类健康，是继汽车尾气排放及烟雾漂尘之后的第三大空气污染源，因此，限制挥发性有机物在涂料中的使用量，并禁止生产和使用VOC含量较高的涂料品种，成为今后涂料工业发展的当务之急。具体治理措施实施过程中，要严格限定民用涂料中VOC含量指标，大力开发应用无重金属的防锈颜料，如三聚磷酸铝、磷酸锌、云母氧化铁等防锈颜料，替代传统有毒的红丹、铬黄等铅铬系防锈颜料，并逐步制定和实施重金属颜料的限定法规，高度重视聚氨酯涂料中游离异氰酸酯单体严重超标问题，加紧研究开发降低游离单体含量的技术。

（四）改进、完善涂料统计方法

改变我国涂料传统的按成膜物统计的方法，引进国外涂料工业普遍采用按用途及产品状态(粉末、溶剂、水性等)并结合成膜物类型统计的方法，通过统计方法的改变，及时了解涂料的消费构成和技术发展水平。

复习思考题

（1）涂料的分类、组成有哪些？

（2）试通过一个具体的涂料产品的例子说明涂料各组分有哪些作用？

（3）试举例说明涂料的基本名称和全体名称是如何命名的？

（4）试从相关书籍中查找一个涂料配方，并把配方中各成分按涂料组成的基本形式分类。

第二章　天然树脂清漆的生产与涂装技术

【教学目标】

了解大漆、虫胶清漆类别、性能；掌握上述天然清漆的成分和分类；掌握上述天然树脂清漆的生产技术；理解并掌握刷涂涂装技术。

【教学思路】

传统教学外，以某个典型天然合成清漆生产技术的成功掌握为成品，理解并掌握天然树脂清漆生产技术和操作技能，构成成品化教学的相关环节；或者以某一具体天然树脂清漆的刷涂涂装技术的成功掌握为成品，设计发散到相关其他涂装工件表面处理、涂装工序等知识和技能的成品化教学环节。

【教学方法】

建议多媒体讲解和天然树脂清漆的生产技术或者刷涂涂装等综合实训项目相结合。

第一节　大　漆

一、概述

清漆，又名凡立水(Vanish)，是仅由树脂(成膜物质)和溶剂组成的涂料(有时也根据性能要求加入少量助剂)。由于涂料和涂膜都是透明的，因而也称透明涂料。清漆涂覆在物体的表面，经过干燥形成光滑薄膜，显出涂覆面原有的纹理。

清漆具有透明、光泽、成膜快、耐水性强等特点。缺点是由于清漆中不含有填料，形成的涂膜硬度不高，耐热性差，在紫外光的作用下易变黄等。清漆往往作为封闭底漆、罩光漆而应用于家具、地板、门窗等室内物品的涂装，也可以涂覆于素描画稿、水粉画稿等上面，起到防止氧化，延长画稿保存时间的作用。

根据主要成膜物质树脂的溶解性特点，清漆可以分为油基清漆和树脂清漆两类；根据树脂的来源，清漆又分为天然树脂清漆和合成树脂清漆两类。常用的天然清漆品种有大漆、虫胶清漆等；常用的合成清漆品种有酯胶清漆、酚醛清漆、醇酸清漆、硝基清漆、丙烯酸清漆、有机硅清漆、氟碳清漆以及高性能的各种树脂复配清漆。

二、大漆

大漆又名国漆、生漆、土漆、木漆、生漆，它的最主要用途是用于制备天然树脂清漆。我国发现和使用天然生漆可追溯到公元前七千多年前，据史籍记载“漆之为用也，始于书竹简，而舜作食器，黑漆之，禹作祭器，黑漆其外，朱画其内”。《庄子·人世间》就有“桂可食，故伐之，漆可用，故割之”的记载。大漆具有防腐蚀、耐强酸、耐强碱、防潮绝缘、耐高温、耐土抗性等，也是世界公认的“涂料之王”。

大漆直接可以作为清漆涂料使用，它的的优点如下：

（1）漆膜具有优异的物理机械性能，漆膜坚硬，漆膜的硬度达（0.65～0.89 漆膜值/玻璃值）。漆膜耐磨强度大，漆膜光泽明亮，亮度典雅、附着力强；

（2）漆膜耐热性高，耐久性好；

（3）漆膜具有良好的电绝缘性能和一定的防辐射性能；

（4）漆膜具有防腐蚀、耐强酸、强碱、耐溶剂、防潮、防霉杀菌、耐土抗性佳等。

大漆漆膜的缺点表现在，漆膜耐紫外线不佳、干燥（固化）速度慢，固化前易引起皮肤过敏，漆膜色深，对苛性碱和强氧化剂的抵抗性差。

三、大漆的主要成分

大漆是一种天然的油包水型乳液，成分非常复杂，且因产地而异，一般由漆酚、漆酶、树胶质和水分组成。我国生漆中各成分的含量大致如下：漆酚 40%～80%，含氮物 10% 以下，树胶质 10% 以下，水分 20%～30%，还有其他少量有机物质，如表 2－1 所示。

表 2－1　生漆的组成

项　目	中国漆树	越南漆树	相对分子质量	极性基团
漆酚	40%～80%	52%	320	—OH
树胶质	5%～7%	17%	2200	—COO—，金属离子，
（多糖）			2700，8400	—OH，—O^-
糖蛋白	2%～5%	2%	$(8000)_{6\sim15}$	蛋白质＋10%的糖分
漆酶	<1.0%	<1.0%	120000	蛋白质＋45%的糖分
水分	15%～40%	30%	18	

（一）漆酚

漆酚是生漆的主要成分，它不溶于水，但可溶于乙醇、乙醚、丙酮、二甲苯等多种有机溶剂及植物油中。漆酚是具有不同不饱和度脂肪烃取代基的邻苯二酚混合物的总名称，其化学结构式有式（2－1）所示数种：

OH
OH
R

$R_1 = —(CH_2)_{14}CH_3$

饱和漆酚（又名氢化漆酚 $C_{15}H_{31}$）

$R_2 = —(CH_2)_7CH{=}CH(CH_2)_5CH_3$

单烯漆酚（$C_{15}H_{29}$）

$R_3 = —(CH_2)_7CH{=}CHCH_2CH{=}CH(CH_2)_2CH_3$

双烯漆酚（$C_{15}H_{27}$）

$R_4 = —(CH_2)_7CH{=}CHCH_2CH{=}CHCH{=}CHCH_3$

叁烯漆酚（$C_{15}H_{25}$）

$R_5 = —(CH_2)_7CH{=}CHCH_2CH{=}CHCH_2CH{=}CH_2$

叁烯漆酚（$C_{15}H_{25}$）

$R_6 = —(CH_2)_9CH{=}CH(CH_2)_5CH_3$

单烯漆酚（$C_{17}H_{33}$）

$R_7 = —(CH_2)_{16}CH_3$

饱和漆酚（$C_{17}H_{35}$）

$$\text{4-}C_{17}H_{35}\text{-1,2-}C_6H_3(OH)_2 \quad \text{导构体漆酚} \qquad (2-1)$$

生漆中漆酚的结构和组成，随漆树的种类、品种、产地的不同而有一定的变化。我国、日本和朝鲜所产生漆中的漆酚，基本上是以侧链为 R_1、R_2、R_3、R_4 的漆酚混合物，或以此四种漆酚为主的漆酚混合物。

（二）漆酶

漆酶存在于含氮物质中，又名生漆蛋白质、氧化酵素，约占整个漆液的万分之几。它不溶于水，也不溶于有机溶剂，但溶于漆酚，它能促进漆酚的氧化，使漆酚干燥结膜过程加快，所以它是生漆在常温干燥时不可缺少的天然有机催干剂。漆酶的活性与气温、大气湿度有密切的关系。实践表明，生漆在温度20～35℃、相对湿度70%～80%时，易于干燥结膜，过冷、过热或过干、过湿的环境都不利于干燥。温度为35℃、相对湿度为80%时，漆酶活性最大，而当温度升至75℃时，其活性则在1h内完全破坏。

漆酶的活性也与生漆的新、陈有关。从新漆中分离出的漆酶呈兰色，活性高，从陈漆和部分氧化了的生漆中分离出来的漆酶呈白色，活性低。

（三）树胶质

树胶质可溶于水，而不溶于有机溶剂，它属于多糖类物质，其中还含有微量的钙、钾、铅、钠、硅等元素。从生漆中分离出来的树胶质，呈白色透明状，且具有树胶清香味，从它的水解液中可分离出阿拉伯糖、半乳糖、木质糖、鼠李糖、葡萄糖醛酸、半乳糖醛酸等。生漆中树胶质的含量或树胶质中各组分的含量，常随漆树品种、产地的不同而不同，一般大木漆中含树胶质较高，小木漆中含量较低。

树胶质是一种很好的悬浮剂和稳定添加剂，能使生漆中各主要成分(包括水分)成为比较均匀的胶体，使其比较稳定而不易变质。

（四）水分及其他有机物质

生漆中的水分，是形成乳胶体的主要成分之一，也是生漆在自然干燥过程中漆酶发挥作用所必备的条件，即使是精制的生漆，其含水量也必须在4%～6%左右，否则极难自干。生漆中水分的含量不仅与漆树品种、产地环境有关，而且与采割技术有关。割漆时，割口上端延伸过长或割口深达木质部内时，漆液含水量就相应增多。一般来说，生漆中水分含量少质量较好，水分含量多质量较差。

生漆中其他有机物质的含量很少，其中包括有多元醇(甘露糖醇)、葡萄搪和油分等，总量约为1%左右，对于生漆质量影响不大。

四、大漆生产技术

大漆的生产来源于对漆树生漆的割漆，千百年来，劳动人民总结出了一些行之有效的生漆割漆方法。

(1) 割口形式

割漆口形有“画眉眼”、“柳叶形”、“鱼尾形”、“牛鼻形”等。通过近几年的实践证明，“牛鼻形”是一种较好的割口形式，其优点是：伤树轻，伤口愈合快，可缩短轮歇年，能提高资源利用率，增加生漆产量。

（2）刀法

用刀是否得当对生漆产量有很大关系。使刀有上、下刀之分，先割上刀，后割下刀。割漆时拿刀要稳，下刀要快，提刀要利落，刀取丝掉，口齐无渣，不能拖泥带水，不能补刀。

（3）割口深度

以透过韧皮部割到形成层为宜。漆如果割得太浅，未达到树脂道或割切漆液管很少，漆液流量少，产量低；切得太深，伤及木质部，切断导管，不仅影响漆树生长发育，而且渗出大量水分，影响漆液质量。

（4）割口宽度

即每一刀割去的树皮宽度，一般应控制在3mm以内。割掉的每一条皮丝都应上尖下齐、宽窄匀称，以保持口形，便于流漆。

(5)割口位置

应选在树干平凹的地方，避开凸起的地方，每列割口中，每个割口的位置应避开有伤、病、虫等危害的地方。树干基部的第1个割口距离地面30cm左右，第1个割口以上，每个割口的距离应为60～70cm。

(6)插接间

即装漆液的蚌壳。割口割好后，应迅速在割口正下方6cm左右处，用漆刀向上将皮层削一条宽、深各为2mm左右的缝，将蚌壳插入皮缝，皮缝切忌太深，一般以不超过皮厚的一半为宜，以蚌壳插稳为度。

五、生漆质量鉴别方法

（一）观察颜色及其变化

鉴别生漆质量的好坏，首先要观察颜色及其变化。新鲜生漆的本来颜色是乳白色或略带微黄的乳白色，接触空气后，逐渐变为金黄色、赤黄、红或紫红色(即猪肝色)，最后变为黑褐色或纯黑色。因此老漆工将其颜色变化称之为“白似雪，红似血，黑似铁”。生漆接触空气时颜色转变过程，是由于漆酶促进漆酚进行氧化聚合反应的结果。

（1）看颜色

桶装的漆分上中下三层，凡上层为表面膜，面膜板结的硬壳色黑发亮，皱纹多而轻如鸡皮状的是好漆。中层漆液黄色带红头的为好漆。下层漆液为乳白色，且浓度大而厚的为好漆。三层颜色区别不大或没有区别则是次漆或混有杂质的漆。

（2）看转色

将生漆涂于竹片或木板上观察。1h内，漆液逐渐由乳白色变为金黄色、赤黄、紫红色、直至黑色，稳定转变，不跳色。不同品种的生漆转色快慢稍有不一，如大木漆转色快，木漆则较慢，但都由浅到深循序变化。若发现跳色现象则说明是次品漆或假漆。如掺了水的漆涂刷后由乳白色跳为水红色，以后转色的速度就开始减慢，混入油料的漆以很快的速度变为乌红色，以后转色特别慢。总之，跳色、转色慢的漆都不是好漆。

（3）看丝头

用小木棍将漆液挑起来后，漆液似丝条状下流，丝条细长，丝断时，向上下两端回缩有力，并翘起成钓鱼钩状，后成丝连珠颗粒往下滴，下滴时丝头似有弹性，滴回桶里时漆面即起小涡，但很快又平静下来的是好漆。人工掺水的漆不起丝，混入油料的漆丝短，断时不起钩状，加进固体杂质的漆很快下滴成堆。

（4）看漆渣

一般未经过滤的，挑起来观看漆和渣，能够分辨清楚哪个是没有或没有完全腐败变质的生漆。好漆漂查亮底，不裹渣；若发现裹渣，即漆渣相混难于分辨，则半数是变了质或掺进杂物的漆。

（二）闻香酸味

根据生漆的香、酸味可以判断出漆质的好、坏和新、陈。有浓厚漆树之清香味的，或有一定自然酸味的为好漆。如大木漆以有酸香味者为佳，小木漆以有微酸酸香味者为佳，毛坝漆以有柔和芳香味为佳。气味太淡的生漆品质较次，有腐败臭酸味的漆太陈，已变质。有些掺有杂质的生漆可以从气味中分辨出来。如掺有汽油、煤油或某些其他油类的生漆，很容易闻出来。

第二节 合成大漆

为了克服生漆干燥速度慢，容易引起皮肤过敏，以及改善漆膜的某些性能，生漆一般都经过加工和改性后再使用。改性后的生漆又称为熟漆、油性大漆、改性大漆等，统称为合成大漆。

熟漆又称为精制大漆、棉漆、推光漆等，由生漆经日晒、加热脱水活化、缩聚而制成的精制漆酚清漆，制备过程中，也可以加入氢氧化铁或少量顺丁烯二酸酐树脂来改善熟漆的性能。生漆经加热脱水、刺激性小，便于施工，涂膜光亮如镜，不仅可以用于特种工艺品和高级木器的涂饰，还可以用于石油化工设备及耐酸物面的防腐蚀涂饰。

油性大漆由生漆和熟桐油或亚麻油及顺丁烯二酸酐树脂等加工而成，加入颜料可配成彩色漆，主要用于工艺品和木器家具的涂饰。

改性大漆是用二甲苯萃取出的漆酚与合成树脂及植物油反应而制成，无毒、防腐蚀、施工性好。常见品种有漆酚缩甲醛清漆、漆酚环氧防腐蚀涂料等，主要用于石油化工防腐蚀涂饰。

合成大漆中，应用最为广泛的是广漆。广漆又称为赛霞漆、金霞漆、笼罩漆、罩光漆、金漆、透纹漆、地方漆等，由生漆或熟漆加入熟桐油调制而成，棕黑色，涂刷于物体表面，能在空气中干燥结成黑色薄膜，坚韧光亮，具有耐水、耐烫、耐久等优良性能，不仅用于涂刷木器家具，更可以广泛用于制工艺美术漆器。

一、广漆的成分

（一）生漆

广漆的主要成分是生漆，是主要的高分子成膜物质。

（二）桐油

桐油是一种优良的干性植物油，淡黄色或深黄色油状液体，相对密度 0.928～0.943，熔点约7℃，碘值160～175，酸值为6～9，皂化值为190～195，主要成分为桐酸的甘油三酸酯，由桐油籽压榨或浸出而得，生桐油籽压榨可以得到生桐油，熟桐油籽压榨可以得到熟桐油。桐油具有很好的干燥及聚合的性能，具有干燥快、比重轻、光泽度好、附着力强、耐热、耐酸、耐碱、防腐、防锈、不导电等特性，用途广泛。是制造油漆、油墨的主要原料，生桐油和熟桐油按照比例配合，本身就可以作为天然油脂清漆使用。

（三）松香

松香由松脂制得，是一种透明而硬脆的固体天然树脂，折断面似贝壳且有玻璃光泽，比重1.05～1.10，软化点在60～85℃，颜色由淡黄至褐红色，由原料品质和加工工艺条件而定。松香的主要成分为树脂酸，含量占90%左右，分子式为 $C_{19}H_{29}COOH$，相对分子质量302.46，其他组分为脂肪酸、松脂酸酐和中性物。松香溶于许多有机溶剂(如乙醇、乙醚、丙酮、苯、二硫化碳、松节油、油类)和碱溶液中，但不溶于水。

松香按其来源分为脂松香、木松香、浮油松香3种。脂松香也称放松香，颜色浅，酸值大，软化点高；木松香又称浸提松香，质量不如脂松香，颜色深，酸值小，且易从某些溶剂中结晶；浮油松香又称妥尔油松香。

在大漆中添加松香，可使得大漆色泽光亮，干燥快，漆膜光滑不易脱落。

二、广漆的生产技术

（一）原料的预处理

首先将松香用粉碎机粉碎成粉末状；其次，将桐油熟化，按照配比称取一定质量的桐油于加热釜中，100℃下加热15min，然后迅速降温至常温；第三，生漆熟化，用纱布过滤生漆2～3次，然后将生漆在20～23℃时置日光下曝晒或在减压常温下搅拌，使生漆脱去30%的水分，漆酶活化，同时使漆酚进行一定程度的氧化聚合，当生漆由乳白色逐渐变为棕色时，生漆熟化完成。

（二）油性大漆的配制

将预处理的桐油和生漆按80:20的质量比混合，搅拌均匀加温到100℃，保温0.5h，添加的松香粉末并搅拌均匀，添加量为6%(质量)，然后置于带有搅拌器的反应罐内按要求升温至170℃，熬制1h，并保持混合液的pH为6，反应结束前，按剂量要求入6%(质量)的干燥剂二氧化锰和产品颜色需要的色精，用无水乙醇调节油性大漆的黏度，斯托默黏度计检测黏度值为130(KU)时，过滤，出料，经质量检验，对合格的油性大漆进行灌装，包装。

第三节 虫胶清漆

虫胶清漆也是常用的天然树脂清漆的一种。紫胶又称虫胶，是一种紫胶虫寄生于一些豆科植物，如黄檀树、南岭黄檀、秧青(思茅黄檀)、火绳树、木豆、合欢等树枝上吸食树汁后分泌的一种红色物质。紫胶作为一种天然树脂，由于其化学性能稳定、无毒、无刺激性、可塑性及成膜性强、电绝缘性能好、耐油、耐酸、防水、防潮、防紫外线，广泛用于国防、电器、涂料、机械、橡胶、塑料、医药、制革、造纸、印刷、油墨和食品等工业部门。紫胶亦有弱点，如性脆，软化点低，抗水、耐热和抗化学品腐蚀能力差，使其用途在某些方面受到了限制。为扩大紫胶产品的使用范围，以适应不同工业部门的特殊需要，国内外已经开始研究紫胶的改性，即在紫胶树脂中加入其他物质使其进行化学反应，得到具有特殊用途的改性紫胶。

一、紫胶组成及结构差异

紫胶是唯一的动物树脂，其组成不同于其他的天然树脂。紫胶组成成分复杂，由软树脂和硬树脂组成，而且软硬树脂的成分因产地、紫胶虫、寄生树种以及气候的影响而不同，平均相对分子质量约1000，分子中至少有1个游离羧基、5个羟基、3个酯基和1个醛基。紫胶中含有蜡、色素（分为红色素和黄色素）、紫胶桐酸、壳脑酸等物质，印度、泰国等国外紫胶软硬树脂的比例约为30∶70，而国产紫胶中软树脂约为36%，硬树脂约占55%，软硬树脂的比例达到40∶60。软硬树脂的分离可通过用乙醚溶解紫胶后进行分离获得。紫胶蜡含量国内一般为4%～6%，印度泰国紫胶一般含蜡3%～5%，杂质（热乙醇不溶物）和颜色指数一般随粒胶胶种、气候、寄主树种、产地及加工过程的控制不同而不同，国产紫胶一般杂质及颜色物质皆比印度和泰国的高。紫胶因具有热聚合和自身聚合的特性，因此新陈紫胶的特性及性能也不尽相同，紫胶的化学结构如式（2－2）所示。

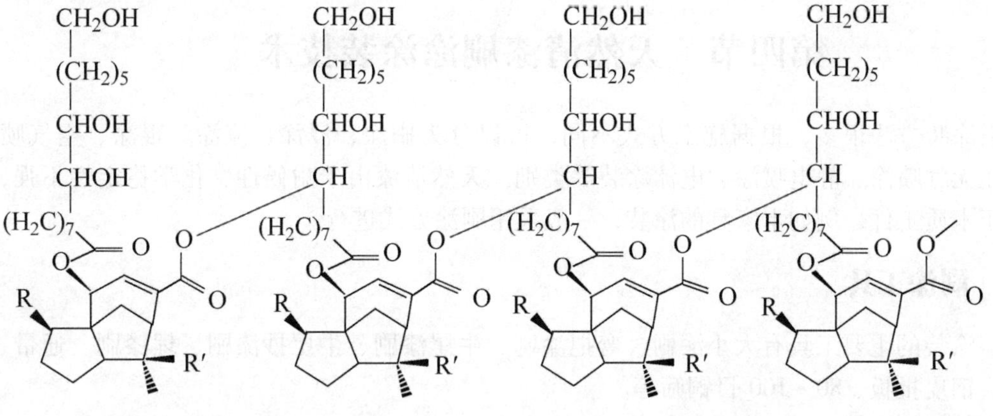

(a)

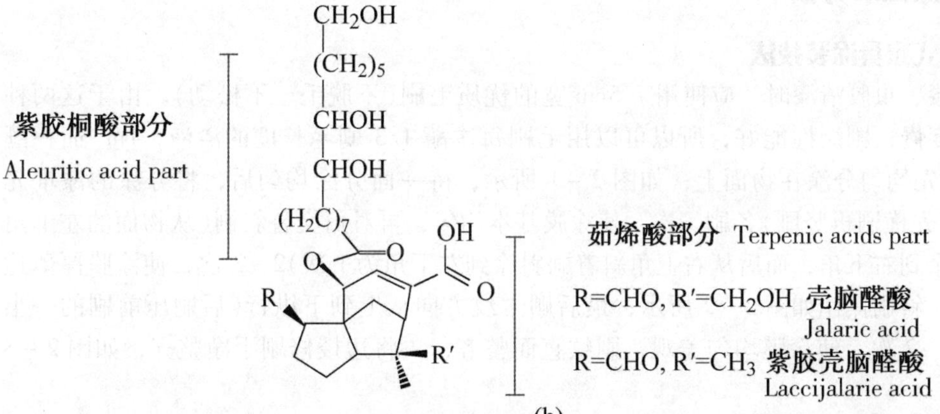

紫胶桐酸部分
Aleuritic acid part

茄烯酸部分 Terpenic acids part

R=CHO, R′=CH_2OH 壳脑醛酸
Jalaric acid

R=CHO, R′=CH_3 紫胶壳脑醛酸
Laccijalarie acid

(b)

（2－2）

二、虫胶清漆的生产技术

虫胶清漆的生产首先要获得满足质量要求的片胶。片胶包括普通片胶、脱色片胶以及脱色脱蜡片胶。普通片胶是紫胶的初级产品，主要用于对产品颜色要求不高的行业，如家具虫漆、灯具端口绝缘、军工行业子弹顶火的防潮等用途。片胶的加工过程基本相同，加工工艺有热滤法和溶剂法。普通片胶一般以回收紫胶红色素后的颗粒胶为原料，但也有从原胶开始的工艺，此时需选用酒精作为溶剂，将色素和紫胶蜡同紫胶树脂进行分离后再进行加工。脱色片胶是指用物理方法去除紫胶中的颜色物质后得到的紫胶片，主要是用活性炭吸附颜色物质，加工工艺属于溶剂法范畴，用酒精将紫胶溶解后，在胶液中加入活性炭吸附紫胶中的颜

色物质后，将脱色胶液在蒸胶釜中加热回收酒精，加水洗涤然后压片得到脱色胶片。脱蜡脱色片胶同脱色片胶的区别在于用酒精将紫胶溶解后，用活性炭吸附颜色物质前，先将含紫胶的醇溶液中不溶的蜡质分离，其余过程同脱色片胶。

（一）热滤法

将颗粒胶加热溶化，在一定压力下通过过滤介质，除去杂质及虫尸后经双辊压片机制成片胶。过滤设备印度主要使用压滤机，而我国主要使用热滤釜进行。

（二）溶剂法

将颗料胶在溶胶釜中于室温在机械搅拌下用酒精溶解，过滤杂质后在蒸馏釜中蒸馏回收酒精，然后经双辊压片机压制成片。

第四节　天然清漆刷涂涂装技术

涂料涂装方法很多，根据施工方式不同，可以分为刷涂、浸涂、流涂、辊涂、空气喷涂、高压无气喷涂、静电喷涂、电泳涂装等类别。天然清漆由于耐候性、化学稳定性不强，一般用于木质工件，例如木家具的涂装，一般采用刷涂方式进行。

一、刷涂工具

刷漆涂装的主要工具有大小漆刷、弯把漆刷、牛尾漆刷、牛尾抄漆刷、理漆刷、通帚、牛角翘、钢皮批板、80～100 目铜筛等。

二、刷涂涂装方法

（一）立式家具涂装技法

刷涂大漆、虫胶清漆时，应使用 7.5cm 宽的优质毛刷（不脱毛、不松动）。由于这两种漆的表干速度慢，刷涂性能好，所以可以用毛刷每次蘸 1/3 刷毛长度的漆液，$1m^2$ 面积蘸 8～10次漆，先均匀分涂在物面上，如图 2－1 所示；待一面分涂均匀后，将分涂的漆堆先横、竖交替（先横刷再竖刷）各刷一次，使涂膜基本均匀，再对角交替斜刷（从物面的左上角着刷斜着刷涂到右下角，而后从右上角斜着刷斜涂到左下角为 1 次）2～3 次，使涂膜厚薄达到非常均匀，斜刷操作如图 2－2 所示；最后顺木纹方向从上到下纵行（后刷压前刷的一半面积）直刷 1～2 次，使涂膜均匀美观，刷纹直而整齐，再将边棱修刷干净整齐，如图 2－3 所示。

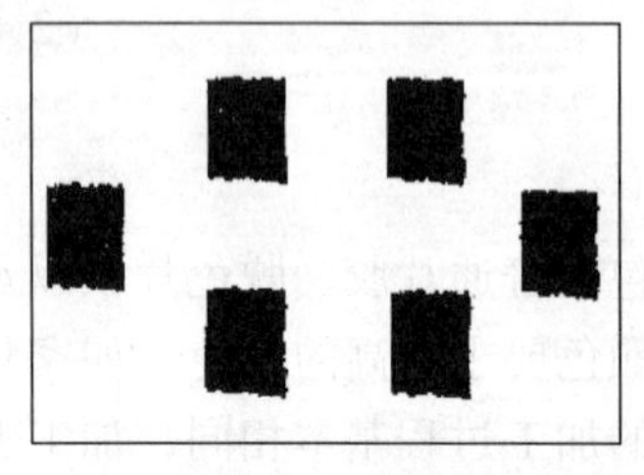

图 2－1　蘸漆分布

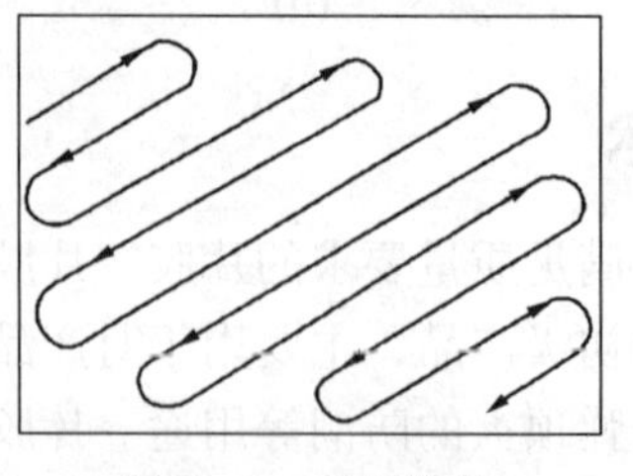

图 2－2　斜刷操作

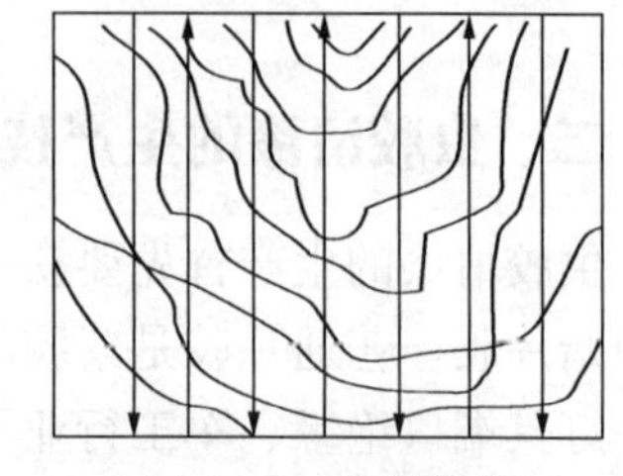

图 2－3　直刷操作

根据清漆的黏稠度的细微差别，可以采用不同的直刷方法，如果清漆黏度较低，采用分段直刷法，如果黏度适中或者较高，可以采用错位通刷法、重叠直刷法或通刷和分段刷相结合的的方法，如图 2－4 和图 2－5 所示。

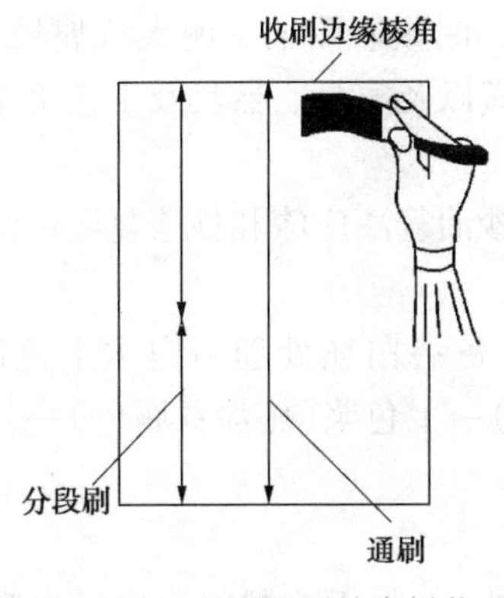

图 2-4　通刷分刷结合操作

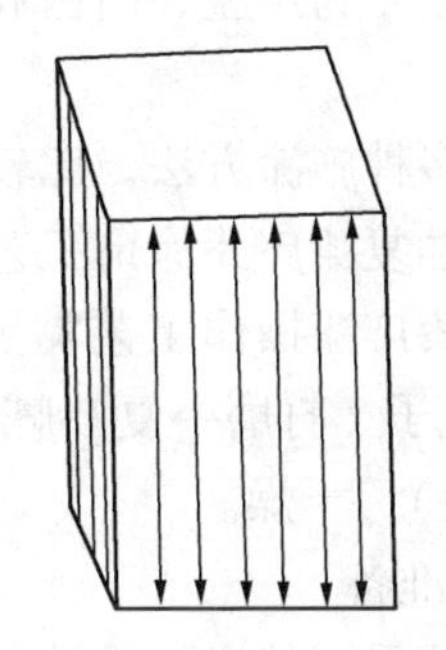

图 2-5　重叠直刷操作

（二）卧式家具的刷涂技法

卧式家具的涂装主要是对家具水平面的涂装，每道漆的用量可以比垂直面的用量大，如刷涂紫胶清漆，垂直面每道漆用量应控制在 40～50g/m^2，水平面控制在 80～100g/m^2；刷涂大漆或者醇酸清漆时，垂直面每道漆用量控制在 50～70g/m^2，水平面控制在 120～150g/m^2。

卧式家具的刷涂可以采用横向刷涂或者顺木纹刷涂等方法，如图 2-6 和图 2-7 所示。

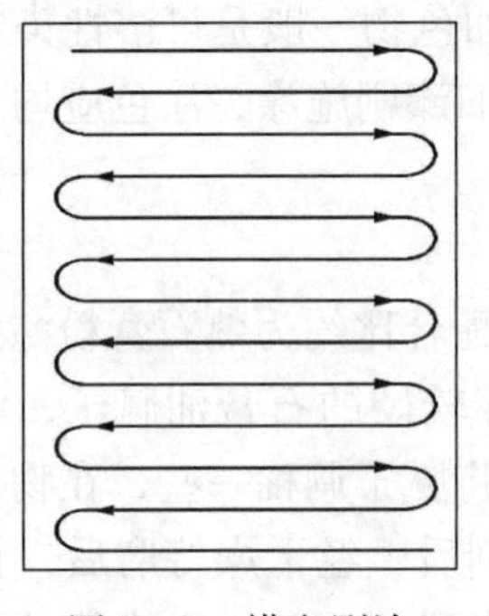

图 2-6　横向刷涂

图 2-7　顺木纹刷涂

刷涂第一道漆时，用毛刷每次蘸刷毛 2/3 或 3/4 深的漆液，顺着物面横向厚刷，刷满后按顺木纹方向直刷 1 次，再对角交替各刷 2～3 次，使漆膜的厚薄达到均匀后，最后再顺木纹方向轻轻直刷 2～3 次。

（三）小件与异形家具刷涂技法

小件及异形家具的刷涂面积小、涂漆的用量少、应使用 1～3cm 宽的毛刷，以少蘸漆，多刷涂，先难后易，先里后外，先上后下，先左后右为操作原则，依次将各个涂装面及凸、凹、扁、圆等部位细刷均匀，再反复多次地进行检查，仔细收净积漆及流漆即可。

三、木家具涂装工艺

木家具清漆涂装的工序一般要经过原材料处理、上底油打封闭、嵌批腻子、打磨、复补腻子、上色（只适用于深色产品）、施涂清漆面漆等几道工序，只是在涂装的最后阶段，往往根据涂装产品的目的和要求不同，采用不同的涂装手段。现以广漆涂装和香红木揩漆工艺为例，来具体说明木家具清漆涂装的工艺。

（一）广漆涂装

又称为光漆，有的称为明漆、金漆或熟漆。它是由优良的生漆，经过严格的数次过滤与脱水后与坯油混合而成。用生漆和桐油按一定比例配制的。广漆漆膜干燥后坚韧、光亮透明、色艳、可配制彩色漆。广漆具有耐久、耐热、耐水、耐候、耐磨、耐大气腐蚀等性能，其适用范围主要为房屋、门窗和整个室内、车船内部装潢以及家具、器具及工艺美术漆器的表面涂饰。

广漆有多种施涂方法，比较常见的家具涂饰工艺有抄油复漆广漆和抄漆复漆广漆两种。

(1) 抄油复漆广漆涂饰工艺

抄油复漆广漆操作工艺需要经过如下步骤：施工准备→白坯处理→白木上色油(抄底油)→嵌批腻子、打磨→复补腻子、打磨→上色油(抄油)→上色浆(施涂豆腐色)→打磨→施涂广漆(复漆)→干燥。

① 施工准备

刷漆涂装采用的主要涂装材料是生漆、熟桐油(坯油)、熟石膏粉、豆腐、血料、松香水、颜料、厚漆等；采用的干燥装置主要是窨房。

② 白坯处理

涂装之前，需要将预涂家具表面的木刺、油污、胶迹、墨线等一概除净，松动的翘槎应加固或清除，用1.5号木砂纸打磨，掸净灰尘。

③ 白木上色油(抄底油)

色油由熟桐油、松香水，200号溶剂汽油加色配成。加色物一般是可溶性染料、各色厚漆或氧化系颜料。调制完成，用80~100目铜筛过滤，用旧漆刷施涂，涂色应均匀，涂层宜薄勿厚。

④ 嵌批腻子、打磨

采用有色桐油、石膏腻子，搅拌成近似底色，其质量配合比约为熟石膏粉∶熟桐油∶松香水∶水∶颜料=10∶7∶1∶6适量。操作时，先嵌后批，先搅拌较硬的石膏油腻子，将大洞、缝隙等缺陷填平嵌实。干燥后，用1号木砂纸略打磨，然后将腻子调稀一些，在物件上满批一遍；对于棕眼较多、较深的木材面，应批刮两遍(一遍批刮后，经干燥打磨后，再批刮第二遍)，力求使表面平整。干燥后，用1号砂纸顺木纹打磨光滑，楞角、边线等处应轻磨，不可将底色磨白。

⑤ 复补腻子、打磨

用有色桐油石膏腻子，将凹处等缺陷嵌批平整，并收刮清净，不留残余腻子，否则将难以打磨，而且影响木纹的清晰度。待腻子干燥后，用1号木砂纸将复补处打磨光滑，除去灰尘。

⑥ 上色油(抄油)

用抄底油的色油，在物面上再施涂一遍，上色应均匀，涂层宜薄而均匀。

⑦ 上色浆(施涂豆腐色)

色浆材料要用嫩豆腐和少量血料加色而制成。加色颜料应根据色泽而定，如：浅荸荠色可用酸性金黄加少量酸性橙色；深荸荠色可用酸性金黄加酸性大红加墨汁点滴；铁红色可用氧化铁红等。这些色料用水溶解后加入嫩豆腐和适量生血料一起搅拌，用铜筛过滤后，使豆腐、色料、血料充分分散，混合成均匀的色浆。

用油漆刷进行施涂，施涂时必须刷匀。刷这遍色浆的目的是调整其底色泽，不呈腻子疤痕，确保上漆后色泽一致，漆膜丰满、光滑、光亮。

⑧ 打磨

待色浆干透后，用0号木砂纸打磨，磨去面层颗粒，要求打磨光滑，并掸净灰尘。

⑨ 施涂广漆(复漆)

施涂顺序是先边角，后平面；先小面后大面。操作时，用通帚醮广漆施涂转弯里角，后用牛尾漆刷醮漆施涂平面，再用牛尾抄漆刷抄匀。然后，先用弯把漆刷理匀转弯里角；小平面用牛尾漆刷斜竖推刷匀漆并理直；大面积(指板面或台面)用大号漆刷翘挑生漆纵、横施涂于物面，竖、斜、横交叉反复多次匀漆，将漆液推刷均匀。当目测颜色均匀，而施涂时感到发黏费力时，可用毛头平整而细软的理漆刷顺木纹方向理顺理通，使整个漆面均匀、丰满、光亮。

⑩ 干燥

由于广漆中的主要成分是生漆，而生漆的干燥则由气候条件决定，其最佳干燥条件：温度(25±5)℃，相对湿度80%±5%。物件施涂后可以放入窨房内干燥，也可在室内使其自干(保证温湿度)。正常情况下，物件上漆后6~8h内触指不黏，则表明漆膜表面已基本干燥，经12~24h漆膜基本干燥，一周后手摸有滑爽感，说明漆膜完全干燥，两个月后便可以使用。

(2) 抄漆复漆广漆涂饰工艺

抄漆复漆广漆涂饰工艺一般要经过：施工准备→白坯处理→白木染色(施涂豆腐色)→嵌批腻子→打磨→复补腻子→打磨→上色油(施涂第二遍豆腐色)→打磨→施涂第一遍广漆(抄漆)→干燥→打磨→施涂第二遍广漆(复漆)→干燥。

操作过程中，施工准备、白坯处理、白木染色等操作要点分别与抄油复漆广漆涂饰相应工序相同。

嵌批腻子时采用有色广漆石膏腻子，腻子由广漆、熟石膏粉、水及颜料组成。其重量配合比约为广漆:熟石膏粉:水:颜料=1:0.8:0.3适量。腻子调拌均匀后嵌批有两种方法：一种是先调较稠硬的广漆石膏腻子，将较大的洞、缝等缺陷处填嵌，干燥后再满批；另一种是先满批后在嵌补洞、缝缺陷。嵌批时，应将洞、缝等缺陷处填实，满批时应一摊、二横、三收起灰，不得留有多余腻子。

打磨腻子合格后，为了使物件表面色泽一致，使嵌批的腻子疤痕不显眼，需再施涂第二遍豆腐色浆，色浆颜色近似底色，施涂应均匀，宜薄勿厚。

色浆工艺合格后，施涂第一遍广漆(即抄漆)。抄漆可用抄漆刷先抄后理，上漆必须厚薄均匀，涂层宜薄，勿厚，其操作方法与抄油复漆施涂广漆相同。另外也可用蚕丝团抄漆，不论物件面积大小均适用，且上漆均匀。操作时，将蚕丝捏成丝团，醮漆涂于物面，向纵横方向不断地往返揩搓滚动，使物面受漆均匀。揩匀后用牛尾漆刷理通理顺。小面积可一人操作，自揩自理。大面积需两人配合，一人在前面上漆，另一人在后面理漆。对于木地板等大面积上漆需多人密切配合，从房间内角开始，逐渐退向门口，中途不可停顿，应连续完成。丝头如粘到物面上，必须及时清楚。

第一遍抄漆结束，需要对漆品进行干燥。同样可以将物件放入窨房干燥，或在室内使其自干(保证温、湿度)；最后，施涂第二遍广漆(复漆)并干燥。操作方法与施涂第一遍广漆(抄漆)和第一遍的干燥方法相同，但漆液应比第一遍略厚些。广漆涂装工艺中，应当注意如下一些广漆涂装的质量通病。

① 老虎斑

老虎斑产生原因是由于气候湿润，使漆膜干燥快，未刷匀已开始干燥，而产生斑迹。采取的防治措施是当操作时，上漆及匀理动作应快，操作技术应熟练，自揩自理来不及时，须二人或多人密切配合，中途不可停顿，应连续完成。

② 串珠状流坠

串珠状流坠现象产生原因是家具线脚内的余漆没有剔出，涂层厚薄不匀。采取的防治措施是用硬漆刷翘漆，线脚内的漆膜应与平面上的一样厚薄，并剔出余漆，理匀。

③ 起皱

漆膜起皱产生原因是施涂广漆时，涂层厚薄不匀，并且匀理次数不够。采取的防治措施是施涂应均匀，涂层厚薄一致，做到反复理匀，直至目测颜色均匀，涂刷感到发黏费力时，再顺木纹理顺理通。

（二）香红木揩漆工艺

香红木又称花莉木，采用揩漆工艺后，其涂饰效果虽次于红木，但大大优于杂木仿红木的涂饰效果，其操作工艺是：施工准备→白坯处理→满批第一遍生漆石膏腻子→打磨→第一遍上色→揩漆→满批第二遍生漆石膏腻子→打磨→第二遍上色→揩漆→满批第三遍生漆石膏腻子→干打磨→揩漆(3～4遍)及干打磨。

(1) 施工准备(同前)

(2) 白坯处理

香红木材质本身略呈浅红色，白坯处理时用1.5号木砂纸将胶迹等打磨干净，然后用开水满浇一遍，使物件表面的木刺翘起，再用1号木砂纸打磨去刺，打磨后要求表面平整、光滑。雕刻花纹的凹凸处及线脚处的打磨方法与红木相同。

(3) 满批第一遍生漆石膏腻子

其满批和干燥方法与红木相同。

(4) 打磨

待腻子干燥后，先用320～360目铁砂布打磨，待基本平整后揩抹干净，然后再用0号木砂纸打磨平整并掸净。

(5) 第一遍上色

香红木揩漆的第一遍上色，又可称为上“苏木水”(简称矾水)，它是由苏木、五信子、无花果、菱壳、绿矾(硫酸亚铁)、铁末子等用水溶解熬炼而成。“苏木水”施涂干净后，要用清水冲洗，待干燥后在揩漆。

(6) 揩漆

生漆的揩涂和干燥方法与红木相同。

(7) 满批第二遍生漆石膏腻子及打磨

满批腻子与前相同。腻子干燥后要用0号木砂纸打磨平整和光滑，并掸净。

(8) 第二遍上色

又可称为上“品红水”。它是由碱性品红和碱性品汞用沸水溶解而成，“品红水”施涂干燥后，也要用清水冲洗，待干燥后再揩漆。

（三）虫胶清漆施工工艺

虫胶清漆的施工工艺和大漆的施工工艺类似，但是，由于虫胶清漆的热稳定性差，故主要用于木家具的底漆施工，它的施工方法是：清理木器表面→磨砂纸打光→上润泊粉→打磨砂纸→满刮第一遍腻子，砂纸磨光→满刮第二遍腻子，细砂纸磨光→涂刷油色→刷第一遍清漆→拼找颜色，复补腻子，细砂纸磨光→刷第二遍清漆，细砂纸磨光→刷第三遍清漆、磨光→水砂纸打磨退光，打蜡，擦亮。

基层处理时，除清理基层的杂物外，还应进行局部的腻子嵌补，打砂纸时应顺着木纹打磨。除去认真打磨基层外，上润油粉也是清漆涂刷的重要工序。施工时，用棉丝蘸油粉涂抹在木器的表面上，来回揉擦，将油粉擦入木材的察眼内。

在涂刷面层前，应用漆片(虫胶漆)对有较大色差和木脂的节疤处进行封底。应在基层涂干性油或清油，涂刷干性油层要所有部位均匀刷遍，不能漏刷。

底子油干透后，满刮第一遍腻子，干后以手工砂纸打磨，然后补高强度腻子，腻子以挑丝不倒为准。涂刷面层油漆时，应先用细砂纸打磨。

涂刷清油时，要按照少蘸油、蘸次多，依照先上后下、先难后易、先左后右、先里后外的顺序和横刷竖顺的操作方法施工；手握油刷要轻松自然，手指轻轻用力，以移动时不松动、不掉刷为准。涂刷时。

虫胶清漆涂装好木家具的表面以后，可以选用化学稳定性好的其他清漆进一步进行面漆涂装。

复习思考题

(1) 大漆和虫胶清漆的主要成分是什么？应用性能上有什么相同和不同的地方？

(2) 试找出一例大漆和虫胶清漆的生产工艺，并说明该工艺的优点和缺点。

(3) 试通过一例详细说明大漆和虫胶清漆的木家具涂装工艺。

(4) 试说明刷涂工艺中使用漆刷的操作要领并解释原因。

第三章　合成树脂清漆的生产与涂装技术

【教学目标】

了解硝基清漆、醇酸树脂清漆、聚酯树脂清漆、氨基树脂清漆、酚醛树脂清漆生产常用原料的分类、性质；掌握上述常用合成清漆的组成和分类；掌握上述合成树脂清漆的生产原理及基本生产工艺；理解并掌握浸涂涂装技术。

【教学思路】

传统教学外，以某个典型合成树脂清漆生产工艺的成功掌握为成品，理解并掌握合成树脂清漆生产原理和操作技能，构成成品化教学的相关环节；或者以某一具体合成树脂清漆的浸涂涂装技术的成功掌握为成品，设计发散到相关其他涂装工件表面处理、涂装工序等知识和技能的成品化教学环节。

【教学方法】

建议多媒体讲解和常用合成树脂清漆的合成工艺、生产原理或者浸涂涂装等综合实训项目相结合。

从涂料发展历史来看，天然树脂清漆是涂料发展的第一个阶段，在涂料发展的历史中，占有重要的地位，至今，天然树脂清漆仍然被用于涂料涂装的许多方面。但是不可否认，天然树脂清漆受限于原料资源的特殊性，产量太小，成本过高，难以满足各项各业涂装的普遍需求。同时，天然树脂虽然环保，但是在热稳定性和光稳定性上性能较差，这限制了这类清漆作为底漆和面漆在涂装上，尤其是在室外、高温环境用品涂装上的大量应用。

随着近代化工工业的兴起，各种新型的人工合成树脂层出不穷，相较于天然树脂，在产量和成本具有无可比拟的优势。同时，现代合成技术的发展，也使得人们能够根据涂装性能的要求，开发出满足光稳定性和热稳定性的合成树脂，从而为进一步研制出成本较低、质量可靠的合成树脂清漆铺平了道路。

常用的合成树脂清漆有醇酸清漆、聚酯清漆、硝基清漆、酚醛清漆、聚氨酯清漆、烯酸清漆、氟碳清漆等。为了获得综合的清漆性能(例如获得同时存在的具有优异耐候性和耐久性的清漆)可以将不同类型的合成树脂进行复配进而获得复配型的合成树脂清漆或者天然-合成树脂型清漆。

第一节　硝基清漆的生产技术

一、概述

硝基漆就是硝酸纤维素涂料，俗称“喷漆”，是目前比较常见的木器装修用涂料。优点是装饰作用较好，施工简便，干燥迅速，对涂装环境的要求不高，有较好的硬度和亮度，不易出现漆膜弊病，修补容易。缺点是固含量较低，需要较多的施工道数才能达到较好的效果；耐久性不太好，尤其是内用硝基漆，其保光保色性不好，使用时间稍长就容易出现诸如失光、开裂、变色等弊病；漆膜保护作用不好，不耐有机溶剂、不耐热、不耐腐蚀。硝基漆的主要成膜物是以硝化棉为主，配合醇酸树脂、改性松香树脂、丙烯酸树脂、氨基树脂等软硬树脂共同组成。一般还需要添加邻苯二甲酸二丁酯、二辛酯、氧化蓖麻油等增塑剂。溶剂主要有酯类、酮类、醇醚类等真溶剂，醇类等助溶剂以及苯类等稀释剂。硝基漆主要用于木家具的涂装、金属涂装以及一般水泥涂装等方面。

硝基漆的出现已有100多年的历史，我国于1935年开始生产和应用，70年代以前，它属于装饰性好的高档涂料产品，产量逐年增长。到80年代中期，我国涂料产品按18大类进行统计后，硝基漆的产量和涂料合计总产量之比，仍然相对稳定。近年来，随着涂料行业的发展和科学技术的进步，原化工部在产品结构优化调整方案时提出："限制前四类(油脂漆、天然树脂漆、酚醛漆、沥青漆)，改造两类即硝基漆、过氯乙烯漆，使其质量进一步提高，发展合成树脂漆"。导致了硝基漆的发展受到一定限制。

二、硝基漆的主要生产原料

(一)硝酸纤维素

硝酸纤维素又称纤维素硝酸酯，呈微黄色，外观像纤维。它的化学分子式是$[C_6H_7O_2(ONO_2)_3]_n$，其中n为聚合度。习惯上用含氮量百分数代表酯化程度。简称NC，俗称硝化纤维素，为纤维素与硝酸酯化反应的产物。以棉纤维为原料的硝酸纤维素称为硝化棉。硝酸纤维素是一种白色纤维状聚合物，耐水、耐稀酸、耐弱碱和各种油类。聚合度不同，其强度亦不同，但都是热塑性物质，在阳光下易变色，且极易燃烧。在其生产加工、包装、贮运和销售、使用中都要注意安全。

硝酸纤维素的生产是将疏松干燥后的精制棉通过投棉斗，由加热器加热并在烘干器烘干，再用混酸喷洒浸润，在酯化器(即硝化器)中获得硝酸纤维素，经驱酸机使其与酸分离，再经水洗后，依次进行预煮、酸煮、碱煮以除去残酸及不安定的物质；然后，在细断机上切断、打浆并进一步清洗、中和以除去纤维内所含的残酸，调整产品到略呈碱性，最后，将各批产品在混合机内混合，再经过除渣、除铁、浓缩、脱水。脱水后的硝酸纤维素含水分不得低于32%，以保证贮存和运输中的安全。

涂料行业中使用的硝酸纤维素的含氮量一般在11.2%～12.2%的范围内，其中用得最多的是含氮量11.5%～12.2%的品种。这是因为含氮量低(低于10.5%)的硝酸纤维素溶解性太差，而含氮量高(高于12.3%)的硝酸纤维素则容易分解爆炸。不同含氮量的硝酸纤维素在涂料中的用途如图3-1所示。

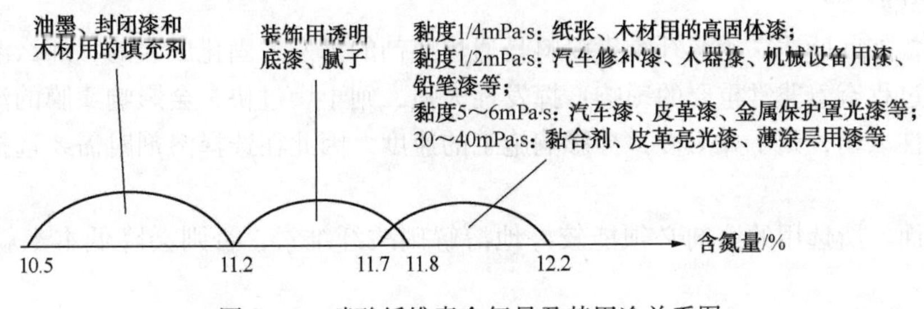

图3-1　硝酸纤维素含氮量及其用途关系图

在涂料行业中使用的硝酸纤维素，应满足表 3－1 中的各项技术指标。

表 3－1　涂料用硝基纤维素技术指标

项　目	指　标	项　目	指　标
外观	白色或淡黄色絮状物	耐热度/min	≥20
含氮量/%	11.2%～12.2%， 最常用为 11.5%～12.2%	溶解度/(g/100g)	≥99
黏度/s	1/4～120	湿润剂(乙醇含量/%)	30±1
游离酸(以氢离子计)/(mg/kg)	≤15	灰分/%	≤0.2
燃点/℃	≥180	水分	η<10s，5g/10mL； η>10s，4g/10mL，溶液澄清透明

（二）其他树脂

由于以单一的硝酸纤维素作为成膜物质制成的涂料，施工后漆膜光泽较低、附着力也比较差，难以满足使用者的要求，所以大部分的硝基漆都会在硝酸纤维素溶液中添加一些与硝酸纤维素溶液混溶性比较好的树脂，以弥补硝酸纤维素自身的一些缺点，同时还可能降低全漆的成本。

可用于添加到硝酸纤维素溶液中的树脂包括改性松香树脂、聚酯树脂、醇酸树脂、氨基树脂、热塑性丙烯酸树脂、脲醛树脂以及氯醋树脂等。

改性松香树脂的主要作用是在不增加、少增加体系黏度的情况下，大幅提高硝酸纤维素涂料的固含量。但是添加改性松香树脂会使得漆膜软化点下降，遇热易发黏，不容易打磨、抛光，户外耐久性下降，因而不适用于生产户外用漆。

聚酯树脂的主要作用是提高硝酸纤维素涂料的附着力、光泽、漆膜丰满度和流平性等。添加了聚酯树脂的硝酸纤维素涂料具有软化点高、柔韧性好等特点。

醇酸树脂的作用是提高硝酸纤维素涂料的附着力、柔韧性、光泽、耐侯性、丰满度和保色性。但是添加了醇酸树脂，会使得硝酸纤维素涂料的硬度和耐磨性有所下降。

氨基树脂的主要作用是延长漆膜的保光性和耐水性，一般采用低醚化度的三聚氰胺甲醛树脂。

热塑性丙烯酸树脂有纯甲基丙烯酸酯类、甲基丙烯酸脂/丙烯酸酯类和甲基丙烯酸/其他乙烯类等多个类别，添加不同类别的热塑性丙烯酸树脂到硝酸纤维素涂料中，能提高硝酸纤维素涂料的各项性能。

脲醛树脂的主要作用是提高硝酸纤维素涂料的光泽和耐晒性能，增加涂料的固含量。

氯醋树脂的主要作用是提高漆膜的延燃性、柔韧性和保色性。

（三）溶剂

一方面，如前所述，硝酸纤维素涂料是通过溶剂的挥发来固化成膜的，那么溶剂的挥发性就对成膜过程有着非常重要的影响：挥发性太强，则干燥过快，会影响漆膜的流平效果和光泽；挥发性太弱，则干燥太慢，会影响施工的速度，因此在选择溶剂时需要选择挥发性适中的溶剂。

另一方面，所选用的溶剂必须能较好地溶解硝酸纤维素，否则会降低本来就不高的固含量。

然而，一般单一的溶剂难以满足上述要求，所以硝酸纤维素涂料中所用的溶剂一般都是混合溶剂，具体包括真溶剂、助溶剂和稀释剂等三类。真溶剂就是能够真正溶解硝化棉的溶剂，如脂类溶剂和酮类溶剂；助溶剂就是本身不能溶解硝化棉，但是添加后能增强真溶剂的溶解能力，起到辅助作用的溶剂，如醇类溶剂；稀释剂就是起到稀释作用的溶剂，它不能溶解硝化棉，也不能增强真溶剂的溶解作用，但是添加后能调节混合溶剂的挥发速率，同时还能降低混和溶剂的成本，如芳烃类溶剂。

此外，所使用的溶剂还要求具有较好的安全性，不要对环境和人带来太大的污染和毒害作用。

（四）增塑剂

增塑剂是添加到聚合物体系中能使聚合物体系的塑性增加的物质。它的主要作用是削弱聚合物分子之间的次价健，即范德华力，从而增加了聚合物分子链的移动性，降低了聚合物分子链的结晶性，即增加了聚合物的塑性，表现为聚合物的硬度、模量、软化温度和脆化温度下降，而伸长率、曲挠性和柔韧性提高。

增塑剂按其作用方式可以分为两大类型，即内增塑剂和外增塑剂。

内增塑剂实际上是聚合物的一部分。一般内增塑剂是在聚合物的聚合过程中所引入的第二单体，由于第二单体共聚在聚合物的分子结构中，降低了聚合物分争链的有规度，即降低了聚合物分子链的结晶度。例如，氯乙烯－醋酸乙烯共聚物比氯乙烯均聚物更加柔软。内增塑剂的使用温度范围比较窄，而且必须在聚合过程中加入，因此内增塑剂用的较少。

外增塑料是一个低相对分子质量的化合物或聚合物，把它添加在需要增塑的聚合物内，可增加聚合物的塑性。外增塑剂一般是一种高沸点的较难挥发的液体或低溶点的固体，而且绝大多数都是酯类有机化合物，通常它们不与聚合物起化学反应，和聚合物的相互作用主要是在升高温度时的溶胀作用，与聚合物形成一种固体溶液。外增塑剂性能比较全面，生产和使用方便，应用很广，现在人们一般说的增塑剂都是指外增塑剂。邻苯二甲酸二辛酯(DOP)和邻苯二甲酸二丁醋(DBP)是外增塑剂。

增塑剂的品种繁多，在其研究发展阶段其品种曾多达1000种以上，作为商品生产的增塑剂不过200多种，而且以原料来源于石油化工的邻苯二甲酸酯为最多。在增塑剂总产量中，邻苯二甲酸酯占总产量的80%以上，而邻苯二甲酸二辛酯、邻苯二甲酸二丁酯是其主导产品。一种理想的增塑剂应具有如下性能：

(1) 与树脂有良好的相溶性；(2)塑化效率高；(3)对热光稳定；(4)挥发性低；(5)迁移性小；(6)耐水、油和有机溶剂的抽出；(7)低温柔性良好；(8)阻燃性好；(9)电绝缘性好；(10)无色、无味、无毒；(11)耐霉菌性好；(12)耐污染性好；(13)增塑糊勃度稳定性好；(14)来源广泛，价格低廉。

在选择增塑剂时就要成分考虑上述性能，但是单一的增塑剂往往难以满足上述性能，因此增塑剂一般都是多种搭配使用，取长补短。

在硝酸纤维素涂料中所使用的增塑剂，主要包括低分子化合物类增塑剂、油脂类增塑剂和合成树脂类增塑剂。常用的低分子化合物类增塑剂有邻苯二甲酸二丁酯、二邻苯二甲酸二辛酯、磷酸二苯酯、磷酸三甲苯酯、癸二酸二丁酯和癸二酸二辛酯等；常用的油脂类增塑剂有双漂蓖麻油、氧化蓖麻油和环氧化大豆油等不干性油；常用的合成树脂有蓖麻油改性中油度醇酸树脂、蓖麻油改性长油度醇酸树脂、花生油改性醇酸树脂、椰子油改性醇酸树脂、聚丙烯酸酯树脂和改性聚酯等。

三、硝基清漆的生产技术

(一)配方设计

硝基漆是非转化型涂料，涂料成膜前后化学结构基本保持一致，没有明显的变化。硝基漆可以分为挥发分和非挥发分(固体分)两大部分，在设计配方时也可以分成两部分考虑。

(1)挥发分的配方设计

挥发分包括真溶剂、助溶剂和稀释剂。在设计混合溶剂时，主要从溶解能力、挥发速率、环保与安全性能以及成本等多个方面来综合考虑、优化，一般是先确定稀释剂的品种、用量，然后再确定助溶剂和真溶剂。稀释剂的用量较大，一般占到混合溶剂的40%~60%，一般都是使用苯类溶剂，其中最常用的是甲苯。助溶剂应与真溶剂配套，一是要种类上配套，以保证助溶剂能提升真溶剂的溶解能力；二是用量上要配套，既要保证所有的真溶剂的溶解能力都得到提升，又要保证不浪费过量的助溶剂(因为过量的助溶剂本身对溶解毫无作用)。一般来说，助溶剂的用量为真溶剂的50%~67%。此外，还需要考虑真溶剂、助溶剂和稀释剂挥发速率快慢的搭配，一般要求混合溶剂中慢干溶剂的比例不少于50%。

(2)固体分的配方设计

固体分也就是成膜物质，在硝基清漆中主要包括硝酸纤维素、树脂、和增塑剂等。硝基清漆配方举例如表3-2所示。

表3-2　纸用和皮革用罩光清漆配方

种类 原料	配方1	配方2
1/2s硝酸纤维素(70%)	16.0	—
30~40s硝酸纤维素(70%)	—	13.5
顺丁烯二酸酐改性松香甘油酯	8.0	—
中油度蓖麻油醇酸树脂	—	10.0
苯二甲酸二丁酯	2.0	2.5
蓖麻油	—	7.5
BAC(乙酸正丁酯)	23.0	23.0
EAC(醋酸己酯)	8.0	8.5
丁醇	6.0	4.0
乙醇	—	4.0
甲苯	37	27.0

从上述配方中可以看出，纸张漆中硝酸纤维素为主，其他树脂少用或不用。但是纯硝酸纤维素制成的涂料与以干性油为主制成的油墨间的附着力不好，所以往往在配方中加入一些醇酸树脂以改善附着力，树脂的用量少于硝酸纤维素。有时要求具有光泽时，也可加入少量顺丁烯二酸酐改性松香甘油酯，但使用这种涂料时在施工滚涂过程中务必干燥得很好，否则极易粘坏纸张。增塑剂可以用溶剂型的，泛黄倾向较小，但漆中含有较多醇酸树脂或松香树脂时则极易造成发黏情况，必须慎重使用。蓖麻油或氧化蓖麻油对防发黏有好处，但日久较易变黄。由于要防止发黏及干燥较快，所以不用高沸点的而采用中低沸点的溶剂。

皮革漆使用在皮革表面着色及罩光，要求有极好的曲挠性、拉伸性、对皮革毛孔用封闭涂料打好底的皮革有良好的附着力，为了保证有较好的柔韧性，一般使用20s以上的高黏度硝酸纤维素和较高比例的增塑剂。常以蓖麻油与溶剂型增塑剂掺和使用，也可使用一些长油度不干性油醇酸树脂，有时可以加入一些中油度蓖麻油醇酸树脂，以提高附着力及光泽。制造色漆时所用颜料比例比一般内用或外用磁漆为高，以取得层次少而着色力强的效果，防止漆膜过厚引起开裂。

（二）硝基清漆的生产工艺

硝基清漆生产工艺流程图如图3－2所示。

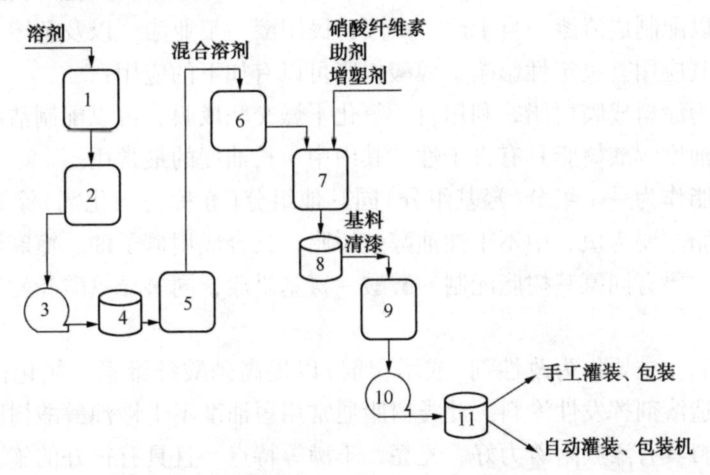

图3－2　硝基清漆生产工艺流程图

1—溶剂计量罐；2—溶剂混合罐；3—溶剂泵；4—过滤机；5—混合溶剂储罐；6—混合溶剂计量罐；7—溶解罐；8—过滤机；9—暂存罐；10—齿轮泵；11—过滤机

（1）硝酸纤维素及树脂溶解

硝酸纤维素是一种疏松、多孔、大块的固体，硬树脂等树脂也是固体，在制漆前一般要先用溶剂溶解，配制成硝酸纤维素溶液和树脂溶液，或直接进行生产，或放置备用。

硝酸纤维素溶液和树脂溶液的配制，常在带有搅拌器的溶解罐中进行，溶解罐通常采用铝、不锈钢或搪瓷材质。

硝酸纤维素溶解时，一般是先往溶解罐中加入部分稀释剂，在搅拌的情况下慢慢加入硝酸纤维素固体，让稀释剂先润湿硝酸纤维素固体颗粒，20min后分别加入助溶剂和真溶剂，继续搅拌至硝酸纤维素固体颗粒消失，转移至储罐备用。如果对硝酸纤维素溶液要求较高，不允许机械杂质存在，则可在转移之前用3～4层120目的绢布，用多面箩筐过滤溶液。

硬树脂等固体树脂溶解时，要先将固体树脂粉碎至粒径不大于30mm，一般在20～30μm的范围，把溶解所需要的溶剂全部加入溶解罐，开动搅拌器，投入树脂，继续搅拌至树脂全部溶解，颗粒消失，然后用80～100目铜箩布过滤，储存备用。

（2）过滤

过滤的目的就是滤去生产过程中带进去的机械杂质，一般以120目绢布或者铜萝布，采用多面萝仅需过滤就可达到要求。如果对产品的细度要求特别高，可以采用高速离心机等设备进行过滤。

（3）包装

包装是生产过程的最好一道工序，目前大多数中小涂料企业采用的都是手工灌装、包装。大型涂料企业或者较先进的涂料生产线，一般采用自动化灌装与包装工艺。

第二节　醇酸树脂清漆的生产技术

1927 年 Kienle 发明了醇酸树脂，使涂料工业开始摆脱了以干性油与天然树脂并合熬炼制漆的传统旧法，真正成为化学工业的一个部门，对涂料工业的发展做出了突破性贡献。

醇酸树脂是涂料用合成树脂中产量最大、用途最广的一种，其产量约占涂料工业总量的 20% ~25%，可以配制成清漆、自干漆、烘漆，民用漆、工业漆，以及色漆。醇酸树脂的油脂种类和油度对其应用有决定性影响，醇酸树脂可以有如下的应用：

（1）独立作为涂料成膜树脂，利用自动氧化干燥交联成膜，可以配制清漆和色漆。干性油的短、中、长油度醇酸树脂具有自干性，其中中、长油度的最常用。

（2）醇酸树脂作为一个组分（羟基组分）同其他组分（亦称为固化剂）涂布后交联反应成膜。该类醇酸树脂主要为短、中不干性油醇酸树脂，其合成用椰子油、篦麻油、月桂酸等原料，其涂料体系主要有同氨基树脂配制的醇酸 - 氨基烘漆，同多异氰酸酯配制的双组分聚氨酯漆等。

（3）改性树脂。主要作为改性剂（或增塑剂）以提高硝酸纤维素、氯化橡胶、过氯乙烯树脂的韧性，制造溶剂挥发性涂料。此类树脂通常用短油度不干性油醇酸树脂。

醇酸树脂涂料具有漆膜附着力好、光亮、丰满等特点，且具有很好的施工性。但其涂膜较软，耐水、耐碱性欠佳。醇酸树脂可与其他树脂（如硝化棉、氯化橡胶、环氧树脂、丙烯酸树脂、聚氨酯树脂、氨基树脂）配成多种不同性能的自干或烘干漆，广泛用于桥梁等建筑物以及机械、车辆、船舶、飞机、仪表等涂装。此外，醇酸树脂原料易得、工艺简单，符合可持续发展的社会要求。目前，醇酸漆仍然是重要的涂料品种之一。

一、醇酸树脂的合成原料及分类

（一）醇酸树脂的主要原料

制造醇酸树脂的多元醇主要有丙三醇（甘油）、三羟甲基丙烷、三羟甲基乙烷、季戊四醇、乙二醇、1，2 - 丙二醇、1，3 - 丙二醇等，其羟基的个数称为该醇的官能度，丙三醇为 3 官能度醇，季戊四醇为四官能度醇，根据醇羟基的位置，有伯羟基、仲羟基和叔羟基之分，它们分别连在伯碳、仲碳和叔碳原子上。

羟基的活性顺序为：伯羟基 > 仲羟基 > 叔羟基。

常见多元醇的物性如表 3 - 3 所示。

表 3 - 3　常见多元醇的物化特性

单体名称	结构式	相对分子质量	溶点（沸点）/℃	密度/（g/cm^3）
丙三醇（甘油）	$HOCH_2CHOHCH_2OH$	92.09	18(290)	1.26
三羟甲基丙烷	$CH_3CH_2C(CH_2OH)_3$	134.12	56 ~5(295)	1.1758
季戊四醇	$C(CH_2OH)_4$	136.15	189(260)	1.38
乙二醇	$HO(CH_2)_2OH$	62.07	-13.3(197.2)	1.12
二乙二醇	$HO(CH_2)O(CH_2)_2OH$	106.12	-8.3(244.5)	1.118
丙二醇	$CH_3CH(OH)CH_2OH$	76.09	60(187.3)	1.036

用三羟甲基丙烷合成的醇酸树脂具有更好的抗水解性、抗氧化稳定性、耐碱性和热稳定性，与氨基树脂有良好的相容性。此外，该树脂还具有色泽鲜艳、保色力强、耐热及快干的优点。乙二醇和二乙二醇主要同季戊四醇复合使用，可以调节醇酸树脂的官能度，使聚合平稳，避免胶化。

（二）有机酸

有机酸可以分为两类：一元酸和多元酸。

一元酸主要有：苯甲酸、松香酸以及脂肪酸（亚麻油酸、妥尔油酸、豆油酸、菜籽油酸、椰子油酸、蓖麻油酸、脱水蓖麻油酸等）。

多元酸包括：邻苯二甲酸酐（PA）、间苯二甲酸（IPA）、对苯二甲酸（TPA）、顺丁烯二酸酐（MA）、己二酸（AA）、癸二酸（SE）、偏苯三酸酐（TMA）等。多元酸单体中以邻苯二甲酸酐最为常用，引入间苯二甲酸可以提高耐候性和耐化学品性，但其溶点高、活性低，用量不能太大；己二酸（AA）和癸二酸（SE）含有多亚甲基单元，可以用来平衡硬度、韧性及抗冲击性；偏苯三酸酐（TMA）的酐基打开后可以在大分子链上引入羧基，经中和可以实现树脂的水性化，用作合成水性醇酸树脂的水性单体。

一元酸主要用于脂肪酸法合成醇酸树脂，亚麻油酸、桐油酸等干性油脂肪酸感性较好，但易黄变、耐候性较差；豆油酸、脱水蓖麻油酸、菜子油酸、妥尔油酸黄变较弱，应用较广泛；椰子油酸、蓖麻油酸不黄变，可用于室外用漆和浅色漆的生产。苯甲酸可以提高耐水性，由于增加了苯环单元，可以改善涂膜的干性和硬度，但用量不能太多，否则涂膜变脆。一些有机酸物性见表3－4。

表3－4　常见有机酸的物化特性

单体名称	状态（25℃）	相对分子质量	溶点/℃	酸值/（mgKOH/g）	碘值
苯酐（PA）	固	148.11	131	785	
间苯二甲酸（IPA）	固	166.13	330	676	
顺丁二酸酐（MA）	固	98.06	52.6（199.7）	1145	
己二酸（AA）	固	146.14	152	768	
癸二酸（SE）	固	202.24	133		
偏苯三酸酐（TMA）	固	192	165	876.5	
苯甲酸	固	122	122	460	
松香酸	固	340	>70	165	
桐油酸	固	280	α型48.5、β型71	180～220	
豆油酸	液	285		195～202	135
亚麻油酸	液	280		180～220	
脱水篦麻油酸	液	293		187～195	138～143
菜油酸	液	285		195～202	120～130
妥尔油酸	液	310		180	105～130
椰子油酸	液	208		263～275	9～11
篦麻油酸	液	310		175～185	85～93
二聚酸	液	566		190～198	

（三）油脂

油类有桐油、亚麻仁油、豆油、棉籽油、妥尔油、红花油、脱水蓖麻油、蓖麻油、椰子油等。

植物油是一种三脂肪酸甘油酯。三个脂肪酸一般不同，可以是饱和酸、单烯酸、双烯酸或三烯酸，但是大部分天然油脂中的脂肪酸主要为十八碳酸，也可能含有少量月桂酸（十二碳酸）、豆蔻酸（十四碳酸）和软脂酸（十六碳酸）等饱和脂肪酸，脂肪酸受产地、气候甚至加工条件的重要影响。

重要的不饱和脂肪酸有：

油酸（十八碳烯－9－酸）：

$CH_3(CH_2)_7CH{=}CH(CH_2)_7COOH$

亚油酸（十八碳二烯－9，12－酸）：

$CH_3(CH_2)_4CH{=}CHCH_2CH{=}CH(CH_2)_7COOH$

亚麻酸（十八碳三烯－9，12，15－酸）：

$CH_3CH_2CH{=}CHCH_2CH{=}CHCH_2CH{=}CH(CH_2)_7COOH$

桐油酸（十八碳三烯－9，11，13－酸）：

$CH_3(CH_2)_3CH{=}CHCH{=}CHCH{=}CH(CH_2)_7COOH$

蓖麻油酸（12－羟基十八碳烯－9－酸）：

$CH_3(CH_2)_5CH(OH)CH_2CH{=}CH(CH_2)_7COOH$

因此，构成油脂的脂肪酸非常复杂，是各种饱和脂肪酸和不饱和脂肪酸的混合物。

油类一般根据其碘值将其分为：干性油、不干性油和半干性油。

干性油：碘值≥140，每个分子中双键数≥6 个；

不干性油：碘值≤100，每个分子中双键数＜4 个；

半干性油：碘值 100～140，每个分子中双键数 4～6 个。

常见的植物油的主要物性见表 3－5。

表 3－5　常见植物油的物化特性

油　品	酸值	碘值	皂化值	密度（20℃）/（g/cm^3）	色泽/号
桐油	6～9	160～173	190～195	0.936～0.940	9～12
亚麻油	1～4	175～197	184～195	0.97～0.938	9～12
豆油	1～4	120～143	185～195	0.921～0.928	9～12
松浆油（妥尔油）	1～4	130	190～195	0.936～0.940	16
脱水蓖麻油	1～5	125～145	188～195	0.926～0.937	6
棉籽油	1～5	100～116	189～198	0.917～0.924	12
篦麻油	2～4	81～91	173～188	0.955～0.964	9～12
椰子油	1～4	7.5～10.5	253～268	0.917～0.919	4

注：其中色泽以色号表示，采用铁钴比色法确定。

（四）催化剂

若使用醇解法合成醇酸树脂，醇解时需使用催化剂。常用的催化剂为氧化铅和氢氧化锂（LiOH），由于环保问题，氧化铅被禁用。醇解催化剂可以加快醇解进程，且使合成的树脂清澈透明。其用量一般占油量的 0.02%。聚酯化反应也可以加入催化剂，主要是有机锡类，如二月桂酸二丁基锡、二正丁基氧化锡等。

（五）催干剂

干性油(或干性油脂肪酸)的“干燥”过程是氧化交联的过程。该反应由过氧化氢键开始，经过链引发、链增长和链终止三个阶段，最后体系中形成的自由基通过共价结合而交联形成体形结构，属连锁反应机理，如式(3-1)所示：

$$ROOH \longrightarrow RO\cdot + HO$$

$$RO\cdot + \sim\sim CH=CH-CH_2-CH=CH\sim\sim(R'H) \longrightarrow$$

$$\sim\sim CH=CH-\dot{C}H-CH=CH\sim\sim(R'\cdot) + ROH$$

$$R'\cdot + O_2 \longrightarrow R'OO\cdot$$

$$R'OO\cdot + R'H \longrightarrow R'\cdot + R'OOH$$

$$R'OOH \longrightarrow R'O\cdot + HO\cdot$$

$$R'\cdot + R'\cdot \longrightarrow R'-R'$$

$$R'O\cdot + R'\cdot \longrightarrow R'OR'$$

$$R'O\cdot + R'O\cdot \longrightarrow R'OOR' \qquad (3-1)$$

上述反应可以自发进行，但速率很慢，需要数天才能形成涂膜，其中过氧化氢物的均裂为速率控制步骤。加入催干剂(或干料)可以促进这一反应，催干剂是醇酸涂料的主要助剂，其作用是加速漆膜的氧化、聚合、干燥，达到快干的目的。通常催干剂又可再细分为两类。

(1) 主催干剂：也称为表干剂或面干剂，主要是钴、锰、钒(V)和铈(Ce)的环烷酸(或异辛酸)盐，以钴、锰盐最常用，用量以金属计为油量的0.02%~0.2%。其催干机理是与过氧化氢构成了一个氧化-还原系统，可以降低过氧化氢分解的活化能，如式(3-2)所示：

$$ROOH + Co^{2+} \longrightarrow Co^{3+} + RO\cdot + HO^-$$

$$ROOH + Co^{3+} \longrightarrow Co^{2+} + ROO\cdot + H^+$$

$$H^+ + HO^- \longrightarrow H_2O \qquad (3-2)$$

同时钴盐也有助于体系吸氧和过氧化氢物的形成。

主催干剂传递氧的作用强，能使涂料表干加快，但易于封闭表层，影响里层干燥，需要助催干剂配合。

(2) 助催干剂：也称为透干剂，通常是以一种氧化态存在的金属皂，它们一般和主催干剂并用，作用是提高主干料的催干效应，使聚合表里同步进行，如钙(Ca)、铅(Pb)、锆(Zr)、锌(Zn)、钡(Ba)和锶(Sr)的环烷酸(或异辛酸)盐，助催干剂用量较高，其用量以金属计为油量的0.5%左右。

使用钴-锰-钙复合体系，效果很好，一些商家提供复合好的干料，下游配漆非常方便。

传统的钴、锰、铅、锌、钙等有机酸皂催干剂品种繁多，有的色深，有的价高，有的有毒。近年开发的稀土催干剂产品，较好地解决了上述问题，但也只能部分取代价昂物稀的钴剂，开发新型的完全取代钴的催干剂，一直是涂料行业的迫切愿望。

二、醇酸树脂的分类

醇酸树脂有很多种分类方法，可以按照高聚物的组成分为改性和未改性醇酸树脂；也可以按照交联机理分为氧化型和非氧化性醇酸树脂；还可以按照生产中所用的单元脂肪酸、油脂与生成的树脂的理论产量之比为基础进行分类，普遍采用的是按照醇酸树脂所使用的脂肪酸或者油的饱和程度以及根据醇酸树脂含油量大小的不同，进行分类。

（一）按改性用脂肪酸或油的干性分类

（1）干性油醇酸树脂

由高不饱和脂肪酸或油脂制备的醇酸树脂，可以自干或低温烘干，溶剂用200号溶剂油。该类醇酸树脂通过氧化交联干燥成膜，从某种意义上来说，氧化干燥的醇酸树脂也可以说是一种改性的干性油。干性油漆膜的干燥需要很长时间，原因是它们的相对分子质量较低，需要多步反应才能形成交联的大分子。醇酸树脂相当于"大分子"的油，只需少许交联点，即可使漆膜干燥，漆膜性能当然也远超过干性油漆膜。

（2）不干性油醇酸树脂

不能单独在空气中成膜，属于非氧化干燥成膜，主要是作增塑剂和多羟基聚合物(油)。用作羟基组分时可与氨基树脂配制烘漆或与多异氰酸酯固化剂配制双组分自干漆。

（3）半干性油醇酸树脂

性能在干性油、不干性油醇酸树脂性能之间。

（二）按醇酸树脂油度分类

包括长油度醇酸树脂、短油度醇酸树脂、中油度醇酸树脂。

油度表示醇酸树脂中含油量的高低。

油度(OL)的含义是醇酸树脂配方中油脂的用量(W_0)与树脂理论产量(W_t)之比，其计算公式如式(3－3)所示：

$$OL = W_0/W_t(\%) \tag{3-3}$$

以脂肪酸直接合成醇酸树脂时，脂肪酸含量(OLf)为配方中脂肪酸用量(W_f)与树脂理论产量之比。

W_t＝单体用量－生成水量＝甘油(或季戊四醇)用量＋油脂(或脂肪酸)用量－生成水量，如式(3－4)所示：

$$OLf = W_f/W_t(\%) \tag{3-4}$$

为便于配方的解析比较，可以把OLf换算为OL，油脂中，脂肪酸基含量约为95%，所以如式(3－5)所示：

$$OLf = OL \times 0.95(\%) \tag{3-5}$$

引入油度(OL)对醇酸树脂配方有如下的意义：

（1）表示醇酸树脂中弱极性结构的含量

因为长链脂肪酸相对于聚酯结构极性较弱，弱极性结构的含量，直接影响醇酸树脂的可溶性，如长油醇酸树脂溶解性好，易溶于溶剂汽油，中油度醇酸树脂溶于溶剂汽油－二甲苯混合溶剂，短油醇酸树脂溶解性最差，需用二甲苯或二甲苯/酯类混合溶剂溶解；同时，油度对光泽、刷涂性、流平性等施工性能亦有影响，弱极性结构含量高，光泽高、刷涂性、流平性好。

（2）表示醇酸树脂中柔性成分的含量

因为长链脂肪酸残基是柔性链段，而苯酐聚酯是刚性链段，所以，OL也就反映了树脂的玻璃化转变温度(T_g)，或常说的"软硬程度"，油度长时硬度较低，保光、保色性较差。醇酸树脂的油度范围见表3－6。

表 3－6　醇酸树脂油度范围

油　度	长油度	中油度	短油度
油量/%	>60	40～60	<40
苯酐量/%	<30	30～35	>35

【例 2－1】 某醇酸树脂的配方如下，亚麻仁油：100.00g；氢氧化锂(酯交换催化剂)：0.400g；甘油(98%)：43.00g；苯酐(99.5%)：74.50g(其升华损耗约 2%)，计算所合成树脂的油度。

解：甘油的相对分子质量为 92，固其投料的物质的量为：43×98%/92＝0.458(mol)

含羟基的物质的量为：3×0.458＝1.374(mol)

苯酐的相对分子质量为 148，因为损耗 2%，故其参加反应的物质的量为：74.50×99.5%×(1－2%)/148＝0.491(mol)

其官能度为 2，故其可反应官能团数为：2×0.491＝0.982(mol)

因此，体系中羟基过量，苯酐(即其醇解后生成的羧基)全部反应生成水量为：0.491×18＝8.835g

生成树脂质量为：100.0＋43.00×98%＋74.5×(1－2%)－8.835＝205.945(g)

所以，油度＝100/205.945＝49%

三、醇酸树脂的生产

(一) 单体官能度

单体分子在发生聚合反应时，参加反应的功能团数目或某些功能团在化学反应中所具有的反应能力，也就是在反应体系中实际起反应的单体的官能团数。如式(3－6)所示：

$$2HOOC(CH_2)_4COOH + HO(CH_2)_4O \longrightarrow HOOC(CH_2)_4COO(CH_2)_4OOC(CH_2)_4COOH + 2H_2O \quad (3-6)$$

这里，己二酸的官能团为 2，官能度为 1。

(二) 平均官能度

有两种或两种以上单体参加的混缩聚或共缩聚反应中在达到凝胶点以前的线型缩聚阶段，反应体系中实际能够参加反应的官能团数与单体总物质的量之比。

平均官能度 f＝起反应的官能团总数/反应体系树脂的总分子数；

例如，2 丙三醇＋3 邻苯二甲酸酐→丙三醇—邻苯二甲酸酯树脂

平均官能度＝(2×3＋3×2)/(2＋3)＝2.4

体系的平均官能度对缩聚产物的结构影响很大。$f=1$ 时，仅能形成低分子物而不能形成聚合物；$f=2$ 时，原则上仅能形成线型聚合物；f 大于 2 时，则可能形成支链型或体型聚合物，大分子链的交联程度随平均官能度的增加而增加。

(三) Crothers 凝胶点

Crothers 凝胶点＝2/平均官能度数

多官能团单体聚合到某一程度，开始交联，黏度突增，气泡也难上升，出现了所谓的凝胶，这时的反应程度称作凝胶点。

(四) 体型结构树脂的生成

生产醇酸树脂最常用的多元醇是甘油，其官能度是 3，最常用的多元酸是苯酐，其官能

度是2，当苯酐和甘油反应以等当量(不是等摩尔)之比反应时，反应式如式(3－7)所示：

$$3\,C_6H_4(CO)_2O + 2\,HO{-}CH_2{-}CH(OH){-}CH_2{-}OH \rightleftharpoons HO{-}CO{-}C_6H_4{-}CO{-}O{-}CH_2{-}CH(OH){-}CH_2{-}O{-}CO{-}C_6H_4{-}CO{-}O{-}CH_2{-}CH(OH){-}CH_2{-}O{-}CO{-}C_6H_4{-}CO{-}OH + 2H_2O \quad (3-7)$$

初步得到的酯官能度为4，如两个这样的分子反应，分子间产生交联，形成体型结构的树脂，该树脂加热不熔化，也不溶于溶剂，称之为热固型树脂，在涂料方面没有使用价值。

甘油和苯酐的物质的量比按2∶3投料，则该体系的的平均官能度为：(2×3＋3×2)/(2＋3)＝2.4，其Crothers凝胶点为$P_c=2/2.4=0.833$，因此，若官能团的反应程度超过凝胶点，就生成体型结构缩聚物。其结构式如式(3－8)所示：

$$\sim\!O{-}CH_2{-}CH(O\!\sim){-}CH_2{-}O{-}CO{-}C_6H_4{-}CO{-}O{-}CH_2{-}CH(O\!\sim){-}CH_2{-}O{-}CO{-}C_6H_4{-}CO{-}O{-}CH_2{-}CH(O\!\sim){-}CH_2{-}O\!\sim \quad (3-8)$$

这种树脂遇热不融，亦不能溶于有机溶剂，具有热固性，不能用作成膜物质。所以制造醇酸树脂时，先将甘油与脂肪酸酯化或甘油与油脂醇解生成单脂肪酸甘油酯，使甘油由3官能度变为2官能度，然后再与2官能度的苯酐缩聚，此时体系为2－2线型缩聚体系。苯酐、甘油、脂肪酸按1∶1∶1物质的量比合成醇酸树脂的理想结构式如式(3－9)所示：

$$\sim\!O{-}CH_2{-}CH(O{-}CO{-}R){-}CH_2{-}O{-}CO{-}C_6H_4{-}CO{-}O\!\sim \;=\; *\!\left[O{-}CH_2{-}CH(O{-}CO{-}R){-}CH_2{-}O{-}CO{-}C_6H_4{-}CO\right]_n\!* \quad (3-9)$$

上述大分子链中引入了脂肪酸残基，降低了甘油的官能度，同时也使大分子链的规整度、结晶度、极性降低，从而提高了漆膜的透明性、光泽和柔韧性和施工性。若使用干性脂肪酸(或干性油)，则在催干剂的作用下，可在空气中进一步发生氧化聚合、干燥成膜，如式(3-10)所示：

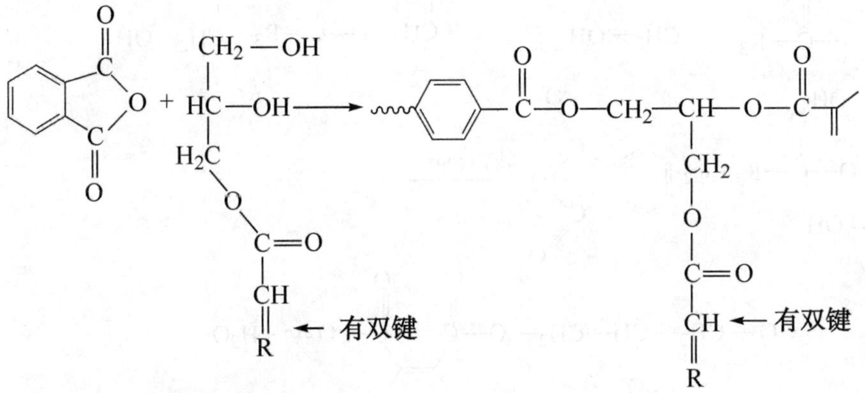

$$C_6H_4(CO)_2O + HC(-OH)(CH_2-OH)(H_2C-O-C(=O)-CH=R) \longrightarrow \sim C_6H_4-C(=O)-O-CH_2-CH(-CH_2-O-C(=O)-CH=R)-O-C(=O)-\cdots \quad (3-10)$$

CH ← 有双键

CH ← 有双键

(五) 线性醇酸树脂的生产

线性醇酸树脂的合成工艺按所用原料的不同可分为醇解法和脂肪酸法；从工艺上可以分为溶剂法和熔融法。

熔融法设备简单、利用率高、安全，但产品色深、结构不均匀、批次性能差别大、工艺操作较困难，主要用于聚酯合成，醇酸树脂合成主要采用溶剂法生产。溶剂法中常用二甲苯的蒸发带出酯化水，经过分水器的油水分离后重新流回反应釜，如此反复，推动聚酯化反应的进行，生成醇酸树脂。釜中二甲苯用量决定反应温度，存在如表3-7关系。

表3-7 二甲苯用量与反应温度的关系

二甲苯用量/%	10	8	7	5	4	3
反应温度/℃	188~195	200~210	205~215	220~230	230~240	240~255

醇解法与脂肪酸法则各有优缺点。详见表3-8。

表3-8 醇解法与脂肪酸法的比较

	醇解法	脂肪酸法
优点	(1)成本较低；(2)工艺简单易控；(3)原料腐蚀性小	(1)配方设计灵活，质量易控；(2)聚合速度较快；(3)树脂干性较好、涂膜较硬
缺点	(1)酸值不易下降；(2)树脂干性较差、涂膜较软	(1)工艺较复杂，成本高；(2)原料腐蚀性较大；(3)脂肪酸易凝固，冬季投料困难

目前国内两种方法皆有应用，脂肪酸法呈上升趋势。

1. 醇解法

醇解法是醇酸树脂合成的重要方法。由于油脂与多元酸(或酸酐)不能互溶，所以用油脂合成醇酸树脂时要先将油脂醇解为不完全的脂肪酸甘油酯(或季戊四醇酯)。不完全的脂肪酸甘油酯是一种混合物，其中含有单酯、双酯和没有反应的甘油及油脂，单酯含量是一个重要指标，影响醇酸树脂的质量，其反应如式(3-11)所示：

醇解：

$$n_1\begin{array}{l}CH_2-O-\overset{O}{\overset{\|}{C}}-R_1\\ |\\ CH-O-\overset{O}{\overset{\|}{C}}-R_2\\ |\\ CH_2-O-\overset{O}{\overset{\|}{C}}-R_3\end{array}+m_1\begin{array}{l}CH_2-OH\\ |\\ CH\quad OH\\ |\\ CH_2-OH\end{array}\xrightarrow[220\sim240^{\circ}C]{LiOH}\begin{array}{l}CH_2-O-\overset{O}{\overset{\|}{C}}-R_1\\ |\\ CH-OH\\ |\\ CH_2-O-\overset{O}{\overset{\|}{C}}-R_3\end{array}+\begin{array}{l}CH_2-OH\\ |\\ CH-O-\overset{O}{\overset{\|}{C}}-R_2\\ |\\ CH_2-OH\end{array}$$

聚酯化：

$$n_2\begin{array}{l}CH_2-OH\\ |\\ CH-O-\overset{O}{\overset{\|}{C}}-R_2\\ |\\ CH_2-OH\end{array}+m_2\,C_6H_4(CO)_2O\ \text{(苯酐)}\xrightarrow{180\sim220^{\circ}C}$$

$$\sim O-CH_2-\underset{\underset{O=C-R_2}{|}}{\underset{O}{\underset{|}{CH}}}-CH_2-O-\overset{O}{\overset{\|}{C}}-C_6H_4-\overset{O}{\overset{\|}{C}}-O\sim+H_2O \tag{3-11}$$

（1）醇解

醇解时要注意甘油用量、催化剂种类和用量及反应温度，以提高反应速度和甘油一酸酯含量。此外，还要注意以下几点：

① 用油要经碱漂、土漂精制，至少要经碱漂。

② 通入惰性气体保护（CO_2 或 N_2），也可加入抗氧剂，防止油脂氧化。

③ 常用 LiOH 作催化剂，用量为油量的 0.02% 左右。

④ 醇解反应是否进行到应有深度，须及时用醇容忍度法检验以确定其终点。

用季戊四醇醇解时，由于其官能度大、溶点高，醇解温度比甘油高，一般在 230 ~ 250℃之间。

（2）聚酯化反应

醇解完成后，即可进入聚酯化反应。将温度降到 180℃，分批加入苯酐，加入回流溶剂二甲苯，在 180 ~ 220℃之间缩聚。二甲苯得加入量影响脱水速率，二甲苯用量提高，虽然可加大回流量，但同时也降低了反应温度，因此回流二甲苯用量一般不超过 8%，而且随着反应进行，当出水速率降低时，要逐步放出一些二甲苯，以提高温度，进一步促进反应进行。聚酯化易采取逐步升温工艺，保持正常出水速率，应避免反应过于剧烈造成物料夹带，影响单体配比和树脂结构。另外，搅拌也应遵从先慢后快的原则，使聚合平稳、顺利进行。保温温度及时间随配方而定，而且与油品和油度有关，干性油及短油度时，温度易低，半干性油、不干性油及长油度时，温度应稍高些。

聚酯化反应应关注出水速率和出水量，并按规定时间取样，测定酸值和黏度，达到规定后降温、稀释，经过过滤，制得漆料。

图 3 - 3 为醇解法溶剂法生产醇酸树脂的工艺流程简图。

2. 脂肪酸法

脂肪酸法就是把多元醇、多元酸（酐）和脂肪酸全部同时加到反应釜中，搅拌升温至 220 ~ 260℃进行酯化反应，达到需要的聚合度，接着把产物溶解并过滤的生产方法。

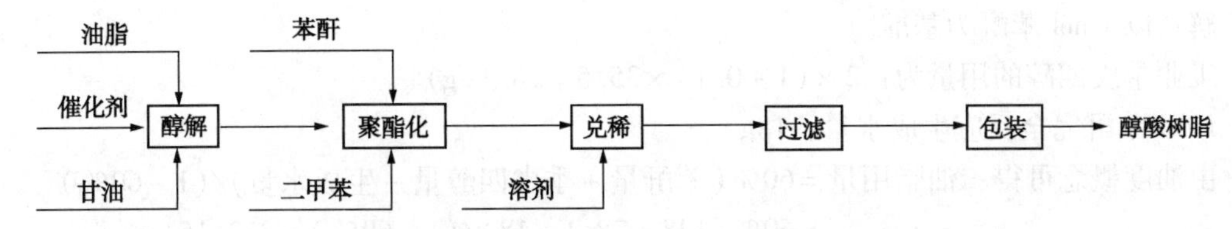

图 3－3　醇解法溶剂法生产醇酸树脂的工艺流程简图

脂肪酸可以与苯酐、甘油互溶，因此脂肪酸法合成醇酸树脂可以单锅反应，同聚酯合成工艺、设备接近。脂肪酸法合成醇酸树脂一般也采用溶剂法，反应釜为带夹套的不锈钢反应釜，装有搅拌器、冷凝器、惰性气体进口、加料、放料口、温度计和取样装置。为实现油水分离，在横置冷凝器下部配置一个油水分离器，经分离得二甲苯溢流回反应釜循环使用。

脂肪酸法的配方灵活性较强，可以通过调整各种原料的种类和配比得到性能各异的醇酸树脂。缺点是，由于多元醇不同位置羟基、脂肪酸的羧基、苯二甲酸的酐基、苯二甲酸酐形成的半酯羧基之间的反应活性不同，不同酯结构之间的酯交换非常缓慢，反应进程较慢；脂肪酸法中使用的脂肪酸通过油脂分解得到，生产成本较高；反应过程中酸性较强，反应设备要有较强的防腐蚀能力；同时脂肪酸的熔点较高，增加了生产过程的能量消耗。

除此之外，醇酸树脂的生产还可以采用酸解法和脂肪酸—油法进行生产，其实质都是对醇解法和脂肪酸法生产醇酸树脂的改进，这里不再一一赘述。

四、醇酸树脂清漆的生产技术

（一）醇酸树脂合成配方技术

合成醇酸树脂的反应是很复杂的。根据不同的结构、性能要求制备不同类型的树脂，首先要拟定一个适当的配方，合成的树脂既要酸值低、相对分子质量较大、使用效果好，又要反应平稳、不致胶化。配方拟定还没有一个十分精确的方法，必须将所拟定的配方反复实验、多次修改，才能用于生产。

目前，有一种半经验的配方设计方案，程序如下：

（1）根据油度要求选择多元醇过量百分数，确定多元醇用量，如表 3－9 所示。

表 3－9　不同油度条件下甘油过量和季戊四醇的投料量

油度/%	>65	65～60	60～55	55～50	50～40	40～30
甘油过量/%（质量）	0	0	0～10	10～15	15～25	25～35
季戊四醇/%（质量）	0～5	5～15	15～20	20～30	30～40	40～50

多元醇用量 = 酯化 1mol 苯酐多元醇的理论用量（1 + 多元醇过量百分数）

使多元醇过量主要是为了避免凝胶化。油度约小，体系平均官能度越大，反应中后期越易胶化，因此多元醇过量百分数越大。

（2）由油度概念计算油用量。

$$油量 = 油度 \times (树脂产量 - 生成水量)$$

（3）由固含量求溶剂量。

（4）验证配方。即计算 f、P_c。

【例 2－2】　现设计一个 60% 油度的季戊四醇醇酸树脂（豆油∶梓油 = 9∶1），醇过量 10%，固体含量 55%。200 号溶剂汽油∶二甲苯 = 9∶1。已知工业季戊四醇的当量为 35.5。计算其配方组成。

解：以 1mol 苯酐为基准。

工业季戊四醇的用量为：$2\times(1+0.1)\times 35.5=78.1$(g)

1mol 苯酐完全反应生成水量：18g

由油度概念可得：油脂用量 = 60%（苯酐量 + 季戊四醇量 - 生成水量）/（1 - 60%）

= 60%（148 + 78.1 - 18）/（1 - 60%）= 312.15（g）

因此豆油用量 = 312.15 × 90% = 280.94（g）

梓油用量 = 312.15 × 10% = 31.22（g）

理论树脂产量 = 苯酐量 + 季戊四醇量 + 油脂量 - 生成水量

= 148 + 78.1 + 312.15 - 18 = 520.25（g）

溶剂用量 =（1 - 55%）× 520.25/55% = 425.66（g）

溶剂汽油用量 = 425.66 × 90% = 383.09（g）

二甲苯用量 = 425.66 × 10% = 42.57（g）

配方核算主要是计算体系的平均官能度和凝胶点，此时，应将 1mol 油脂分子视为 1mol 甘油和 3mol 脂肪酸。

将配方归入表 3 - 10。

表 3 - 10　配方原料的用量表

原　　料	用量/g	相对分子质量	摩尔数	官能度
豆油	280.94	879	0.319	
豆油中甘油			0.319	3
豆油中脂肪酸			3 × 0.319	1
梓油	31.22	846	0.0369	
梓油中甘油			0.0369	3
梓油中脂肪酸			3 × 0.0369	1
工业季戊四醇	78.1	142	0.550	4
苯酐	148.0	148	1.000	2

配方中羟基过量，实际反应中工业季戊四醇的官能度按照消耗的苯酐官能度来计算。故平均官能度为：

$f=2\times(3\times 0.319+3\times 0.0369+2\times 1.000)/$

$(0.319+3\times 0.319+0.0369+3\times 0.0369+0.550+1.000)=2.063$

$P_c=2/2.063=0.969$，不易凝胶。

（二）醇酸树脂的生产技术

（1）短油度椰子油醇酸树脂的合成

① 配方如表 3 - 11 所示。

表 3 - 11　短油度椰子油醇酸树脂

原　料	用量/kg	相对分子质量	物质的量/kmol
精制椰子油	127.862	662	0.193
95% 甘油	79.310	92.1	0.818
苯酐	148.0	148	1.000
油内甘油			0.193
油内脂肪酸			3 × 0.193

油度 = 127.862/(127.862 + 79.310 + 148.0 − 18) = 38%

醇超量 = (3 × 0.818 − 2 × 1.000)/(2 × 1.000) = 0.227

平均官能度 = 2 × (2 × 1 + 3 × 0.193)/(0.818 + 1 + 0.193 + 3 × 0.193) = 1.992

P_c = 2/1.992 = 1.004，不易凝胶。

② 合成工艺

(a) 将精制椰子油及甘油的60%加入反应釜，升温，同时通 CO_2，120℃时加入黄丹；

(b) 用2h升温至220℃，保温醇解至无水甲醇容忍度达到5(即在25℃，1mL醇解油中加入5mL无水甲醇体系仍透明)。

(c) 降温到180℃，加入剩余甘油，用20min加入苯酐；

(d) 停通 N_2，从油水分离器加入单体总量6%的二甲苯；

(e) 在2h内升温至195 ~ 200℃，保温2h；

(f) 取样测酸值、黏度，当酸值约8mgKOH/g(树脂)、黏度(加氏管)达到10s，停止加热，出料到兑稀罐，110℃加二甲苯，过滤，收于储罐。

(2) 中油度豆油季戊四醇醇酸树脂的合成

① 单体配方及核算如表3 − 12所示。

表3 − 12　中油度豆油季戊四醇醇酸树脂合成单体配方

原　料	用量/kg	相对分子质量	物质的量/kmol
豆油酸	305.89	285	1.073
季戊四醇	138.11	136	1.016
苯酐	148.0	148	1.000

脂肪酸油度 = 305.886/(305.886 + 138.114 + 148.0 − 18 − 1.073 × 18) = 55%；

醇超量 = (4 × 1.016 − 2 × 1.000 − 1.073)/(2 × 1.000 + 1.073) = 0.322；

平均官能度 = 2 × (2 × 1 + 1.073)/(1.073 + 1.016 + 1 + 1.000) = 1.990；

P_c = 2/1.990 = 1.005，不易凝胶。

② 合成工艺

(a) 将豆油酸、季戊四醇、苯酐和回流二甲苯(单体总量的8%)全部加入反应釜，通入少量 CO_2，开慢速搅拌，用1h升温至180℃；保温1h；

(b) 用1h升温至200 ~ 220℃，保温2h，抽样测酸值达10mgKOH/g、黏度(加氏管)达到10s为反应终点。如果达不到，继续保温，每30min抽样复测；

(c) 达到终点后，停止加热，冷却后将树脂送入已加入二甲苯(固体分55%)的兑稀罐中；

(d) 搅拌均匀(30min)，80 ~ 90℃过滤，收于贮罐。

(3) 60%长油度苯甲酸季戊四醇醇酸树脂的合成

① 单体配方及核算如表3 − 13所示。

表3 − 13　60%长油度苯甲酸季戊四醇醇酸树脂合成单体配方

原　料	用量/kg	相对分子质量	物质的量/kmol
双漂豆油	253.71	879	0.2886
漂梓油	28.19	846	0.0333

续表

原　料	用量/kg	相对分子质量	物质的量/kmol
苯甲酸	67.66	122	0.6924
季戊四醇	94.16	136	0.5546
苯酐	148.0	148	1.0000
豆油中甘油			0.2886
豆油中脂肪酸			3×0.2886
梓油中甘油			0.0333
梓油中脂肪酸			3×0.03333
回流二甲苯	45.10		

$$油度=(253.71+28.19)/(253.71+28.19+67.66+94.16+148.0-18-0.5546\times18)=60\%$$

$$醇超量=(4\times0.6924-2\times1.000-0.5546)/(2\times1.000+0.5546)=0.082$$

$$平均官能度=2\times(2\times1+0.5546+3\times0.2886+3\times0.0333)/(0.2886+0.0333+0.6924+0.5546+1.000+3\times0.288+3\times0.0333)=1.990$$

$$P_c=2/1.990=1.005$$

不易凝胶。

② 合成工艺

(a) 将双漂豆油、漂梓油加入反应釜，开慢速搅拌，升温，同时通 CO_2，120℃时加入 0.03%的 LiOH；

(b) 升温至 220℃，逐步加入季戊四醇，再升温至 240℃醇解，保温醇解至醇解物∶95%乙醇(25℃)=1∶3～5，达到透明。

(c) 降温到 200～220℃，分批加入苯酐，加完后停通 CO_2；

(d) 加入单体总量 5%的回流二甲苯；

(e) 在 200～220℃保温回流反应 3h；

(f) 抽样测酸值达 10mg KOH/g、黏度(加氏管)达到 10s 为反应终点。如果达不到，继续保温，每 30min 抽样复测；

(g) 酸值、黏度达标后即停止加热，出料到兑稀罐，120℃加 200 号汽油兑稀，冷却至 50℃过滤，收于储罐供配漆使用。

(三) 醇酸树脂清漆的生产技术

当得到满足质量要求的树脂以后，就可以进行醇酸树脂清漆的生产了，合格的醇酸树脂清漆需要在已经合成的醇酸树脂乳液中添加合适的溶剂调节黏度，添加合适的助剂以调节树脂的性能。

季戊四醇醇酸树脂型清漆用于室外一般木质和金属表面涂饰或涂层罩光。

① 清漆配方如表 3－14 所示。

表 3－14　季戊四醇醇酸树脂清漆配方

原料名称	用量/质量份	原料名称	用量/质量份
季戊四醇豆油醇酸树脂	84.0	2%异辛酸钙	2.0
10%异辛酸铅	2.0	二甲苯	10.8
4%异辛酸钴	0.5	丁酮肟	0.2
2%异辛酸锌	0.5	合计	100.0

② 生产方法

首先将漆料加入到配料罐内，再加入配方中规定的固化剂和抗结皮剂，搅拌均匀，然后加入溶剂，调整黏度到55～65s(涂－4杯，25℃)，过滤，包装。

③ 性能

原漆颜色：(铁钴)/号≤12；干燥时间/h：表干：≤6，实干：≤15；不挥发物含量/%：≥45；流出时间(6号杯)：/s≥25；耐水性(浸18h)：无异常；原漆透明性：透明无机械杂质；结皮性：不结皮；耐溶剂油性：120#溶剂汽油4h)；施工性：刷涂无障碍、无异常；漆膜外观：无异常；耐候性(广州地区一年天然曝晒)/级：≤2(失光)，2(裂纹)，0(生锈)：酸值/(mgKOH/g)：≤12；弯曲试验/mm：≤2。

第三节　聚酯清漆的生产技术

一、概述

1941年英国J. R. Whenfield和J. T. Dikson以对苯二甲酸和乙二醇为原料，首次合成了聚对苯二甲酸乙二酯(聚酯)，并制成了聚酯纤维以来，迄今为止已经半个多世纪了。聚酯树脂主要用于生产聚酯纤维(涤纶)，同时作为非纤维的薄膜、塑料、包装容器、粘合剂、涂料制品等，广泛应用于轻工、机械、电子、食品包装等工业领域。

聚酯清漆和醇酸树脂清漆的配方非常类似，配方中的高分子成膜物质都是多元酸和多元醇发生酯化反应的高分子聚合物，不同之处在于，清漆用醇酸树脂是通过添加不饱和的天然或者合成的油脂在其侧链上引入双键，调节高分子成膜物质的不饱和度，依靠空气的氧化作用交联固化；而聚酯高分子成膜物质则是本身以不饱和多元酸为单体，在生成高分子成膜物质的同时，也赋予了高分子成膜物质合适的不饱和度，利用其主链上的双键及交联单体(如苯乙烯)的双键由自由基型引发剂产生的活性自由基引发聚合、交联固化。

不饱和聚酯涂料具有较高的光泽、耐磨性和硬度，而且耐溶剂、耐水和耐化学品性良好，其漆膜丰满，表面可打磨、抛光，装饰性高，其缺点是成膜时，由于伴有自由基型聚合，涂膜收缩率大，对附着力有不良影响，同时漆膜脆性较大。

聚酯清漆是一种高性能、双组分的木器装饰涂料，产品分亮光面漆、半哑面漆、哑光面漆和透明底漆，用于室内外各类木材，铁艺表面的装饰和保护，使用方便，不会引起乳胶漆墙面泛黄，是现代家庭装修的首选材料。近年来，由于施工应用技术的发展，聚酯清漆运用到金属表面上作为金属槽内壁的防腐蚀装饰材料，质量要求越来越高。同时，聚酯清漆也适用于木家具厂及室内各类木器表面的装饰。聚酯清漆具有色浅、快干、易于施工，漆膜透明性高、坚韧丰满、手感细腻等优良特点。符合国家《室内装饰装修材料溶剂型木器涂料中有害物质限量》的规定。

随着现代化工工业合成技术的发展，我国聚酯清漆的生产和应用得到了长足的进步，发展前景十分乐观。

二、不饱和聚酯合成配方及各组分的作用

聚酯清漆的生产和醇酸树脂清漆的生产非常类似，首先也需要发生多元醇和多元酸之间的酯化反应，制得符合质量要求的不饱和聚酯高分子成膜树脂。

不饱和聚酯合成中多元醇、多元酸、溶剂、催化剂的选用可以参照第一节醇酸树脂清漆的生产内容部分，此处不再赘述。

（一）合成配方（表3-15）

表3-15　不饱和聚酯树脂的合成配方

原料名称	用量/质量份	原料名称	用量/质量份
三羟甲基丙烷二烯丙基醚	20.00	二甲苯（带水剂）	4.300
1，2-丙二醇	34.41	抗氧剂	0.150
马来酸酐	33.32	有机锡催化剂	0.120
苯酐	19.84	苯乙烯（稀释剂）	50.00

（二）各原材料的作用

1，2-丙二醇带有支链使聚酯呈现不对称性，可以提高其与苯乙烯等交联剂的相容性，三羟甲基丙烷二烯丙基醚共聚于不饱和聚酯主链中，也可以作为封端剂使用。

二甲苯作为惰性溶剂与聚酯化反应生成水发生共沸而将水带出。

马来酸酐MA属于不饱和酸，其使用目的是在聚酯中引入不饱和双键，MA为最重要的不饱和二元酸，它在聚酯主链上以顺式、反式构型同时出现，研究发现反式构型的MA单元的共聚活性大，容易同交联剂（苯乙烯）共聚，为提高反式构型单元含量，可以在反应后期将温度提高到200℃反应1h。另外，MA单元的位置对聚合活性也有重要的影响，实验发现位于链端的活性远远大于位于链中时的活性，因此MA的加料方式应予以重视，分批加料是一种较好的选择。苯酐PA为合成不饱和聚酯最常用的饱和二元酸。MA、PA的物质的量比通常在3/1-1/3之间，MA用量高时，树脂活性大，漆膜脆性亦大。因此，配方研究时应根据性能要求，通过实验确定最佳的配料比。

抗氧剂加于高分子材料中能有效地抑制或降低大分子的热氧化、光氧化速度，显著地提高材料的耐热、耐光性能，延缓材料的降解等老化过程，延长制品使用寿命。

聚酯化反应有机锡催化剂参与聚酯化过程，可以加快聚合进程，但反应之后该物质又重新复原，没有损耗。目前，聚酯化反应的催化剂以有机锡类化合物应用最广，一般添加量为总反应物料的0.05~0.25%（质量），反应温度为220℃左右。

（三）不饱和聚酯树脂的生产技术

采用溶剂共沸法来制备不饱和聚酯树脂，该工艺常压进行，用惰性溶剂（二甲苯）与聚酯化反应生成水共沸而将水带出，用分水器使油水分离，溶剂循环使用。反应可在较低温度（150-220℃）下进行，条件较温和，反应结束后，要在真空下脱除溶剂。另外，由于物料夹带，会造成醇类单体损失，因此，实际配方中应使醇类单体过量一定的分数，其具体数值同选用单体种类、配比、聚合工艺条件及设备参数有关。不饱和聚酯树脂制备的工艺流程图如图3-4所示。

溶剂法合成中，按照如下步骤生成不饱和聚酯树脂：

① 通氮气置换空气，投入所有原料（含0.04%对苯二酚），用1h升温至140℃，保温0.5h；

② 升至160℃，保温1h；

③ 用1h从185℃，使酸值约为30mgKOH/g（树脂）；

④ 冷却至150℃，在真空度0.070MPa下真空蒸馏0.5h脱水；

⑤ 冷却至120℃，补加0.2%对苯二酚；

⑥ 冷却至90℃，苯乙烯稀释至固含量为65%，过滤、出料。

注：反应器带有搅拌器、N_2导管、部分冷凝器和分水器。

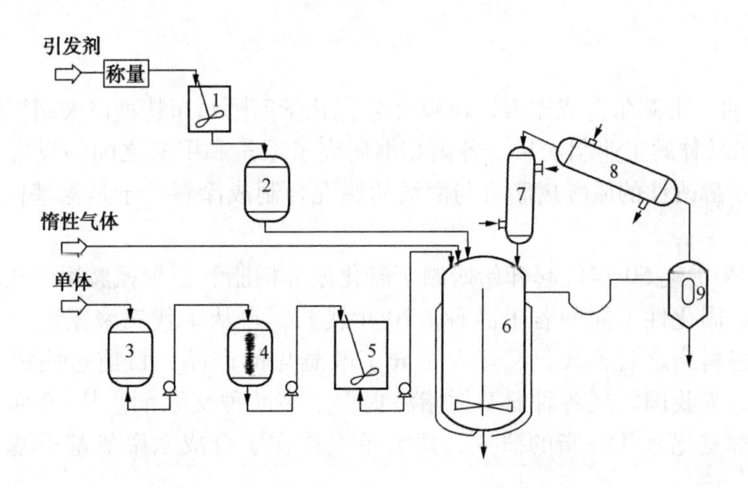

图3-4　不饱和聚酯树脂合成工艺流程图

1—引发器配置器；2—过滤器；3—单体过滤器；4—计量器；

5—单体配置器；6—聚合反应釜；7，8—冷凝器；9—分水器

（四）不饱和聚酯清漆的生产技术

得到的不饱和聚酯中，虽然含有一定量的活性很大的不饱和双键和作为稀释剂的活性单体，但在常温下，聚合成膜反应很难发生，所以很难直接作为清漆使用。因此，为使具有的双键能够迅速反应成膜，制备成合格的涂料产品，必须使用引发剂。同时，由于引发剂在常温分解的速度很慢，故而还要应用一种能够促进引发快速进行的促进剂。

引发剂与促生剂需要配套使用，例如当使用过氧化环乙酮作引发剂时，环烷酸钴是有效的促进剂；当使用过氧化苯甲酰作引发剂时，二甲基苯胺是理想的促进剂。引发剂为强氧化剂，而促进剂为还原剂，二者复合构成氧化-还原引发体系。

（1）不饱和聚酯清漆的生产配方

不饱和聚酯清漆是双组分涂料，其中树脂组分是60%~70%的不饱和聚酯的苯乙烯溶液，它的生产配方如表3-16所示。

表3-16　不饱和聚酯清漆的生产配方

原料名称	用量	原料名称	用量
不饱和聚酯	95.6	苯乙烯	2.0
过氧化二苯甲酰	2.0	二甲基苯胺	0.4

（2）不饱和聚酯的配制方法

由于不饱和聚酯清漆中必须使用固化剂、促进剂进行交联固化，且固化温度较低，因此，不饱和聚酯清漆的制备，必须在涂装前分别包装，涂装时才能让两组分进行混合。

在进行涂装前，将不饱和聚酯和固化剂、促进剂按照配方量或者按照包装上要求的说明配比，在配漆桶中混合，搅拌均匀，苯乙烯调整黏度到55~65s（涂-4杯，25℃），并注意必须在1个小时之内用完。

第四节　氨基树脂清漆的生产技术

一、概述

自 1828 年弗·韦莱尔合成尿素，1859 年俄国化学家阿姆布特列洛夫制得甲醛，19 世纪末德国掌握福尔马林的工业制法后，各国相继研究了尿素和甲醛之间的反应，并于 1930 ~ 1933 年，发现丁醇改性的尿醛树脂可与醇酸树脂混合制成涂料，于是氨基树脂开始进入涂料领域。

我国是从 19 世纪 50 年代起开始研制丁醚化尿醛树脂和三聚氰胺甲醛树脂的，至今已发展了混容性、固化性不同的若干品种。70 年代初，自从苯代三聚氰胺合成了丁醚化苯代三聚氰胺甲醛树脂之后不久，又开发了异丁醇醚化的产品，目前这些树脂的生产已达到一定的规模，为我国发展各种氨基树脂漆提供了多品种交联剂。从 60 年代开始，我国开始重视对甲醇醚化氨基树脂的研究，研究重点放在了合成六甲氧基甲基三聚氰胺单体方面。

形成氨基树脂的氨基化合物主要是尿素、三聚氰胺和苯代三聚氰胺，这些氨基化合物和甲醛发生缩聚反应生成氨基树脂。

在清漆和涂料使用中，由氨基树脂单独加热固化所得的涂膜硬而脆，且附着力差，因此它常与基体树脂如醇酸树脂、聚酯树脂、环氧树脂等配合，组成氨基树脂漆。

因此，氨基漆的成膜物质主要由两部分组成，其一是氨基树脂组分，主要有丁醚化三聚氰氨甲醛树脂、甲醚化三聚氰氨甲醛树脂、丁醚化脲醛树脂等树脂。其二是羟基树脂部分，主要有中短油度醇酸树脂、含羟丙烯酸树脂、环氧树脂等树脂。

氨基树脂漆中氨基树脂作为交联剂，它提高了基体树脂的硬度、光泽、耐化学性以及烘干速度，而基体树脂则克服了氨基树脂的脆性，改善了附着力，在一定的温度经过一段时间烘烤后，即形成强韧的三维结构涂层。

涂料用氨基树脂按醚化剂不同分为丁醚化氨基树脂、甲醚化氨基树脂及混合(甲醇和乙醇、甲醇和丁醇)醚化的氨基树脂；按母体化合物，可分为脲醛树脂、三聚氰胺甲醛树脂、苯代三聚氰胺甲醛树脂、共缩聚树脂。

与醇酸树脂漆相比，氨基树脂漆的特点是：清漆色泽浅、光泽高、硬度高、有良好的电绝缘性；色漆外观丰满、色彩鲜艳、附着力优良、耐老化性好、具有好的抗性；干燥时间短、施工方便、有利于涂漆的连续化操作；漆膜具有良好的机械性能，耐水、耐汽油、耐热、防潮、防盐雾性能好，有锤击似的花纹效果，纹理清晰、饱满，颜色多彩。氨基漆广泛应用于电冰箱、洗衣机、电风扇、仪器仪表、机床、保险柜、防盗门等的保护装饰性涂装。

尤其值得一提的是三聚氰胺甲醛树脂，它与不干性醇酸树脂、热固性丙烯酸树脂、聚酯树脂配合，可制得保光保色性极佳的高级白色或浅色烘漆。这类涂料目前在车辆、家用电器、轻工产品、机床等方面都得到了广泛的应用。

二、氨基树脂的概念及结构特点

氨基树脂是指含有氨基的化合物与醛类(主要是甲醛)经缩聚反应制得的高分子树脂，如式(3 - 12)所示：

$$NH_2-\overset{\overset{O}{\|}}{C}-NH_2+H-\overset{\overset{O}{\|}}{C}-H\longrightarrow NH_2-\overset{\overset{O}{\|}}{C}-NH-\underset{H}{\overset{OH}{|}}{C}-H\xrightarrow{NH_2-\overset{\overset{O}{\|}}{C}-NH_2}$$

$$NH_2-\overset{\overset{O}{\|}}{C}-NH-\overset{H_2}{C}-NH-\overset{\overset{O}{\|}}{C}-NH_2\xrightarrow{(n-2)H-\overset{\overset{O}{\|}}{C}-H}\left[NH-\overset{\overset{O}{\|}}{C}-NH-\overset{H_2}{C}\right]_n \qquad (3-12)$$

氨基树脂链段自身的羟基和氨基可以缩合脱水或者脱去甲醛形成热固性的氨基树脂。如式(3－13)所示：

$$HOCH_2-NH(CONH_2)+HOCH_2-NH(CONHCH_2OH)\xrightarrow{-H_2O}HOCH_2N(CONH_2)-CH_2-NH(CONHCH_2OH)$$

$$NH(CONH_2)-CH_2OH+HOCH_2NH(CONHCH_2OH)\xrightarrow{-H_2O}NH(CONH_2)-CH_2OCH_2NH(CONHCH_2OH) \qquad (3-13)$$

$$\xrightarrow{-CH_2O}NH(CONH_2)-CH_2-NH(CONHCH_2OH)$$

氨基树脂在模塑料、黏结材料、层压材料以及纸张处理剂等方面有广泛的应用。

三、氨基树脂的合成原料

用于生产氨基树脂的原料主要有氨基化合物、醛类、醇类。

(一) 氨基化合物

氨基化合物主要有尿素、三聚氰胺和苯代三聚氰胺。

(1) 尿素

尿素(urea)又称碳酰二胺，其分子式为 $CO(NH_2)_2$，相对分子质量为60.06，结构式如式(3－14)所示：

$$H_2N-\overset{\overset{O}{\|}}{C}-NH_2 \qquad (3-14)$$

尿素有农用肥料和工业用原料两种，纯尿素呈白色，无臭、无味，结晶体为针状或棱柱状，熔点132.7℃，密度(20℃)为1.335g/cm，在水中溶解热为241.8kJ/kg。尿素易溶于水和液氨，也能溶于醇类，微溶于乙醚及酯类，尿素在水中溶解度随温度升高而增大，25℃时溶解度为121g/100g H_2O，100℃时为726g/100g H_2O。

尿素化学性质稳定，在强酸性溶液中呈弱碱性，能与酸作用生成盐类，如磷酸尿素[$CO(NH)_2\cdot H_3PO_4$]、硝酸尿素[$CO(NH)_2\cdot HNO_3$]。尿素与盐类相互作用生成络合物，如尿素硝酸钙 $Ca(NO_3)_2\cdot 4CO(NH)_2$、尿素氯化铵[$NH_4Cl\cdot CO(NH)_2$]$_2$。

尿素能与醛类如与甲醛缩合生成脲醛树脂，在酸性作用下与甲醛作用生成羟甲基脲，在中性溶液中与甲醛作用生成二羟甲基脲。

（2）三聚氰胺

三聚氰胺(melamine)又称三聚氰酰胺、蜜胺、2，4，6－三氨基－1，3，5－三嗪。其结构式如式(3－15)所示：

NH_2 N N H_2N N NH_2 （3－15）

三聚氰胺为白色单斜棱晶，熔点347℃，密度1.5733g/cm，微溶于水、热乙醇、甘油及吡啶，不溶于乙醚、苯、四氯化碳，相对分子质量为126.12。

三聚氰胺有一对称的结构，由一个对称的三嗪环和三个氨基组成，三嗪环很稳定，除非在很激烈的条件下，一般不易裂解，较多的化学反应是发生在氨基上。将三聚氰胺加热至300℃以上，而氨分压又很低时，三聚氰胺会放出氨气而生成一系列的脱氨产物。三聚氰胺的氨基可和无机酸及碱发生水解反应。水解反应是逐渐进行的，最终结果是三个氨基全部水解变成羟基而得三聚氰酸。

三聚氰胺和甲醛反应生成一系列的树脂状产物，这是三聚氰胺在工业中最重要的应用。三聚氰胺分子中3个氨基上的6个氢原子都可分别逐个被羟甲基所取代，反应可在酸性或碱性介质中进行，生成不同程度的羟甲基三聚氰胺相互聚合物，最后成三维状聚合物三聚氰胺－甲醛树脂。

（3）苯代三聚氰胺

三聚氰胺分子中的一个氨基或氨基上的一个氢原子被其他基团取代的化合物称为烃基三聚氰胺，取代基可以是芳香烃基或脂肪烃基。三聚氰胺分子中的一个氨基被苯基取代的化合物称为苯代三聚氰胺，其结构式如式(3－16)所示：

C_6H_5 N N H_2N N NH_2 （3－16）

苯代三聚氰胺，俗称苯鸟粪胺，又称2，4－二氨基－6－苯基－1，3，5－三嗪，相对分子质量为187.17。苯代三聚氰胺是一种弱碱，熔点227℃，20℃时水溶性小于0.005g/100mL。苯代三聚氰胺的主要用途是涂料，约占产量的70%，其次用作塑料，与三聚氰胺并用制层压板或密胺餐具，约占产量的20%。另外，在织物处理剂、纸张处理剂、胶粘剂、耐热润滑剂的增稠剂等方面也有少量应用。

（二）醛类

用于生产氨基树脂的醛类化合物主要有甲醛及其聚合物——多聚甲醛。

（1）甲醛

甲醛(formaldehyde)分子式为CH_2O，相对分子质量30.03，结构式如式(3－17)所示：

O ‖ H—C—H （3－17）

常温下，纯甲醛是一种具有窒息性的无色气体，有特殊的刺激性气味，特别是对眼睛和黏膜有刺激作用，能溶于水。纯甲醛气体是可燃性气体，着火温度为430℃，与空气混合能形成爆炸混合物，爆炸极限为7.0%～73.0%。纯甲醛气体在－19℃时能液化成液体，它在极低的温度下能与非极性溶剂（如甲苯、醚、氯仿、醋酸乙酯等）以任何比例混容，其溶解度大小随温度的增高而减少。纯气态甲醛和液态甲醛在温度低于80℃时都易聚合，为防止其聚合，最好的贮存温度为100～150℃。甲醛能无限溶解于水，甲醛水溶液的沸点基本上不随其浓度的改变而变化。

在中性或碱性条件下，甲醛与酰胺加成反应生成相对稳定的一羟甲基和二羟甲基衍生物，工业上，甲醛与尿素的加成反应生成羟甲基脲，在酸存在下羟甲基脲之间和羟甲基脲和尿素之间进一步缩聚生成脲醛树脂。甲醛还可与苯酚或甲基苯酚反应生成酚醛树脂，在碱性条件下，于50～70℃，甲醛与氨缩合生成六亚甲基四胺（乌洛托品）。

工业甲醛一般含甲醛37%～55%（质量）、甲醇1%～8%（质量），其余的为水，俗称福尔马林，是无色透明的液体，具有窒息性臭味。

甲醛有毒，低浓度甲醛对人体的主要影响是刺激眼睛和黏膜，小于0.05ppm的低浓度甲醛对人体无影响。甲醛浓度为1ppm时，一般可感受到甲醛气味，但有的人可以觉察到0.05ppm的甲醛含量，5ppm浓度的甲醛会引起咳嗽、胸闷，20ppm时即会引起明显流泪，超过50ppm时即会发生严重的肺部反应，有时甚至会造成死亡。为了减少甲醛对人体的危害，各国对居室内甲醛允许浓度都做了严格规定，部分国家居室内甲醛允许浓度见表3－17。

表3－17　部分国家居室内甲醛允许浓度范围

国　别	居室内甲醛允许浓度/(mg/m^3)	国　别	居室内甲醛允许浓度/(mg/m^3)
丹麦	0.12	瑞士	0.2
芬兰	0.12	加拿大	0.1
意大利	0.1	德国	0.1
荷兰	0.1	美国	0.4
瑞典	0.4～0.7	中国	0.05

（2）多聚甲醛

多聚甲醛为无色结晶固体，具有单体甲醛的气味，熔点随聚合度n的增大而增高，其熔点范围为120～170℃；闪点71℃，着火温度370～410℃。常温下，多聚甲醛会缓慢分解成气态甲醛，加热会加速分解过程。多聚甲醛能缓慢溶于冷水，形成低浓度的甲二醇，但在热水中会迅速溶解并能水解或解聚成甲醛水溶液，其性质与普通的甲醛水溶液相同。加入稀碱或稀酸会加速多聚甲醛的溶解速度，在pH为2～5时溶解速度最小，当pH高于5或低于2时，其溶解速度迅速增加，多聚甲醛同样可溶于醇类、苯酚和其他极性溶剂，并能发生解聚。

（三）醇类

氨基树脂必须用醇类醚化后才能应用于涂料，所用的醇类主要有甲醇、工业无水乙醇、乙醇、异丙醇、正丁醇、异丁醇和辛醇等。

四、氨基树脂的合成

根据氨基树脂所用单体氨基物不同，可以将氨基树脂分为脲醛树脂、三聚氰胺甲醛树脂、烃基三聚氰胺甲醛树脂和共缩聚树脂四类。其中，每一个氨基树脂的类别中，又因为使用不同的一元醇进行不同程度的醚化而有进一步的分类。如，脲醛树脂根据醚化的醇类不同，分为丁醇、甲醇、混合醇醚化脲醛树脂；三聚氰胺甲醛树脂根据醚化的醇类不同，可以分为丁醇、甲醇、混合醇醚化三聚氰胺甲醛树脂。其中，丁醇醚化三聚氰胺甲醛树脂是主要品种，分为高、低醚化度两种三聚氰胺甲醛树脂。

氨基树脂的性能既与母体化合物的性能有关，又与醚化剂及醚化程度有关。树脂的醚化程度一般通过测定树脂对200号油漆溶剂的容忍度来控制。测定容忍度应在规定的不挥发分含量及规定的溶剂中进行，测定方法是称3g试样于100mL烧杯中，在25℃时搅拌下以200号油漆溶剂进行滴定，至试样溶液显示乳浊并在15s内不消失为终点。1g试样可容忍200号油漆溶剂的克数即为树脂的容忍度。容忍度也可用100g试样能容忍的溶剂的克数来表示。

改变氨基树脂母体化合物和醚化剂的类型、醚化度、缩聚度以及树脂中亚氨基含量，可制得各种不同的氨基树脂。

（一）脲醛树脂

（1）合成原理

脲醛树脂是尿素和甲醛在碱性或酸性条件下缩聚而成的树脂，反应可在水中进行，也可在醇溶液中进行。尿素和甲醛的物质的量比、反应介质的pH、反应时间、反应温度等对产物的性能有较大影响。反应包括弱碱性或微酸性条件下的加成反应、酸性条件下的缩聚反应以及用醇进行的醚化反应。

① 加成反应(羟甲基化反应)

尿素和甲醛的加成反应可在碱性或酸性条件下进行，在此阶段主要产物是羟甲基脲，并依甲醛和尿素物质的量比的不同，可生成一羟甲基脲、二羟甲基脲或三羟甲基脲。尿素和甲醛的甲醛反应如式(3－18)所示：

$$H_2N-\overset{\overset{\displaystyle O}{\|}}{C}-NH_2 + HCHO \xrightleftharpoons{OH^-\text{或}H^+} H_2N-\overset{\overset{\displaystyle O}{\|}}{C}-\overset{H}{N}-CH_2OH$$

$$H_2N-\overset{\overset{\displaystyle O}{\|}}{C}-NH_2 + 2HCHO \xrightleftharpoons{OH^-\text{或}H^+} HOCH_2-\overset{H}{N}-\overset{\overset{\displaystyle O}{\|}}{C}-\overset{H}{N}-CH_2OH$$

$$H_2N-\overset{\overset{\displaystyle O}{\|}}{C}-NH_2 + 3HCHO \xrightleftharpoons{OH^-\text{或}H^+} HOCH_2-\underset{\underset{\displaystyle CH_2OH}{|}}{N}-\overset{\overset{\displaystyle O}{\|}}{C}-\overset{H}{N}-CH_2OH \qquad (3-18)$$

② 缩聚反应

在酸性条件下，羟甲基脲与尿素、或羟甲基脲与羟甲基脲之间发生羟基与羟基、或羟基与酰胺基间的缩合反应，生成亚甲基。缩聚反应如式(3－19)所示：

$$HOCH_2-\overset{H}{N}-\overset{\overset{\displaystyle O}{\|}}{C}-NH_2 + HOCH_2-\overset{H}{N}-\overset{\overset{\displaystyle O}{\|}}{C}-\overset{H}{N}-CH_2OH \xrightleftharpoons{H^+,\ -H_2O}$$

$$HOCH_2-\overset{H}{N}-\overset{\overset{\displaystyle O}{\|}}{C}-\overset{H}{N}-H_2C\ \overset{H}{N}-\overset{\overset{\displaystyle O}{\|}}{C}-\overset{H}{N}-CH_2OH$$

$$HOCH_2—\overset{H}{N}—\overset{\overset{O}{\|}}{C}—\overset{H}{N}—CH_2OH + HOCH_2—\overset{H}{N}—\overset{\overset{O}{\|}}{C}—NH_2 \xrightleftharpoons{H^+,\ -H_2O}$$

$$HOCH_2—\overset{H}{N}—\overset{\overset{O}{\|}}{C}—\overset{H}{N}—CH_2O—H_2C\ \overset{H}{N}—\overset{\overset{O}{\|}}{C}—NH_2 \qquad (3-19)$$

通过控制反应介质的酸度、反应时间可以制得相对分子质量不同的羟甲基脲低聚物，低聚物间若继续缩聚就可制得体型结构聚合物。

③ 醚化反应

羟甲基脲低聚物具有亲水性，不溶于有机溶剂，因此不能用作溶剂型涂料的交联剂。用于涂料的脲醛树脂必须用醇类醚化改性，醚化后的树脂中具有一定数量的烷氧基，使树脂的极性降低，从而使其在有机溶剂中的溶解性增大，可用作溶剂型涂料的交联剂。

用于醚化反应的醇类，其分子链越长，醚化产物在有机溶剂中的溶解性越好。用甲醇醚化的树脂仍具有水溶性，用乙醇醚化的树脂有醇溶性，而用丁醇醚化的树脂在有机溶剂中则有较好的溶解性。

醚化反应是在弱酸性条件下进行的，此时发生醚化反应的同时，也发生缩聚反应。如式(3－20)所示：

$$HOCH_2—\overset{H}{N}—\overset{\overset{O}{\|}}{C}—\overset{H}{N}—CH_2OH + C_4H_9OH \xrightleftharpoons{H^+,\ -H_2O} C_4H_9OCH_2—\overset{H}{N}—\overset{\overset{O}{\|}}{C}—N—CH_2 \qquad (3-20)$$

制备丁醚化树脂时一般使用过量的丁醇，这有利于醚化反应的进行。弱酸性条件下，醚化反应和缩聚反应是同时进行的。

（2）合成工艺举例

丁醚化脲醛树脂的合成配方如表3－18所示。

表3－18　丁醚化脲醛树脂原料配方表

原　料	尿　素	37%甲醛	丁醇(一)	丁醇(二)	二甲苯	苯　酐
相对分子质量	60	30	74	74		
摩尔数	1	2.184	1.09	1.09		
质量份	14.5	42.5	19.4	19.4	4.0	0.3

因为尿素分子中有2个氨基，为4官能度化合物，甲醛为2官能度化合物，故一般生产配方中，尿素、甲醛、丁醇的物质的量比为1∶2～3∶2～4。

尿素和甲醛先在碱性条件下进行羟甲基化反应，然后加入过量的丁醇，反应物的pH调至微酸性，进行醚化和缩聚反应，控制丁醇和酸性催化剂的用量，使两种反应平衡进行。脲醛树脂的醚化速度较慢，故酸性催化剂用量略多，随着醚化反应的进行，树脂在脂肪烃中的溶解度逐渐增加。醚化反应过程中，通过测定树脂对200号油漆溶剂油的容忍度来控制醚化程度。

丁醚化脲醛树脂的生产过程如下：

① 将甲醛加入反应釜中，用10%氢氧化钠水溶液调节 pH 至7.5～8.0，加入已破碎的尿素；

② 微热至尿素全部溶解后，加入丁醇(一)，再用10%氢氧化钠水溶液调节 pH＝8.0；

③ 加热升温至回流温度，保持回流1h；

④ 加入二甲苯、丁醇(二)，以苯酐调整 pH 至4.5～5.5；

⑤ 回流脱水至105℃以上，测容忍度达1：2.5为终点；

⑥ 蒸出过量丁醇，调整黏度至规定范围，降温，过滤。

丁醚化脲醛树脂的质量规格见表3－19。

表3－19 丁醚化脲醛树脂质量规格表

项 目	外 观	黏度(涂－4杯)/s	色泽(铁钴比色计)/号	容忍度	酸值/(mgKOH/g)	不挥发分/%
指 标	透明黏稠液体	80～130	≤1	1:2.5～3	≤4	≤60±2

(二)三聚氰胺甲醛树脂

(1) 合成原理

① 羟甲基化反应

三聚氰胺分子上有三个氨基，共有6个活性氢原子，在酸或碱作用下，每个三聚氰胺分子可和1～6个甲醛分子发生加成反应，生成相应的羟甲基三聚氰胺，反应速度与原料配比、反应介质 pH、反应温度以及反应时间有关。一般来说，当 pH＝7时，反应较慢；pH＞7时，反应加快；当 pH＝8～9时，生成的羟甲基衍生物较稳定。通常可使用10%或20%的氢氧化钠水溶液调节溶液的 pH，也可用碳酸镁来调节。碳酸镁碱性较弱，微溶于甲醛，在甲醛溶液中大部分呈悬浮状态，它可抑制甲醛中的游离酸，使调整后的 pH 较稳定。1mol 三聚氰胺和3.1mol 甲醛反应，以碳酸钠溶液调节 pH 至7.2，在50～60℃反应20min 左右，反应体系成为无色透明液体，迅速冷却后可得三羟甲基三聚氰胺的白色细微结晶。此反应速度很快，且不可逆，如式(3－21)所示：

$$\text{三聚氰胺（}NH_2\text{, }H_2N\text{, }NH_2\text{ 取代的均三嗪环）} + n\text{HCHO} \xrightarrow[n=3-6]{OH^-} \text{（}NHCH_2OH\text{, }HOCH_2HN\text{, }HOCH_2OH\text{ 取代的均三嗪环）} \quad (3-21)$$

在过量的甲醛存在下，可生成多于三个羟甲基的羟甲基三聚氰胺，此时反应是可逆的。甲醛过量越多，三聚氰胺结合的甲醛就越多。一般1mol 三聚氰胺和3～4mol 甲醛结合，得到处理纸张和织物的三聚氰胺树脂；和4～5mol 甲醛结合，经醚化后得到用于涂料的三聚氰胺树脂。

② 自身的缩聚反应

在弱酸性条件下，多羟甲基三聚氰胺分子间的羟甲基与未反应的活泼氢原子之间、或羟甲基与羟甲基之间可缩合成亚甲基。

(a) 亚胺活泼氢和羟甲基的羟基结合，脱水，生成亚氨基，如式(3－22)所示：

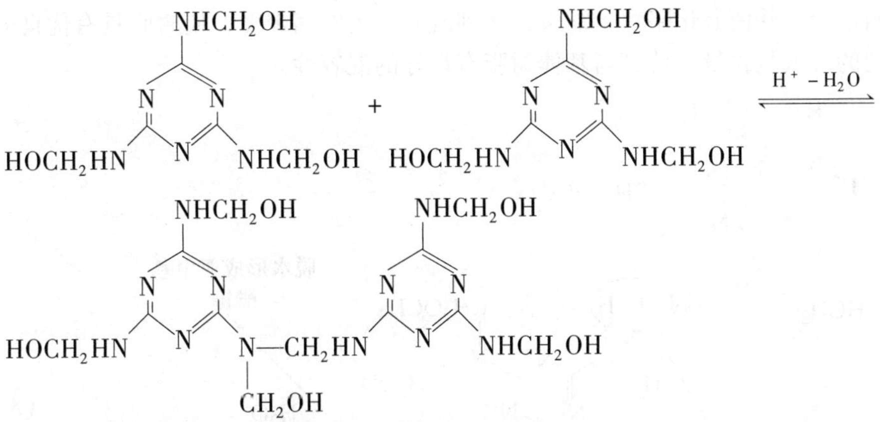

$$\text{(HOCH}_2\text{NH)}_3\text{C}_3\text{N}_3 + \text{(HOCH}_2\text{NH)}_3\text{C}_3\text{N}_3 \xrightleftharpoons{H^+ \; -H_2O} \text{(HOCH}_2\text{NH)}_2\text{C}_3\text{N}_3\text{—N(CH}_2\text{OH)—CH}_2\text{HN—C}_3\text{N}_3\text{(NHCH}_2\text{OH)}_2 \quad (3-22)$$

(b) 羟甲基和羟甲基之间的缩合先生成醚键，再进一步脱去一分子甲醛生成亚甲基键，如式(3－23)所示：

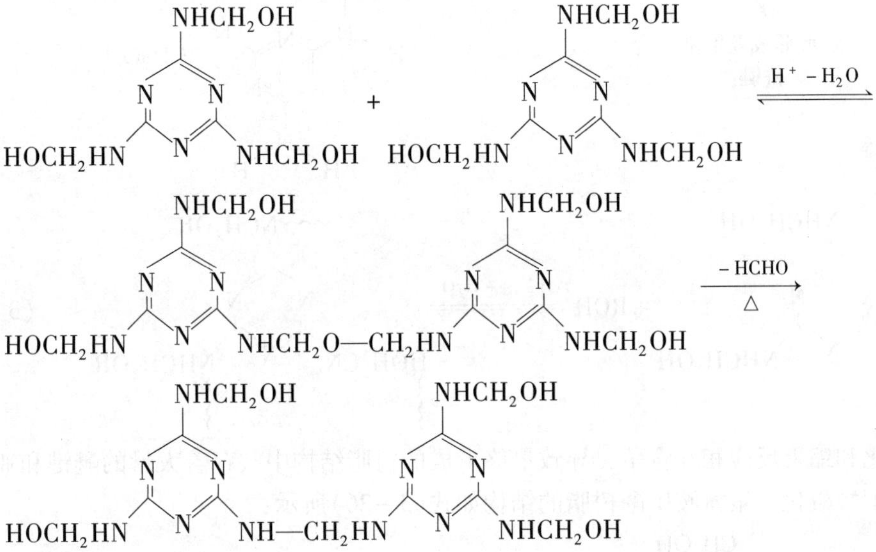

$$\text{(HOCH}_2\text{NH)}_3\text{C}_3\text{N}_3 + \text{(HOCH}_2\text{NH)}_3\text{C}_3\text{N}_3 \xrightleftharpoons{H^+ \; -H_2O} \text{(HOCH}_2\text{NH)}_2\text{C}_3\text{N}_3\text{—NHCH}_2\text{O—CH}_2\text{HN—C}_3\text{N}_3\text{(NHCH}_2\text{OH)}_2 \xrightarrow[\triangle]{-HCHO} \text{(HOCH}_2\text{NH)}_2\text{C}_3\text{N}_3\text{—NH—CH}_2\text{HN—C}_3\text{N}_3\text{(NHCH}_2\text{OH)}_2 \quad (3-23)$$

亚胺活泼氢和羟甲基的羟基结合形成亚甲基桥键要比羟甲基和羟甲基之间的缩合先生成醚键，再进一步脱去一分子甲醛生成亚甲基键的反应速度快，前者一步反应可以形成亚甲基，而后者需要两步能成够形成亚甲基。所以，羟甲基三聚氰胺含羟甲基越多其缩聚反应越慢；反之，羟甲基越少，剩下的活性氢原子越多，羟甲基三聚氰胺缩聚反应越快，稳定下越差。

多羟甲基三聚氰胺低聚物具有亲水性，应用于塑料、胶黏剂、织物处理剂和纸张增强剂等方面。一个醚化的氨基树脂低聚物桥键结构中，往往通过亚甲基或者二甲醚键相互连接，经进一步缩聚，形成热固性树脂，如式(3－24)所示：

③ 醚化反应

多羟甲基三聚氰胺不溶于有机溶剂，必须经过醇类醚经改性，才能用作溶剂型涂料交联剂。醚化反应是在微酸性条件下，在过量醇中进行的，同时也进行缩聚反应，形成多分散性的聚合物，如式(3－25)所示：

在微酸性条件下，醚化和缩聚是两个竞争反应，若缩聚快于醚化，则树脂黏度高，不挥发分低，与中长油度醇酸树脂的混容性差，树脂稳定性也差；若醚化快于缩聚，则树脂黏度低，与短油度醇酸树脂的混容性差，制成的涂膜干性慢，硬度低。所以必须控制条件，使这两个反应均衡进行，并使醚化略快于缩聚，达到既有一定的缩聚度，使树脂具有优良的抗水性，又有一定的烷氧基含量，使其与基体树脂有良好的混容性。

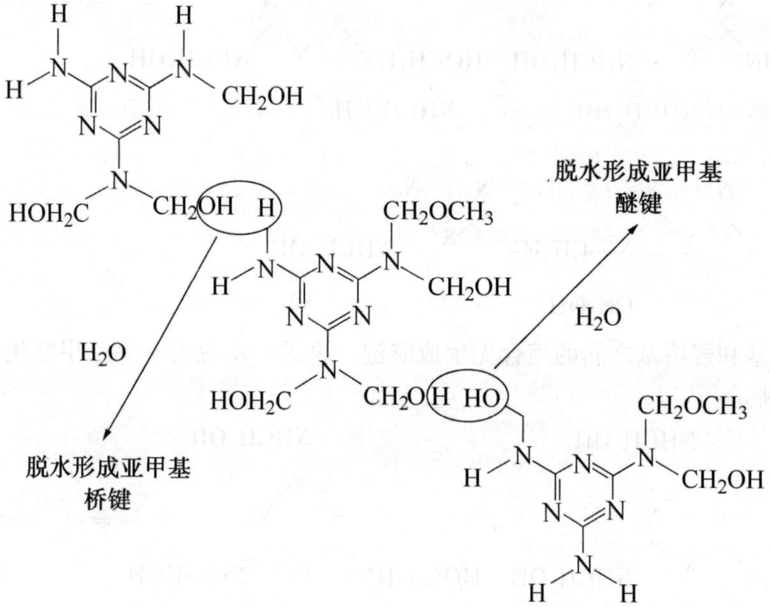

脱水形成亚甲基醚键

H_2O

H_2O

脱水形成亚甲基桥键

(3－24)

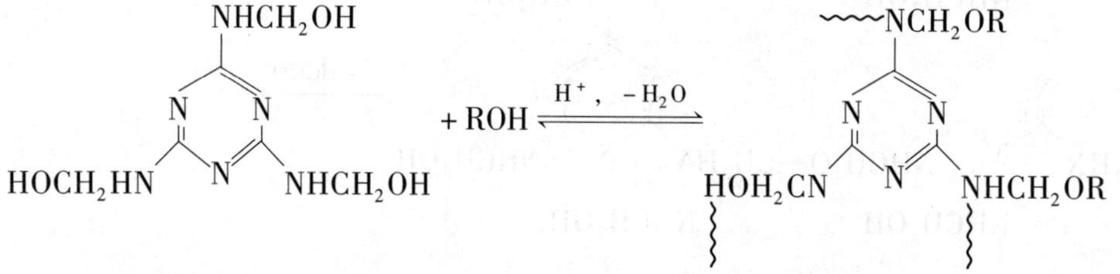

$$\text{三聚氰胺}(NHCH_2OH)_3 + ROH \xrightleftharpoons{H^+,\ -H_2O} \text{三聚氰胺}(NHCH_2OR)\cdots \tag{3-25}$$

由于醚化和缩聚反应相互竞争，导致最终形成的树脂结构中共存着大量的醚键和亚甲基键。典型的丁醇醚化三聚氰胺甲醛树脂的结构如式(3－26)所示：

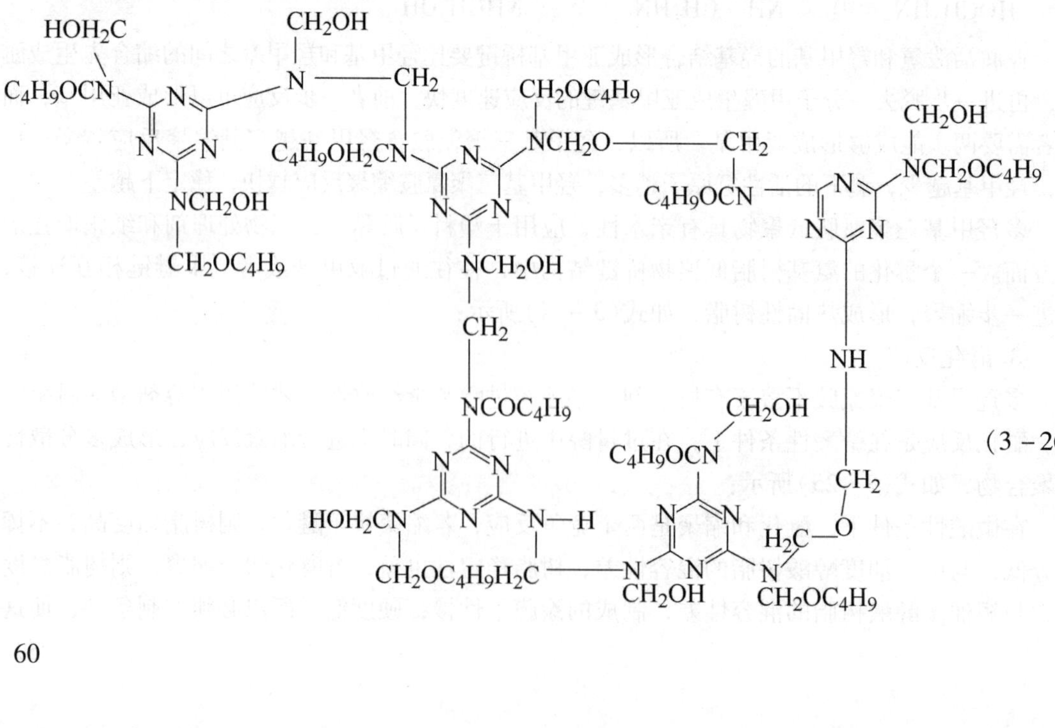

(3－26)

（2）合成工艺举例

以丁醇醚化三聚氰胺树脂的合成工艺为例，丁醇醚化三聚氰胺树脂的生产过程分为反应、脱水和后处理3个阶段。

① 反应阶段有一步法和两步法两种。

一步法在合成树脂的反应过程中，将各种原料投入后，在微酸性介质中同时进行羟甲基化反应、醚化反应和缩聚反应。

两步法在反应过程中，物料先在微碱性介质中主要进行羟甲基化反应，反应到一定程度后，再转入微酸性介质中进行缩聚和醚化反应。一步法工艺简单，但须严格控制反应介质的pH，两步法反应较平稳，生产过程易于控制。

② 脱水阶段将水分不断及时地排出，有利于醚化反应和缩聚反应正向进行。脱水有蒸馏法和脱水法两种方式。蒸馏法一般是加入少量的苯类溶剂进行苯类溶剂—丁醇—水三元恒沸蒸馏，苯类溶剂中苯毒性较大，一般是采用甲苯或二甲苯，其加入量约为丁醇量的10%，采用常压回流脱水，通过分水器分出水分，丁醇返回反应体系。脱水法是在蒸馏脱水前先将反应体系中部分水分离出去，以降低能耗，缩短工时。

③ 后处理阶段包括水洗和过滤两个处理过程。通过水洗，除去亲水性物质，提高产品质量，增加树脂贮存稳定性和抗水性。而过滤，是为了除去树脂中未反应的三聚氰胺以及未醚化的羟甲基三聚氰胺低聚物、残余的催化剂等杂质。

水洗方法是在树脂中加入20%～30%的丁醇，再加入与树脂等量的水，然后加热回流，静置分层后，减压回流脱水，待水脱尽后，再将树脂调整到规定的黏度范围，冷却过滤后即得透明而稳定的树脂。丁醇醚化三聚氰胺树脂的生产配方示例见表3－20。

表3－20　典型丁醇醚化三聚氰胺树脂配方

原　料		三聚氰胺	37%甲醛	丁醇(A)	丁醇(B)	碳酸镁	苯酐	二甲苯
相对分子质量		126	30	74	74	—	—	—
低醚化度	物质的量	1	6.3	5.4	—	—	—	—
	质量份	11.6	46.9	36.8	—	0.04	0.04	4.6
高醚化度	物质的量	1	6.3	5.4	0.8	—	—	—
	质量份	10.9	44.2	34.7	5.8	0.03	0.04	4.3

其生产过程如下：

① 将甲醛、丁醇(一)、二甲苯投入反应釜中，搅拌下加入碳酸镁、三聚氰胺；

② 搅匀后升温，并回流2.5h；

③ 加入苯酐，调整pH至4.5～5.0，再回流1.5h；

④ 静置，分出水层；

⑤ 开动搅拌，升温回流出水，直到102℃以上，树脂对200号油漆溶剂油容忍度为1:(3～4)；

⑥ 蒸出部分丁醇，调整黏度至规定范围，降温过滤。

要生产高醚化度三聚氰胺树脂，可在上述树脂中加入丁醇(二)，继续回流脱水，直至容忍度达到1:(10～15)，蒸出部分丁醇，调整黏度至降温过滤。

（三）苯代三聚氰胺甲醛树脂

（1）合成原理

苯代三聚氰胺甲醛树脂的合成原理与三聚氰胺甲醛树脂基本相同。苯代三聚氰胺与甲醛在碱性条件下先进行羟甲基化反应，然后在弱酸性条件下，羟甲基化产物与醇类进行醚化反应的同时也进行缩聚反应，只不过由于苯环的引入，降低了官能度，分子中氨基的反应活性也有所降低。苯代三聚氰胺的反应性介尿素与三聚氰胺之间。

(2) 合成工艺

以丁醚化苯代三聚氰胺甲醛树脂的合成工艺为例，苯代三聚氰胺的官能团比三聚氰胺少，合成树脂时，甲醛和丁醇的用量也减少。一般配方中，苯代三聚氰胺、甲醛、丁醇的物质的量比为1:(3~4):(3~5)，制备时分两步进行，第一步在碱性介质中进行羟甲基化反应，第二步在微酸性介质中进行醚化和缩聚反应，水分可用分水法或蒸馏法除法。

制备苯代三聚氰胺甲醛树脂的反应机理如式(3-27)所示：

$$n\,C_6H_5\text{-}C_3N_3(NH_2)_2 + 3n\,HCHO \xrightarrow{\text{碱}} \left[*\text{-}N(CH_2OH)\text{-}C_3N_3(C_6H_5)\text{-}N(CH_2OH)\text{-}\overset{H_2}{C}\text{-}* \right]_n$$

$$\left[*\text{-}N(CH_2OH)\text{-}C_3N_3(C_6H_5)\text{-}N(CH_2OH)\text{-}\overset{H_2}{C}\text{-}* \right]_n + n\,C_4H_9OH \xrightarrow{\text{酸}} \left[*\text{-}N(CH_2OC_4H_9)\text{-}C_3N_3(C_6H_5)\text{-}N(CH_2OH)\text{-}\overset{H_2}{C}\text{-}* \right]_n \quad (3-27)$$

丁醚化苯代三聚氰胺甲醛树脂的生产配方示例见表3-21。

表3-21　丁醚化苯代三聚氰胺甲醛树脂的生产配方

原　　料	苯代三聚氰胺	37%甲醛	丁醇	二甲苯	苯酐
相对分子质量	187	30	74		
物质的量	1	3.2	4		
质量份	22.8	32.9	36.2	8.1	0.07

其生产过程如下：

① 将甲醛投入反应釜中，搅拌，用10%氢氧化钠调节pH至8.0；

② 加入丁醇和二甲苯，缓缓加入苯代三聚氰胺；

③ 升温，常压回流至出水量约为10份；

④ 加入苯酐，调节pH至5.5~6.5；

⑤ 继续回流出水至105℃以上，取样测纯苯混容性达1:4透明为终点；

⑥ 蒸出过量丁醇，调整黏度到规定的范围，冷却过滤。

(四) 共缩聚树脂

在涂料应用中，单一使用脲醛树脂、三聚氰胺树脂、苯鸟粪胺树脂，往往不能够获得性能令人满意的涂层，表3-22为涂料用氨基树脂性能的比较。

表 3-22　涂料用氨基树脂性能的比较

项　　目	脲醛树脂	三聚氰胺	苯鸟粪胺
加热固化温度范围	窄，100~180℃	宽，90~250℃	宽，90~250℃
加热固化剂漆膜硬度	慢，漆膜硬度高	快，漆膜硬度高	慢，漆膜硬度高
酸固化型	好，室温固化	差，80℃下难	差，80℃下难
柔韧性、附着力	柔韧，附着力差	硬脆，附着力差	硬，柔韧性、附着力好
耐水、耐碱性	差	好	最好
光泽	差	好	最好
耐溶剂性	差	好	好
户外耐候性	差	好	差
涂料稳定性	差	醚化度高低有关	好
价格	低	高	高

为了得到性能更加全面、优越的氨基树脂，通常会按照上述树脂的优缺点、取长补短、制备综合性能好的氨基共聚树脂。共缩聚树脂主要有以下两种。

(1) 三聚氰胺尿素共缩聚树脂：以尿素取代部分三聚氰胺，可提高涂膜的附着力和干性，成本降低，如取代量过大，则将影响涂膜的抗水性和耐候性。

(2) 三聚氰胺苯鸟粪胺(苯代三聚氰胺)共缩聚树脂：以苯代三聚氰胺取代部分三聚氰胺，可以改进三聚氰胺树脂和醇酸树脂的混容性，显著提高涂膜的初期光泽、抗水性和耐碱性，但对三聚氰胺树脂的耐候性有一定的影响，一般苯代三聚氰胺的使用量是三聚氰胺物质的量1/3。

丁醚化三聚氰胺苯代三聚氰胺共缩聚树脂的生产配方示例见表 3-23。

表 3-23　丁醚化三聚氰胺苯代三聚氰胺共缩聚树脂的生产配方

原　　料	三聚氰胺	苯代三聚氰胺	37%甲醛	丁醇	二甲苯	碳酸镁	苯酐
相对分子质量	126	187	30	74		0	
物质的量	0.75	0.25	5.5	5.0			
质量份	9.3	4.6	44.0	36.5	5.5	0.04	0.06

其生产过程如下：

① 将丁醇、甲醛、二甲苯投入反应釜中，开动搅拌，用10%氢氧化钠调节 pH 至8.0~8.5，加入三聚氰胺；

② 升温至50℃，待三聚氰胺溶解后，加入尿素；

③ 升温回流出水，待出水量达30份左右，加入苯酐，调节 pH 至微酸性；

④ 回流出水至105℃以上，测树脂对200号油漆溶剂油容忍度达1∶2时终止反应；

⑤ 蒸出部分丁醇，调整黏度至规定范围，冷却过滤。

五、氨基树脂的生产流程

总体来说，各型氨基树脂生产过程分为反应、脱水和后处理3个阶段。

各型氨基树脂生产的工艺流程图如图 3-5 所示。

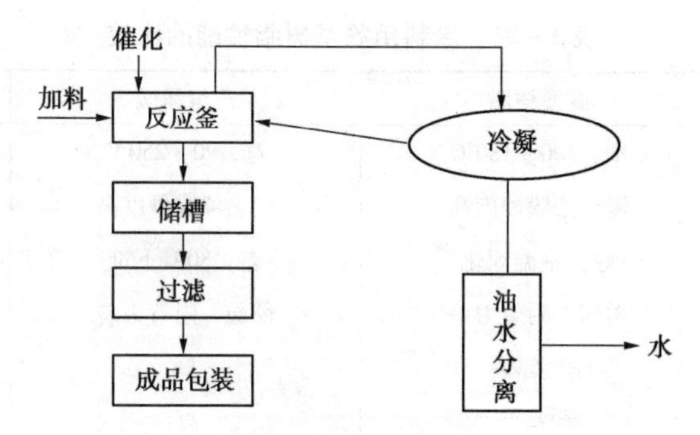

图 3－5　各型氨基树脂生产的工艺流程图

（一）反应阶段

有一步法和两步法两种。

1. 一步法

在合成树脂的反应过程中，将各种原料投入后，在微酸性介质中同时进行羟甲基化反应、醚化反应和缩聚反应。一步法合成氨基树脂的优点是，产物的容忍度很容易达到；缺点是储存过程中，溶解在树脂中的苯二酸酐催化下，过量醇会进一步发生醚化反应，使容忍度升高，同时产生的水不断析出，形成絮状沉淀。另外，额外加入胺稳定剂和水洗树脂会增加成本。

2. 两步法

在反应过程中，物料先在微碱性介质中主要进行羟甲基化反应，反应到一定程度后，再转入微酸性介质中进行缩聚和醚化反应。一步法工艺简单，但须严格控制反应介质的 pH，两步法反应较平稳，生产过程易于控制。

（二）脱水阶段

将水分不断及时地排出，有利于醚化反应和缩聚反应正向进行。脱水有蒸馏法和脱水法两种方式。

蒸馏法一般是加入少量的苯类溶剂进行苯类溶剂－丁醇－水三元恒沸蒸馏，苯类溶剂中苯毒性较大，一般是采用甲苯或二甲苯，其加入量约为丁醇量的 10%，采用常压回流脱水，通过分水器分出水分，丁醇返回反应体系。

脱水法是在蒸馏脱水前先将反应体系中部分水分离出去，以降低能耗，缩短工时。

（三）后处理阶段

包括水洗和过滤两个处理过程。通过水洗，除去亲水性物质，提高产品质量，增加树脂贮存稳定性和抗水性。而过滤，是为了除去树脂中未反应的三聚氰胺以及未醚化的羟甲基三聚氰胺低聚物、残余的催化剂等杂质。

水洗方法是在树脂中加入 20% ~30% 的丁醇，再加入与树脂等量的水，然后加热回流，静置分层后，减压回流脱水，待水脱尽后，再将树脂调整到规定的黏度范围，冷却过滤后即得透明而稳定的树脂。

六、氨基树脂清漆的生产技术

（一）氨基复配清漆的类型

如前所述，氨基树脂制得的涂料和清漆单独加热固化时，所得的涂膜硬而脆，且附着力差，因此它常与基体树脂如醇酸树脂、聚酯树脂、环氧树脂等配合，组成氨基树脂清漆或者色漆，常见的氨基树脂清漆有如下类型。

(1) 氨基清烘漆和透明漆

氨基清烘漆中常用豆油醇酸树脂、蓖麻油醇酸树脂、十一烯酸改性醇酸树脂。三者相比较，豆油醇酸树脂泛黄性较大，但施工性能好，涂膜丰满度好；蓖麻油醇酸树脂泛黄性和附着力比豆油醇酸好；十一烯酸改性醇酸树脂，涂膜的耐水性、耐光保色性都较好。椰子油醇酸树脂有突出的不泛黄性，但涂膜硬度和附着力较差。氨基树脂较醇酸树脂色泽浅、硬度大、不易泛黄，在罩光用的清烘漆中，氨基树脂用量可适当增加。交联剂都选用醚化度低的三聚氰胺树脂。

氨基透明漆和清烘漆相似。透明漆是在清烘漆中加入少量的颜料或醇溶性染料，仍然属于氨基清漆的范畴，透明漆大都用豆油醇酸树脂，氨基树脂和醇酸树脂的比例一般为1∶3左右，110℃烘1.5h可固化。醇溶火红B是桃紫色结晶型粉末，具有一定的耐光耐热性能，有很好的醇溶性，常用于透明烘漆中。酞菁绿、酞菁蓝也是透明漆中常用的颜料。

(2) 氨基醇酸绝缘烘漆

它是中油度干性油改性醇酸树脂与低醚化度三聚氰胺树脂混合后溶于二甲苯中的溶液，价格适宜、具有较高的附着力、抗潮性和绝缘性、稳定性良好，适用于中小型电机、电器、变压器线圈的浸渍绝缘，耐热温度为130℃。

(3) 酸固化氨基清漆

氨基树脂漆的固化可以用酸性催化剂加速，配方中加入相当数量的酸性催化剂，涂膜不经烘烤也能够固化成膜。这种配方可作木器清漆使用，所用的氨基树脂以脲醛树脂较多，基体树脂都用半干性油，不干性油改性中油度或短油度醇酸树脂，酸性催化剂可以用磷酸、磷酸正丁酯、硫酸、盐酸、对甲苯磺酸等，酸性催化剂是溶解中丁醇中分别包装，在使用时按规定的比例在搅拌下加入清漆中，加入量不能过多，否则干燥虽快，但漆膜易变脆，甚至日久产生裂纹，该清漆需要稀释时，稀释剂用沸点较低较易挥发的溶剂。这种涂料干性好，可与硝基漆相比，且涂膜硬度高、光泽好、坚韧耐磨。酸性催化剂的加入催化剂后适用期通常仅为24h左右。

(4) 氨基聚酯烘漆

聚酯树脂是由多元酸、一元酸和多元醇缩聚而成，多元醇常用具有伯羟基的新戊二醇、季戊四醇、三羟甲基丙烷。多元酸则用苯酐、己二酸、间苯二甲酸。一元酸用苯甲酸、十一烯酸等。选择合适的原料，调整它们官能度的比例后制得的聚酯和氨基树脂配合，加入专用溶剂(丙二醇丁醚、二丙酮醇等)，可得到光泽、硬度、保色性极好、能耐高温(180～200℃)短时间烘烤的涂膜。氨基树脂烘漆一般140℃烘1h固化。

(5) 氨基环氧醇酸烘漆

在氨基醇酸烘漆中加入环氧树脂能提高烘漆的耐湿性、耐化学品性、耐盐雾性和附着力，但增加了涂膜的泛黄性，环氧树脂一般不超过20%。氨基环氧醇酸烘漆主要用作清漆，在金属表面起保护和装饰作用，这种清漆可在150℃烘45～60min，得到硬度高、光泽高、附着力强及耐磨性、耐水性优良涂层，常用于钟表外壳、铜管乐器及及各种金属零件的罩光。

(6) 氨基环氧酯烘漆

环氧酯由环氧树脂和脂肪酸酯化而成。环氧树脂一般用E-12，脂肪酸用各种植物油脂肪酸，可以是干性、半干性和不干性油脂肪酸。环氧酯的性能随所用油的种类和油度的不同而有所不同，用豆油酸或豆油酸和亚麻油酸混合，可制成烘干型环氧酯。环氧酯可以单独用作涂料，也可以和氨基树脂配合使用，其耐潮、耐盐雾和防霉性能比氨基醇酸烘漆好，适用于在湿热带使用的电器、电机、仪表等外壳的涂装。环氧酯的耐化学性虽不如未酯化环氧树脂涂料，但装饰性要好于环氧树脂涂料，而略逊于氨基醇酸烘漆。氨基环氧酯烘漆一般120℃烘2小时固化，如用桐油酸、脱水蓖麻油酸环氧酯，则120℃烘1小时固化。

（7）氨基环氧漆

环氧树脂和氨基树脂配合可制成色漆、底漆和清漆。氨基环氧漆有较好的耐湿性和耐盐雾性，其底漆性能比醇酸底漆、氨基醇酸底漆和氨基环氧酯底漆都好。由于环氧树脂中与氨基树脂反应的主要基团是仲羟基，因此固化温度较高，常用的固化催化剂为对甲苯磺酸。为提高涂料的贮存稳定性，可用封闭型催化剂，如对甲苯磺酸吗啉盐。

（二）氨基复配清漆的生产工艺

（1）氨基醇酸自干清漆

氨基醇酸清漆是涂料工业中应用较广泛的一个品种，光泽好、外观丰满，漆膜坚韧，耐水，耐热，耐冷、耐有机溶剂，耐酸、耐碱。表3-24为氨基醇酸自干烘漆的配方。该配方中的氨基清漆，不需要烘烤干燥，不需密封作业，无刺激性，质量易于控制，能在普通自然环境下施工。

表3-24　氨基醇酸自干烘漆配方

原　　料	氨基树脂(50%，质量分数)	醇酸树脂(50%，质量分数)	固化剂
质量份	68	4.6	16

其中，氨基树脂可以通过如表3-25所示配方生产(质量份)。

表3-25　氨基树脂生产配方

原料名称	用　　量	原料名称	用　　量
三聚氰胺(97%)	163	氨水(25%)	25~30
尿素(工业品)	255	二甲苯(工业品)	258
甲醛(57%)	1010	丁醇(工业品)	2400
甲醇(工业品)	53	苯酐(工业品)	13

它的制备是，将甲醛先用氨水调pH近7.8，加入反应器中，然后加三聚氰胺、丁醇、二甲苯，升温到(95±2)℃反应1h左右，待反应液透明，仍维持(95±2)℃，反应1.5~2h。反应过程中有水脱出，待脱水量达580~600份时，加苯酐，丁醇溶液；待水脱尽时(理论量为720份)，即可出醇(回收丁醇量约为2200份)，温度由95℃上升到134℃时便可结束反应。待温度降至100℃时，加入回收丁醇1700份稀释，即得待用的氨基树脂。

其中，醇酸树脂配方如表3-26所示(质量份)。

表3-26　醇酸树脂配方

原料名称	用　　量	原料名称	用　　量
蓖麻油(工业漂洗)	410	苯酐(工业品)	432
甘油(工业品)	265	二甲苯(工业品)	145

它的制备是，将原料按用量加入反应器中，升温至120℃时停止，加热5min。然后再缓慢升温至128℃出二甲苯，1800℃出水，（理论量为55份），一直升温至230~234℃至无水为止。降温，加回收丁醇500份，即得待用的醇酸树脂。

氨基醇酸自干清漆的制备是，将68份氨基树脂和32份醇酸树脂混合在一起，使用前加入15%~20%的固化剂(视气候而定)，搅匀便可涂刷。

（2）水性丙烯酸氨基烘烤漆的研制

水溶性丙烯酸氨基烘烤漆具有色浅、优良的保光、保色性和良好的抗烘烤性能，有机挥发物(VOC)少，无火灾危险，无苯中毒，大气污染低，产品质量稳定，是一种很有发展前途的氨基烘漆品种，水性丙烯酸氨基清烘漆漆的配方见表3－27所示。

表3－27 水性丙烯酸氨基清烘漆漆的配方

原料名称	投料量/kg	原料名称	投料量/kg
水溶性丙烯酸树脂	60～70	催化剂	1～1.5
Resimene 氨基树脂	25～30	去离子水	适量
Deurheo WT－116 水性流变助剂	1～2	乙二醇单丁醚	适量
水性消泡剂	1～2	合计	100.0

水性丙烯酸氨基清烘漆漆的制备方法是，将上述各原料按配方量分别准确投入到干净的配料釜中，搅拌均匀，用去离子水调整黏度到55～65s(涂－4杯，25℃)，过滤，包装。

第五节 酚醛树脂清漆的生产技术

一、概述

酚类和醛类的缩聚产物通称为酚醛树脂，一般常指由苯酚和甲醛经缩聚反应而得的合成树脂，它是最早合成的一类热固性树脂。

酚醛树脂虽然是最老的一类热固性树脂，但由于它原料易得，合成方便，以及酚醛树脂具有良好的机械强度和耐热性能，尤其具有突出的瞬时耐高温烧蚀性能，而且树脂本身又有广泛改性的余地，所以目前酚醛树脂仍广泛用于制造玻璃纤维增强塑料、碳纤维增强塑料等复合材料。酚醛树脂复合材料尤其在宇航工业方面(空间飞行器、火箭、导弹等)作为瞬时耐高温和烧蚀的结构材料有着非常重要的用途。

酚醛树脂漆是以酚醛树脂或改性酚醛树脂为主要树脂制成的漆类。酚醛树脂主要代替天然树脂与干性油配合制漆。由于酚醛树脂使涂料在硬度、光泽、快干、耐水、耐酸碱及绝缘方面有较好的性能，所以广泛应用于木器、家具、建筑、电气等方面，但酚醛树脂可使漆料有较深的颜色，老化过程中漆膜泛黄，不宜用于制造浅色及白色漆，酚醛树脂漆可以应用于房地产业，适用于室内不常碰撞的木质表面，此类油漆干燥快、漆膜坚硬、耐久、耐热、耐水、耐弱酸碱，有一定的绝缘能力，其缺点是漆膜较脆，易泛黄变深，耐气候性较差。

酚醛树脂的合成和固化过程完全遵循体型缩聚反应的规律。控制不同的合成条件(如酚和醛的比例，所用催化剂的类型等)，可以得到两类不同的酚醛树脂：一类称为热固性酚醛树脂，它是一种含有可进一步反应的羟甲基活性基团的树脂，如果合成过程不加控制，则会使体型缩聚反应一直进行至形成不熔、不溶的具有三向网络结构的固化树脂，因此这类树脂又称为一阶树脂；另一类称为热塑性酚醛树脂，它是线型树脂，在合成过程中不会形成三向网络结构，在进一步的固化过程中必须加入固化剂，这类树脂又称为二阶树脂。这两类树脂的合成和固化原理并不相同，树脂的分子结构也不同。

二、合成酚醛树脂的原料

生产酚醛树脂的主要原料有酚类化合物、醛类化合物和催化剂三大类。常用的酚类化合物有苯酚、二甲酚、间苯二酚、多元酚等；常用的醛类化合物有甲醛、乙醛、糠醛等；常用的催化剂有盐酸、草酸、硫酸、对甲苯磺酸、氢氧化钠、氢氧化钾、氢氧化钡、氨水、氧化镁和乙酸锌等。颜料的质量对酚醛树脂的性能有直接影响，原料的选择应根据对产品性能的要求而定，因此，制造酚醛树脂首先要掌握原料的成分、性质及如何安全操作。

三、热固性酚醛树脂的生产技术

主要用于层压制品、塑料制品、绝缘清漆。热固性酚醛树脂的生成条件是碱催化，醛过量。

聚合反应过程分为加成反应和缩合反应两个阶段。

(1) 加成反应机理

用无机碱或叔胺(没有活性氢)催化时，在碱性条件下，常温下得到各种羟甲基酚的混合物，反应过程如式(3-28)所示：

$$C_6H_5OH + OH^- \rightleftharpoons C_6H_5O^- + H_2O \quad C_6H_5O^- + H-\overset{O}{\overset{\|}{C}}-H \longrightarrow o\text{-}O^-C_6H_4-CH_2OH \xrightleftharpoons{H_2O} o\text{-}HOC_6H_4-CH_2OH + OH^-$$

$$C_6H_5O^- + H-\overset{O}{\overset{\|}{C}}-H \longrightarrow (\text{环己二烯酮}, -CH_2-O^-, H) \longrightarrow o\text{-}O^-C_6H_4-CH_2OH \qquad (3-28)$$

(2) 缩合反应机理

当温度进一步升高时，各种羟甲基酚之间发生缩合反应，生成二酚核和多酚核的低聚物。随着反应温度升高，反应时间延长，最后将生成高度交联的体型结构，反应过程如式(3-29)所示：

$$HOCH_2-C_6H_4-O^- + HOCH_2-C_6H_4-OH$$

$$\downarrow$$

$$(1)\ HOCH_2-(\text{环己二烯酮}, H)-CH_2-C_6H_4OH \qquad (2)\ (\text{环己二烯酮}, CH_2OH)-CH_2-C_6H_4OH \qquad (3-29)$$

$$\downarrow OH^- \qquad\qquad \downarrow OH^-$$

$$HOCH_2-C_6H_3(O^-)-CH_2-C_6H_4OH + H_2O \quad (1) \qquad C_6H_4(O^-)-CH_2-C_6H_4OH + H_2O + CH_2O \quad (2)$$

① 反应特点

热固性酚醛树脂在碱性介质中，生成的各种羟甲基酚中间体都很稳定，加成反应快，缩合反应慢；放热较少，反应进行较缓和。根据反应程度，一般将反应过程分为三个阶段，各阶段产物性质不同。

A 阶段：产物为液体或固体，含较多的羟甲基，极性较强，能全部或部分溶于水中，有时称水溶性树脂或可溶性酚醛树脂。

B 阶段：由 A 阶段树脂加热或长期存放继续反应而得，固体状，加热可软化，但不能熔化，能拉成长丝，冷却变成脆性物质，易粉碎成粉末，在溶剂中不溶或部分溶解、溶胀，是应用过程中的中间产物。

由 A 阶转为 B 阶的速度称胶化速度。

C 阶段：树脂反应最后阶段，形成高度交联的体型结构树酯，产物不熔不溶，能体现应用特征。由 A 阶段经 B 阶段转为 C 阶段的速度称固化速度。

② 热固性酚醛树脂生产技术

热固性酚醛树脂的配方组成为：甲醛∶苯酚 =（1.15 ~ 11.25）∶1 >1，催化剂为氨水。生产过程如下：

（a）按配方量将酚、醛依次加入反应釜中；

（b）回流、搅拌、加氨水；

（c）给汽加热至 70℃左右停止，反应放热使温度达到 80 ~ 100℃；

（d）反应时间约 40min；

（e）反应物由透明的暗红色转变成浑浊的乳黄色（缩聚阶段的终点标志）；

（f）抽真空脱水大约 3 ~ 5h；

（g）反应物由乳黄色变为红色透明液体；

（h）取样测定胶化时间（160℃ ±2℃，热板，小刀法，1g 试样）；

（i）冷却、停止抽空；

（j）向釜内加入配方量的酒精；

（k）不断搅拌 1h；

（l）取样测固体含量（105℃ ±2℃，2h 不小于 56%，质量）；

（m）冷却至 50℃以下，放料经过滤输送到储罐。

热固性酚醛树脂质量指标为：胶化时间控制在 90 ~ 120min，固体含量≥80%（质量），游离酚含量≤12%（质量）。

四、热塑性酚醛树脂的生产技术

热塑性酚醛树脂为线型结构，如式（3 - 30）所示，成型加工时需加入固化剂才能获得体型结构的制品，常用固化剂为六次甲基四胺（乌洛托品）。热塑性酚醛树脂主要用于木粉填料的粉状塑料（也称模塑粉）。模塑粉组成为酚醛树脂粉末、木粉填料、乌洛托品、其他助剂，主要应用于压塑料、防腐漆、胶泥，在清漆涂料中很少应用，故而关于热塑性酚醛树脂的生产技术在这里就不再赘述。

$$2\,C_6H_5OH + HCHO \xrightarrow{-H_2O} HOC_6H_4-CH_2-C_6H_4OH \xrightarrow[C_6H_5OH]{HCHO}$$

$$HOC_6H_4-CH_2-C_6H_3(OH)-CH_2-C_6H_4OH\ \cdots\cdots \xrightarrow[n\ C_6H_5OH]{n\ HCHO} \qquad (3-30)$$

$$HOC_6H_4-CH_2-\left[C_6H_3(OH)-CH_2\right]_n-C_6H_4OH \quad \text{线型结构}$$

五、酚醛树脂清漆的生产技术

纯酚醛树脂可制成底漆、磁漆、清漆等品种，纯酚醛树脂漆有很好的耐水性、耐酸性、耐溶剂性和电绝缘性能，还可制成分散型酚醛树脂漆，这是一种附着力极好，漆膜有良好的耐久性、耐磨性、高度的防潮性能的树脂漆。

目前涂料工业中使用的酚醛树脂漆主要有油溶性纯酚醛树脂、松香改性酚醛树脂、醇溶性纯酚醛树脂三种。

（一）油溶性酚醛树脂漆

100%油溶性纯酚醛树脂漆有非油反应型和油反应型树脂漆两种，其中油反应型酚醛清漆含干性油，非油反应型酚醛清漆不含干性油，它们的溶剂是二甲苯和200号溶剂汽油或松节油，自干、烘干均可，涂膜光亮坚硬、耐水性好、耐烫性好，但较脆、易泛黄，广泛用于涂饰木器家具、门窗和涂于油性色漆的罩光漆使用。这类清漆在20世纪50年代应用较多，目前属低档漆，正逐步淘汰。

油溶性酚醛树脂清漆的生产过程是将酚醛树脂溶入桐油、脱水蓖麻油、亚麻子油等不饱和植物油或这些植物油与二甲苯、200号溶剂油的混合物中，搅拌、过滤、分散均匀，出料包装。涂装后，清漆需要烘干，烘干温度与溶入的植物油有关，一般在218～307℃。

（二）醇溶性酚醛树脂漆

醇溶性酚醛树脂漆分为热塑性和热固性两种，热塑性通常很少使用。一般制取的是清漆，是不用油脂的热固性酚醛树脂漆。

（1）热塑性醇溶酚醛树脂漆：是一种挥发性自干漆，干燥很快，具有良好的耐酸、耐有机溶剂、耐酸性气体的性能，毒性低，但漆膜易脆、在日光下变红，耐热度在90℃以下，性能不及热固性酚醛树脂漆，因而应用不广泛。

（2）热固性醇溶酚醛树脂漆：烘烤后漆膜坚硬，具有良好的防潮性能和绝缘性能，适用于胶合层压制品。

由于醇溶性酚醛树脂清漆的附着力不太好，因此常常和环氧、聚乙烯醇缩甲醛（丁醛）、醇酸树脂等一起使用，用于工业上容器、管道的涂装和食品容器（罐头）的内外涂装。如表3－28所示，是用于金属罐头容器涂装的酚醛－环氧清漆的配方。

表3－28　酚醛－环氧清漆的配方

组　成	质　量/g	组　成	质　量/g
环氧树脂	25.6	乙二醇	20.0
体型酚醛树脂	14.4	乙二醇醋酸酯	39.5
硅流平剂	0.3	磷酸	0.2

清漆生产过程中，按照配方将树脂和溶剂、助剂混合，分散均匀，包装，涂装完成后，需要在180℃下固化15min。

（三）改性酚醛树脂涂料

醇溶性酚醛树脂涂料耐腐蚀性能较好，但施工不便，柔韧性、附着力不太好，应用受到一定限制。因此常需要对酚醛树脂进行改性。如松香改性酚醛树脂与桐油炼制，加入各种颜料，经研磨可制得各种磁漆，其漆膜坚韧，价格低廉，广泛用于家具、门窗的涂装。纯酚醛树脂涂料附着力强，耐水耐湿热，耐腐蚀，耐候性好。

（1）松香改性酚醛树脂漆：是用量最大的一种酚醛树脂漆。它与桐油炼制的漆膜硬度大、干性好、坚韧耐久、耐化学作用、绝缘性能好，且价格低廉。缺点是漆膜易泛黄。广泛应用与木器家具、建筑、一般机械产品，以及船舶、绝缘、美术等。

（2）丁醇改性酚醛树脂漆：可溶于苯类溶剂之中。单独制漆其漆膜耐水、耐酸性较好，但较脆，需高温烘烤。

改性后的酚醛树脂清漆的生产方法和油溶性酚醛树脂漆的生产非常类似，它的工艺流程图如图3－6所示。

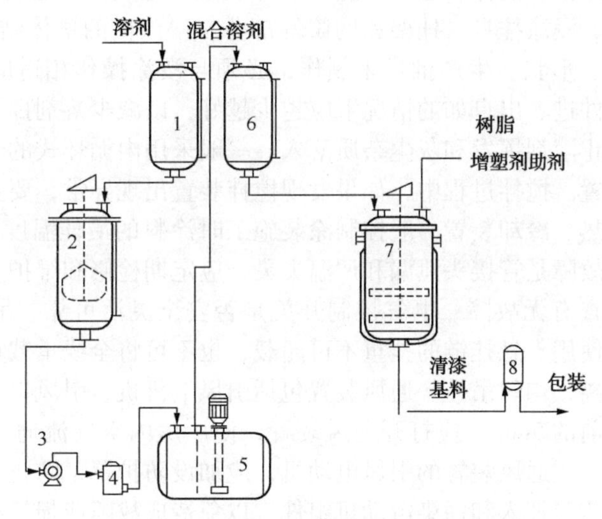

图3－6　酚醛树脂清漆的生产工艺流程图

1—溶剂计量罐；2—溶剂混合罐；3—溶剂泵；4—过滤机；
5—混合溶剂储罐；6—混合溶剂计量罐；7—溶解罐；8—过滤机

第六节　合成树脂清漆的浸涂涂装技术

合成树脂的清漆由于原料来源丰富，产量大，成本较天然大漆、虫胶清漆低廉，可以广泛应用于家具、纸张、皮革、金属制品的涂装。在涂装方法上，除去经常见到的刷涂工艺外，还可以采用浸涂涂装工艺，以满足不同涂膜厚度、不同材质和复杂几何形状工件的涂装要求。

浸涂涂装可以有手工浸涂、机械浸涂、离心浸涂等四种涂装类别。手工浸涂是将被涂件以手工浸在漆液中的操作。机械浸涂与手工浸涂类似，是采用输送链将悬挂的被涂物传送到浸涂槽中浸漆，再传送到滴漆槽，晾干挥发溶剂后进入烘干炉烘干的涂装方法。离心浸涂法是将工件放在铁篮中浸入浸漆槽中浸漆，取出后立刻送入离心机滚筒中经短时间高速旋转

(旋转时间约为1～2min，转速约为1000r/min)，以除去多余的涂料，然后进行烘干的方法。浸涂适用于工件表面复杂、涂膜厚度较高的涂装场合，浸涂工序如图3－7所示。

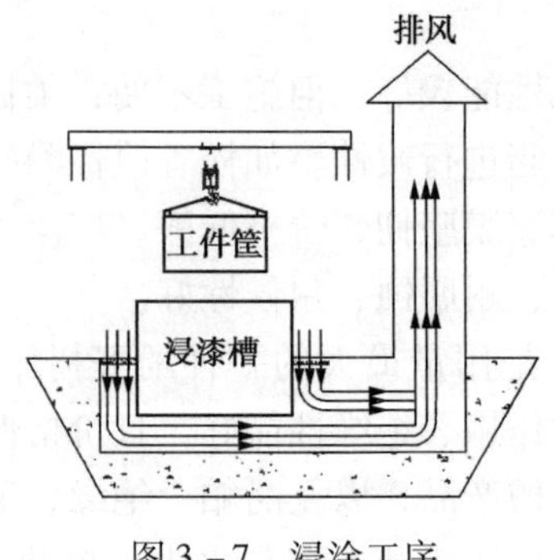

图3－7 浸涂工序

一、浸涂设备

浸涂设备包括浸涂槽、搅拌装置、加热及冷却装置、电葫芦、悬挂输送链及传动机构、通风装置、防火设施、浸涂挂具、挂架和网筐等部分。浸涂槽的槽体结构、形状、容积等，应根据浸涂件的大小、形状、生产批量来制作，必须与浸涂操作相适应。浸涂槽的敞开口径，在能够满足浸涂件进、出自如的情况下应越少越好，以减少溶剂挥发及涂料配置量。浸涂槽应设置盖板，防止溶剂挥发和灰尘杂质落入，一般采用内循环式的桨叶式搅拌器或者外循环抽送式的搅拌装置。搅拌过程中，如果发现搅拌装置出现异常，要立即关掉电源，检查修理好后再使用。加热、冷却装置一般控制涂装施工时涂料的最佳温度是20～30℃，加热、冷却装置经常出现的故障是管接头泄漏和调温失灵，应定期检修和维护。电葫芦使用前，应进行空载试运行，检查有无故障、电气控制开关是否安全灵活可靠、吊载运行控制是否自如，一切正常后方可使用。悬挂链的挂重不可超载，也不可将全线承载重力集中挂在悬链的某一段内，应拉开距离，均匀吊挂。通风装置包括引风电机机、引风口、通风管道、排尘口等部分。在实际操作前的5min，应打开通风装置，使厂房内空气流通，特别是封闭式的浸涂槽应有足够的风量。主通风装置的引风电动机，应加设防护罩，防止水、潮气、化学药品等污染物质及灰尘杂质等掉入和污染电动机组件，以免造成故障或损坏组件。

非自动流水线上的浸涂件，自浸涂槽取出后，应在滴漆槽上方停留一定时间，使多余涂料自行滴落至不连续下落后再转入干燥工序；自动生产线上的浸涂件，自浸涂槽取出后，让其在自动输送链上行进中自然滴落。如果采用静电装置清除浸涂工件上的多余涂料时，工作电压为65～85kV，操作时要随时注意电压、电流的稳定性，防止产生打火。

二、定子绕组浸涂涂装工艺

定子绕组E级、B级浸漆涂装采用的清漆是不饱和聚酯改性的环氧树脂清漆，H级浸漆涂装可以采用有机硅树脂清漆、有机硅改性环氧树脂清漆等。

(一) 漆前准备

浸涂涂装前，要检查所用材料、设备、装置、计量仪器和有关器具应符合使用要求，检查有绕组定子铁心，其绕组端部绝缘不应有损伤、污迹。对引出线损伤、线圈碰伤、露铜、槽楔滑出、绑扎松开等工件应退回上道工序予以修整。

浸涂涂装时，首先要进行配漆，可以在室温下将有机硅树脂清漆、有机硅改性树脂清漆或者将连续沉浸树脂按甲组分(环氧树脂)、乙(固化剂)两个组分2:1(质量)比例，倒入贮漆箱，用搅拌工具搅拌均匀，然后测量绝缘漆的黏度。具体方法是：先用温度计测量漆温，然后用涂 -4 黏度计测量清漆的黏度（在漆面下约 100mm 外取样两次，求平均值），控制漆的温度与黏度关系为 23℃时，黏度为 19.3 ~ 18.6s。

（二）工艺过程

浸漆工艺过程由预烘、浸漆两个主要工序组成。

（1）预烘

为了驱除绕组中的潮气和提高工件浸漆时的温度，提高浸漆质量和漆的浸透能力，绕组在浸漆前应先进行预烘。预烘加热要逐渐增温，温升速度以不大于 20 ~ 30℃/h 为宜。预烘温度视绝缘等级来定，对 E 级绝缘应控制在 120 ~ 125℃，B 级绝缘应达到 125 ~ 130℃。预烘下结束，在该温度下保温 4 ~ 6h，然后将预烘后的绕组冷却到 60 ~ 80℃开始浸漆。

（2）浸漆

浸漆时应注意工件的温度、浸漆的黏度以及浸漆时间等问题。如果工件温度过高，漆中溶剂迅速挥发，使绕组表面过早形成漆膜，而不易浸透到绕组内部，也造成材料浪费；若温度过低，就失去预烘作用，使漆的黏度增大，流动性和渗透性较差，也使浸漆效果不好。实践证明，工件温度在 60 ~ 80℃浸漆为宜。

第一次浸漆，希望漆能尽量浸透到绕组内部，因此浸漆时间应长一些，约 15 ~ 20min；第二次浸漆，主要是形成较好的表面漆膜，因此浸漆时间应短一些，以免时间过长反而将漆膜损坏，故约 10 ~ 15min 为宜，但一定要浸透，一直浸到不冒气泡为止，若不理想可适当延长浸漆时间。每次浸漆完成后，都要把定子绕组垂直放置，滴干余漆，时间应为 30min，并用溶剂将其他部位余漆擦净。

浸漆的主要方法有浇浸、沉浸、真空压力浸三种。对单台修理的电机浸漆，多采用浇浸，而沉浸和真空压力浸通常用于制造电机，对批量的可考虑沉浸，高压电机才考虑采用真空压力浸。

（3）质量检查

漆的黏度、浸漆时间及烘炉温度严格按照技术要求，烘干后绕组表面漆膜色泽应均匀一致，手触漆膜应不粘手并稍有弹性，表面无裂纹和皱纹，其端部无变形、端部铜线无磕碰、露铜、引接线分离、槽楔无错位，漆膜绝缘电阻应大于 20MΩ。

复习思考题

（1）硝基清漆的组分有哪些？硝基清漆的合成原理和生产工艺是什么？

（2）醇酸树脂生产中，树脂油度的定义是什么？按照油度的不同，可以将醇酸树脂分成哪几种？

（3）生产醇酸树脂的常用原料是什么？单元酸的作用是什么？醇酸树脂清漆的合成原理和生产工艺是什么？醇酸树脂合成中，缩聚反应是如何进行的？

（4）什么是聚酯树脂？聚酯清漆和醇酸清漆在合成成膜物质时的区别是什么？

（5）氨基树脂的单体有哪些？氨基树脂清漆的合成原理和生产工艺是什么？为什么氨基树脂往往和其他树脂进行改性，形成改性氨基树脂清漆？

（6）交联固化型氨基树脂清漆的固化剂有哪些类别？交联反应的原理是什么？

（7）酚醛树脂的单体有哪些？酚醛树脂清漆和氨基树脂清漆在性能和合成原理上有什么异同？

（8）浸涂涂装的特点和工艺过程是什么？试设计一例醇酸树脂清漆浸涂铅笔杆的涂装工艺。

第四章　特殊性能清漆的生产与涂装技术

【教学目标】

了解聚氨酯、丙烯酸(酯)、有机硅、氟碳树脂清漆生产常用原料的分类、性质；掌握特殊性能清漆的组成和分类；掌握特殊性能清漆的生产原理及基本生产工艺；理解并掌握淋幕涂装的涂装技术。

【教学思路】

传统教学外，以某个典型特殊性能清漆生产工艺的成功掌握为成品，理解并掌握特殊性能清漆生产原理和操作技能，构成成品化教学的相关环节；或者以某一具体特殊性能清漆的淋幕涂装技术的成功掌握为成品，设计发散到相关其他涂装工件表面处理、涂装工序等知识和技能的成品化教学环节。

【教学方法】

建议多媒体讲解和特殊性能清漆的合成工艺、生产原理或者淋幕涂装等综合实训项目相结合。

第一节　聚氨酯清漆的生产及涂装技术

一、概述

聚氨酯是一种由多异氰酸酯(OCN－R－NCO)和多元醇(HO－R¹－OH)反应并具有多个氨基甲酸酯(R－NH－C－－OR¹)链段的有机高分子材料，如式(4－1)所示：

$$n\mathrm{NCO{-}R{-}NCO} + n\mathrm{HO{-}R'{-}OH} \longrightarrow \left[\mathrm{R{-}\overset{H}{N}{-}\overset{\overset{O}{\|}}{C}{-}O{-}R'{-}O{-}\overset{\overset{O}{\|}}{O}{-}\overset{H}{N}}\right]_n \quad (4-1)$$

因聚氨酯分子结构中含有多个氨基甲酸酯(简称氨酯)基团，故称之为聚氨酯(简称 PU，polyurethane)。1937 年，德国化学家 OttoBayer 及其同事用二或多异氰酸酯和多羟基化合物，通过聚加成反应最早合成了线形、支化或交联型聚氨酯聚合物，标志着聚氨酯的开发成功。

聚氨酯是目前所有高分子材料中唯一一种在塑料、橡胶、泡沫、纤维、涂料、胶粘剂和功能高分子七大领域均有应有价值的合成高分子材料，它的品种最多、用途最广、发展最快，可广泛应用于轻工、建筑、汽车、纺织、机电、船舶、石化、冶金、能源、军工等国民经济各个领域。

聚氨酯的重要单体是多异氰酸酯，最初使用的是芳香族多异氰酸酯(甲苯二异氰酸酯)，20 世纪 60 年代以来，又陆续开发出了脂肪族多异氰酸酯。多异氰酸酯基团活性很高，可以与许多含活性氢的物质如醇、水、胺(氨)、醇胺、酚、硫酸、羧酸、脲等反应，生成含有主链含有氨基甲酸酯、取代脲、脲基甲酸酯、缩二脲等化学结构的聚氨酯，这也决定了聚氨酯材料的分子结构千变万化，性能各异。

二、聚氨酯涂料性能特点

以聚氨酯或者改性聚氨酯为主要成膜物，添加适量的辅助成膜物组分、助剂、溶剂的一类涂料统称为聚氨酯清漆。聚氨酯树脂涂料具有明显优于其他涂料的特点，聚氨酯涂料的优点是：漆膜耐磨性特强，装饰性能好，涂膜附着力强，涂膜弹性高，涂膜耐腐蚀性能强，烘干温度范围宽，耐高低温性能突出，绝缘性能优异，花色品种多。

聚氨酯涂料的缺点是：保光保色性差，有毒，树脂乳液稳定性差，施工要求高。

三、聚氨酯清漆用原料

（一）多异氰酸酯

用于制造聚氨酯树脂的多异氰酸酯单体一般为二异氰酸酯，其结构通式如式(4－2)所示：

$$O{=}C{=}N{-}R{-}N{=}C{=}O \quad (4-2)$$

根据R的不同，二异氰酸酯分为四大类：芳香族多异氰酸酯(如甲苯二异氰酸酯，即TDI)、脂肪族多异氰酸酯(六亚甲基二异氰酸酯，即HDI)、芳脂族多异氰酸酯(即在芳基和多个异氰酸酯基之间嵌有脂肪烃基——常为多亚甲基，如苯二亚甲基二异氰酸酯，即XDI)和脂环族多异氰酸酯(即在环烷烃上带有多个异氰酸酯基，如异佛尔酮二异氰酸酯，即IP-DI)四大类。

芳香族多异氰酸酯合成的聚氨酯树脂户外耐候性差，易黄变和粉化，属于“黄变性多异氰酸酯”，但价格低，来源方便，在我国应用广泛，如TDI常用于室内涂层用树脂；脂肪族多异氰酸酯耐候性好，不黄变，其应用不断扩大，在欧、美等发达国家已经成为主流的多异氰酸酯单体；芳脂族和脂环族多异氰酸酯接近脂肪族多异氰酸酯，也属于“不黄变性多异氰酸酯”。

(1) 芳香族而异氰酸酯

聚氨酯树脂中90%以上属于芳香族多异氰酸酯，与芳基相连的异氰酸酯基对水和羟基的活性比脂肪基异氰酸酯基团更活泼。基于TDI的聚氨酯由于高的苯环密度，其力学性能也较脂肪族多异氰酸酯的聚氨酯更为优异。以下是一些常用的产品。

① 甲苯二异氰酸酯(TDI，Toluenediisocyanate)

甲苯二异氰酸酯(TDI)包括2，4－二异氰酸酯甲苯和2，6－二异氰酸酯甲苯两种同分异构体，分子式是分子式是$C_9H_6N_2O_2$，相对分子质量是174.15，如式(4－3)所示：

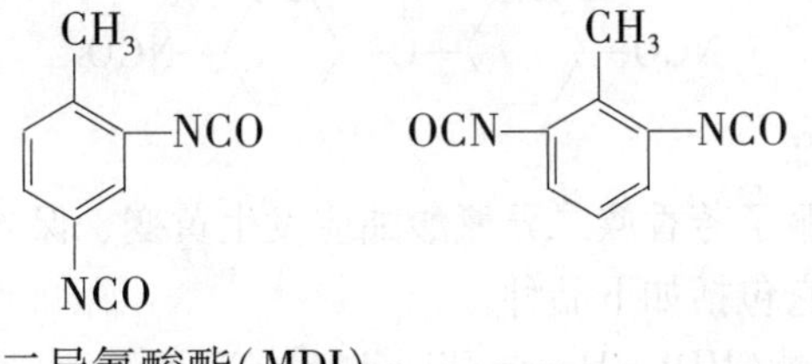

CH_3 —NCO —NCO (2,4-TDI)　　OCN— CH_3 —NCO (2,6-TDI)　　(4－3)

② 4，4－二苯基甲烷二异氰酸酯(MDI)

二苯基甲烷二异氰酸酯(MDI)是继TDI以后开发出来的重要的二异氰酸酯。MDI相对分子质量大，蒸气压远远低于TDI，对工作环境污染小，单体可以直接使用，因此其产量不断提高，在聚氨酯泡沫塑料、弹性体方面的应用越来越广。MDI的化学结构主要为4，4－MDI，此外还包括2，4－MDI和2，2－MDI，相对分子质量是250.1，结构式如式(4－4)所示：

$$OCN-C_6H_4-CH_2-C_6H_4-NCO \quad ; \quad (NCO)C_6H_4-CH_2-C_6H_4-NCO \quad ; \quad (NCO)C_6H_4-CH_2-C_6H_4(NCO) \qquad (4-4)$$

③ 苯二亚甲基二异氰酸酯(xylylenediisocynate，XDI)

苯二亚甲基二异氰酸酯是由混合二甲苯(71%间二甲苯、29%对二甲苯)用氨氧化成苯二甲腈，加氢还原成苯二甲氨，再经光气化而制成。XDI属芳脂族多异氰酸酯结构式如式(4－5)所示：

$$C_6H_4(CH_2NCO)_2 \qquad (4-5)$$

由其结构可知，苯环和—NCO基之间存在亚甲基，破坏了其间的共振现象，其聚氨酯制品具有稳定、不黄变的特点。

④ 四甲基苯二亚甲基二异氰酸酯(TMXDI)

TMXDI外观是无色透明液体，虽然含有苯，但在苯环上与NCO基团之间隔有亚甲基，性质接近于脂肪族多异氰酸酯，其反应活性和干燥性都比TDI快，不泛黄，保光性好。TMXDI的预聚物适宜制造水性聚氨酯。具有优良的耐候性、耐水解性、保光保色性和突出的断裂伸长率。TMXDI的结构式如式(4－6)所示：

$$C_6H_4[C(CH_3)_2NCO]_2 \qquad (4-6)$$

⑤ 4，4′—二环已基甲烷二异氰酸酯

4，4′—二环已基甲烷二异氰酸酯(4，4′－diisocyanatodicyclohexylmethane，HMDI)亦称为氢化MDI，由于MDI的苯环被氢化，属脂环族多异氰酸酯，它也不黄变，其活性比MDI明显降低，另外，HMDI蒸气压较高，毒性也较大，结构式如式(4－7)所示：

$$NCO-C_6H_{10}-CH_2-C_6H_{10}-NCO \qquad (4-7)$$

(2) 脂肪族二异氰酸酯

脂肪族二异氰酸酯克服了芳香族二异氰酸酯应发生黄变、保光性差的缺点，是多异氰酸酯原料的更新换代产品，它包括如下品种。

① 六亚甲基二异氰酸酯(HDI，Hexanediisocyanate)

HDI常温下为无色透明液体，稍有刺激性臭味，易燃，可以制得高耐候，保光、保色性优良的外用聚氨酯涂料。缺点是作为脂肪族多异氰酸酯原料，在制备聚氨酯涂料过程中，挥发性较强，有明显的刺激性与毒性，价格比TDI高得多。它的分子式是$C_8H_{12}N_2O_2$，相对分子质量为168.2，结构式如式(4－8)所示：

$$OCN-CH_2CH_2CH_2CH_2CH_2CH_2-NCO \qquad (4-8)$$

实际应用中，为了避免 HDI 的挥发性较强的缺点，常常将之与水反应制造线型结构的多异氰酸酯固化剂——HDI 缩二脲，或者聚合成为具有异氰脲酸酯环状结构的多异氰酸酯固化剂——HDI 三聚体，结构式如式(4 -9)所示：

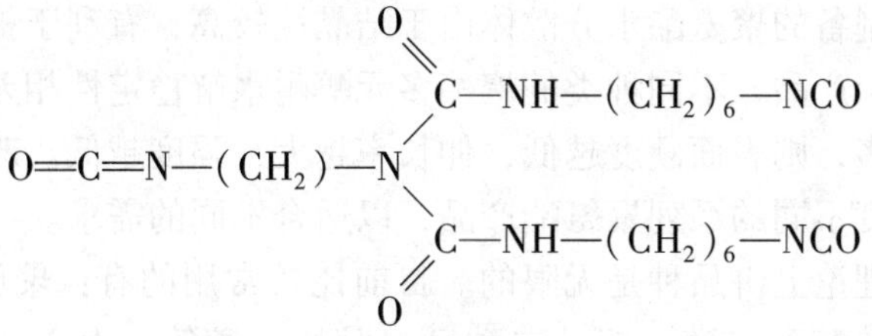

$$O{=}C{=}N{-}(CH_2)_6{-}N\left<\begin{array}{l}\overset{O}{\overset{\|}{C}}{-}NH{-}(CH_2)_6{-}NCO\\ \underset{\|}{\underset{O}{C}}{-}NH{-}(CH_2)_6{-}NCO\end{array}\right.$$

HDI 缩二脲

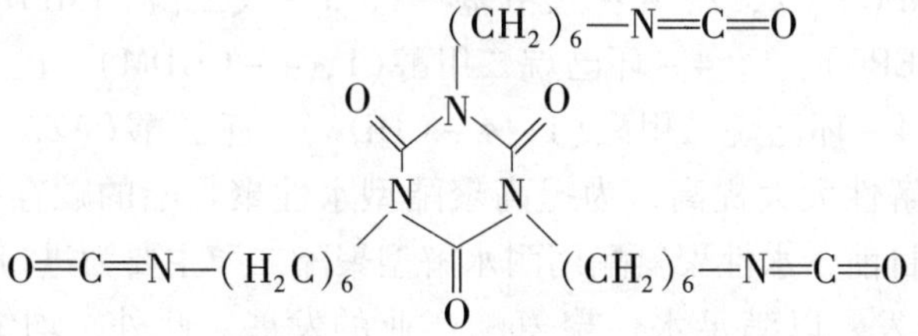

$$\text{HDI 三聚体：异氰脲酸酯环，三个 N 上分别连接 } (CH_2)_6{-}N{=}C{=}O \quad (4-9)$$

HDI 三聚体

② 异佛尔酮二异氰酸酯(IPDI)

异佛尔酮二异氰酸酯(IPDI)是无色至微黄色液体，相对分子质量为 222.3，反应活性比芳香族异氰酸酯低。IPDI 有两个异氰酸酯基团，其中一个是脂环型，一个是脂肪型。由于临位甲基及环己基的空间位阻作用，造成脂环型异氰酸酯基的活性是脂肪族异氰酸酯基的 10 倍。这一活性差别可以很好地用于聚氨酯预聚体的合成，合成出色浅、游离单体含量低、黏度低、稳定性非常好的产品。涂料工业上，IPDI 是 70：30 的顺式和反式异构体混合物，往往制成 IPDI 三聚体固化剂，其预聚物可溶性好，制得的涂料漆膜不泛黄，耐候性好。IPDI的结构式如式(4 -10)所示：

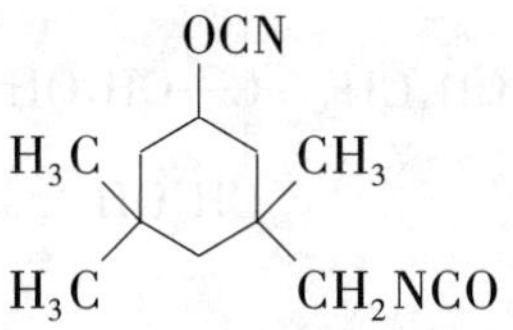

$$\text{环己烷环：1 位 } OCN\text{；3 位 } CH_3\text{；5 位 } H_3C \text{ 与 } H_3C\text{（偕二甲基）；另一位 } CH_3 \text{ 与 } CH_2NCO \quad (4-10)$$

(二) 低聚物多元醇

聚氨酯合成用低聚物多元醇(polyol)主要包括聚醚型、聚酯型两大类，它构成聚氨酯的软段，相对分子质量通常在 500~3000。不同的聚二醇与二异氰酸酯制备的 PU 性能各不相同，一般说来，聚酯型 PU 比聚醚型 PU 具有较高的强度和硬度，这归因于酯基的极性大，内聚能(12.2kJ/mo1)比醚基的内聚能(4.2kJ/mo1)大，软段分子间作用力大，内聚强度较大，机械强度就高，而且酯基和氨基甲酸酯键间形成的氢键促进了软、硬段间的相混，并且由于酯基的极性作用，与极性基材的黏附力比聚醚型优良，抗热氧化性也比聚醚型好。

聚醚多元醇主要由环氧乙烷、环氧丙烷、四氢呋喃单体的开环聚合合成，常用的聚醚型二醇主要产品有：聚环氧乙烷(聚乙二醇)二醇(polyethyleneglycol，PEG)、聚环氧丙烷(聚丙二醇)二醇(polypropyleneglycol，PPG)、聚四氢呋喃二醇(polytetramethyleneglycol，PTMEG)以及上述单体的均聚或共聚二醇或多元醇，其中 PPG 产量大、用途广。PTMEG 综合性能优于 PPG，PTMEG 由阳离子引发剂引发四氢呋喃单体开环聚合生成，其产量近年来增长较快，国内也已有厂家生产。

聚醚型水性聚氨酯低温柔顺性好、耐水解、价格低，但其耐氧化性和耐紫外光降解性差，强度、硬度也较低，属于低端的产品。

采用聚酯多元醇制备的聚氨酯水分散体由于结晶性较高，有利于提高涂膜强度，但其耐水解性往往不如聚醚型产品，不同种类的聚酯多元醇耐水解稳定性相差很大。多元醇相对分子质量越大，用量越多，则表面硬度越低，伸长率越大，强度越低。改变合成单体的种类和比例可以制成软、硬度不同的系列聚氨酯产品，以适合不同的需求。

聚酯型多元醇从理论上讲品种是无限的。目前比较常用的有：聚己二酸乙二醇酯二醇、聚己二酸-1，4-丁二醇酯二醇、聚己二酸己二醇酯二醇等。由2-甲基-1，3-丙二醇(MPD)、新戊二醇(NPG)、2，2，4-三甲基-1，3-戊二醇(TMPD)、2-乙基-2-丁基-1，3-丙二醇(BEPD)、1，4-环己烷二甲醇(1，4-CHDM)、己二酸(adipicacid)、六氢苯酐(HHPA)、1，4-环己烷二甲酸(1，4-CHDA)、壬二酸(AZA)、间苯二甲酸(IPA)衍生的聚酯二醇耐水解性大大提高，为提高聚酯型水性聚氨酯的贮存稳定性提供了原料支持，但其价格较贵，目前，水性聚氨酯用耐水解型聚酯二醇主要为进口产品，国内相关企业应加大该类产品的研发，以满足水性聚氨酯产业的发展。此外，均缩聚物聚己内酯二醇(PCL)、聚碳酸酯二醇可以用于聚氨酯的合成。

(三) 含活性氢的化合物与树脂

最重要的是多元醇与多羟基树脂，它们主要用于与二异氰酸酯反应以制造多异氰酸酯预聚物，也可以在NCO/OH型双组分涂料中作为羟基组分，提供进一步交联聚合的活性点。含活性氢的化合物与树脂主要有如下几种。

(1) 三羟甲基丙烷(TMP)

三羟甲基丙烷外观为白色结晶或粉末，有吸湿性，分子上有3个典型的羟甲基，相对分子质量为134.17，结构式如式(4-11)所示：

$$\begin{array}{c} CH_2OH \\ | \\ CH_3CH_2—C—CH_2OH \\ | \\ CH_2OH \end{array} \tag{4-11}$$

(2) 多羟基树脂

含羟基组分的化合物主要有：聚酯、聚醚、环氧树脂、醇酸树脂、羟基丙烯酸树脂、蓖麻油或其加工产品。

(四) 扩链剂

为了调节大分子链的软、硬链段比例，同时也为了调节相对分子质量，在聚氨酯合成中常使用扩链剂。扩链剂主要是多官能度的醇类，如乙二醇、一缩二乙二醇(二甘醇)、1，2-丙二醇、一缩二丙二醇、1，4-丁二醇(BDO)、1，6-己二醇(HD)，三羟甲基丙烷(TMP)或蓖麻油。加入少量的三羟甲基丙烷(TMP)或蓖麻油等三官能度以上单体，可在大分子链上造成适量的分支，可以有效地改善力学性能，但其用量不能太多，否则预聚阶段黏度太大，极易凝胶，一般加1%(m/m)左右。

(五) 胺类

常起催化、扩链、交联等作用。对于聚氨酯涂料最有普遍意义的是，胺可以与来自自身的-NCO基反应生成的胺，作为催化剂、链增长剂和链扩散剂，反应过程如式(4-12)

所示：

$$—R—NCO + H_2O \longrightarrow —R—\overset{H}{N}—COOH \longrightarrow —R—NH_2 + CO_2 \quad (4-12)$$

形成的胺进一步反应，造成多异氰酸酯的变质，影响其储存安全，而它在聚氨酯涂料的固化中又起到重大作用，影响着漆膜的结构与性能，常用的胺可以有：

(1) 多元胺

如4′-二氨基-3，3′-二氯-二苯基甲烷(MOCA)、二甲基乙醇胺、甲基二乙醇胺、四羟丙基乙二胺等。它们的分子结构如式(4-13)所示：

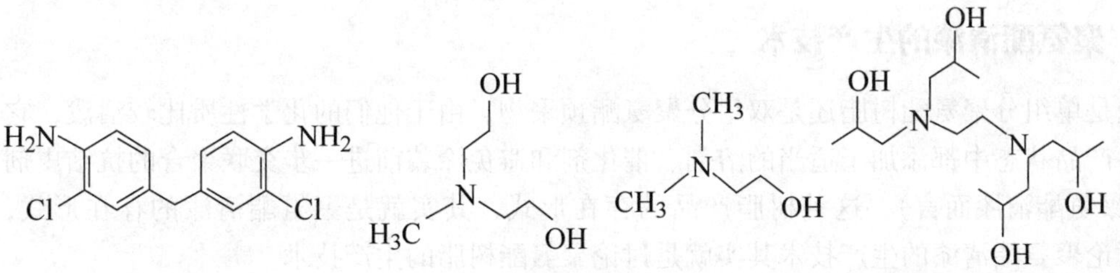

(4-13)

(2) 仲胺

只有一个活泼氢，活性高，可以与异氰酸酯基定量反应，定量分析异氰酸酯基的含量，如二丁胺、六氢吡啶等。

(3) 其他胺

酮亚胺、噁唑烷等可作为催化固化型聚氨酯的潜固化剂。酮亚胺、噁唑烷是通过与预聚物共一包装，涂装后在水气作用下，分解释放出胺或者放出胺与羟基，起到催化和交联作用的。

(六) 催化剂

常用的催化剂有叔胺类、有机金属类和有机磷化合物三类。

(1) 叔胺类

如甲基乙二醇胺，二甲基乙醇胺、*N*-甲基吗啉、二甲基环已胺、三亚乙基二胺。其中，三亚甲基二胺最为常用，叔胺的催活性取决于其碱性强度和结构，催化活性随碱性增大而增大。叔胺对芳香族 TDI 有显著的催化作用，但对脂肪族 HDI 的催化作用极弱，而金属类化合物对芳香族或脂肪族异氰酸酯都有很好的催化作用。

(2) 有机金属化合物

如二月桂酸二丁基锡，二酯酸二丁基锡，辛酸亚锡。环烷酸锌、铝、铅等，其中以二月桂酸常用。它对芳香族和脂及族异氰酸酯都有很强的催化作用，它对—NCO/ROH 型反应的催化能力比叔胺强得多，但对—NCO/H_2O 型反应则不及胺类、环烷酸锌对脂肪族的催化作用强，而对芳香族的催化作用弱。

(3) 有机膦

如三丁膦、三乙基膦等，工业上用得不多。需要注意的是，原料中存在的微量碱，微量水溶性金属盐如酚钠、铁皂、水溶性铁盐等对异氰酸酯的反应也有催化作用。如处理不当，容易产生凝胶使漆料报废。为消除微量碱的影响可加入少量 0.3% 的磷酸或苯甲酰氯、邻硝基酰氯，其醇解时产生的盐酸可中和碱性杂质。

(七) 水分消除剂

异氰酸酯能与水反应生成胺和 CO_2，因此，无论是单组分还是双组分涂料中，都不希望水分的存在，以免影响涂料贮存期或使漆膜产生气泡。

常用的水分消除剂有沸磷分子筛(吸附水分)和恶唑烷衍生物，除水作用强而不会影响异氰酸酯的活性。

(八) 溶剂

由于醇、醚类溶剂中含有羟基，可以参加异氰酸酯的反应，故不可用；烃类溶剂虽然稳定，但溶解力低，常与其他溶剂合用；酯类溶剂用得最多，如醋酸乙酯，酯酸丁酯，醋酸溶纤剂；酮类溶剂也可用，如环已酮，但气味较大。

溶剂中或多或少含有水分，会影响漆膜的性能和质量，所以在制漆过程中应采用氨酯级溶剂，这种溶剂含杂质极少，纯度比一般工业品高。

四、聚氨酯清漆的生产技术

无论是单组分聚氨酯树脂还是双组分聚氨酯预聚物，由于他们的化学性质比较活泼，它们的最终产品状态中都添加了适当的溶剂、催化剂和避免涂装前进一步交联聚合的抗结皮剂(单组份聚氨酯清漆而言)，这种树脂产品的存在形式，其实就是聚氨酯清漆的存在形式，因此，讨论聚氨酯清漆的生产技术其实就是讨论聚氨酯树脂的生产技术。

聚氨酯清漆产品用于木器装饰、金属保护及木船外壳保护等方面，聚氨酯清漆产品具有优良的附着力、硬度、光泽等特性，施工简单，刺激味小。

聚氨酯树脂漆根据高分子树脂成分的不同可以有如下分类：

(1) 氨酯油(氧固化，单组分)；

(2) 多异氰酸酯/含羟基树脂(双组分)；

(3) 封闭型多异氰酸酯/含羟基树脂(烘干型，单组分)；

(4) 预聚物，潮气固化型(单组分)；

(5) 预聚物，催化固化型(双组分)；

(6) 聚氨酯沥青；

(7) 聚氨酯弹性涂料。

(一) 单组分聚氨酯清漆的生产技术

(1) 氨酯油

氨酯油是先将干性油与多元醇进行酯化，再与二异氰酸酯反应，以油脂中的不饱各双键在空气中干燥(在催干剂作用下)的清漆或者涂料。氨酯油因为氨酯键之间可以形成氢键，性能上比醇酸树酯快干，硬度高，耐磨性好，抗水、抗碱性能优良。尽管氨酯油漆膜的性能不及含—NCO的聚氨酯漆，但正因为不含—NCO，所以有良好的贮存稳定性，制造色漆手续简单，施工方便，价格较低，不易泛黄，用于要求性能高于醇酸树脂而价格又比聚氨酯便宜的场合，如地板漆、甲板漆、设备防锈漆等。

氨酯油清漆生产过程中，一般控制NCO/OH投料比例在0.9~1.0之间，太高则成品不稳定，太低则残留羟基多，抗水性差，它的典型配方如表4－1所示。

表4－1 典型氨酯油生产配方

原　料	质量/g	当量值	克当量数	官能度	克分子(摩尔数)
碱漂亚麻油	1756	293	6.0	1	6.0
季戊四醇	288	36	8.0	4	2.0
环烷酸钙	8				

续表

原　料	质量/g	当量值	克当量数	官能度	克分子(摩尔数)
TDI	626	87	7.2	2	3.6
油中所含甘油			6.0	3	2.0
200号溶剂油1	2000				
二甲苯	160				
200号溶剂油2	450				
二月桂酸二丁基锡	2				
丁醇(脱水)	60				
总量	5350				13.6

氨酯油生产具体操作步骤如下：

将亚麻油、季戊四醇、环烷酸钙在240℃醇解1h，使甲醇容忍度达到2∶1，冷却至180℃，加入第1批200号溶剂油和二甲苯混合均匀，升温回流，脱除微量水分。

将TDI与第2批200号溶剂油预先混合，半小时内逐渐加入，通入N_2不断搅拌加入锡催化剂，升温到95℃，保温，抽样，待黏度达加氏管5s左右时，冷却至60℃，加入丁醇，使残存的NCO基反应，完毕后过滤，冷却后加入催干剂0.3%的金属铅和0.03%的金属钴，以及0.1%的抗结皮剂(丁酮肟或丁醛或丁醛肟)，即可装罐。

(2) 封闭型聚氨酯漆

封闭型聚氨酯漆主要用作电绝缘漆，绝缘性好，耐水，耐溶剂，机械性能好，具有“自焊锡”性，近年来也用于装饰汽车和聚氨酯粉末涂料。该漆中的芳香族的多异氰酸酯被含—OH的苯酚或者甲酚所封闭，脂肪族的多异氰酸酯被乳酸乙酯等含单官能度的活泼氢原子的物质所封闭。封闭后的多异氰酸酯组分可以同含羟基的树脂(乙组分)混装而不反应，成为单组分涂料，具有极好的贮藏稳定性。使用时，在加热下(150℃)，封闭的多异氰酸酯氨酯键裂解生成异氰酸酯，再与羟基交联反应成膜，如式(4-14)所示：

$$\underset{\text{异氰酸酯}}{RN=C=O} + \underset{\text{苯酚}}{C_6H_5OH} \longrightarrow \underset{\text{苯酚封闭的聚氨酯}}{RNHCOOC_6H_5} \tag{4-14}$$

封闭性聚氨酯漆的典型配方如表4-2所示。

表4-2　封闭性聚氨酯漆的典型配方

原　料	质量/g	当量值	克当量数	官能度	克分子(摩尔数)
聚酯(含羟基12%)	14.45		0.102(含羟基)		
TDI加成物(50%，8.6%NOC)	32.45		0.093		
甲酚	20.4	108	0.189	1	0.189
醋酸溶纤剂	17.4				
辛酸亚锡	0.1				
普通热塑性聚酰胺树脂	2.3				
甲苯	11.9				
总量	100				

封闭型聚氨酯清漆的生产步骤如下：

以苯酚封闭的TDI加成物为例，由3g分子(摩尔数)TDI与1g分子(摩尔数)三羟甲基丙烷加成，再以3g分子(摩尔数)的苯酚或甲酚封闭。

① 将甲酚溶于醋酸溶纤剂中，将TDI加成物溶液按当量比加入，混匀。

② 将溶液加热至100℃，保温数小时，抽样以丙酮稀释，至加入苯胺而无沉淀析出时，表示已封闭完全，即可停止。

③ 蒸出溶剂，产品为固体，软化点120～130℃。

④ 在甲苯溶剂下，将聚酯、辛酸亚锡、热塑性聚酰胺树脂混合加入产品，搅拌均匀，装罐待用。

注意：这里的TDI加成物是由3g分子(摩尔数)TDI与1g分子(摩尔数)三羟甲基丙烷加成的。

(3) 预聚物潮气固化型聚氨酯漆

潮气固化聚氨酯是含—NCO端基的预聚物，通过与空气中潮气反应生成脲键而固化成膜，其性能良好而且使用方便(单组分)，如式(4－15)所示：

$$HOH + (R—NCO)_2 \longrightarrow R—NH—\overset{\overset{\large O}{\|}}{C}—NH—R + CO_2 \tag{4－15}$$

缺点是干燥速度受空气中湿度的影响，同时也受温度影响。另外，加颜料制成色漆比较麻烦，最适合制备成聚氨酯清漆使用。预聚物潮气固化型聚氨酯清漆的典型配方如表4－3所示。

表4－3 预聚物潮气固化型聚氨酯清漆的典型配方

原　料	质量/g	当量值	克当量数	官能度	克分子(摩尔数)
聚醚N303	6000	1000	6		2
TDI	1044	87	12		6
聚醚N204	200	180～220	2		1
醋酸溶纤剂	482				
二叔丁基对甲酚	87				
苯	1887				
总量	10000				

预聚物潮气固化型聚氨酯清漆的生产步骤如下：

① 将聚醚N303投入反应釜，加5%苯脱水，冷却至35℃，加入TDI通氮气，搅拌升温至60～70℃反应加入10%甲苯以调节黏度。

② 加入聚醚N204(预先用苯脱水)，升温至80～90℃，保持2～3h，终点可抽样以丁二胺测—NCO含量来决定。

③ 加入溶剂，流平剂(醋酸丁酸纤维素，占全部质量的5%)抗氧剂(二叔丁基对甲酚，为全部质量的0.9%)包装密封。产品—NCO含量(以不挥发分计)为3%左右。

(4) 预聚物催化固化型聚氨酯漆

这种漆与(3)相似，是用过量的二异氰酸酯与含羟基的化合物反应而成，其端基含有异氰酸基。与(3)的区别是其本身干燥性慢，需加催化剂使之固化。这类漆多是用蓖麻油与甘油或三羟甲基丙烷酯化后，再与过量的二异氰酸酯反应而成，如式(4－16)所示：

$$R—N=C=O + HO—R' \longrightarrow R—\overset{H}{\underset{|}{N}}—\overset{O}{\underset{\|}{C}}—O—R' \quad (4-16)$$

常用的催化剂有二甲基乙醇胺、甲基二乙醇胺或环烷酸钙、钴、铅等。这里胺的催化作用较强，因为这些胺里都含羟基，除了胺的催化作用外，羟基还能与异氰酸酯基反应。体育馆用地板清漆预聚物催化固化型聚氨酯清漆的典型配方如表4-4所示。

表4-4　体育馆用地板清漆预聚物催化固化型聚氨酯清漆配方

原　　料	质量/kg	羟基含量/%	克当量数	官能度	物质的量
蓖麻油(土漂)	26.88	4.94	78		
甘油	1.97	55.4	64.2	3	21.4
环烷酸钙	0.05				
TDI	21.0		241.4	2	120.7
二甲苯(1)	50				
二甲基乙醇胺	0.5				
二甲苯(2)	9.5				
总量	109.9				

体育馆用预聚物催化聚氨酯清漆的生产步骤如下：

首先将蓖麻油、甘油和环烷酸钙混合加入反应釜，240℃下醇解2h。醇解液降温至40℃以下时，加入43.7kg的溶剂二甲苯，然后投入21.0kg的TDI，同时用6.3kg的二甲苯洗刷加料斗，升温到80℃充分反应，当反应体系的黏度达到加氏管2~3s后，冷却到常温，加入26kg的催化剂溶液(0.5kg二甲基乙醇胺和9.5kg二甲苯溶剂配制的催化剂溶液，混合均匀，密封包装。以上制备预聚物催化聚氨酯清漆的投料比为NCO: OH = 1.7: 1，如需消光，可加气相二氧化硅。

(二) 双组分聚氨酯漆(NCO/OH)的生产技术

溶剂型双组分聚氨酯涂料是最重要的涂料产品，该类涂料产量大、用途广、性能优，可以配制清漆、各色色漆、底漆，对金属、木材、塑料、水泥、玻璃等基材都可涂饰，可以刷涂、滚涂、喷涂，可以室温固化成膜，也可以烘烤成膜。

溶剂型双组分聚氨酯涂料为双罐包装，一罐为多异氰酸酯的溶液，也称为固化剂组分或甲组份；另一罐为羟基组分，由羟基树脂、颜料、填料、溶剂和各种助剂组成，常称为乙组分。使用时两个组分按一定比例混合，施工后由羟基组分大分子的—OH基团同多异氰酸酯的—NCO基团交联成膜。

(1) 固化剂组分

要求具有良好的溶解性以及与其他树脂的混溶性，与乙组分合并后，可使用期限较长，NCO含量高，低毒。在生产中若直接采用挥发性的二异氰酸酯(TDI，HDI，XDI等)配制涂料，危害人体健康，必须把它加工成低挥发性产品，这类产品有：

①加成物

多异氰酸酯加和物是国内产量较大的固化剂品种，最常用的是三分子TDI与一分子三羟甲基丙烷的加成物，这是用得最广泛的一种加成物，外观为黏稠的微黄澄清液，密闭贮藏期1～2年。除TDI以外，XDI，MDI，IPDI（异佛尔酮二异氰酸酯）都有加成物的产品。TDI－TMP加和物的合成原理如式（4－17）所示：

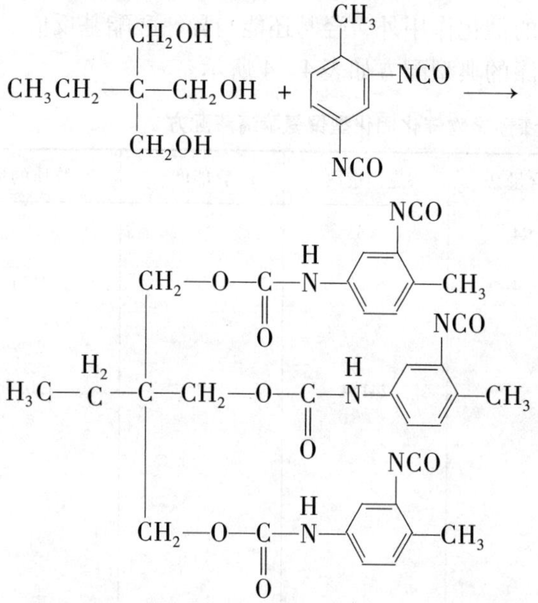

$$CH_3CH_2-C(CH_2OH)_3 + CH_3C_6H_3(NCO)_2 \longrightarrow H_3C-\overset{H_2}{C}-C\left[CH_2-O-\underset{\underset{O}{\|}}{C}-\overset{H}{N}-C_6H_3(CH_3)(NCO)\right]_3 \qquad (4-17)$$

TDI－TMP加和物的合成配方如表4－5所示。

表4－5　TDI－TMP加和物的合成配方

原　料	规　格	用　量（质量份）
三羟甲基丙烷	工业级	13.40
环己酮	工业级	7.620
醋酸丁酯	聚氨酯级	61.45
苯	工业级	4.50
甲苯二异氰酸酯	工业级	55.68

TDI－TMP加和物的合成工艺如下：

（a）将三羟甲基丙烷、环己酮、苯加入反应釜，开动搅拌，升温使苯将水全部带出，降温至60℃，得三羟甲基丙烷的环己酮溶液。

（b）将甲苯二异氰酸酯、80%的醋酸丁酯加入反应釜，开动搅拌，升温至50℃，开始滴加三羟甲基丙烷的环己酮溶液，3h加完；用剩余醋酸丁酯洗涤三羟甲基丙烷的环己酮溶液配制釜。

（c）升温至75℃，保温2h后取样测NCO含量。NCO含量为8%～9.5%、固体分为50%±2%为合格，合格后经过滤、包装，得产品。

TMP加和物的问题在于二异氰酸酯单体的残留问题。目前，国外产品的固化剂中游离TDI含量都小于0.5%，国标要求国内产品中游离TDI含量要小于0.7%。为了降低TDI残留，可以采用化学法和物理法。化学法即三聚法，这种方法在加成反应完成后加入聚合型催化剂，使游离的TDI三聚化。物理法包括薄膜蒸发和溶剂萃取两种方法。国内已有相关工艺的应用。

② 缩二脲多异氰酸酯

缩二脲是由 3molHDI 和 1molH_2O 反应生成的三官能度多异氰酸酯。缩二脲的合成原理如式(4-18)所示：

$$OCN \mathrm{+} CH_2 \mathrm{+}_6 NCO + H_2O \longrightarrow H_2N \mathrm{+} CH_2 \mathrm{+}_2 NCO + CO_2 \uparrow$$

$$OCN \mathrm{+} CH_2 \mathrm{+}_6 NCO + H_2N \mathrm{+} CH_2 \mathrm{+}_6 NCO \longrightarrow \begin{matrix} OCN \mathrm{+} CH_2 \mathrm{+}_6 NH \\ \qquad\qquad\qquad\quad \diagdown \\ \qquad\qquad\qquad\qquad C{=}O \\ \qquad\qquad\qquad\quad \diagup \\ OCN \mathrm{+} CH_2 \mathrm{+}_6 NH \end{matrix}$$

$$\begin{matrix} OCN \mathrm{+} CH_2 \mathrm{+}_6 NH \\ \qquad\qquad\qquad \diagdown \\ \qquad\qquad\qquad\quad C{=}O \\ \qquad\qquad\qquad \diagup \\ OCN \mathrm{+} CH_2 \mathrm{+}_6 NH \end{matrix} + OCN \mathrm{+} CH_2 \mathrm{+}_6 NCO \longrightarrow \begin{matrix} OCN \mathrm{+} CH_2 \mathrm{+}_6 NH \\ \qquad\qquad\qquad \diagdown \\ \qquad\qquad\qquad\quad C{=}O \\ \qquad\qquad\qquad \diagup \\ OCN \mathrm{+} CH_2 \mathrm{+}_6 N \\ \qquad\qquad\qquad \diagdown \\ \qquad\qquad\qquad\quad C{=}O \\ \qquad\qquad\qquad \diagup \\ OCN \mathrm{+} CH_2 \mathrm{+}_6 NH \end{matrix} \tag{4-18}$$

缩二脲多异氰酸酯的合成配方如表 4-6 所示。

表 4-6 缩二脲多异氰酸酯的合成配方

原　料	规　格	用　量(质量份)
己二异氰酸酯	工业级	1124
水	工业级	18.00
丁酮	聚氨酯级	18.00

(2) 合成工艺

① 将己二异氰酸酯加入反应釜，开动搅拌，升温至 98℃，用 6h 滴加丁酮-水溶液。

② 升温至 135℃，保温 4h 后取样测—NCO 含量。合格后降温至 80℃，真空过滤，用真空蒸馏或薄膜蒸发回收过量的己二异氰酸酯，得透明、黏稠得缩二脲产品，加入醋酸丁酯将固体分稀释至 75%。

该多异氰酸酯固化剂属脂肪族，耐候性好、不变黄，广泛用于高端产品以及户外产品的涂饰，目前我国没有工业规模生产，完全依赖进口。德国 Bayer 公司缩二脲 N-75 的主要产品规格为：外观：无色或浅黄色透明黏稠液体；固体含量：75%；—NCO 含量，16.5%；游离 HDI 含量，<0.5%；溶剂，乙酸乙酯。

法国 Rhodia 公司缩二脲 HDB-75B 产品的主要规格为：外观：无色或浅黄色透明黏稠液体；固体含量，75% ±1.0%；—NCO 含量，16.5% ±0.5%；游离 HDI 含量，<0.3%；黏度(25℃)，150 ±100mPa · s；溶剂，乙酸丁酯。

① 异氰酸酯多聚体

二异氰酸酯在催化剂如三丁基膦的催化作用下，可以自聚成为具有稳定的异氰尿酸酯环结构的具有多个—NCO 基团的聚合物，由 3mol 二异氰酸酯自聚得到三聚体，由 5mol 二异氰酸酯自聚得到五聚体。

HDI 三聚体的其合成原理如式(4-19)所示：

$$3OCN\text{-}\!\left(CH_2\right)_6\text{-}NCO \xrightarrow{\text{催化剂}} \text{OCN}\text{-}\!\left(CH_2\right)_6\text{-}N\!\!\begin{array}{c} C{=}O \\ \end{array}\!\! N\text{-}\!\left(\overset{H_2}{C}\right)_6\text{-}NCO \quad \text{(异氰脲酸酯环：}N\text{-}C(=O)\text{-}N\text{-}C(=O)\text{-}N\text{-}C(=O)\text{，第三个 N 上连 }\left(H_2C\right)_6\text{-}NCO\text{)} \tag{4-19}$$

HDI 三聚体的合成配方如表 4-7 所示。

表 4-7　HDI 三聚体的合成配方

原　料	规　格	用　量/(质量份)
己二异氰酸酯	工业级	1000
二甲苯	聚氨酯级	300.0
催化剂(辛酸四甲基铵)		0.300

HDI 三聚体的合成工艺如下：

(a) 将己二异氰酸酯、二甲苯加入反应釜，开动搅拌，升温至 60℃，将催化剂分 4 份，每隔 30min 加入 1 份，加完保温 4h。

(b) 取样测—NCO 含量。合格后加入 0.2g 磷酸使反应停止。

(c) 升温至 90℃，保温 1h。冷却至室温使催化剂结晶析出，过滤，经薄膜蒸发回收过量的己二异氰酸酯，得 HDI 三聚体。

HDI 三聚体具有优良性能。同缩二脲相比，HDI 三聚体有如下特点：

(a) 黏度较低，可以提高施工固体分；

(b) 储存稳定；

(c) 耐候、保光性优于缩二脲；

(d) 施工周期较长；

(e) 韧性、附着力与缩二脲相当，其硬度稍高。

因此自 HDI 三聚体生产以来，其应用越来越广，目前，该产品我国亦没有工业生产，完全依赖进口。

② 含羟基组分

含羟基组分的化合物主要有：聚酯、聚醚、环氧树脂、蓖麻油或其加工产品。

(a) 聚酯

聚酯的用途如表 4-8 所示。

表 4-8　聚酯的用途

牌　号	—OH 含量	主要用途
650	8%	与 HDI 缩二脲搭配制户外耐候漆
800	8.8%	耐腐蚀耐溶剂漆
1100	6.5%	耐腐蚀耐溶剂漆、通用漆
1200	5.0%	通用漆、耐水及可挠性漆
2200	1.8%	弹性漆

(b) 聚醚

比聚酯廉价，耐水，耐碱性好，黏度低，宜制造无溶剂漆，但耐候性比聚酯差，主要品种有：二羟基聚氧化丙醚（N304），三羟基聚氧化丙醚（N303），四羟丙基乙二胺（N－403），淡黄色透明黏稠液体，二羟基聚四氢呋喃氧化丙醚（弹性体用）。

（c）环氧树脂

环氧树脂中的羟基可以和聚氨酯中的—NCO反应交联固化，漆膜附着力、抗碱性均有提高，可用作耐化学品，耐盐水的涂料，但由于环氧树脂中有环氧基，不耐户外曝晒。

有时可利用酸性树脂的羧基使环氧基开环，生成羟基，然后再与聚氨酯交联，也可以在环氧树脂中加入醇胺，生成多元醇，再与—NCO交联，得到性能更好的防腐涂料。

（d）蓖麻油

蓖麻油中90%是蓖麻油酸（其中含有羟基），还有10%是不含羟基的油酸和亚油酸，羟值为163左右，即含羟基4.94%。其组分中的长链非极性脂肪酸赋予漆膜良好的抗水性和可挠性，而且因为价廉，来源丰富，所以广泛用于聚氨酯漆中，一般都直接使用。

（e）丙烯酸树脂

丙烯酸树脂中含羟基约2%～4%，能与聚氨酯反应交联。现在比较流行的是丙烯酸酯/脂肪族聚氨酯涂料，干性快，耐候性、耐热性、耐溶剂性、韧性好，较为经济，用于高级户外涂料。羟基丙烯酸树脂的合成配方如表4－9所示。

表4－9　羟基丙烯酸树脂的合成配方

原　料	规　格	用量/（质量份）
丙二醇甲醚醋酸酯	聚氨酯级	111.0
二甲苯（1）	聚氨酯级	140.0
丙烯酸－β－羟丙酯	工业级	150.0
苯乙烯	工业级	300.0
甲基丙烯酸甲酯	工业级	100.0
丙烯酸正丁酯	工业级	72.00
丙烯酸	工业级	8.000
叔丁基过氧化苯甲酰（1）	工业级	18.00
叔丁基过氧化苯甲酰（2）	工业级	2.000
二甲苯（2）	聚氨酯级	100.0

羟基丙烯酸树脂的合成工艺如下：

（a）先将丙二醇甲醚醋酸酯、二甲苯（1）加入聚合釜中，通氮气置换反应釜中的空气，加热升温到130℃。

（b）将丙烯酸羟丙酯、苯乙烯、甲基丙烯酸甲酯、丙烯酸正丁酯、丙烯酸和叔丁基过氧化苯甲酰（1）混合均匀，用4h滴入反应釜。

（c）保温2h；将叔丁基过氧化苯甲酰（2）用50%的二甲苯（2）溶解，用0.5h滴入反应釜，继续保温2h。最后加入剩余的二甲苯（2）调整固含，降温、过滤、包装。该树脂固含：65%±2%；黏度：4000～6000mPa·s（25℃下的旋转黏度）；酸值：<10；色泽：<1。主要性能是光泽及硬度高，丰满度好，流平性佳，可以用于高档PU面漆与地板漆。

为降低溶剂用量，近年来，高固体分羟基丙烯酸树脂的研究日益受到重视。据报道，采用叔戊基过氧化物、叔丁基过氧化苯甲酰（TBPB）和叔丁基过氧化乙酰（TBPA）等引发剂引发，可以合成高固体含量丙烯酸聚合物，该类引发剂形成的初级自由基稳定性较高，抑制了向大分子的夺氢反应，使合成聚合物链的支化度降低，得到相对分子质量为3000～4000、窄相对分子质量分布的齐聚物。同采用常规引发剂(叔丁基过氧化物、偶氮类引发剂)得到的聚合物涂料相比，其交联涂膜在老化实验中显示了更高的光泽保持率。此外，链转移剂对聚合物相对分子质量的影响也十分明显，以3－巯基丙酸为链转移剂时获得最低的相对分子质量和最窄的相对分子质量分布，通过引入环氧基单体与体系中残留的链转移剂的巯基反应，能消除难闻的气味。

(3) 双组分聚氨酯清漆生产

双组分聚氨酯清漆是聚氨酯涂料的一种重要类型，可以制成透明清漆和不透明清漆，用于底漆和面漆的涂装。双组分聚氨酯清漆不能够在涂装之前进行生产，它需要在进行涂装之前，将上述合成的甲、乙组分混合均匀，然后直接用于装饰材料的涂装的。混合的过程中，往往需要添加适量的催化剂，以便于加速聚氨酯清漆的成膜固化过程。催化剂可以作为助剂事先添加在乙组分中，也可以作为一个助剂成分，在甲乙两个组分混合完毕后，单独添加到混合溶液中。

例如双组分聚氨酯透明底漆的成分就可以是将85g TDI加成物(50%不挥发分，含—NCO，8.6%)作为甲组分，将100g蓖麻油醇酸树脂液(含羟基3.0%)作为乙组分混合，同时添加1g的二月桂酸二丁锡(DBTDL)配制而成的。

这种聚氨酯底漆可作优良的金属防腐蚀涂层，用于油管内壁防蜡涂层效果很好。

聚氨酯清漆中，应用较为广泛的还有聚胺酯沥青漆。它是继环氧沥青漆之后较新的品种，由聚氨酯树脂与煤沥青混合制得。煤沥青价廉而且抗水性优良，加入聚氨酯后提高了耐油性，改善了热塑性和冷裂的缺点，可用于水下工程、原油贮罐、化工防腐、船舶等方面。与环氧煤沥青相比，主要差异见表4－10。

表4－10　聚氨酯沥青漆与环氧煤沥青漆的差异

项　目	环氧沥青漆	聚氨酯沥青漆
施工温度	10℃以上	0℃也可固化
耐寒性	较脆	较好
干性	稍慢	较快
制造过程	简单	较复杂，原料要脱水
贮存稳定性	较好，不易变质	较差，必须封闭以免凝胶
耐碱性	好	尚好
耐酸性	尚好	好
使用期限	24h	较短，4～8h内用完

聚胺酯沥青漆一般制成双组分，其甲组分是多异氰酸酯的预聚物，乙组分是沥青和多元醇组分(聚酯、聚醚、环氧等)，如需耐户外曝晒，可加入铝粉、铁红等原料，用煤焦油和MDI或PAPI，再加入分子筛，甲酸乙酯等吸潮剂，可以配制无溶剂的聚氨酯沥青漆，涂膜厚度可达400μm。

第二节　丙烯酸清漆的生产技术

一、概述

以丙烯酸酯、甲基丙烯酸酯及苯乙烯等乙烯基类单体为主要原料合成的共聚物称为丙烯酸树脂，以其为成膜基料的涂料称作丙烯酸树脂涂料，又可以称为丙烯酸清漆或者磁漆。该类涂料具有色浅、保色、保光、耐候、耐腐蚀和耐污染等优点，广泛应用于汽车、飞机、机械、电子、家具、建筑、皮革涂饰、造纸、印染、木材加工、工业塑料及日用品的涂饰，近年来，国内外丙烯酸烯树脂涂料已占涂料的1/3 以上。

从组成上分，丙烯酸烯树脂包括纯丙树脂、苯丙树脂、硅丙树脂、乙丙树脂、氟丙树脂、叔丙（叔碳酸酯－丙烯酸酯）树脂等。从涂料剂型上分，主要有溶剂型涂料、水性涂料、高固体组分涂料和粉末涂料，其中以水性丙烯酸烯树脂为成膜主体制备的水性清漆和磁漆，研制和应用始于20 世纪50 年代，70 年代初得到了迅速发展，统称为乳胶漆。与传统的溶剂型涂料相比，这种水性的乳胶漆具有价格低、使用安全，节省资源和能源，减少环境污染和公害等优点，已成为当前涂料工业发展的主要方向之一。

涂料用丙烯酸树脂也经常按其成膜特性分为热塑性丙烯酸树脂和热固性丙烯酸树脂。热塑性丙烯酸树脂的成膜主要靠溶剂或分散介质（常为水）挥发使大分子或大分子颗粒聚集融合成膜，成膜过程中没有化学反应发生，为单组分体系，施工方便，但涂膜的耐溶剂性较差，适合于民用建筑物清漆和磁漆的涂装；热固性丙烯酸树脂也称为反应交联型树脂，其成膜过程中伴有几个组分可反应基团的交联反应，因此涂膜具有网状结构，耐溶剂性、耐化学品性好，适合应用于工业领域防腐清漆和磁漆的制备。

我国于20 世纪60 年代开始开发丙烯酸烯树脂涂料，在20 世纪80 年代和90 年代，北京、吉林和上海分别引进三套丙烯酸及其酯类生产装置，极大促进了丙烯酸树脂的合成和丙烯酸烯树脂用作清漆和磁漆的发展。

二、溶剂型丙烯酸清漆合成用原料

（一）单体

丙烯酸类及甲基丙烯酸类单体是合成丙烯酸树脂的重要单体。该类单体品种多，用途广，活性适中，可均聚也可与其他许多单体共聚。

为了降低成本、满足丙烯酸清漆、磁漆的各种不同涂装场合的要求，实际应用中，大量使用非丙烯酸单体与丙烯酸（酯）及甲基丙烯酸（酯）类单体共聚，常用的该类单体有苯乙烯、丙烯腈、醋酸乙烯酯、氯乙烯、二乙烯基苯、乙（丁）二醇二丙烯酸酯等。

为方便应用，通常依据单体对涂膜性能的影响，将聚合单体分为硬单体、软单体和功能单体三大类。其中，甲基丙烯酸甲酯（MMA）、苯乙烯（ST）、丙烯腈（AN）是最常用的硬单体；丙烯酸乙酯（EA）、丙烯酸丁酯（BA）、丙烯酸异辛酯（2－EHA）为最常用的软单体；有机硅单体，叔碳酸酯类单体（Veova9，Veova10，Veova11），氟单体（包括烯类氟单体：三氟氯乙烯、偏二氟乙烯、四氟乙烯、氟丙烯酸单体）、表面活性单体，其他自交联功能单体是常用的功能性单体，不同类别单体的分类如表4－11 所示。

表4－11　常见的丙烯酸树脂用单体分类

单体名称	功能
甲基丙烯酸甲酯；甲基丙烯酸乙酯；苯乙烯；丙烯腈	提高硬度，称之为硬单体
丙烯酸乙酯；丙烯酸正丁酯；丙烯酸月桂酯；丙烯酸－2－乙基己酯；甲基丙烯酸月桂酯；甲基丙烯酸正辛酯	提高柔韧性，促进成膜，称之为软单体

续表

单体名称	功能
丙烯酸-2-羟基乙酯；丙烯酸-2-羟基丙酯；甲基丙烯酸-2-羟基乙酯；甲基丙烯酸-2-羟基丙酯；甲基丙烯酸缩水甘油酯；丙烯酰胺；*N*-羟甲基丙烯酰胺；*N*-丁氧甲基(甲基)丙烯酰胺；二丙酮丙烯酰胺(DAAM)；甲基丙烯酸乙酰乙酸乙酯(AAEM)；二乙烯基苯；乙烯基三甲氧基硅烷；乙烯基三乙氧基硅烷；乙烯基三异丙氧基硅烷；γ-甲基丙烯酰氧基丙基三甲氧基硅烷	引入官能团或交联点，提高附着力，称之为交联单体。统称为功能性单体
丙烯酸与甲基丙烯酸的低级烷基酯；苯乙烯	抗污染性
甲基丙烯酸甲酯；苯乙烯；甲基丙烯酸月桂酯；丙烯酸-2-乙基己酯	耐水性
丙烯腈；甲基丙烯酸丁酯；甲基丙烯酸月桂酯	耐溶剂性
丙烯酸乙酯；丙烯酸正丁酯；丙烯酸-2-乙基己酯；甲基丙烯酸甲酯；甲基丙烯酸丁酯	保光、保色性
丙烯酸；甲基丙烯酸；亚甲基丁二酸(衣康酸)；苯乙烯磺酸；乙烯基磺酸钠；AMPS	实现水溶性，增加附着力，称之为水溶性单体、表面活性单体

除去对丙烯酸涂料涂膜软硬程度的影响，各类单体对涂膜其他性能也有明显的影响。一般而言，长链的丙烯酸及甲基丙烯酸酯(如月桂酯、十八烷酯)具有较好的耐醇性和耐水性；含羧基的功能性单体可以为溶剂型树脂提供与聚氨酯固化剂、氨基树脂交联用的官能团；含羧基的功能性单体可以改善树脂对颜、填料的润饰性及对基材的附着力，而且同环氧基团有反应性，对氨基树脂的固化有催化活性。功能单体的用量一般控制在1%~6%(质量)，不能太多，否则可能会影响树脂或成漆的贮存稳定性。乙烯基三异丙氧基硅烷单体由于异丙基的位阻效应，Si—O水解较慢，在乳液聚合中其用量可以提高到10%，有利于提高乳液的耐水、耐候等性能，但是其价格较高。

涂料用丙烯酸(酯)树脂常为共聚物，选择单体时必须考虑他们的共聚活性。由于单体结构不同，共聚活性不同，共聚物组成同单体混合物组成通常不同，对于二元、三元共聚，他们通过共聚物组成方程可以关联。对于更多元的共聚，没有很好的关联方程可用，只能通过实验研究，具体问题进行具体分析。实际工作时一般采用单体混合物“饥饿态”加料法(即单体投料速率<共聚速率)控制共聚物组成。为使共聚顺利进行，共聚用混合单体的竞聚率不要相差太大，如苯乙烯同醋酸乙烯、氯乙烯、丙烯腈难以共聚。必须用活性相差较大的单体共聚时，可以补充一种单体进行过渡，即加入一种单体，而该单体同其他单体的竞聚率比较接近、共聚性好，苯乙烯同丙烯腈难以共聚，加入丙烯酸酯类单体就可以改善他们的共聚性。表4-12中一些单体对的竞聚率可用来评估单体的共聚活性(其中：$r_1=\frac{k_{11}}{k_{12}}$，$r_2=\frac{k_{22}}{k_{21}}$)。

表4-12 一些单体的竞聚率

M_1	M_2	r_1	r_2
甲基丙烯酸甲酯	苯乙烯	0.460	0.520
	丙烯酸甲酯	2.150	0.400
	丙烯酸乙酯	2.000	0.280

续表

M_1	M_2	r_1	r_2
甲基丙烯酸甲酯	丙烯酸丁酯	1.880	0.430
	甲基丙烯酸	0.550	1.550
	甲基丙烯酸缩水甘	0.750	0.940
	油酯	1.224	0.150
	丙烯腈	10.000	0.100
	氯乙烯	20.00	0.015
	醋酸乙烯酯	6.700	0.020
丙烯酸丁酯	苯乙烯	0.180	0.840
	丙烯腈	0.820	1.080
	甲基丙烯酸	0.350	1.310
	氯乙烯	4.400	0.070
	醋酸乙烯酯	3.480	0.018
丙烯酸-2-乙基己酯	苯乙烯	0.310	0.960
	氯乙烯	4.150	0.160
	醋酸乙烯酯	7.500	0.040
苯乙烯	丙烯酸甲酯	0.750	0.200
	甲基丙烯酸缩水甘油酯	0.450	0.550
	甲基丙烯酸	0.150	0.700
	丙烯腈	0.400	0.040
	氯乙烯	17.00	0.020
	醋酸乙烯酯	55.00	0.010
	马来酸酐	0.019	0.000

如果没有竞聚率数值可查，可以通过单体的 Q、e 值计算竞聚率，或直接用 Q、e 简单的评价共聚活性，一般共聚单体的 Q 值不能相差太大，否则难以共聚；当 e 值相差较大时，容易交替共聚，一些难共聚的单体通过加入中间 Q 值的单体，可以改善共聚性能。

单体选择时还应注意单体的毒性大小，一般丙烯酸酯的毒性大于对应甲基丙烯酸酯的毒性，如丙烯酸甲酯的毒性大于甲基丙烯酸甲酯的毒性，此外丙烯酸乙酯的毒性也较大。在与丙烯酸酯类单体共聚用的单体中，丙烯腈、丙烯酰胺的毒性很大，应注意防护。

不同用途的清漆和磁漆涂膜软硬程度差别很大，树脂软硬程度反映了其树脂的玻璃化转变温度(T_g)的差别。玻璃化转变温度是非结晶聚合物由脆性的玻璃态转变为高弹态的转变温度，用 T_g 表示。外墙漆用的弹性乳液其 T_g 一般低于 -10℃，北方应更低一些；而热塑性塑料漆用树脂的 T_g 一般高于60℃。交联型丙烯酸树脂的 T_g 一般在 -20~400℃。玻璃化转变温度的设计常用 FOX 公式(见式4-20)表示：

$$\frac{1}{T_g}=\frac{W_1}{T_{g1}}+\frac{W_2}{T_{g2}}+\cdots+\frac{W_i}{T_{gi}} \tag{4-20}$$

式中，W_i 为第 i 种单体的质量分数，T_{gi} 为第 i 种单体对应均聚物的玻璃化转变温度，单位用 K。

通过该公式的计算，可以大概确定丙烯酸树脂使用的软、硬单体、功能性单体的投料比例，具有一定参考价值，但其准确度和单体组成有关，并不确定。

（二）引发剂

溶剂型丙烯酸树脂的引发剂主要有过氧类和偶氮类两种。

常用的过氧类引发剂的引发活性如表4－13所示。

表4－13　常用的过氧类引发剂的引发活性

品　名	不同半衰期对应的分解温度/℃		
	0.1h	1h	10h
过氧化二苯甲酰（BPO）	113	91	71
过氧化二月桂酰	99	79	61
过氧化－2－乙基己酸叔丁酯	113	91	72
过氧化－2－乙基己酸叔戊酯	111	91	73
过氧乙酸叔丁酯	139	119	100
过氧化苯甲酸叔丁酯（TBPB）	142	122	103
过氧化－3，5，5－三甲基己酸叔丁酯	135	114	94
叔丁基过氧化氢（TBHP）	207	185	164
异丙苯过氧化氢	195	166	140
二叔丁基过氧化物（DTBP）	164	141	121
过碳酸二环己酯	76	59	44
过碳酸二（2－乙基己酯）	80	61	44

其中过氧化二苯甲酰（BPO）是一种最常用得过氧类引发剂，正常使用温度70～100℃，过氧类引发剂容易发生诱导分解反应，而且其初级自由基容易夺取大分子链上的氢、氯等原子或基团，进而在大分子链上引入支链，使相对分子质量分布变宽。过氧化苯甲酸叔丁酯是近年来得到重要应用的引发剂，微黄色液体，沸点124℃，溶于大多数有机溶剂，室温稳定，对撞击不敏感，储运方便，它克服了过氧类引发剂的一些缺点，所合成的树脂相对分子质量分布较窄，有利于固体分的提高。

偶氮类引发剂品种较少，常用的主要有偶氮二异丁腈（AIBN）、偶氮二异庚腈（ABVN）。其中AIBN是最常用的引发剂品种，使用温度60～80℃，该引发剂一般无诱导分解反应，所得大分子的相对分子质量分布较窄，热塑性丙烯酸树脂常采用该类引发剂。其引发活性见表4－14。

表4－14　常用的偶氮类引发剂的引发活性

	不同半衰期/h（对应分解温度℃）		
偶氮二异丁腈	73h（50℃）	16.6h（60℃）	5.1h（70℃）
偶氮二异庚腈	2.4h（60℃）	0.97h（70℃）	0.27h（80℃）

为了使聚合平稳进行，溶液聚合时常采用引发剂同单体混合滴加的工艺，单体滴加完毕，保温数小时后，还需一次或几次追加滴加后消除引发剂，以尽可能提高转化率，每次引发剂用量为前者的10%～30%。

（三）溶剂

用作室温固化双组分聚氨酯羟基组分的丙烯酸树脂不能使用醇类、醚醇类溶剂，以防其和异氰酸酯基团反应，溶剂中含水量应尽可能低，可以在聚合完成后，减压脱出部分溶剂，以带出体系微量的水分。常用的溶剂为甲苯、二甲苯，可以适当加些乙酸乙酯、乙酸丁酯。环保涂料用溶剂不准含“三苯”——苯、甲苯、二甲苯，通常以乙酸乙酯、乙酸丁酯(BAC)、丙二醇甲醚乙酸酯(PMA)混合溶剂为主。也有的体系以乙酸丁酯和重重芳烃(如重芳烃S－100，重芳烃S－150)作溶剂。

氨基烘漆用羟基丙烯酸树脂可以用二甲苯、丁醇作混合溶剂，有时拼入一些丁基溶纤剂(BCS，乙二醇丁醚)、S－100、PMA、乙二醇乙醚乙酸酯(CAC)。

热塑性丙烯酸树脂除使用上述溶剂外，内酮、丁(甲乙)酮(MEK)、甲基异丁基酮(MIBK)等酮类溶剂和乙醇、异丙醇(IPA)、丁醇等醇类溶剂，也可应用。

实际上，树脂用途决定单体的组成及溶剂选择，为使聚合温度下体系处于回流状态，溶剂常用混合溶剂，低沸点组分起回流作用，一旦确定了回流溶剂，就可以根据回流温度选择引发剂，对溶液聚合，主引发剂在聚合温度时的半衰期一般在0.5～2h之间较好。有时可以复合使用一种较低活性引发剂，其半衰期一般在2～4h之间。

（四）相对分子质量调节剂

为了调控相对分子质量，就需要加入相对分子质量调节剂(或称为黏度调节剂、链转移剂)。相对分子质量调节剂可以被长链自由基夺取原子或基团，长链自由基转变为一个“死”的大分子，并再生出一个具有引发、增长活性的自由基，因此好的相对分子质量调节剂只降低聚合度或相对分子质量，对聚合速率没有影响，其用量可以用平均聚合度方程进行计算，但是自由基聚合有关聚合动力学参数很难查到，甚至同一种调节剂的链转移常数也是聚合条件的变量，因此其用量只能通过多组实验确定。现在常用的品种为硫醇类化合物。如正十二烷基硫醇、仲十二烷基硫醇、叔十二烷基硫醇、巯基乙醇、巯基乙酸等。巯基乙醇在转移后再引发时可在大分子链上引入羟基，减少羟基型丙烯酸树脂合成中羟基单体用量。

硫醇一般带有臭味，其残余将影响感官评价，因此其用量要很好地控制，目前，也有一些低气味转移剂可以选择，如甲基苯乙烯的二聚体。另外，根据聚合度控制原理，通过提高引发剂用量也可以对相对分子质量起到一定的调控作用。

三、溶剂型丙烯酸清漆的生产技术

溶剂型丙烯酸树脂是丙烯酸树脂的一类，可以用作溶剂涂料的成膜物质，该溶液是一种浅黄色或水白色的透明性黏稠液体。溶剂型丙烯酸树脂的合成主要采用溶液聚合，如果选择恰当的溶剂(常为混合溶剂)，如溶解性好、挥发速度满足施工要求、安全、低毒等，聚合物溶液可以直接用作涂料基料进行涂料配制，使用非常方便。丙烯酸类单体的溶液共聚合多采用釜式间歇法生产，聚合釜一般采用带夹套的不锈钢或搪瓷玻璃釜，通过夹套换热，以便加热、排除聚合热或使物料降温，同时，反应釜装有搅拌和回流冷凝器，有单体及引发剂的进料口，还有惰性气体入口，并且安装有防爆膜。其基本工艺如下：

(1) 共聚单体的混合。关键是计量，无论大料(如硬、软单体)或是小料(如功能单体、引发剂、相对分子质量调节剂等)最好精确到0.2%以内，保证配方的准确实施。同时，应该现配现用。

(2) 加入釜底料。将配方量的(混合)溶剂加入反应釜，逐步升温至回流温度，保温约

0.5h，驱氧。

(3) 在回流温度下，按工艺要求滴加单体和引发剂的混合溶液。滴加速度要均匀，如果体系温升过快应降低滴料速度。

(4) 保温聚合。单体滴完后，保温反应一定时间，使单体进一步聚合。

(5) 后消除。保温结束后，可以分两次或多次间隔补加引发剂，提高转化率。

(6) 再保温。

(7) 取样分析。主要测外观、固含量和黏度等指标。

(8) 调整指标。

(9) 过滤、包装、质检、入库。

溶液聚合的工艺流程图如图4-1所示。

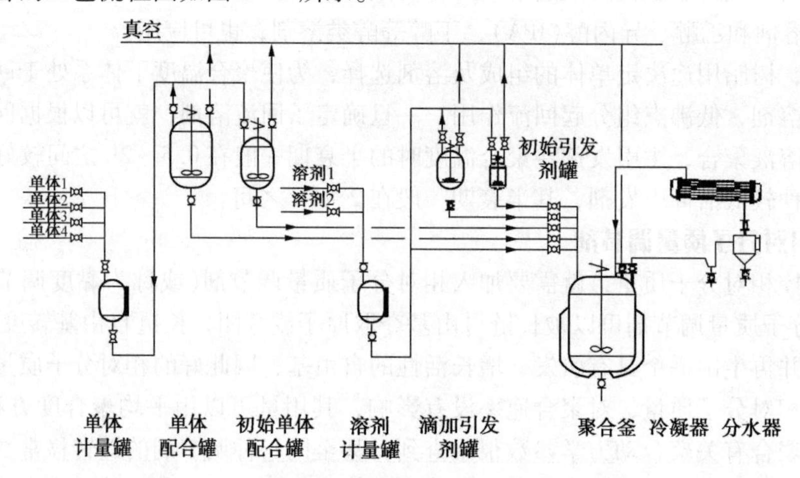

图4-1 溶剂型丙烯酸酯树脂合成工艺流程图

（一）热塑性丙烯酸树脂

热塑性丙烯酸树脂可以熔融、在适当溶剂中溶解，由其配制的涂料靠溶剂挥发后大分子的聚集成膜，成膜时没有交联反应发生，属非反应型涂料。为了实现较好的物化性能，应将树脂的相对分子质量做大，但是为了保证固体分不至于太低，相对分子质量又不能过大，一般在几万时，涂料的物化性能和施工性能比较平衡。

该类涂料具有丙烯酸类涂料的基本优点，耐候性好(接近交联型丙烯酸涂料的水平)，保光、保色性优良，耐水、耐酸、耐碱良好。但也存在一些缺点：固体分低(固体分高时黏度大，喷涂时易出现拉丝现象)，涂膜丰满度差，低温易脆裂、高温易发黏，溶剂释放性差，实干较慢，耐溶剂性不好等。

为克服热塑性丙烯酸树脂的弱点，可以通过配方设计或拼用其他树脂给于解决。要根据不同基材的涂层要求设计不同的玻璃化转变温度，如金属用漆树脂的玻璃化转变温度通常在30～60℃，塑料漆用树脂可将玻璃化转变温度设计得高些(80～100℃)，溶剂型建筑涂料树脂的玻璃化转变温度一般人于50℃；引入甲基内烯酸正丁酯或甲基丙烯酸异丁酯、甲基丙烯酸叔丁酯、甲基丙烯酸月桂酯、甲基丙烯酸十八醇酯、丙烯腈改善耐乙醇性。引入丙烯酸或甲基丙烯酸及羟基丙烯酸酯等极性单体可以改善树脂对颜填料的润湿性，防止涂膜覆色发花。若冷拼适量的硝酸酯纤维素或醋酸丁酸酯纤维素可以显著改善成漆得溶剂释放性、流平性或金属闪光漆的铝粉定向性。金属闪光漆的树脂酸值应小于3mgKOH/g(树脂)。

塑料漆用热塑性丙烯酸树脂的合成配方及合成工艺。

（1）合成配方（表4－15）

表4－15　塑料漆用热塑性丙烯酸树脂的合成配方

序　号	原料名称	用量（质量份）
01	甲基丙烯酸甲酯	27.00
02	甲基丙烯酸正丁酯	6.000
03	丙烯酸	0.4000
04	苯乙烯	9.000
05	丙烯酸正丁酯	7.100
06	二甲苯	40.00
07	S－100	5.000
08	二叔丁基过氧化物	0.4000
09	二叔丁基过氧化物	0.1000
10	二甲苯	5.000

（2）合成工艺

先将06、07投入反应釜中，通氮气置换反应釜中的空气，加热到125℃，将01、02、03、04、08于4～4.5h滴入反应釜，保温2h，加入09、10于反应釜，在保温2～3h，降温，出料。该树脂固含：50%±2%，黏度：4000～6000mPa·s（25℃下的旋转黏度），主要性能是耐候性与耐化学性好。

（二）热固性丙烯酸树脂

热固性丙烯酸树脂也称为交联型或反应型丙烯酸树脂，它可以克服热塑性丙烯酸树脂的缺点，使涂膜的机械性能、耐化学品腐蚀性能大大提高，其原因在于成膜过程伴有交联反应发生，最终形成网络结构，不熔不溶。热固性丙烯酸树脂的相对分子质量通常较低，10000左右，高固体分的树脂约在3000左右。

反应型丙烯酸树指可以根据其携带的可反应官能团特征分类，主要包括羟基丙烯酸树脂、羧基丙烯酸树脂和环氧基丙烯酸树脂。其中羟基丙烯酸树脂是最重要的一类，用于同多异氰酸酯固化剂配制室温干燥双组分丙烯酸－聚氨酯涂料和丙烯酸－氨基烘漆。这两类涂料应用范围广、产量大，其中，丙烯酸－聚氨酯涂料主要用于飞机、汽车、摩托车、火车、工业机械、家电、家具、装修及其他高装饰性要求产品的涂饰，属重要的工业或民用涂料品种。丙烯酸—氨基烘漆主要用于汽车原厂漆、摩托车、金属卷材、家电、轻工产品及其他金属制品的涂饰，属重要的工业涂料。羧基丙烯酸树脂和环氧基丙烯酸树脂分别用于同环氧树脂及羧基聚酯树脂配制粉末涂料。交联型丙烯酸树脂的交联反应见表4－16。

表4－16　交联型丙烯酸树脂的交联反应

丙烯酸树脂官能团种类	功能单体	交联反应物质
羟基	（甲基）丙烯酸羟基烷基酯	与烷氧基氨基树脂热交联
羧基	（甲基）丙烯酸、衣康酸或马来酸酐	与多异氰酸酯室温交联与环氧树脂环氧基热交联
环氧基	（甲基）丙烯酸缩水甘油酯	与羧基聚酯或羧基丙烯酸树脂热交联
N－羟甲基或甲氧基酰胺基	N－羟甲基（甲基）丙烯酰胺、N－甲氧基甲基（甲基）丙烯酰胺	加热自交联，与环氧树脂或烷氧基氨基树脂热交联

1. 聚氨酯漆

用羟基型丙烯酸树脂的合成配方及合成工艺。

（1）合成配方（表4－17）

表4－17　聚氨酯漆用羟基型丙烯酸树脂的合成配方

序　号	原料名称	用量（质量份）
01	甲基丙烯酸甲酯	21.0
02	丙烯酸正丁酯	19.0
03	甲基丙烯酸	0.100
04	丙烯酸－β－羟丙酯	7.50
05	苯乙烯	12.0
06	二甲苯－1	28.0
07	过氧化二苯甲酰－1	0.800
08	过氧化二苯甲酰－2	0.120
09	二甲苯－2	6.00
10	过氧化二苯甲酰－3	0.120
11	二甲苯－3	6.00

（2）合成工艺

① 将06打底用溶剂加入反应釜；用 N_2 置换 O_2，升温使体系回流，保温0.5h；

② 将01～05单体、07引发剂混合均匀，用3.5h匀速加入反应釜；

③ 保温反应3h；

④ 将08用09溶解，加入反应釜，保温1.5h；

⑤ 将10用11溶解，加入反应釜，保温2h；

⑥ 取样分析。外观、固含、黏度合格后，过滤、包装。

该树脂可以同聚氨酯固化剂（即多异氰酸酯）配制室温干燥型双组分聚氨酯清漆或色漆。催化剂用有机锡类，如二月桂酸二正丁基锡（DBTDL）。

2. 氨基烘漆

以下为用羟基丙烯酸树脂的合成配方及合成工艺。

（1）合成配方（表4－18）

表4－18　氨基烘漆用羟基丙烯酸树脂的合成配方

序　号	原料名称	用量（质量份）
01	乙二醇丁醚醋酸酯	100.0
02	重芳烃－150	320.0
03	丙烯酸－β－羟丙酯	90.00
04	苯乙烯	370.0
05	甲基丙烯酸甲酯	50.00
06	丙烯酸	5.000
07	丙烯酸异辛酯	30.00
08	叔丁基过氧化苯甲酰	4.000
09	叔丁基过氧化苯甲酰	1.000
10	重芳烃－150	30.00

（2）合成工艺

先将01、02投入反应釜中，通氮气置换反应釜中的空气，加热到(135±2)℃，将03、04、05、06、07、08于3.5～4h滴入反应釜，保温2h，加入09、10于反应釜，在保温2～3h，降温，出料。

该树脂固含：55%±2%；黏度：4000～5000mPa·s(25℃)；酸值：4～8；色泽：<1。主要性能是光泽及硬度高，流平性好。

四、乳胶漆生产技术

与传统的溶剂型清漆相比，水性清漆具有价格低、使用安全，节省资源和能源，减少环境污染和公害等优点，因而已成为当前发展油漆、涂料工业的主要方向。其中，水性丙烯酸烯树脂涂料是水性涂料中发展最快、品种最多的无污染型涂料。

水性丙烯酸树脂包括丙烯酸树脂乳液、丙烯酸树脂水分散体(亦称水可稀释丙烯酸)及丙烯酸树脂水溶液。乳液主要是由油性烯类单体乳化在水中在水性自由基引发剂引发下合成的，而树脂水分散体则是通过自由基溶液聚合或逐步溶液聚合等不同的工艺合成的。从粒子粒径看：乳液粒径>树脂水分散体粒径>水溶液粒径。从应用看以前两者最为重要。

丙烯酸乳液主要用于乳胶漆的基料，在建筑涂料市场占有重要的应用，目前其应用还在不断扩大，根据单体组成通常分为纯丙乳液、苯丙乳液、醋丙乳液、硅丙乳液、叔醋(叔碳酸酯-醋酸乙烯酯)乳液、叔丙(叔碳酸酯-丙烯酸酯)乳液等。近年来丙烯酸树脂水分散体的开发、应用日益引起人们的重视，在工业涂料、民用涂料领域的应用不断拓展。

乳液聚合是一种重要的自由基聚合实施方法，由于其独特的聚合机理，可以以高的聚合速率合成高相对分子质量的聚合物，是橡胶用树脂(丁苯橡胶)、乳胶漆基料的重要聚合方法。其中丙烯酸乳液是最重要的乳胶漆基料，具有颗粒细、弹性好、耐光、耐候、耐水的特点。丙烯酸乳液的合成充分体现了乳液聚合对涂料工业的重要性。

丙烯酸乳液合成的基本原则是，首先要针对不同基材和产品确定树脂剂型——溶剂型或水剂型，然后根据性能要求确定单体组成、玻璃化温度(T_g)、溶剂组成、引发剂类型及用量和聚合工艺；最终通过实验进行检验、修正，以确定最佳的产品工艺和配方，其中单体的选择是配方设计的核心内容。乳液聚合的最简单配方为：油性(可含少量水性)单体：30%～60%；去离子水：40%～70%；水溶性引发剂：0.3～0.7%；乳化剂：1%～3%。

（一）丙烯酸乳液的合成原料

（1）单体

原则上，溶剂型丙烯酸清漆合成用单体都适用于乳胶漆合成用单体选择，这里不再赘述。

（2）乳化剂

乳化剂实际上是一种表面活性剂，它可以极大的降低界面(表面)张力，使互不相溶的油水两相借助搅拌的作用转变为能够稳定存在、久置亦难以分层的白色乳液，是乳液聚合的必不可少的组分，在其他工业部门也具有重要应用。

用于乳化作用的表面活性剂通常依其结构特征分为：阴离子型、阳离子型、两性型及非离子型。近年来一些新的表面活性品种不断出现，如：高分子表面活性剂，耐热(不燃)、抗闪蚀磷酸酯类表面活性剂，反应型表面活性剂。

乳液聚合用表面活性剂要求其有很好的乳化性。阴离子型主要以双电层结构分散、稳定乳液，其特点是乳化能力强；非离子型主要以屏蔽效应分散、稳定乳液，其特点是可增加乳液对 pH、盐和冻溶的稳定性。因此，乳液聚合时常将阴离子型和非离子型表面活性剂复合使用，提高乳液综合性能，阴离子型乳化剂的用量一般占单体的1% ~2%，非离子型乳化剂的用量一般占单体的 2% ~4%。

乳化剂在乳胶漆的合成中体现如下的作用：

（a）分散作用——乳化剂使油水界面张力极大降低，在搅拌作用下，使油性单体相以细小液滴（直径 <1000nm）分散于水相中，形成乳液。

（b）稳定乳液——在乳液中，表面活性剂分子主要定位于两相液体的界面上，亲水基团与水相接触。亲油基团与油相接触，乳液聚合中常用阴离子型表面活性剂（如十二烷基硫酸钠，$H_3C(CH_2)_{11}OSO_3^-Na^+$）作主乳化剂，其亲水端带有负电荷，这样液滴上的同种电荷层相互排斥，可阻止液滴间的聚集，起到稳定乳液的作用。非离子型表面活性剂（如壬基酚聚环氧乙烷醚，$CH_3(CH_2)_8-C_6H_4-O(CH_2CH_2O)_nH$，$n=10\sim40$）作助乳化剂，其亲水链段聚环氧乙烷嵌段定向吸附到乳胶粒的表面上，通过氢键作用吸附大量的水，这层水层的位阻效应也有利于乳液的稳定。

（c）增溶液作用——表面活性剂分子在浓度超过临界胶束浓度时，可形成胶束，这些胶束中可以增溶单体，称为增溶胶束，也是真正发生聚合的场所。如：ST 室温溶解度为：0.07g/cm^3，乳液聚合中可增溶液到 2%，提高了 30 倍。

乳化剂的乳化性能可以这样进行初步判断：按配方量在试管中分别加入水、乳化剂、单体，上下剧烈摇动 1min，放置 3min，若不分层，说明乳化剂乳化性能优良。

（3）引发剂

乳液聚合引发剂和溶剂型丙烯酸清漆合成用催化剂类别不同，它一般使用过硫酸盐（$S_2O_8^{2-}$）：过硫酸胺、过硫酸钾、过硫酸钠等水溶热分解型引发剂作为乳液聚合的催化剂。过硫酸盐在乳液中发生催化作用的机理如式（4-21）所示：

$$S_2O_8^{2-} \longrightarrow 2SO_4^{-\cdot}$$

$$\left({}^-O-\underset{\underset{O}{\downarrow}}{\overset{\overset{O}{\uparrow}}{S}}-O-O-\underset{\underset{O}{\downarrow}}{\overset{\overset{O}{\uparrow}}{S}}-O^- \longrightarrow 2\ {}^-O-\underset{\underset{O}{\downarrow}}{\overset{\overset{O}{\uparrow}}{S}}-O\cdot \right) \qquad (4-21)$$

硫酸根阴离子自由基如果没有及时引发单体，将发生如式（4-22）所示反应：

$$SO_4^{-} + H_2O \longrightarrow HSO_4^{-} + HO^{\cdot}$$

$$4HO^{\cdot} \longrightarrow 2H_2O + O_2 \qquad (4-22)$$

其综合反应式如式（4-23）所示：

$$2S_2O_8^{2-} + 2H_2O \longrightarrow 4HSO_4^{-} + O_2 \qquad (4-23)$$

因此，随着乳液聚合的进行，体系的 pH 值将不断下降，影响引发剂的活性，所以乳液聚合配方中通常包括缓冲剂，如碳酸氢钠、磷酸二氢钠、醋酸钠。另外，聚合温度对其引发活性影响较大。温度对过硫酸钾活性的影响如表 4-19 所示。

表 4-19 温度对过硫酸钾活性的影响

T/℃	k_d/s^{-1}	$t_{1/2}$/h
50	9.5×10^{-7}	212
60	3.16×10^{-6}	61
70	2.33×10^{-5}	8.3
80	7.7×10^{-5}	2.5
90	3.3×10^{-4}	35min

因此过硫酸钾引发剂的聚合温度一般在 80℃以上，聚合终点，短时间可加热到 90℃，以使引发剂分解完全，进一步提高单体转化率。

此外，氧化-还原引发体系也是经常使用的品种，其中氧化剂有：无机的过硫酸盐，过氧化氢；有机的异丙苯过氧化氢，特丁基过氧化氢，二异丙苯过氧化氢，等等，如式(4-24)所示：

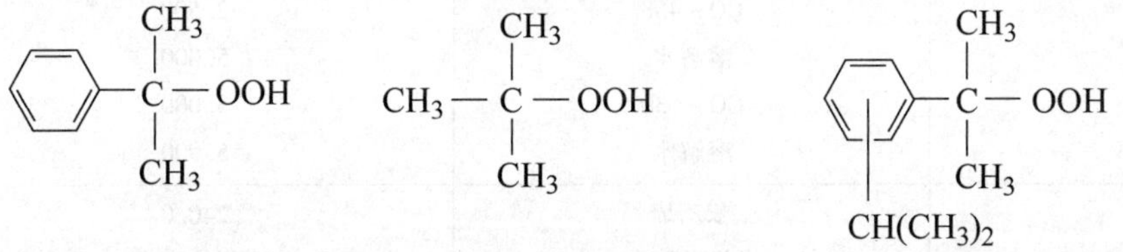

$$C_6H_5-C(CH_3)_2-OOH \qquad CH_3-C(CH_3)_2-OOH \qquad (CH_3)_2CH-C_6H_4-C(CH_3)_2-OOH \tag{4-24}$$

还原剂有亚铁盐(Fe^{2+})，亚硫酸氢钠($NaHSO_3$)，亚硫酸钠(Na_2SO_3)，连二亚硫酸钠($Na_2S_2O_6$)，硫代硫酸钠($Na_2S_2O_3$)，吊白粉。过硫酸盐、亚硫酸盐构成的氧化-还原引发体系，其引发机理如式(4-25)所示：

$$S_2O_8^{2-} + SO_3^{2-} \longrightarrow 2SO_4^{2-} + SO_4^{-} + SO_3^{-} \tag{4-25}$$

氧化-还原引发体系反应活化能低，在室温或室温以下仍具有正常的引发速率，因此在乳液聚合后期为避免升温造成乳液凝聚，可用氧化-还原引发体系在 50~70℃条件下进行单体的后消除，降低单体残留率。

氧化剂与还化剂的配比并非严格的 1:1(摩尔分数)，一般将氧化剂稍过量，往往存在一个最佳配比，此时引发速率最大，该值影响变量复杂，具体用量需要通过实验才能确定。

(4) 活性乳化剂

乳液聚合的常规乳化剂为低分子化合物，随着乳胶漆的成膜，乳化剂向表面迁移，对漆膜耐水性、光泽、硬度产生不利变化。活性乳化剂实际上是一种表面活性单体，其通过聚合借共价键连入高分子主链，可以克服常规乳化剂易迁移的缺点。目前，已有不少活性单体应市，如对苯乙烯磺酸钠，乙烯基磺酸钠，AMPS。此外，也可以是合成的具有表面活性的大分子单体，如丙烯酸单聚乙二醇酯、端丙烯酸酯基水性聚氨酯等，该类单体具有独特的性能，一般属于企业技术秘密。

(5) 其他组分

① 保护胶体

乳液聚合体系时常加入水溶性保护胶体，如属于天然水溶性高分子的羟乙基纤维素(HEC)、明胶、阿拉伯胶、海藻酸钠等，其中 HEC 最为常用，其特点是对耐水性影响较小；属于合成型水溶性高分子的更为常用，如聚乙烯醇(PVA1788)、聚丙烯酸钠、苯乙烯-马来酸酐交替共聚物单钠盐。这些水性高分子的亲油大分子主链吸附到乳胶粒的表面，形成一层保护层，可阻止乳胶粒在聚合过程中的凝聚。另外，保护胶体提高了体系的黏度(增稠)，也有利于防止粒子的聚并以及色漆体系贮存过程中颜、填料的沉降。但是，由于保护胶体的加入，可能使涂膜的抗水性下降，因此其品种选择、用量确定应该综合考虑，用量取下限为好。

② 缓冲剂

常用的缓冲剂有碳酸氢钠、磷酸二氢钠、醋酸钠。如前所述，它们能够是体系的 pH 值维持相对稳定，使链引发正常进行。

(二) 乳液聚合实例——内墙漆用苯丙乳液的合成

内墙漆用苯丙乳液的合成配方如表 4－20 所示。

表 4－20　内墙漆用苯丙乳液的合成配方

组　分	原　料	用　量(质量份)
A 组分	去离子水：	111.0
	CO－458	2.500
	溶解水	5.000
	CO－630	3.000
	溶解水	5.000
B 组分	苯乙烯	240.0
	丙烯酸丁酯	200.0
	丙烯酸	9.375
	丙烯酸异辛酯	10.00
C 组分	丙烯酰胺	6.300
	溶解水	18.75
D 组分	小苏打	0.9000
	溶解水	5.000
E 组分	去离子水	250.0
F 组分	A－103	2.500
	溶解水	5.000
	CO－630	1.000
	溶解水	5.000
	AOPS－1	1.500
G 组分	过硫酸钠	0.9000
	溶解水	10.00
H 组分	过硫酸钠	1.500
	溶解水	80.00
I 组分	乙烯基三乙氧基硅烷	3.000
J 组分	氨水	适量(调 pH 值)

注：CO－630 为上海忠诚精细化工有限公司生产的特种酚醚类乳化剂，CO－458、A－103 分别为该公司生产的酚醚硫酸盐类、磺基琥珀酸类乳化剂。

内墙漆合成工艺如下：

(a) 将 A 组分的去离子水加入预乳化釜；把同组乳化剂 CO－458、CO－630 用水溶解后加入预乳化釜；再依次将B组分、C组分、D组分加入预乳化釜中，加完搅拌乳化约30min。

(b) 将E组分去离子水加入反应釜，升温至80℃。将F组分别用水溶解后加入反应釜；待温度80℃稳定后，加入G组分过硫酸钠溶液。约5min将温度升至83~85℃。

(c) 在83~85℃同时滴加预乳液和H组分-引发剂溶液。

(d) 当预乳液滴加2/3后将I组分在搅拌下加入预乳液，搅拌5min后继续滴加。

(e) 3h加完后，保温1h。

(f) 降温至45℃加入氨水中和，调pH在8.0左右。搅拌10min后，80目尼龙网过滤出料。

五、丙烯酸树脂水分散体的合成

(一) 树脂分散体原料

丙烯酸树脂水分散体的合成通常采用溶液聚合法，其溶剂应与水互溶；另外，在单体配方中往往含有羧基或叔胺基单体，前者用碱中和得到盐基，后者用酸中和得到季胺盐基，然后在强烈搅拌下加入水分别得到阴离子型和阳离子型丙烯酸树脂水分散体。加水后若没有转相，则体系似以真溶液，若补水到某一数值，完成转相后，外观则似乳液。两种离子型分散体中，阴离子型应用比较广泛。

丙烯酸树脂水分散体通常设计成共聚物，羧基型单体最常用得是丙烯酸或甲基丙烯酸，此外衣康酸、马来酸也有应用。为引入足够的盐基，实现良好得水可分散性羧基单体用量一般在8%~20%之间，树脂酸值为40~60mg KOH/g(树脂)。其用量应在满足水分散性的前提下，尽量低些，以免影响耐水性。除羧基外，羟基、醚基、酰胺基对水稀释性亦有提高。另外，丙烯酸树脂水分散体通常设计成羟基型，以供同水性氨基树脂、封闭型水性多异氰酸酯配制烘漆，其羟值也是需要控制的一个重要指标。此外，*N*-羟甲基丙烯酰胺(NMA)可自交联、甲基丙烯酸缩水甘油酯与(甲基)丙烯酸可以加热交联以提高性能。

中和剂一般使用有机碱，如三乙胺(TEA)、二乙醇胺、二甲基乙醇胺(DMAE)、2-氨基-2-甲基丙醇(AMP)、*N*-乙基吗啉(NEM)等。其中三乙胺(TEA)挥发较快，对pH稳定不利；二甲基乙醇胺(DMAE)可能会和酯基发生酯交换，影响树脂结构和性能。2-氨基-2-甲基丙醇(AMP)、*N*-乙基吗啉(NEM)性能较好。其次，中和剂的用量应使体系的pH值位于7.0~7.5，不要太高，否则，将是体系黏度剧增，影响固含量和施工性能。

助溶剂也是合成丙烯酸树脂水分散体的重要组分，它不仅有利于溶液聚合得传质、传热，使聚合顺利进行，而且对加水分散及与氨基树脂的相容性和成漆润饰、流平性有关。综合考虑，醇醚类溶剂较好。因为乙二醇丁醚等溶剂对血液和淋巴系统有影响，同时严重损伤动物的生殖机能，造成畸胎、死胎。因此，应尽量不用乙二醇及其醚类溶剂。丙二醇及其醚类比较安全，可以用作助溶剂。正丁醇、异丙醇可以混合溶剂使用。

丙烯酸树脂水分散体若作为羟基组分，其合成配方中应加入相对分子质量调节剂，如巯基乙醇、十二烷基硫醇等，巯基乙醇转移后的引发、增长可以在大分子端基引入羟基，可提高羟值及改善羟基分布。

(二) 丙烯酸树脂水分散体的生产技术

丙烯酸树脂水分散体的合成采用油性引发剂引发、用亲水性的醇醚及醇类作混合溶剂、混合单体以“饥饿”方式滴加、用相对分子质量调节剂控制相对分子质量。水性树脂经碱中和实现其水分散性，在强力搅拌下加入去离子水，即得到透明或乳样的丙烯酸树脂水分散体。下面为丙烯酸树脂水分散体的一个合成实例。

（1）合成化学原理（式 4-26）

$$n_1\,CH_2{=}\underset{\underset{COOR_2}{|}}{\overset{\overset{R_1}{|}}{C}} + n_2\,CH_2{=}\underset{\underset{COOH}{|}}{\overset{\overset{CH_3}{|}}{C}} + n_3\,CH_2{=}\underset{\underset{C_6H_5}{|}}{CH} + n_4\,CH_2{=}\underset{\underset{COOCH_2\underset{\underset{OH}{|}}{CH}CH_3}{|}}{CH} + n_5\,CH_2{=}\underset{\underset{CN}{|}}{CH}$$

$$\xrightarrow{AIBN} \left[CH_2-\underset{\underset{COOR_2}{|}}{\overset{\overset{R_1}{|}}{C}}\right]_{n_1}\left[CH_2-\underset{\underset{COOH}{|}}{\overset{\overset{CH_3}{|}}{C}}\right]_{n_2}\left[CH_2-\underset{\underset{C_6H_5}{|}}{CH}\right]_{n_3}\left[CH_2-\underset{\underset{COOCH_2\underset{\underset{OH}{|}}{CH}CH_3}{|}}{CH}\right]_{n_4}\left[CH_2-\overset{\overset{CN}{|}}{CH}\right]_{n_5}$$

$$\xrightarrow{DMAE} \left[CH_2-\underset{\underset{COOR_2}{|}}{\overset{\overset{R_1}{|}}{C}}\right]_{n_1}\left[CH_2-\underset{\underset{CO\overset{-}{O}\overset{+}{N}H(CH_3)_2C_2H_4OH}{|}}{\overset{\overset{CH_3}{|}}{C}}\right]_{n_2}\left[CH_2-\overset{\overset{C_6H_5}{|}}{CH}\right]_{n_3}\left[CH_2-\underset{\underset{COOCH_2\underset{\underset{OH}{|}}{CH}CH_3}{|}}{CH}\right]_{n_4}\left[CH_2-\overset{\overset{CN}{|}}{CH}\right]_{n_5} \quad (4-26)$$

其中 R_1 = H、—CH_3；R_2 = —CH_3、—C_4H_9。

（2）合成配方（表 4-21）

表 4-21 丙烯酸树脂水分散体合成配方

序　号	原料名称	用量/(质量份)
01	甲基丙烯酸甲酯	15.00
02	丙烯酸丁酯	16.00
03	甲基丙烯酸丁酯	12.00
04	丙烯酸-β-羟丙酯	28.00
05	苯乙烯	8.000
06	丙烯腈	8.000
07	甲基丙烯酸	10.00
08	甲基丙烯酸缩水甘油酯	3.000
09	巯基乙醇	1.000
10	偶氮二异丁腈	1.500
11	正丁醇	19.22
12	乙醇	6.400
13	追加引发剂（2 份正丁醇溶解）	0.300
14	二甲基乙醇胺	10.58
15	水	66.30

(3) 合成工艺

将溶剂加入带有回流冷凝管、机械搅拌器的四口反应瓶中，升温使其回流。接着将全部单体、引发剂、链转移剂混合均匀后的20%加入反应瓶，保温0.5h，滴加剩余部分单体液，耗时约3.5～4.0h。滴完后保温2h，其后加入追加引发剂液，继续保温2h。降温至60℃，在充分搅拌下用*N*，*N*—二甲基乙醇胺中和，在高剪切下激烈搅拌可制得水稀释型丙烯酸树脂。

第三节　有机硅树脂清漆

一、概述

有机硅树脂(或称硅酮树脂)是指具有高度交联网状结构的聚有机硅氧烷，是以Si—O无机键为主链的有机硅氧烷聚合物，在Si原子上接有烷基(主要为甲基)和芳基(主要为苯基)。线型聚硅氧烷可以如式(4-27)所示：

$$\left(\begin{array}{c} R \\ | \\ Si—O \\ | \\ R \end{array} \right)_n \qquad R = CH_3,\ C_5H_5 \text{ 等} \tag{4-27}$$

有机硅产品含有Si—O，在这一点上基本与形成硅酸和硅酸盐的无机物结构单元相同，同时又含有Si—C(烃基)，而具有部分有机物的性质，是介于有机和无机聚合物之间的聚合物。由于这种双重性，使有机硅聚合物除具有一般无机物的耐热性、阻燃性及坚硬性等特性外，又有绝缘性、热塑性和可溶性等有机聚合物的特性，因此被人们称为半无机聚合物。

有机硅高聚物有硅树脂、硅橡胶、硅油三种类型。用于涂料的有机硅高聚物主要是有机硅树脂及有机硅改性的树脂(如醇酸树脂、聚酯树脂、环氧树脂、丙烯酸酯树脂、聚氨酯树脂等)。

有机硅树脂清漆具有耐高温性能和低表面张力的性质，常常用于有耐高温性能和有绝缘要求的工件清漆和涂料的涂装。

二、有机硅树脂涂料

1. 有机硅耐热涂料

有机硅耐热涂料是耐热涂料的一个主要品种，它通常是以有机硅树脂为基料，配以各种耐热颜填料制得，主要包括有机硅锌粉漆、有机硅铝粉漆以及有机硅改性环氧树脂耐热防腐蚀漆、有机硅陶瓷漆等。有机硅锌粉漆由有机硅树脂液、金属锌粉、氧化锌、石墨粉和滑石粉等组成，能长期耐400℃高温，用作底漆对钢铁具有防腐蚀作用，为防止产生氢气，颜料部分和漆料部分应分罐包装，临用时调匀使用。漆膜在200℃需2h固化。有机硅铝粉漆由有机硅改性树脂液(固体分中有机硅含量为55%)、铝粉浆(浮型，65%)组成，漆料与铝粉浆应分罐包装，临用时调匀。漆膜在150℃固化2h，能长期耐400℃温度，在500℃时100h漆膜完整，且仍具有保护作用。

有机硅改性环氧树脂耐热防腐蚀漆属常温固化型，兼有耐热及防腐蚀性能，可长期在150℃使用，短期可达180～200℃，耐潮湿、耐水、耐油及盐雾侵蚀。此漆为双组分包装，甲组分为有机硅改性环氧树脂及分散后的颜料，乙组分为低分子聚酰胺树脂液。在临用时按比例混合均匀，熟化半小时后使用。有机硅陶瓷漆以有机硅改性环氧树脂为基料、以氨基树脂为交联剂、由耐热颜料及低熔点陶瓷粉组成。其耐热温度高达900℃。

2. 有机硅绝缘涂料

在电机和电器设备的制造中有机硅绝缘材料占有极重要地位。高性能有机硅绝缘材料和漆的研制和生产，可以满足电气工业对耐高温、高绝缘等特殊性能的需求。

有机硅绝缘涂料的耐热等级是180℃，属于H级绝缘材料。它可和云母、玻璃丝、玻璃布等耐热绝缘材料配合使用；具有优良的电绝缘性能，介电常数、介质损耗、电击穿强度、绝缘电阻在很宽的温度范围内变动不大（-50~250℃），在高、低频率范围内均能使用，而且有耐潮湿、耐酸碱、耐辐射、耐臭氧、耐电晕、耐燃、无毒等特性。按其在绝缘材料中的用途，有机硅绝缘漆可分为：

（1）有机硅黏合绝缘涂料

主要用来黏合各种耐热绝缘材料，如云母片、云母粉、玻璃丝、玻璃布、石棉纤维等层压制品。这类漆要求固化快、粘结力强、机械强度高，不易剥离及耐油、耐潮湿。

（2）有机硅绝缘浸渍涂料

适用于浸渍电机、电器、变压器内的线圈、绕组及玻璃丝包线、玻璃布及套管等。要求黏度低、渗透力强，固体含量高、黏结力强，厚层干燥不易起泡，有适当的弹性和机械强度。

（3）有机硅绝缘覆盖磁漆

用于各类电机、电器的线圈、绕组外表面及密封的外壳作为保护层，以提高抗潮湿性、绝缘性、耐化学品腐蚀性、耐电弧性及三防（防霉、防潮、防盐雾）性能等。有机硅绝缘涂料分为清漆及磁漆，有烘干型及常温干型两种。烘干型的性能比较优越，常温干型一般作为电气设备绝缘涂层修补漆。

（4）有机硅硅钢片用绝缘涂料

涂覆于硅钢片表面，具有耐热、耐油、绝缘、能防止硅钢片叠合体间隙中产生涡流等优点。

（5）有机硅电器元件用涂料

① 电阻、电容器用涂料

用于电阻、电容器等表面，具有耐潮湿、耐热、耐绝缘、耐温度交变、漆膜机械强度高、附着力好、耐摩擦、绝缘电阻稳定等优点。色漆可作标志漆。有机硅绝缘漆的耐热性及电绝缘性能优良，但耐溶剂性、机械强度及黏结性能较差，一般可以加入少量环氧树脂或耐热聚酯加以改善。若配方工艺条件适当不会影响其耐热性能。有机硅改性聚酯或环氧树脂漆可作为F级绝缘漆使用。长期耐热155℃。具有高的抗电晕性、耐潮性、对底层附着力好、耐化学药品腐蚀性好、机械强度也好。耐热性能比未改性的聚酯或环氧树脂有所提高。

② 半导体元件用有机硅高温绝缘保护漆料

本漆具有高的介电性能、纯度高，有害金属含量有一定限制，附着力强、热稳定性好、耐潮湿、保护半导体、适用于高温、高压场所。

③ 印刷线路板、集成电路、太阳能电池用有机硅绝缘保护涂料

漆膜坚韧、介电性能好、耐候、耐紫外线、防灰尘污染、耐潮、能常温干、光线透过力强，适用于印刷线路板、集成电路及太阳能电池绝缘保护。

④ 有机硅防潮绝缘涂料

常温干型有机硅清漆具有优良的耐热性、电绝缘性、憎水性、耐潮性、漆膜的机械性能好、耐磨、耐刮伤，常被用作有机或无机电气绝缘元件或整机表面的防潮绝缘漆，以提高这些制品在潮湿环境下工作的防潮绝缘能力。

3. 有机硅耐候涂料

有机硅涂料在室外长期曝晒，无失光、粉化、变色等现象，漆膜完整，其耐候性非常优良。涂料工业中利用有机硅树脂的这种特性，来改良其他有机树脂，制造长效耐候性和装饰性能优越的涂料，很有成效。近年来改性工作进展很大，是现在研制涂料用有机硅树脂的主要方向之一。这类有机硅改性树脂漆价格比有机硅树脂漆便宜，能够常温干燥，施工简便，在耐候性、装饰性以及耐热、绝缘、耐水等性能方面较原来未改性的有机树脂漆有很大的提高。被改性的一般有机树脂品种有：醇酸树脂、聚酯树脂、丙烯酸酯树脂、聚氨酯树脂等。改性树脂的耐候性与配方中有机硅含量成正比，一般常温干燥型的改性树脂中有机硅的含量为20%～30%；烘干型改性树脂中有机硅含量可达40%。改性树脂的耐候性还与用作改性剂的有机硅低聚物组成有关，有机硅低聚物中Si—O—Si数量越多，耐候性越好，Si—O—Si的数量是树脂耐候性的决定因素。因此，在配方设计时，具有相同含量的有机硅耐候树脂中以选取比值(甲基基团数目/苯基基团数目)大的有机硅低聚物为好。

有机硅改性常温干型醇酸树脂漆的耐候性比一般未改性醇酸树脂漆性能要提高50%以上，保光性、保色性增加两倍。由于耐候性能的提高，可以减少设备维修费用的75%，所以比使用未改性的醇酸树脂漆经济。常温干型有机硅改性醇酸树脂漆多用作重防腐蚀漆，适用于永久性钢铁构筑物及设备，如高压输电线路铁塔、铁路桥梁、货车、石油钻探设备、动力站、农业机械等涂饰保护，并适用于严酷气候条件下，如航海船舶水上建筑的涂装。使用10年后其漆膜仍然完整，外观良好。

有机硅改性聚酯树脂漆是一种烘干型漆。主要用于金属板材、建筑预涂装金属板及铝质屋面板等的装饰保护。它具有优越的耐候性、保光性、保色性、不易褪色、粉化、涂膜坚韧、耐磨损、耐候性优良。经户外使用7年，漆膜完好。

有机硅改性丙烯酸树脂具有优良的耐候性、保光保色性，不易粉化，光泽好。大量用于金属板材及机器设备等的涂装。有机硅改性丙烯酸树脂涂料分为常温干型(自干型)及烘干型两种，就耐候性能来讲，烘干型优于自干型。

有机硅树脂的特殊结构决定了其具有良好的保光性、耐候性、耐污性、耐化学介质和柔韧性等，将其引入丙烯酸主链或侧链上，制得兼具两者优点的有机硅丙烯酸乳液，进而得到理想的有机硅丙烯酸外墙涂料，可常温固化且快干，光泽好、施工方便。

以纯有机硅树脂为主要成膜物的外墙涂料可有效防止潮湿破坏，它们在建筑材料表面形成稳定、高耐久、三维空间的网络结构，抗拒来自于外界液态水的吸收，但允许水蒸气自由通过。这即意味着外界的水可以被阻挡在墙体外面，而墙体里的潮气可以很容易地逸出。

三、有机硅树脂清漆生产技术

根据反应原理的不同，有机硅树脂分为缩合型硅树脂、加成型硅树脂和交联型硅树脂和改性硅树脂等四个类别，通过对合成的有机硅树脂添加溶剂调节黏度，添加助剂调剂涂装性能，可以得到不同性能的有机硅清漆，其中应用最为广泛的是缩合型硅树脂的合成技术。

目前工业生产中，一般以有机氯硅烷单体经水解、浓缩、缩聚及聚合等步骤来制备。缩合型硅树脂具强度高，黏结性能好和生产成本低等优点，存在难干燥、起泡、回黏及交联度不易控制等缺点。

（一）单体

缩合型有机硅树脂所用的单体主要是甲基三氯（烷氧基）硅烷、二甲基二氯（烷氧基）硅烷、甲基苯基二氯（烷氧基）硅烷、苯基三氯（烷氧基）硅烷、二苯基二氯（烷氧基）硅烷及四氯化硅以及相应的烷氧基硅烷等。

（二）预聚物

预聚物是含 Si—OH、Si—OR、Si—H 等基团和带交联点的聚有机硅氧烷，通常是由有机氯硅烷水解缩合及稠化重排而得。

含 Si—OH、Si—OR、Si—H 基团的预聚物，在加热和催化剂作用下可进一步缩合并交联成固体产物。而其固化速度随活性基团减少、空间位阻增大及流动性变差而变慢。因此，固化后期需借助高温（150℃）及高效催化剂使其彻底硫化。

（三）催化剂

常用催化剂有 Pb、Zn、Sn、Co、Fe、Ce 等的环烷酸盐或羧酸盐、全氟磺酸盐、氯化磷腈［如$(PNCl_2)_3$］、胺类、季铵碱、季磷碱、钛酸脂及胍类化合物等。

（四）溶剂

缩合型有机硅树脂在溶液中进行反应，常用的溶剂有丁醇、异丙醇等醇类，甲苯、二甲苯等。

（五）制备工艺

缩合型有机硅树脂制备工艺流程如图 4－2 所示。

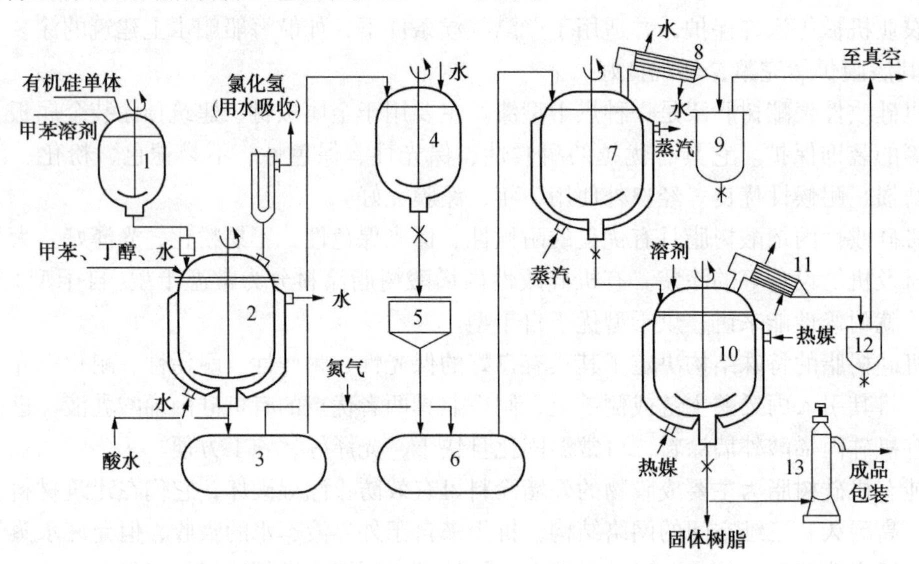

图 4－2　水解法制有机硅树脂的工艺流程

1—混合釜；2—水解釜；3，6—中间贮槽；4—水洗釜；5—过滤器；7—浓缩釜；8、11—冷凝器；9、12—溶剂贮槽；10—缩聚釜；13—高速离心机

（1）单体水解

一般水解方法是将有机氯硅烷与甲苯等溶剂混合均匀，控制一定温度，在搅拌下缓慢加入过量的水中（或水与其他溶剂中）进行水解。水解完毕后，静置至硅醇液和酸水分层，然后放出酸水，再用水将硅醇液洗至中性。

制备有机硅树脂，一般多用两种或两种以上的单体进行水解，如 CH_3SiCl_3、$(CH_3)_2SiCl_2$、$C_6H_5SiCl_3$、$(C_6H_5)_2SiCl_2$、$C_6H_5(CH_3)SiCl_2$ 等共同水解。实践证明，水解时采用的操作方法，对形成 Si—O—Si 的分子结构和大小有着决定性的作用，特别是体系中存在各种不同官能度的单体组分时更应注意，最理想的情况是：选择适当的水解条件，使各种单体组分均能同时水解，能共缩聚成均匀结构的共缩聚体，以获得较好而又稳定的性能。但实际上水解中各个单体组分的水解速度并不一样，有些单体水解后生成的硅醇分子本身又有自行缩聚成环状低分子倾向，易导致水解中间产物中各分子结构杂乱无章和相对分子质量分布范围过宽之弊。虽然在制成成品树脂之前水解中间产物还要经过浓缩和用催比剂进行平衡化的缩聚和聚合工序，还可能使分子结构和相对分子质量分布得到一定的调整和改善，但若水解后的中间产物的组分变动过大，不均匀性过高，即使经过同样的后处埋，也难以保证最终产品的有机硅树脂质量的恒定，因此水解工序是有机硅树酯生产中的一个特别重要的环节，应引起足够重视。

水解时还应考虑单体中 Si—C 的特性。由于它具有弱极性，对水解氯硅烷时产生的酸比通常 C—C 更敏感，其在酸性水解过程中的行为取决于有机基团的种类和性质。饱和烃类与硅所构成的键通常没有影响，但电负性大的苯基基因及有电负性大取代基的有机基团，其 Si—C 对水解都很敏感，苯基及此种有机基因易于断落，因此在水解过程中，水层中 HCl 的浓度不宜超过 20%。

单体的水解速度随硅原子上氯原子的数目增加而增加，但也受硅原子上有机基团的类型和数目的影响。有机基团愈多或基因的体积愈大，则空间位阻效应会妨碍和水的反应，减少 Si—Cl 断裂的机会；有机基团的电负性大，相应地也会增强 Si—Cl，降低它和水的反应活性。苯基氯硅烷由于苯基基团的电负性大和体积大的联合效应，因此比相对应的甲基氯硅烷难以水解。

氯硅烷单体水解后，生成的硅醇，除继续缩聚成线型或分枝结构的低聚物外，组分中有些单体生成的硅醇，在缩聚过程中分子本身也可自行缩聚成环体，尤其是在酸性介质中水解时。

环体的生成是一定链长的硅醇分子内羟基官能团彼此反应，本身自缩聚的结果。如环体中分子链间内应力愈小，环体就愈稳定，生成量也多。如前述二甲基二氯硅烷水解时，有三环体、四环体、五环体等生成，其中四环体量较多。环体的生成消耗了水解组分中总的官能度，减少了组分各分子间交联的机会，故不利于均匀共缩聚体的生长。

水解时采用低于和氯硅烷反应需要量的水量，形成逐步水解及缩聚反应，限制了环体生成，如式(4－28)所示：

$$-\overset{|}{\underset{\underset{Cl}{|}}{Si}}-Cl + H_2O \longrightarrow -\overset{|}{\underset{\underset{Cl}{|}}{Si}}-OH + HCl$$

$$2(-\overset{|}{\underset{\underset{Cl}{|}}{Si}}-OH) \longrightarrow -\overset{|}{\underset{\underset{Cl}{|}}{Si}}-O-\overset{|}{\underset{\underset{Cl}{|}}{Si}}- + H_2O$$

$$-\underset{|}{\overset{\overset{Cl}{|}}{Si}}-O-\underset{|}{\overset{\overset{Cl}{|}}{Si}}- + H_2O \longrightarrow -\underset{|}{\overset{\overset{Cl}{|}}{Si}}-O-\underset{|}{\overset{\overset{OH}{|}}{Si}}- + HCl \tag{4-28}$$

$$n(-\underset{\underset{Cl}{|}}{\overset{|}{Si}}-O-\underset{\underset{OH}{|}}{\overset{|}{Si}}-) \longrightarrow Cl-\underset{|}{\overset{|}{Si}}-O\left[\underset{|}{\overset{|}{Si}}-O\right]_{n-2}\underset{|}{\overset{|}{Si}}-Cl\ 1\text{-}n/2H_2O$$

生成的分子两端端基均为 Cl^-。若用化合当量或过量的水进行水解，情况则相反。

各种单体共水解时，即使配方一样。由于控制的水解条件不同，水解后中间产物的组分和环体生成量常常相差很大。

(2) 硅醇的浓缩

水解后的硅醇液，用水洗至中性(用 pH 试纸检测)，然后在减压下进行脱水，并蒸出一部分溶剂，至固体含量为 50% ~60% 为止。为减少硅醇进一步缩合，真空度愈大愈好，且蒸溶剂的温度应不超过 90℃。

(3) 缩聚和聚合

浓缩后的硅醇液大多是低分子的共缩聚体及环体，羧基含量高，相对分子质量低，物理机械性能差，贮存稳定性不好，使用性能也差，因此必须用催化剂进行缩聚及聚合，消除最后有缩合能力的组分，建立和重建聚合物的骨架，达到最终结构，成为稳定的、物理机械性能好的高分子聚合物。

现在进行缩聚和聚合时一般都加入催化剂。催化剂既能使硅醇间羟基脱水缩聚，又能使低分子环体开环，在分子中重排聚合，以提高相对分子质量，并使相对分子质量及结构均匀化，即将各分子的 Si—O—Si 打断成碎片，再形成高分子聚合物，如对低分子的环体的聚合反应如式(4-29)所示：

$$x(R_2SiO)_n + x(R'_2SiO)_n \longrightarrow \left[-\underset{\underset{R}{|}}{\overset{\overset{R}{|}}{Si}}-O-\underset{\underset{R'}{|}}{\overset{\overset{R'}{|}}{Si}}-O-\right]_{nx} \tag{4-29}$$

对端基为羧基的低分子物的缩聚反应如式(4-30)所示：

$$-\underset{|}{\overset{|}{Si}}-OH + OH-\underset{|}{\overset{|}{Si}}- \longrightarrow -\underset{|}{\overset{|}{Si}}-O-\underset{|}{\overset{|}{Si}}- + H_2O \tag{4-30}$$

在制备涂料用有机硅树脂时，一般采用碱金属的氢氧化物或金属羧酸盐作催化剂。

① 碱催化法

系以 KOH、NaOH 或四甲基氢氧化铵等溶液加入浓缩的硅醇液中(加入量为硅醇固体的 0.01% ~2%)，在搅拌及室温下进行缩聚及聚合，达到一定反应程度时，加入稍过量的酸，以中和体系中的碱、过量的酸再以 $CaCO_3$ 等中和除去。此法生产的成品微带乳光，工艺较复杂，若中和不好，遗留微量的酸或碱，都会对成品的贮存稳定性、热老化性和电绝缘性能带来不良影响。

其机理为环体的开环或线型体 Si—O—Si 的断裂，如式(4-31)所示：

$$\equiv Si-O-Si\equiv + OH^- \longrightarrow \equiv Si-O-\overset{-}{Si}(OH)\equiv \tag{4-31}$$

$$\equiv Si-O-\overset{-}{Si}(OH)\equiv \longrightarrow \equiv Si-O^- + HO-Si\equiv$$

Si—O—Si 的重排和增长，如式(4－32)所示：

$$\equiv Si-O^- + K^+ \longrightarrow \equiv Si-OK$$

$$\equiv Si-OH + KO-Si\equiv \longrightarrow \equiv Si-O-Si\equiv + KOH \tag{4-32}$$

各种碱金属氢氧化物的催化活性按下列次序递减：CsOH > KOH > NaOH > LiOH，LiOH 几乎无效。

② 金属羧酸盐法

即以一定量的金属羧酸盐加入浓缩的硅醇内，进行环体开环聚合、羧基间缩聚及有机基团间的氧化交联，以形成高分子聚合物。反应活性强的为 Pb、Sn、Zr、Al、Ca 和碱金属的羧酸盐，反应活性弱的为 V、Cr、Mn、Fe、Co、Ni、Cu、Zn、Cd、Hg、Ti、Th、Ce、Mg 的羧酸盐，一般常用的羧酸为环烷酸或 2－乙基己酸。

此类催化剂的作用随反应温度高低而变化。反应温度愈高，作用愈快，一般均先保持一定温度，使反应迅速进行，至接近规定的反应程度后，适当降低反应温度以便易于控制反应，然后加溶剂进行稀释。此工艺过程较简便，反应催化剂也不需除去，产品性能好。

(4) 成品的过滤及包装

特别是作为电绝缘涂料用的有机硅树脂成品液应该仔细过滤，强调过滤质量，彻底清除杂质，以免影响电绝缘性能、温度、搅拌速度、加料速度、原料纯度、洗涤用水等。

(5) 合成工艺

水解及水洗：

(a) 将配方中用作稀释刑的二甲苯加入混合釜内，然后再加入各类单体，搅拌混合均匀待用。

(b) 在水解釜内加入水解用的二甲苯及水，在搅拌下从混合釜内将混合单体滴加入水解釜，温度在 30℃ 以下约 4～5h 加完。加完后静置分层，除去酸水。

(c) 以硅醇体积一半的水进行水洗 5～6 次，直至水层呈中性，然后静置分出水层。

(d) 硅醇以高速离心机过滤，除去杂质。称量硅醇液，测固含量。

硅醇浓缩：

过滤后硅醇放入浓缩釜内，在搅拌下缓慢加热，开动真空泵，并调节真空度，使溶剂逐渐蒸出，最高温度不得超出 90℃，真空度在 0.0053MPa 以下，愈低愈好。浓缩后硅醇固体含量控制在 55%～65% 范围内。

溶剂蒸出量可按式(4－33)计算：

$$加入硅醇量-\left(\frac{加入硅醇量\times 测定固含量,\%}{浓缩硅醇要求固含量,\%}\right) \quad (4-33)$$

缩聚及聚合：

(a) 将测定固含量后的浓缩硅醇加入缩聚釜内，开动搅拌，加入计量的2-乙基已酸锌催化剂，充分搅匀。

2-乙基已酸锌用量如式(4-34)所示。

$$\frac{(浓缩后硅醇量\times 浓缩后硅醇固体含量,\%)}{(2-乙基已酸锌中锌含量,\%)}\times 0.003 \quad (4-34)$$

(b) 开动真空泵，升温蒸溶剂。溶剂蒸完后取样在200℃胶化板上测定胶化时间。

(c) 升温至160～170℃，保温进行缩聚。当试样胶化时间达到1～2min/200℃时作为控制终点的标准。在此以前可预先降低反应温度5～7℃，以控制反应速度。

(d) 终点到达后，立即加入二甲苯对稀，边搅拌边迅速冷却。当温度降到50℃以下，用高速离心机过滤，并测定固含量。调整固含量后，检验合格，即为成品。

二甲苯加入量按成品固含量为50%±1%，进行控制。

成品规格：

成品规格如表4-22所示。

表4-22 有机硅绝缘漆成品规格

外　　观	微黄至淡黄色透明液体，无机械杂质
固体含量/%	50±1
耐热性铜片(200℃，弹性通过φ3)/h	≥200
铝片(250℃，弹性通过φ3)/h	≥250
干燥时间(铜片，200℃)/h	≤3
受潮后(20℃±5℃，R.H.95%±3%，24h)	≥35
击穿强度/(kV/mm)，常态(20℃±5℃) 200℃±2℃	≥55 ≥30
受潮后(20℃±5℃，R.H.95%±3%，24h)	≥35
体积电阻/(Ω·cm)，常态(20℃±5℃) 200℃±2℃	$\geqslant 1\times 10^{13}$ $\geqslant 1\times 10^{11}$
黏度(涂-4杯，25℃±1℃)/s	20～40

用途：

清漆可用于电机线圈、柔性玻璃布、柔性云母板、玻璃丝套管的浸渍和耐热绝缘涂层，清漆或加有颜料的磁漆也可作为耐热涂料使用。

上述是一种常规有机硅树脂漆制备情况，配方拟订的依据是：成品的固化温度约200℃，可长期在200℃的环境下使用，有优良的热稳定性和电绝缘性能，但同时会有固化温度高、耐溶剂性差、高温时涂膜较软、机械性能较差、厚层易起泡等缺点。

四、有机硅树脂改性

虽然有机硅树脂作为清漆和涂料有很多持性，但也有不少缺点，主要表现在一般均需高温固化(150～200℃)，固化时间长，大面积施工不方便，对底层的附着力差，耐有机溶剂性差，温度较高时漆膜的机械强度不好，价格较贵等，因此常用其他有机树脂和有机硅树脂共同制成改性树脂，改性树脂具有两种树脂的优点，弥补了有机硅树脂缺点，使之更适合于涂料应用的需要。一般用有机硅改性的有机树脂有：醇酸树脂、聚酯树脂、环氧树脂、丙烯酸树脂、聚氨酯树脂、酚醛树脂等。改性有机硅树脂及涂料正在进一步发展，是有机涂料的主要发展方向。

改选的方式有两种：

冷拼法(物理法)即以相容性好的有机硅树脂(如高苯基含量的)与有机树脂冷拼混合均匀而成。此法比较简单，但性能改进的效果不如以化学方法改进的好。

化学法即以一般有机树脂的活性官能基团(如羟基)与适当的有机硅低聚物中的羟基、烷氧基(主要为甲氧基、乙氧基)进行缩聚反应，制成有机硅改性树脂。改性树脂中有机硅的含量取决于涂料要求，一般来说，有机硅含量愈高，改性树脂的耐热性愈好，以有机硅改性的聚酯树脂为例，若配方和工艺条件适当，制成的涂料的耐热性能可以和有机硅树脂制成的涂料的耐热性能相媲美，耐溶剂性能、对底层的附着力及漆膜机械强度则有明显提高。

（一）有机硅改性醇酸树脂

最早改性的方法非常简单，将有机硅树脂直接加到反应达终点的醇酸树脂反应釜中即可。有机硅树脂在高温下有可能和醇酸树酯通过共价键相连，但也可能大部分有机硅树脂只是和醇酸树脂混溶，为了改进有机硅树脂的混溶性，有机硅树脂中常含一些长链烷基。通过这样简单的混合，醇酸树脂的室外耐候性大大改进，一般来说，高苯基含量的有机硅树脂改性的醇酸树脂比用高甲基含量的有较好的热塑性、较快的气干速度和较好的溶解性能。

另一种改进方法是制备反应性的有机硅低聚物，用以和醇酸树脂上的自由羟基进行反应，也可将有机硅低聚物作为多元醇和醇酸树脂进行共缩聚，通过反应改性的醇酸树脂耐候性更好。有机硅改性醇酸树脂主要是气干性的，但也可改性用于氨基醇酸漆的醇酸树脂。

（二）有机硅改性聚酯和聚丙烯酸酯

端羟基的聚酯和聚丙烯酸酯均可用多羟基的有机硅烷低聚物(一般平均羟基数为每分子3.5个左右)进行改性，有机硅上的羟基要先进行醚化．并用催化剂如四丁基锡或四异丙基锡，反应一般在140℃左右进行，通过黏度变化确定反应终点。

有机硅树脂和聚丙烯酸酯或聚酯的羟基间的反应，也可导致交联，这种交联反应可在涂布以后在高温下完成，烘干条件为300℃下90s，催化剂用辛酸锌。因为有机锡催化剂易为颜料带入的水所水解，所得的涂层具有很好的耐候性、高温稳定性和低温柔顺性；其缺点是在长期置于高温条件下漆膜易变软，从而易被损伤，变软的原因可能是发生了交联反应的逆反应。

为了克服这一问题，涂料中可加入少量MF树脂以帮助有机硅树脂和聚丙烯酸配或聚酯间进行二次固化。

（三）有机硅改性环氧树脂

有机硅树脂和双酚A环氧树脂反应可得改性的环氧树脂，其反应主要发生在有机硅树脂上的羟基和环氧树脂上的羟基之间，环氧树脂的环氧基不受影响，但可在以后的交联固化反应中起作用，可用式(4－35)表示：

$$\text{(epoxy)}\!\sim\!\underset{\text{OH}}{\underset{|}{\text{CH}}}\!\sim\!\text{(epoxy)} + \sim\underset{\text{OH}}{\overset{\text{R}}{\text{Si}}}-\text{O}\sim \longrightarrow \text{(epoxy)}\!\sim\!\underset{\sim\text{Si(R)}-\text{O}\sim}{\underset{|}{\text{O}}}\!\sim\!\text{(epoxy)} \tag{4-35}$$

（双酚 A 环氧树脂）　（有机硅树脂）

（四）异氰酸酯改性有机硅树脂

多异氰酸酯，或异氰酸酯为终端的树脂可以和有机硅树脂反应，得到含自由异氰酸酯基团的改性树脂，它可在室温下发生潮气固化。

第四节　有机氟树脂清漆

一、概述

氟树脂又称氟碳树脂，是指主链或侧链的碳链上含有氟原子氟烯烃聚合物或者氟烯烃共聚物。以氟树脂为基础制可以制成氟碳清漆或氟碳涂料，统称为氟碳涂料。

氟元素是一种性质独特的化学元素，在元素周期表中，其电负性最强、极化率最低、原子半径仅次于氢。氟原子取代 C—H 上的 H，形成的 C—F 极短，键能高达 486kJ/mol（C—H 能为 413kJ/mol，C—C 能为 347kJ/mol），因此，C—F 很难被热、光以及化学因素破坏。F 的电负性大，F 原子上带有较多的负电荷，相邻 F 原子相互排斥，含氟烃链上的氟原子沿着锯齿状的 C—C 链做螺线型分布，C—C 主链四周被一系列带负电的 F 原子包围，形成高度立体屏蔽，保护了 C—C 的稳定。由于氟原子结构上的特点，将氟原子引入到树脂中，使得含氟树脂具有不同于其他树脂的特殊性能。

（一）低表面自由能

自由能常用来表示聚合物表面和其他物质发生相互作用能力的大小。一般有机物的表面自由能为 11～80mJ/m^2，而含有氟烷基侧链的聚合物具有较低的表面自由能，一般在 11～30mJ/m^2 之间。低表面自由能的含氟树脂使得其表面难以润湿，具有憎水憎油的特性，因此用这种含氟树脂制得的涂料，其黏附性能差，防污染能力强。

（二）超常的耐候性

含氟树脂结构上的特点，使得以其制得的涂料具有优良的耐久性和耐候性，其中，物理性能优良、熔点低、加工性能好、涂层质量好的聚偏二氟乙烯（PVDF）树脂在涂料中应用最为广泛，如美国 Atofina 公司的 Kynar500 和意大利 Ausimont 公司的 Hylar5000，它们均是以 PVDF 生产的产品。含氟树脂涂料与丙烯酸树脂、聚酯、有机硅及其改性的产物相比，有机氟树脂涂料为基材提供更长久的保护和装饰。以 PVDF 树脂涂层的耐候性为例，与丙烯酸树脂、聚酯、有机硅树脂进行比较，研究表明，用 PVDF 为基础制得的涂料无论是加速老化实验，还是天然暴晒 10 年或更长时间，其涂膜均未发生显著的化学变化。

（三）突出的耐盐雾性

对于涂料特别是含氟聚氨酯涂料的耐盐雾性能，国外文献已有报道，如日本旭硝子公司生产的室温干燥型含氟面漆耐盐雾试验可达 3000h 不起泡、不脱落，而国内报道的含氟涂料可以做到500h漆膜无变化，飞机蒙皮含氟涂料经2500h基本无变化。

（四）优异的耐污性

一般而言，有机涂层的耐沾污性主要与涂层的表面形态、表面自由能等有关，所以，减小污染源与涂层的接触面积，对涂层的抗黏附作用和自清洗有利，而通过增大污染源与涂层的接触角(也就是减小其表面自由能)，提高表面的平整性就能起到良好的防黏附作用，进而影响涂层表面对污染源的黏附性。在含氟树脂涂料中，由于电负性最强的氟取代了氢的位置，大大降低了表面能，电子被紧紧地吸附于氟原子核周围，不易极化，屏蔽了原子核；而氟原子的半径小和C—F的极化率小的联合作用，致使其分子内部结构致密，显示非凡的耐沾污性、斥水、斥油等特殊的表面性能，可以起到很好的防污作用。

二、氟碳树脂涂料的分类

经过几十年的快速发展，氟碳清漆和涂料在建筑、化学工业、电器电子工业、机械工业、航空航天产业、家庭用品的各个领域得到广泛应用，成为继丙烯酸涂料、聚氨酯涂料、有机硅涂料等高性能涂料之后，综合性能最好的涂料品牌。氟碳涂料的开发始于杜邦公司的PTFE涂料及日本的PVDF涂料，它的发展经历了热熔型——溶剂可溶型——可交联型几个阶段，而随着环保要求的逐步提高，氟碳涂料将进一步朝着水性化(水基型)和高固体分(粉末型)的方向发展。

（一）热熔型氟碳涂料

热熔型氟碳涂料需高温烘烤成膜。以PVF、PVDF、PTFE特氟龙(聚四氟乙烯)为代表的热塑性氟碳树脂具有结构的规整性，聚合物本身呈半结晶状态。一方面它具有优良的的耐溶剂性，另一方面在溶剂中的不溶解性又造成了使用上的不便，所以最初的氟碳涂料只能制成水分散型涂料、粉末涂料或有机溶胶。水分散型氟碳涂料是将树脂粉末、耐高温颜料、分散剂、黏合剂及水等在适当的设备中进行分散而成；有机溶胶是将氟碳树脂粉末如PVDF粉末分散于丙烯酸树脂溶液中，外加有机溶剂，制成有机溶胶。除丙烯酸树脂外，也可加入环氧树脂、聚酰胺和聚酰胺酰亚胺、聚氨酯、聚苯硫醚等耐热性及附着力均好的树脂，以达到改性的目的。这类涂料施工后均需在高温下烘烤，热熔融流平成涂膜。

1938年美国杜邦公司合成聚四氟乙烯树脂，开发出“特氟龙”不黏涂料，它是将聚四氟乙烯(PTFE)以微小颗粒状态分散在溶剂中，然后以360～380℃的高温烧结成膜，该涂层可长期在-195～250℃下使用，其耐化学品性超过所有聚合物，主要应用于不粘涂层如不粘锅内涂膜、聚合反应釜内衬。

20世纪60年代，ElfAto公司开发出“Kynar500”为商标的聚偏二氟乙烯(PVDF)氟碳树脂，随后，被应用于氟碳涂料之中。PVDF具有优良的耐候性、耐水性、耐污染性、耐化学品性，尤其用于建筑物的外部装饰有其他涂料无法相比的优点，但由于PVDF树脂不溶于普通溶剂，涂膜的形成需要230～250℃的高温烧结成膜，所以只能应用在有固定加工场所的、有烘烤设备的铝幕墙板、铝型材、彩钢板等耐高温的外墙装饰材料的基材上，限制了它的使用。

（二）溶剂可溶性氟碳涂料

溶剂可溶型涂料是在热熔型涂料基础上开发出的又一氟碳涂料品种。这类涂料可以在较低温度或常温下成膜，它采用多种含氟单体与带侧基的乙烯单体或其他极性乙烯单体共聚的方式制得，减少了结晶性，增加了溶剂可溶性，降低了烘烤温度。使用四氟乙烯或三氟氯乙烯单体与其他极性乙烯单体在控制条件下进行溶液聚合、悬浮聚合可以制得相对分子质量为2000~5000的有机溶剂可溶的热塑性氟树脂涂料。

（三）常温交联型氟碳涂料

为了进一步提高含氟涂料的溶解性能，增加固含量，改善施工性能，人们又研究了带官能团的特别是—OH及—COOH官能团的含氟树脂，可与异氰酸酯或氨基树脂进行交联固化，即所谓的可交联型氟碳树脂涂料。采用与含官能团单体如烯醇类、烯酯类、烯酸类单体共聚或其他方式将官能团引入，如氟乙烯、烃基乙烯基醚共聚物(FEVE)及全氟聚醚(PTFE)，与PVDF相比，它们被赋予了一定的活性官能团，不但吸取氟碳树脂的优良性能，而且由于官能团的引入，增加了在有机溶剂中的溶解性，与颜料及交联剂的相容性、光泽、柔韧性及施工性能。

1982年，日本旭硝子公司开发出了氟烯烃-乙烯基醚共聚物(FEVE)树脂，该树脂在氟烯烃的基础上引进了溶解性官能团、附着性官能团、交联固化性官能团、促进流变性官能团，不仅秉承了氟树脂的所有优良品质，而且还具有在常温下溶解于芳烃、脂类、酮类等常规溶剂，常温下交联固化等性能。该树脂应用到氟碳涂料中，使得氟碳涂料的应用扩大到不耐高温的PVC型材、塑钢型材、玻璃钢、有机玻璃等有机材质，无法进入烘箱的大型钢板和钢结构，需要现场施工的道路桥梁结构、建筑外墙，以及有色金属、玻璃材质、陶瓷制品、石头木器材质等领域。

（四）水基型氟碳涂料

20世纪90年代中后期，水性氟碳乳液树脂又被成功应用于氟碳涂料之中。水基型氟碳涂料的高耐候性、耐水性、耐污染性、耐化学品性与溶剂型氟碳涂料相比毫不逊色，它的环保性使它轻易突破了一些欧美国家的环保壁垒，它的易施工性使它的工、料费用甚至低于同样高品质的溶剂型氟碳涂料，水性氟碳涂料已经成为建筑涂料发展的主要方向。

随着科技的发展，问世以及还在研究阶段的氟碳涂料还有亲水性自清洁抗污染氟碳涂料、阻燃防火型氟碳涂料、耐磨润滑型氟碳涂料、荧光型氟碳涂料、电热氟碳涂料等功能性氟碳涂料、低熔融温度粉末氟碳涂料、水性木器氟碳涂料、纳米氟碳涂料等。

三、氟碳树脂生产技术

（一）单体

（1）四氟乙烯

四氟乙烯(TFE)单体可以通过氟氯甲烷脱卤化氢(工业生产)、四氟二氯乙烷脱氯、三氟醋酸钠脱二氧化碳，各种元素的氟化物与碳反应和聚四氟乙烯的热分解(实验室)五种合成方法。20世纪60年代，日本研究了二氟一氯甲烷和水蒸气共存下进行热分解，此法制备四氟乙烯不仅转化率高，而且副产物少，易于提纯。

（2）六氟丙烯

六氟丙烯(HFP)单体通过二氟一氯甲烷、三氟甲烷裂解、四氟乙烯裂解、六氟一氯丙烷热分解和聚四氟乙烯热分解合成。实验室采取聚四氟乙烯热分解的方法制备六氟丙烯单体，而工业采取六氟一氯丙烷热分解来制取。

（3）三氟氯乙烯

三氟氯乙烯具有醚类的气味，是无色的气体，三氟氯乙烯(CTFE)单体通过三氟三氯乙烷脱氯、氟氯代羧酸的碱金属盐脱二氧化碳、二氟一氯甲烷与一氟二氯甲烷的共热分解和聚三氟乙烯的热分解五中方法合成，但工业上基本采用三氟三氯乙烷脱氯反应来完成。三氟三氯乙烷脱氯反应可在气相中反应，也可在液相中。

(4) 氟乙烯

氟乙烯(VF)单体可以通过乙炔与氟化氢加成氟(氯)乙炔脱卤化氢、氯乙烯或氯乙烷与氟化氢反应和乙炔与氟乙烷共热分解合成。工业上制备氟乙烯单体最常用的方法是乙炔的气相氢氟化。

(5) 其他非氟单体

除去含氟单体之外，为了赋予氟碳树脂相应的极性、溶解性、降低氟碳树脂的熔融温度，改善氟碳树脂的交联固化特性，降低氟碳树脂的成本，往往引入非含氟单体与含氟单体进行共聚。这些非含氟单体可以是聚苯硫醚(PPS)、乙烯醚、烷基取代乙烯醚、环氧树脂、聚酰亚胺、丙烯酸(酯)、多异氰酸酯、烷基取代丙烯酸(酯)等。

例如，对于全氟丙烯酸酯类共聚物而言，它是由氟单体和丙烯酸之类共聚而成的聚合物，由于受价格和共聚条件等限制，一般引进的氟单体的量很低，若按含氟单体的氟含量为50.55%计算，引进单体量为8%，F%(理论)为4.044%，而实际测得共聚物的氟含量更低一些，为2.667%。尽管氟含量很低，但该共聚物充分利用全氟烷基侧链—$(CF_2)_nCF_3$(n = 2~11)取向朝外占据涂层与空气界面，从而赋予聚合物优异的斥水、斥油等表面特性。这种共聚氟碳树脂，不仅大大降低了合成成本，产品的性能也没有明显的下降。

我国在《交联型氟树脂涂料》(草)标准中规定溶剂型双组分交联固化型树脂A组分氟含量大于20%，而单组分烘烤交联型树脂中氟含量大于14%。

(二) 引发剂

聚合引发剂主要采用过硫酸盐和有机过氧化物两类。如果采用乳液聚合，聚合引发剂可以是无机的过硫酸盐、过氧化氢；如果采用溶剂聚合法，选用有机的异丙苯过氧化氢、特丁基过氧化氢、二异丙苯过氧化氢、过氧化二苯甲酰(BPO)、过氧化二月桂酰、过氧化-3，5，5-三甲基己酸叔丁酯、偶氮二异丁腈(AIBN)、偶氮二异庚腈(ABVN)等。

(三) 溶剂

乳液聚合法选用的溶剂是水。溶剂聚合法可以根据不同的共聚非氟单体选用不同的溶剂，这以非氟单体的不同化学特性、溶解特性而定。常用的溶剂为氟代烷烃、氟代氯代烷烃如一氟三氯甲烷、三氟一氯乙烷、三氟三氯乙烷、甲醇、乙醇、特丁醇等。

(四) 相对分子质量调节剂

为了调控相对分子质量，就需要加入相对分子质量调节剂(或称为黏度调节剂、链转移剂)，常用的品种为硫醇类化合物。如正十二烷基硫醇、仲十二烷基硫醇、叔十二烷基硫醇、巯基乙醇、巯基乙酸等。

(五) 表面活性剂

为了合成清漆和涂料用的氟碳树脂，乳液聚合方法中，必须使用表面活性剂，将生成的氟碳树脂颗粒形成水包型的乳液。常用的表面活性剂为氟系的表面活性剂，如全氟辛酸盐为水溶性含氟表面活性剂等。

(六) 合成原理

(1) 四氟乙烯氟碳树脂

四氟乙烯氟碳树脂的合成原理如式(4-36)所示：

$$nCF_2 = CF_2 \xrightarrow{\text{引发剂}} [CF_2—CF_2]_n \tag{4-36}$$

(2) 聚三氟氯乙烯氟碳树脂

聚三氟氯乙烯氟碳树脂的合成原理如式(4－37)所示：

$$nCFCl=CF_2 \xrightarrow{\text{引发剂}} [CFCl-CF_2]_n \tag{4-37}$$

(3) 聚氟乙烯氟碳树脂

聚氟乙烯氟碳树脂的合成原理如式(4－38)所示：

$$nCHF=CH_2 \xrightarrow{\text{引发剂}} [CHF-CH_2]_n \tag{4-38}$$

(4) 聚偏氟乙烯氟碳树脂

聚偏氟乙烯氟碳树脂的合成原理如式(4－39)所示：

$$nCF_2=CH_2 \xrightarrow{\text{引发剂}} [CF_2-CH_2]_n \tag{4-39}$$

氟碳树脂的合成可以在采用乳液聚合、悬浮聚合和溶液聚合三种方式，它们都需要有引发剂引发才能够顺利完成聚合过程。以四氟乙烯氟碳树脂的聚合为例，采用过硫酸盐作为引发剂，引发机理如式(4－40)所示：

过硫酸钾加热分解成自由基：

$$^-O-\underset{\downarrow \atop O}{\overset{O \atop \uparrow}{S}}-O-O-\underset{\downarrow \atop O}{\overset{O \atop \uparrow}{S}}-O^- \xrightarrow{\text{加热}} 2\ ^-O-\underset{\downarrow \atop O}{\overset{O \atop \uparrow}{S}}-O\cdot \tag{4-40}$$

四氟乙烯溶解在水相中，与四氟乙烯反应生成新的自由基，如式(4－41)所示：

$$^-O-\underset{\downarrow \atop O}{\overset{O \atop \uparrow}{S}}-O\cdot + CF_2=CF_2 \longrightarrow\ ^-O_3SO-CF_2-\dot{C}F_2 \tag{4-41}$$

链增长，如式(4－42)所示：

$$^-O_3SO-CF_2-\dot{C}F_2+nCF_2=CF_2 \longrightarrow\ ^-O_3SO[CF_2-CF_2]_nCF_2-\dot{C}F_2 \tag{4-42}$$

自由基水解成羟端基和羧端基自由基，如式(4－43)所示：

$$^-O_3SO[CF_2-CF_2]_nCF_2-\dot{C}F_2+H_2O \longrightarrow HO[CF_2-CF_2]_nCF_2-\dot{C}F_2+HSO_4^-$$

$$HO[CF_2-CF_2]_nCF_2-\dot{C}F_2+H_2O \longrightarrow HOOC[CF_2-CF_2]_n\dot{C}F_2+HF \tag{4-43}$$

增长链终止，最终生成端羧基聚合物，如式(4－44)所示：

$$HOOC[CF_2-CF_2]_n\dot{C}F_2+\dot{C}F_2[CF_2-CF_2]_mCOOH \longrightarrow HOOC[CF_2-CF_2]_{n+m+1}COOH \tag{4-44}$$

可见，用过硫酸盐作引发剂，生成端羧基聚四氟乙烯。聚四氟乙烯的相对分子质量可通过控制引发剂的用量，或加入调聚物及链转移剂等加以控制。

工业上，一般采用悬浮聚合和乳液聚合来制备聚四氟乙烯。这两种方法都是以单釜间歇聚合的方式进行的。氟碳树脂合成的工艺流程图如图4－3所示。

四、氟碳清清漆的生产技术

单纯的含氟单体之间的均聚或者含氟单体之间的共聚只能够得到不溶于溶剂的、熔融温度很高(230℃以上)的氟碳树脂颗粒，属于结晶性聚合物，因此使其应用范围受到局限。这些聚合物只能够以粉末涂料、分散涂料的形式存在，和用作清漆的氟碳树脂溶液相去甚远，用于清漆的氟碳树脂只能是纯氟碳树脂和各种功能性单体、树脂的共聚体或者是和功能性单体共用的双组分的氟碳树脂混合物。

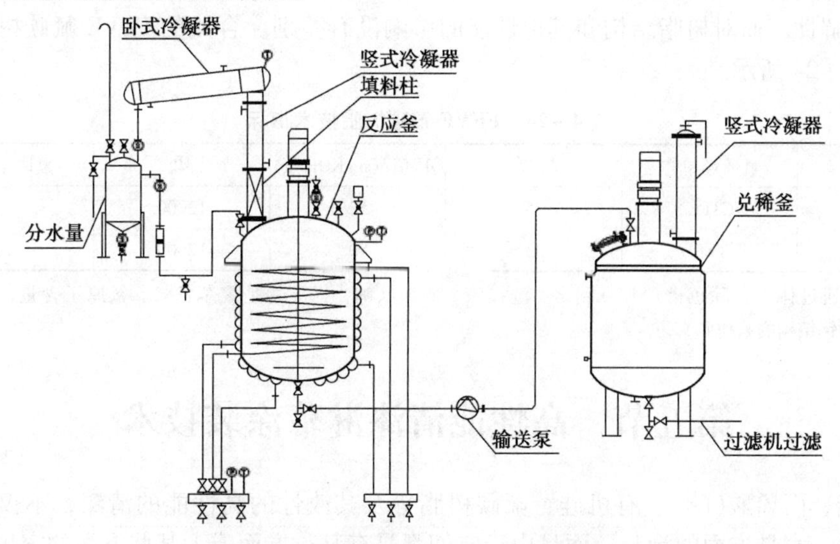

图 4－3　氟碳树脂生产工艺流程图

1982 年日本旭硝子株式会社推出了商品名称为"Lumiflon"的氟烯烃和乙烯基醚的共聚树脂(FEVE)，克服了含氟碳涂料必须高温烘烤固化的缺点，使在室温到高温的宽范围内固化，得到了光泽、硬度、柔韧性理想的透明涂膜成为可能，从而极大地拓展了氟碳涂料的应用范围，并获得了极为广泛的应用。

以三氟氯乙烯和四氟乙烯为含氟单体，通过与烷基乙烯基醚和烷基乙烯基酯共聚，同时引入含有羟基和羧基等功能性基团化合物的方法可以合成 FEVE 类型的氟碳树脂。这类树脂和脂肪族多异氰酸酯固化剂可以制成双组分常温固化(亦可于 80℃低温烘烤固化)的氟碳涂料，也可以和氨基树脂或封闭型异氰酸酯树脂制成单组分烘烤固化剂(典型的产品固化剂温度为 160℃，30min)的氟碳涂料。

(1) 合成 FEVE 树脂清漆配方

合成 FEVE 氟碳清漆的配方如表 4－23 所示。

表 4－23　FEVE 氟碳清漆的配方

FEVE 树脂的单体组成/%(摩尔分数)				
TFE(4F－1)	CTFE(3F－1)	CHVE	EVE	HBVE
0	50	15	25	10
50	0	40	0	10

其中，CHVE：环己基乙烯基醚；EVE：乙基乙烯基醚；HBVE：羟丁基乙烯基醚；TFE：四氟乙烯；CTFE：三氟氯乙烯。

(2) 合成工艺

用有机过氧化物为引发剂，在有机溶剂中，65°C 下在加压釜中进行溶液聚合。达到终点后，产物过滤、蒸馏达到固体分 50% ~60%，用作涂料黏结剂。上述合成的 FEVE 树脂，具有 FE 和 VE 规整交替结构，保证优异的耐候性和其他性能。3F－1 和 4F－1 配方组成，氟烯烃单体和功能单体 HBVE 用量相同，烷烯基醚单体总用量也相同，只是 4F－1 全部用 CHVE，3F－1 用 CHVE 和 EVE，二者分子中亚甲基数目相同，CHVE 具有环已烷基，增加位阻效应，使分子排列不对称，弥补—CF2—CF2—过于对称，及极性小的不足，改进所得 FEVE 的溶解性。而对树脂结构和其他性能的影响没有差别。合成的 FEVE 氟碳树脂的技术规格如表 4－24 所示。

表 4－24　FEVE 氟碳树脂技术指标

产品号	氟烯烃单体	T_g/℃	OH 值/(mgKOH/g)	M_n	氟原子含量/%
3F－1	CTFE	35	52	12000	26
4F－1	TFE	35	50	12000	34

注：M_n，通过体积排除色谱(SEC)测定。洗提液，四氢呋喃，标准物是聚苯乙烯。氟原子含量，参照 JISK－56595.18(用于钢结构的氟树脂)。

第五节　高性能清漆淋幕涂装技术

聚氨酯、丙烯酸(酯)、有机硅、氟碳树脂等及其改性的高性能的清漆，不仅能够用于传统的建筑、家具方面的涂装，而且由于它们都具有某一方面或者某些方面的突出性能，如耐候性、耐磨性、耐酸、碱特性等，使得它们的用途得到了极大的拓展，应用在了工业生产、国防、日常生活的各个方面。在常见的刷涂、辊涂、浸涂、喷涂等涂装方法外，还可以采用淋幕涂装的方法。

除去可以采用刷涂涂装外，家具、橱柜、地板等板式的木制品的表面的油漆涂装工艺通常采用喷涂、辊涂、淋涂三种方式，其中淋涂涂装尤其适用于成本高的高性能清漆涂装。三种涂装方式的优缺点如表 4－25 所示。

表 4－25　喷涂、辊涂、淋涂涂装方式的特点

涂装方式	优　点	缺　点
喷涂	适用于各种造型的产品，可做立体固化，设备投资少，占地面积小	油漆浪费严重，可达 40%～50%，空间污染比较大，漆膜较厚
滚涂	节省油漆，生产效率高，不污染环境，漆膜薄而平整	局限于平面产品的油漆涂装，漆膜会稍有滚轮印的存在
淋涂	节省油漆，生产效率高，不污染环境，漆膜薄而平整，漆膜可做到镜面效果	局限于平面或板面稍有凹凸产品的油漆涂装

一、淋幕涂装设备

淋幕涂装设备包括喷淋式流涂设备、幕帘式流涂设备和烘干设备三种。

(一) 喷淋式流涂设备

喷淋式流涂设备包括流涂室、滴料室、涂料泵、涂料输送管道、喷淋嘴等装置。流涂前 5min 应打开通风装置，完工后 10min 再关闭通风装置，并保持室内所必需的干、湿度和温度。

(二) 幕帘式流涂设备

幕帘式流涂设备包括涂料槽、涂料泵、幕淋头等装置，涂装时，根据被涂工件的材质、形状、大小、批量和质量要求，正确选择和调制涂料黏度。将已调制适宜的涂料，用离心式涂料泵打入涂料槽内，涂料自幕淋头淋下时，应形成均匀的涂料幕淋向工件表面，从而形成均匀涂层。

（三）烘干设备

淋幕涂装的烘干设备主要有紫外烘干机和红外烘干机两种。由于特殊性能清漆聚氨酯、丙烯酸（酯）氟碳清漆具有常压和比较低的温度下快速干燥的特点，因此淋幕涂装设备往往和紫外、红外烘干机并用，以提高涂装工件的生产效率。

二、淋幕涂装操作方法

（一）开机淋涂前的准备工作

首先需要对涂装工件进行表面处理，处理合格的工件才能够进入下一道工序。初次做淋幕时，漆箱内必须装满，静置2~3天，淋涂时车间环境温度20~30℃，渍漆溢流温度45~50℃，油箱内油漆温度50~60℃，加温时最好让油漆循环以保证油漆充分均匀加温。漆膜厚度应根据板材硬软度和毛细孔大小进行适量涂装，一般控制油漆量在70~130g左右为宜。

（二）开机调节淋幕涂装设备

紧固淋幕机机头左右的锁紧螺圈，封闭机头刀片，待油漆加热至适宜温度并开机循环，回流一点时间后，轻轻打开一点机头刀片，使油漆呈雨点状滴下，观察整个淋幕是否均匀，如果不均匀，则调整机头的锁紧螺圈。

开启输送带，调整刀口手轮，并把淋幕机降至比输送带高100mm左右的位置，待漆膜完全形成后（两端漆膜与漆膜稳定片接触），将刀口慢慢调小至漆膜稳定形成，同时观察回流漆液回流量的大小，控制回流漆液如小指头粗细进入漆箱，如果漆液流量过大或者过小，则调整漆泵转速。

各项调整完毕后，将输送带开至50m/min的工作速度，用一块长400mm宽100mm厚5mm的厚玻璃放在传送带上，使它穿过漆膜。淋涂漆液．经紫外线（UV）干燥后，用小刀剔出一块漆膜，螺旋千分卡尺测量，控制油漆膜厚度。如过厚，则将输送带适当调快；如过薄，则调慢。

（三）淋涂

以UV漆淋涂大板涂装工艺为例，UV漆是在紫外线照射下能够迅速固化的丙烯酸树脂或者丙烯酸树脂改性清漆或者涂料。UV漆淋涂大板涂装前，需要对木制品工件进行漆前表面处理，涂装封闭漆处理、批刮腻子并干燥砂光。漆前处理合格的工件按照如下工艺步骤进行淋涂涂装：滚涂UV专用底漆→UV固化（半干）→滚涂UV普通底漆→UV固化（全干）→砂光→除尘→淋前滚涂→淋涂UV漆→红外线流平→UV固化（全干）→收料。UV漆面需要达到的技术指标如表4-26所示。

表4-26　UV漆面需要达到的技术指标

颜色	亮度	硬度	附着力	耐摩擦性	耐化学药品腐蚀性
透明	5~95度	5H	100%	良好	良好

（四）淋幕涂装常见问题

常见的淋幕涂装问题如表4-27所示。

表 4－27　常见的淋幕涂装的问题

常见问题	产生原因	解决方法
漆膜产生气泡	底漆砂平过度见底	减少底漆砂磨量
	漆温太高或太低	降低或升高至适宜漆温
	油漆没充分循环	油漆需搅拌均匀并充分循环
	输送速度太快	降低输送速度
	板面除尘不干净	清除板面灰尘
	漆膜太薄	增加淋漆量或降低输送速度
	淋漆回流过大	减小淋漆回流量
	漆泵密封圈磨损	更换漆泵密封圈
	车间环境不洁净	洁净车间环境
	淋幕机振动过大	调整淋幕机
淋漆产生凹坑	漆里面有油污、水或某些溶剂	清洗漆桶并更换油漆
	工作物上面有油污	工作物重新砂光
淋漆附着力不够	面漆与底漆不相容	更换与之匹配油漆系列
	底漆砂磨不够	调整砂光机
	板面有油污或木材吐油	清除板面油污并涂防吐油
	底漆砂磨时间过长	要做之前重新轻砂
	砂磨后灰尘清除不干净	清除板面灰尘
	色精比例过大，UV 灯照射过久	减少色精比例，减少 UV 照射时间
淋幕破膜	漆膜太薄	增加漆泵马达转速
	刀口损坏	更换刀口
	刀口内油漆不干净	清除刀口内油漆脏物
	刀口间隙不一致	调整刀口间隙
	输送速度过快	降低输送输度
	油漆内有气泡	消除油漆内气泡
漆膜未干透	灯管老化	更换灯管
	输送过快	降低输送速度
	灯管过高	降低灯管与工件距离
	油漆有问题	更换油漆
	灯管脏污或反光罩脏污	用工业酒精擦拭灯管及反光罩
	反光罩雾化	更换反光罩
	作色太深	减少色精比例
	漆膜太厚	减少淋漆量
淋膜厚薄不一	左右锁紧锣圈不水平	按淋幕机调整方法再次调整
	刀口上间隙不一致	调整好刀口上间隙
	机械振动过大	减少机械振动
	运输带与刀口下承把片高低不一致	调整输送带与刀口下承把片的水平
	输送带下四个钢轮有脏物	清洗输送带下四个钢轮(传动转)

续表

常见问题	产生原因	解决方法
榫头上油漆	漆膜太厚	减少漆量
	输送带速度太慢	升高输送速度
	烘烤时间太长	正确送料
	灯管太低	升高淋漆机头

复习思考题

(1) 聚氨酯树脂的单体有哪些？各有什么特点？

(2) 聚氨酯清漆的特点是什么？双组分聚氨酯清漆的合成原理是什么？

(3) 丙烯酸(酯)树脂的单体有哪些？各有什么特点？

(4) 丙烯酸(酯)清漆的特点有哪些？水性丙烯酸清漆的合成原理是什么？

(5) 有机硅树脂清漆的特点是什么？有机硅树脂清漆的生产方法有哪些？

(6) 有机硅树脂的单体有哪些？各有什么特点？它的的制备方法有哪些？哪些制备方法适于制备有机硅清漆？

(7) 氟碳树脂的单体有哪些？各有什么特点？它的的制备方法有哪些？哪些制备方法适于制备氟碳清漆？

(8) 有机氟树脂的结构特点和性能是什么？热塑性氟碳树脂和热固性氟碳树脂有什么不同？

(9) 常用的热固性氟碳清漆的固化剂有哪些？这些固化剂和氟碳树脂的固化机理是什么？

(10) 淋幕涂装的特点和工艺过程是什么？试设计一例有机氟清漆淋幕涂装高档实木门的涂装工艺。

第五章　涂料生产工艺及设备

【教学目标】

理解液态涂料和固态涂料的生产工艺流程，重点掌握液体涂料的基本工艺流程；了解涂料生产过程中，研磨分散工序的类别和作用；重点掌握颜填料砂磨机研磨分散工艺和粉末涂料熔融挤出和研磨分散工序；了解涂料检测的项目和特点，重点掌握涂料力学性能和涂膜性能的检测方法。

【教学思路】

以分散研磨工序流程及对应设备工作原理的成功掌握为成品，设计成品化教学的相关环节；或者以涂料性能的某一方面的检测成功为成品，设计发散到相关其他检测知识体系的成品化教学环节。

【教学方法】

建议多媒体讲解和涂料综合性能检测实训项目相结合。

第一节　涂料生产工艺

相较于涂料生产工艺，清漆生产核心是高分子成膜树脂的化学合成过程，不涉及颜、填料分散，生产过程仅仅包括树脂溶解、调漆(主要是溶剂调节黏度、助剂调节性能)、过滤和包装等四个步骤。

涂料生产比较复杂，涉及颜填料甚至树脂本身的研磨分散问题。进行涂料生产时，一般应先根据涂料的使用要求确定涂料配方的组成及比例，即涂料在工作环境下应具备的性能指标来选定基料树脂和颜料，然后根据施工要求和选定的基料来确定溶剂，最后，根据涂料涂膜性能的要求，考虑涂料添加剂如催干剂、黏度改性剂的种类和数量；然后，在涂料配方的指导下，才能进行有效的涂料生产。

从本质上来讲，涂料生产的过程就是把颜料固体粒子通过外力进行破碎并分散在树脂溶液或者高分子树脂粉末之中，使之形成一个均匀微细的悬浮分散体或者固体混合物的过程。

一、液态涂料的生产工艺流程

液态涂料包括有机溶剂型涂料、乳胶漆、水分散体涂料三种，这三种涂料的生产工艺流程大致相同，一般如图 5 -1 所示。

(一) 预分散

将颜料在一定设备中先与部分漆料混合，以制得属于颜料色浆半成品的拌合色浆，同时利于后续研磨。

(二) 研磨分散

将预分散后的拌合色浆通过研磨分散设备进行充分分散，得到颜料色浆。

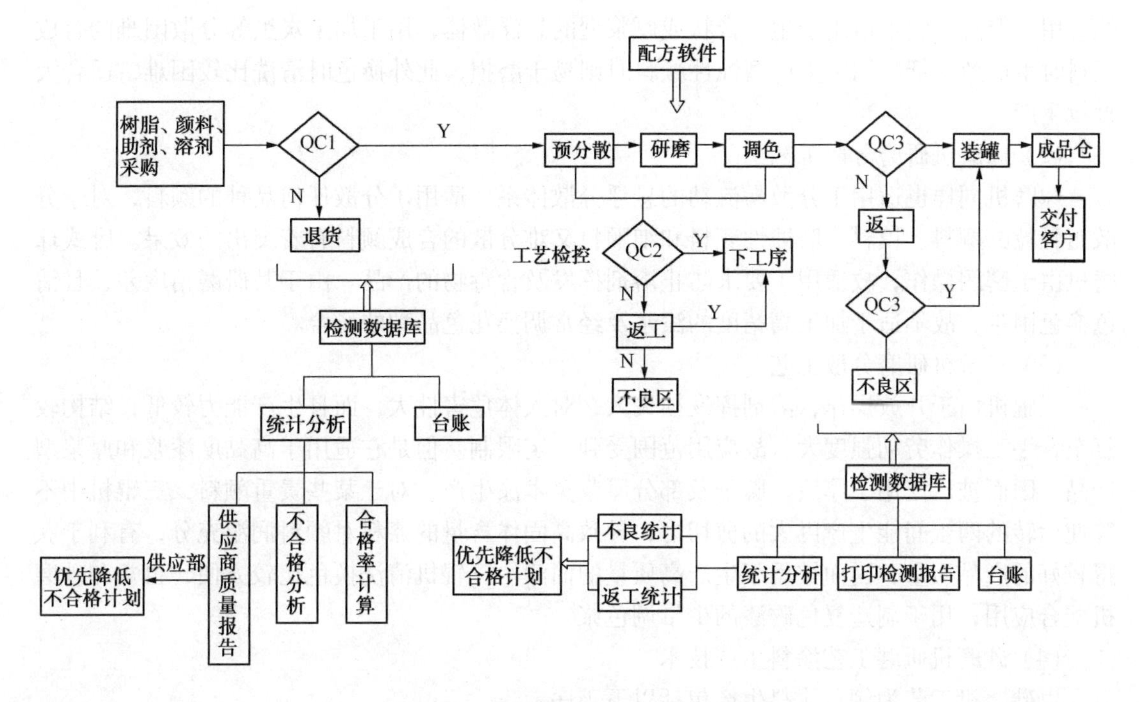

图 5－1　涂料的生产工艺流程方框图

注：QC1 是原材料；QC2 是工艺检控；QC3 是成品检验

(三) 调漆

向研磨的颜料色浆加入余下的基料、其他助剂及溶剂，必要时进行调色，达到色漆质量要求。

(四) 净化包装

通过过滤设备除去各种杂质和大颗粒，包装制得成品涂料。

涂料生产的主要设备有分散设备、研磨设备、调漆设备、过滤设备、输送设备等。

二、研磨分散工艺

(一) 溶剂型涂料的研磨分散工艺

溶剂型涂料又称为磁漆，它的生产工艺一般包括混合、分散、研磨、过滤、包装等工序，核心是颜、填料的分散和研磨工序。生产过程中，首先应当以色漆产品或研磨漆浆的流动状态，颜料在漆料中的分散性、漆料对颜料的湿润性及对产品的加工精度要求这四个方面为考虑依据，结合其他因素如溶剂毒性等首先选定过程中所使用的研磨分散设备，确定工艺过程的基本模式；然后，再根据多方面的综合考虑，选用其他工艺手段，制订生产工艺过程。

色漆的生产工艺一般分为砂磨机工艺、球磨机工艺、三辊机工艺和轧片工艺，核心在于分散手段不同。

(1) 砂磨机研磨分散工艺

砂磨机对于颗粒细小而又易分散的合成颜料、粗颗粒或微粉化的天然颜料和填料等易流动的漆浆，生产能力高、分散精度好、能耗低、噪声小、溶剂挥发少、结构简单、便于维护、能连续生产，是加工此类涂料的优选设备，在多种类型的磁漆和底漆生产中获得了广泛的应用。但是，它不适用于生产膏状或厚浆型的悬浮散体，用于加工炭黑等分散困难的合成颜料时生产效率低，用于生产磨蚀性颜料时则易于磨损，此外换色时清洗比较困难，适合大批量生产。

（2）球磨机研磨分散工艺

球磨机同样也适用于分散易流动的悬浮分散体系，适用于分散任何品种的颜料，对于分散粗颗粒的颜料、填料、磨蚀性颜料和细颗粒又难分散的合成颜料有着突出的效果。卧式球磨机由于密闭操作，故适用于要求防止溶剂挥发及含毒物的产品。由于其研磨精度差，且清色换色困难，故不适于加工高精度的漆浆及经常调换花色品种的场合。

（3）三辊机研磨分散工艺

三辊机由于开放操作，溶剂挥发损失大，对人体危害性大，而且生产能力较低，结构较复杂，手工操作劳动强度大，故应用范围受到一定限制。但是它适用于高黏度漆浆和厚浆型产品，因而被广泛用于厚漆、腻子及部分厚浆美术漆生产。对于某些贵重颜料，三辊机中不等速运转的两辊间能生产巨大的剪切力，导致高固体含量的漆料对颜料润湿充分，有利于获得较好的产品质量，因而被用于生产高质量的面漆。三辊机清洗换色比较方便，也常和砂磨机配合应用，用于制造复色磁漆的少量调色浆。

（4）砂磨机研磨工艺涂料生产技术

以砂磨机工艺为例，涂料生产包括以下工序：

① 备料，即将色漆生产所需的各种原材料送至车间；

② 配料预混合，按工艺配方规定的数量将漆料和溶剂分别经机械泵输送并计量后加入配料预混合罐中，开动高速分散机将其混合均匀，然后在搅拌下逐渐加入配方量的颜、填料，加完后提高高速分散机的转速，以充分湿润和预分散颜料，制得待分散的漆浆；

③ 研磨分散，将待分散的漆浆用泵输入砂磨机进行分散，至细度合格后输入调漆罐中或者中间贮罐；

④ 调色制漆，将分散好的漆浆输入到调漆罐中，在搅拌下，将调色漆浆逐渐加入其中，以调整颜色，补加配方中基料及助剂，并加入溶剂调整黏度；

⑤ 过滤包装，经检验合格的色漆成品，经过滤器净化后，计量、包装、入库。

（二）固体粉末涂料的研磨分散工艺

粉末涂料生产中，涂料的研磨分散工序包括高分子树脂的粉碎和颜填料的研磨分散两个部分。以下介绍高分子树脂的研磨分散。

粉末涂料中，高分子树脂必须被粉碎成合适的粒度才能够进一步和颜填料研磨分散，最终制成合格的涂料产品。无论热塑性还是热固性高分子树脂，它们的粉碎方法一般有如下几种：

1. 机械粉碎法

机械粉碎分常温机械粉碎和深冷机械粉碎。深冷粉碎成本较高，只用于常温难以粉碎的物料。用得最多、成本最低的是常温机械粉碎。

（1）深冷机械粉碎法

利用塑料具有脆化温度的特点，将被粉碎物料冷却至 -100℃以下，借助机械力粉碎。为了获得低温，多采用液氮作致冷剂，将液氮通到粉碎机内，或将粉碎机置于冷冻室内通入液氮，凭借液氮气化带走大量热量，使物料温度降到脆化温度以下。深冷粉碎可以得到细而圆滑的粉末，但设备投资大，液氮消耗多，粉碎每吨物料需要增加数千元的成本。

（2）常温机械粉碎法

为了降低热塑性粉的生产成本，根据热塑性树脂的特点，开发出了常温机械粉碎机，其粉碎原理如图 5－2 所示。

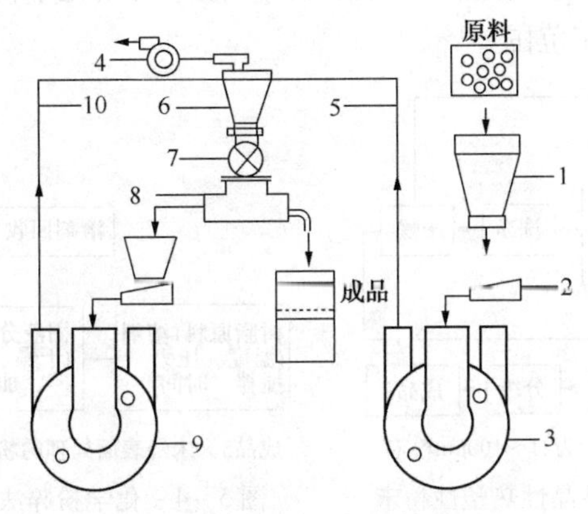

图 5－2 热塑性粉末粉碎机原理

1—原料斗；2—送料器；3——级粉碎装置；4—抽风机；5—管路；6—旋风分离器；7—闭风旋转阀；8—分级筛；9—二级粉碎装置；10—吸风管路

物料由原料斗经送料器定量进入一级粉碎装置，粗粉碎后的物料由抽风机经管路吸到旋风分离器内，然后经闭风旋转阀落到分级筛中，约有半数粉碎物过筛达到成品粒度，收集包装，筛上物进入二级粉碎装置进行细粉碎，粉碎后的物料又经吸风管路返回分级筛。物料在封闭的回路中循环加工，直至粉碎到合适的粒度。由于一级粉碎后的细粉成品及时被分离，半成品再进入二级粉碎装置进行粉碎，所以能够减少细粉，改善粉碎物的粒度分布。为了将粉碎室的温度控制在热塑性树脂的熔融温度以下，除了采用上述的抽风装置，将粉碎后的物料及时抽走，同时吸进冷风来冷却粉碎室的温度外，在粉碎装置定盘的夹套内通以冷却水。冷却水可以用自来水、井水、冷冻水，由循环泵将冷却水输人夹套内循环冷却。物料的粉碎主要靠高速剪切，而不是靠挤出撞击，剪切和摩擦产生的热量及时被风和水带走和交换，可以使粉碎室的温度控制在 60℃以下，从而实现对粉末涂料树脂的粉碎。粉碎机性能指标如表 5－1 所示。

表 5－1 常温粉碎机性能参数

项 目	性 能	项 目	性 能
磨盘直径/mm	ϕ330	进料粒径/mm	≤3×5
主轴转速/(r/min)	6200	出料粒径/μm	≤250
主机功率(二级)/kW	220	物料名称	LDPE
占地面积/m^2	4	生产效率/(kg/h)	80 100
总高度/m	4	环境噪声/dB	≤80
工作区粉尘/(mg/m^3)	<5	工作区粉尘/(mg/m^3)	<5mg

2. 化学粉碎法

化学粉碎法是将原料树脂放入反应釜中，加入溶剂，使树脂膨润、溶解，再加入助剂，在一定温度和压力下进行搅拌混合，然后固液分离，析出树脂晶体，再分级成粉末。

用化学法生产聚乙烯粉末，最早在欧洲瑞士柯其伦公司开始生产，日本于20世纪70年代也有使用，住友精化曾用化学法生产微细聚乙烯粉末，粒径达10～20μm。图5－3为生产结晶性粉末工艺流程，适用于PE，PA和PP等。图5－4为生产非结晶性塑料粉末工艺流程，适用于PES，PI和PEI等粉末树脂的粉碎。一般来说用化学粉碎法生产的粉末颗粒较圆滑，且粒度较细，粒度分布范围。

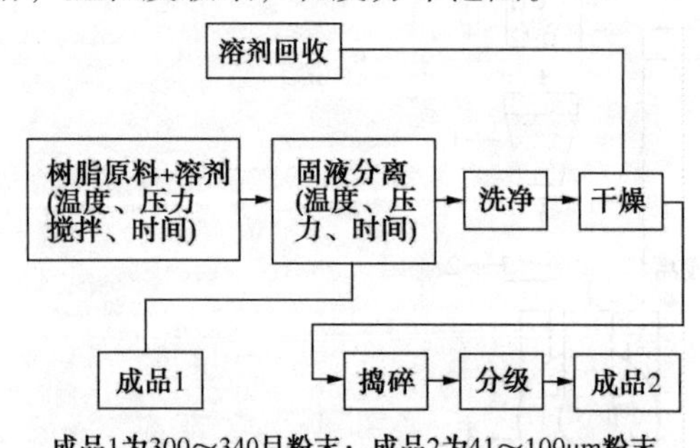

图5－3　化学粉碎法生产结晶性热塑性粉末

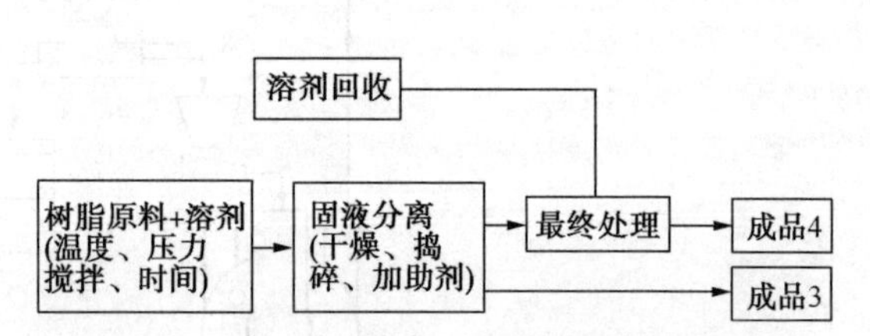

图5－4　化学粉碎法生产非结晶性热塑性粉末

3. 干混法

干混法是将经过粉碎的高分子树脂粉末，按所定粒度分级，然后在其中掺入颜料、助剂进行高速搅拌、合制成粉末涂料的一种生产方法。所用树脂在生产工艺过程中往往直接可以获得一定粒度的粉末。干混法适用于HDPE、PVC和PP等。

干混法生产粉末，由于各种成分只是通过机械搅拌混合，未经过熔融挤出混炼，所以要求其充分分散是困难的，需要升温混合。例如，聚氯乙烯粉末就是通过高速搅拌，使粉末因摩擦而升温进行混合，加上聚氯乙烯粉末具有多孔性，对增塑剂及其他助剂有较好的吸附性，所以多用干工艺流程混法生产粉末涂料。

干混法的优点是生产方法简单，适合小批量、多品种生产，设备价格低廉，操作简单，产成本较低；缺点是树脂与添加剂不互相熔融，对外观要求严格的产品不适宜，薄膜涂装时会出现表面缺陷，对提高添加剂的分散性有困难。

4. 复合粉碎法

复合粉碎法是包括化学粉碎法在内的两种以上粉碎法并用的方法，用复合粉碎法可以实现两种以上树脂成分的复合化，可以比较容易地生产多成分系的复合粉末。用复合粉碎法生产粉末的一个实例就是日本塞依欣公司开发的“氟树脂多成分系粉末涂料”，这是一种将PTFE微细粉末与环氧树脂一起放入反应釜中，溶解、析出、制成粉末的方法。复合粉碎法也可以包括粉末涂料表面改性在内。粉末涂料的表面改性除添加各种助剂外，还可以与金属粉末、陶瓷粉末合并，达到某种性能要求。表5－2列出一些热塑性粉末与生产方法。

表5－2　热塑性粉末及其生产方法

树脂名称	粉碎方法				
	A	B	C	D	E
聚乙烯(PE)	○		●		●
聚丙烯(PP)	○				●
乙烯醋酸乙烯共聚体(EVA)	○				

续表

树脂名称	粉碎方法				
	A	B	C	D	E
聚酸胺 11(PA11)	○				●
聚酰胺 12(PA12)	○				●
聚乙烯对苯二酸盐(PET)	○				●
聚醚矾(PES)		●	●	●	
聚苯硫醚(WES)	○	○			
四氟乙烯-乙烯共聚物(PTFE)	○	●	●	●	
聚酰胺 1WAD					●
聚醚(酰)亚胺(PE1)					●
聚醚醚酮(PEEK)	○	●	●	●	
聚乙烯醇(PVA)	○				
聚酰亚胺(PI)	○	○			
聚硅氧烷(S1)			○		

注：A—高速剪切式粉碎机；B—喷射式粉碎机；C—复合粉碎；D—化学、物理前处理；E—化学粉碎；○粗粒子，用子粉末涂装；●微粉碎，用于改性剂。

第二节　液态涂料生产设备

根据涂料的生产工艺流程，液态涂料的生产设备主要包括树脂合成产设备、涂料分散设备、研磨设备、过滤设备和包装设备等五个部分，现依色漆生产工艺介绍其生产设备。

一、树脂合成设备

涂料用树脂的合成设备包括各种的反应釜、储罐、加热装置、输送装置和过滤装置。大型、技术力量雄厚的涂料生产厂家一般都设有树脂合成工序，兼顾生产清漆的需要，小型涂料生产厂家往往不设树脂合成工序，通过直接购买树脂原料来进行涂料的生产。树脂的合成设备见于本书清漆生产的各个章节，本节不再赘述。

二、预分散设备

预分散可使颜料与部分漆料混合，变成颜料色浆半成品，是色浆生产的第一道工序，采用的设备主要是高速分散机。预分散的目的在于：①使颜料混合均匀；②使颜料得到部分湿润；③初步打碎大的颜料聚集体。预分散以混合为主，起部分分散作用，为下一步研磨工序做准备，预分散效果的好坏，直接影响到研磨分散的质量和效率。高速分散机除用来做分散设备外，同时可作为色漆生产设备，主要应用在松散聚集的颜填料粒子的分散和色漆细度要求不高的场所，其结构由机身、传动装置、主轴和叶轮组成，如图 5-5 所示。

高速分散机的机身装有液压升降和回转装置，液压升降由齿轮油泵提供压力油使机头上升，下降时靠自重，下降速度由行程节流阀控制。回转装置可使机头回转 360°，转动后有手柄锁紧定位。传动装置由电机通过 V 形带传动，电机可三速或双速，或带式无级调速、变频调速等。转速由几百转/分到上万转/分，功率几十上百千瓦不等。

高速分散机的关键部件是锯齿圆盘式叶轮，如图 5 -6 所示。

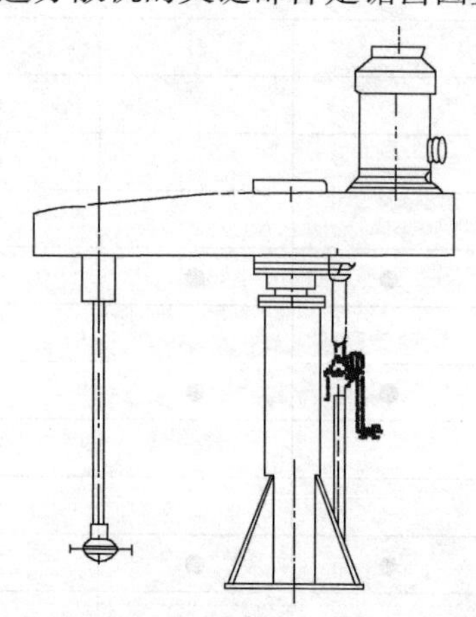

图 5 -5　落地式高速分散机外形图

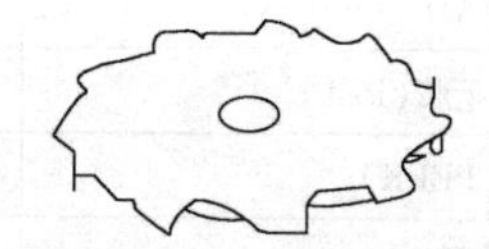

图 5 -6　高速分散机叶轮示意图

叶轮直径与搅拌槽选用大小有直接关系，数据表明，搅拌槽直径 $\phi = 2.8 \sim 4.0D$(D：叶轮直径)时，分散效果最理想。

叶轮的高速旋转使漆浆呈现滚动的环流，并产生一个很大的旋涡，在叶轮边缘 2.5 ~ 5cm 处，形成一个湍流区。在这个区域，颜料粒子受到较强的剪切和冲击作用，使其很快分散到漆浆中。

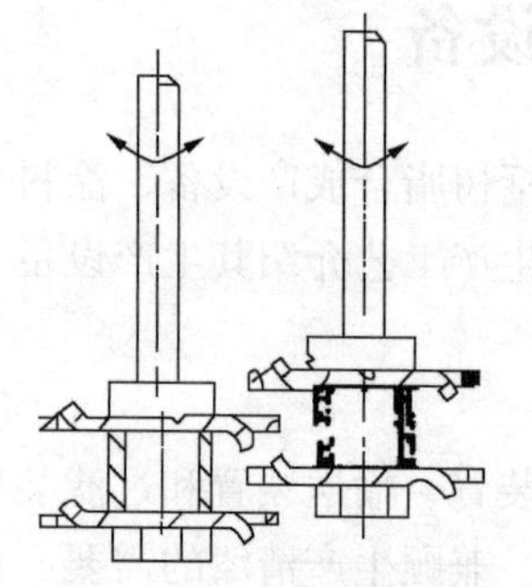

图 5 -7　双轴双叶轮高速分散机

叶轮的转速以叶轮圆周速度达到大约 20m/s 时，便可获得满意的分散效果，过高，会造成漆浆飞溅，增加功率消耗。因此一般控制叶轮的转速为 $V_{max} = 20 \sim 30$m/s。

分散机的安装方式分落地式和固定式两种。前者适合于拉缸作业，后者装在架台上，可以一个分散机供几个固定罐使用。

现阶段，高速分散机出现了不少改型产品，有其各自特点，使得分散机的应用范围更广。如双轴双叶轮高速分散机(见图 5 -7)，双速高速分散机(双轴单叶轮分散机、双轴双速搅拌机)等。

三、研磨分散设备

研磨设备是色漆生产的主要设备，基本型式分两类，一类带研磨介质，如砂磨机、球磨机，另一类不带研磨介质，依靠磨研力进行分散，像三辊机、单辊机等。

带研磨介质的设备依靠研磨介质(如玻璃珠、钢珠、卵石等)在冲击和相互滚动或滑动时产生的冲击力和剪切力进行研磨分散，通常用于流动性好的中、低黏度漆浆的生产，产量大，分散效率高。不带研磨介质的研磨分散设备，可用于黏度很高，甚至成膏状物料的生产。现分别介绍这两种分散研磨设备。

(一) 立式砂磨机

其外型结构如图 5 -8 所示，由机身、主电机、传动部件、筒体、分散器、送料系统和电器操纵系统组成。

立式研磨机的工作原理如图5－9所示：经预分散的漆浆由送料泵从底部输入，流量可调节，底阀8是个特制的单向阀，可防止停泵后玻璃珠倒流。当漆料送入后，启动砂磨机，分散轴带动分散盘5高速旋转，分散盘外缘圆周速度达到10m/s左右(分散轴转速在600～1500r/min之间)。靠近分散盘周围的漆浆和玻璃珠受到黏度阻力作用随分散盘运转，抛向砂磨机的筒壁，又返回到中心，颜料粒子因此受到剪切和冲击，分散在漆料中。分散后的漆浆通过筛网从出口溢出，玻璃珠被筛网截流。

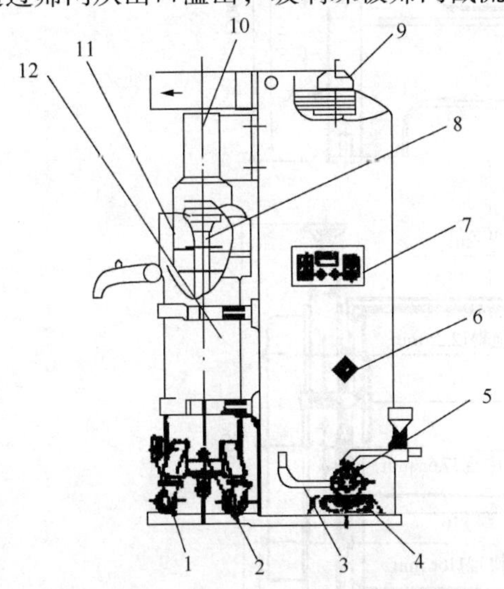

图5－8　立式砂磨机结构简图

1—放料放砂口；2—冷却水进口；3—进料管；4—无级变速器；5—送料泵；6—调速手轮；7—操纵按钮板；8—分散器；9—离心离合器；10—轴承座；11—筛网；12—筒体

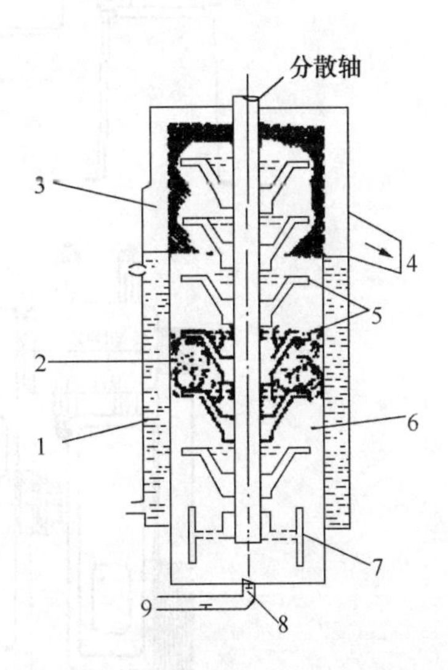

图5－9　常规砂磨机原理示意图

1—水夹套；2—夹在两分散盘之间漆浆的典型流型(双圆环形滚动研磨作用)；3—筛网；4—分散后漆浆出口；5—分散盘；6—漆浆和研磨介质混合物；7—平衡轮；8—底阀；9—预混漆浆入口

漆浆经一次分散后仍达不到细度要求，可再次经砂磨机研磨，直到合格为止，也可将几台(2～5台)砂磨机串联使用。使用砂磨机可以使得漆浆粒度20μm左右。

砂磨机在运转过程中，因摩擦会产生大量的热，因此在机筒身外做成夹套式，通冷却水冷却。玻璃珠直径为1～3mm，因磨损应经常清洗、过筛、补充。

实验室用砂磨机的容积一般小于5L。生产用砂磨机的容积为40～80L，是以筒体有效容积来衡量上述值，其生产能力对40L砂磨机而言，一般每小时可加工270～700kg色浆。砂磨机在使用时应注意如下问题：

(1) 在筒体内没有物料和研磨介质时严禁起动，否则像分散盘、玻璃珠的磨损会很剧烈。

(2) 开车时应先开送料泵，待出料口见到漆浆后再启动主电机。

(3) 停车时间较长后，应检查分散盘是否被卡住，不可强行启动。

(4) 停车时间较长后，应检查顶筛是否干涸结皮，以防开车后漆浆从顶筛溢出(冒顶)。

(5) 清洗砂磨时，分散器只能点动，以减少分散盘和研磨介质的磨损。

(6) 使用新研磨介质时，应先过筛清除杂质。

(二) 三辊机

三辊机结构如图5－10所示，是由电动机、传动部件、滚筒部件、机体、加料部件、冷却部件、出料部件、调节部件、电器仪表及操纵系统组成。

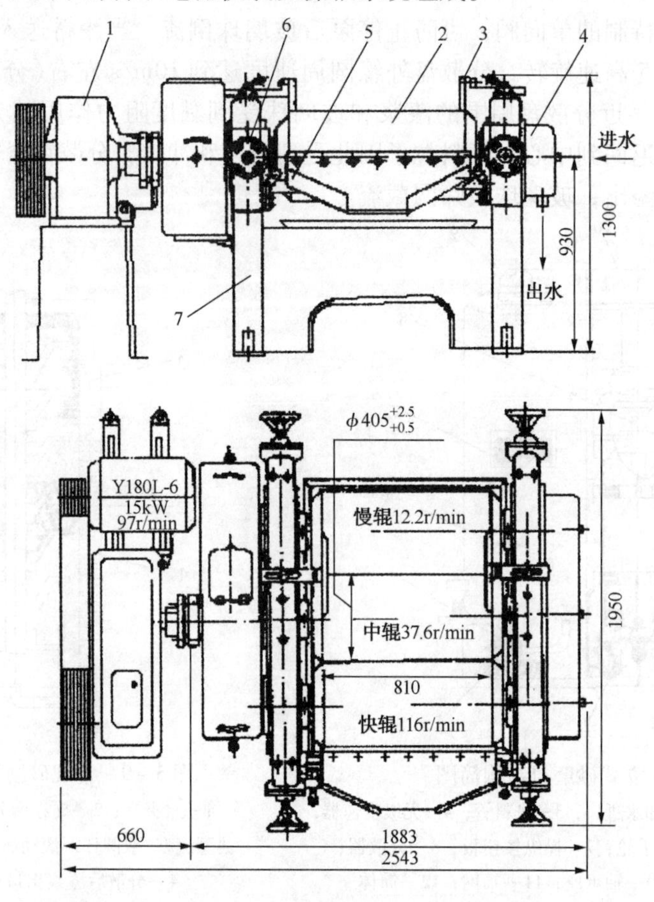

图 5 - 10　三辊磨(S405 型)结构简图

1—传动部件；2—辊筒部件；3—加料部件；4—冷却部件；5—出料部件；6—调节部件；7—机体

滚筒部件是二辊机的主要部件，研磨是通过三辊的转动来实现的，见图 5 - 11。

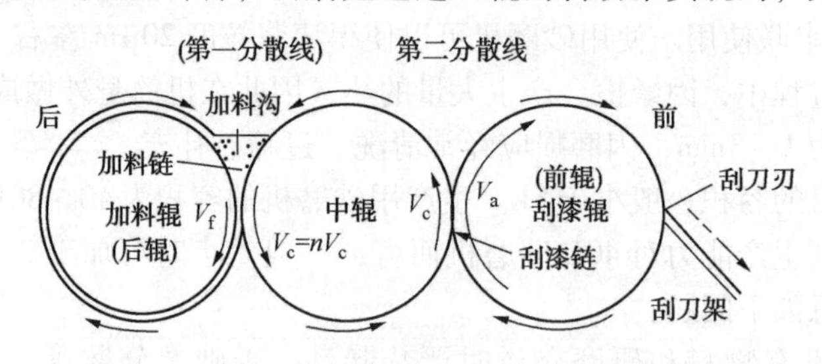

图 5 - 11　二辊磨上物料流动情况

三辊以平放居多，可斜放或立放，辊间距离可调节，调节一般调整前后辊，中辊固定不动，通过转动手轮丝杆来实现，有的用液压调节。三辊转动时，速度并不一致，前辊快，后辊慢，前、中、后辊的速比大多采用 1∶3∶9。

辊筒一般用冷硬低合金铸铁制成，要求表面有很高的硬度，耐磨。辊筒中心是空的，在工作中通冷却水冷却，以降低辊筒工作温度，尽量减少由于温升引起的漆浆黏度降低和溶剂挥发，并防止辊筒变形。

漆浆在后辊和中辊之间加入，后辊与中辊间隙很小，为 10 ~ 50μm，漆浆在此受到混合和剪切，颜料团被分散到漆浆中。通过前辊与中辊的间隙时，因间隙更小，加上前辊中辊速度差更大，漆浆受到更强烈的剪切，颜料团粒被再一次分散，最后被紧贴安装于前辊上的刮刀刮下到出料斗，完成一个研磨循环。若细度不够，可再次循环操作，直到合格为止。

除上述讲到的立式砂磨机、三辊机外，生产中常用的研磨设备还有卧式砂磨机、蓝式砂磨机等。外形见图 5－12、图 5－13。

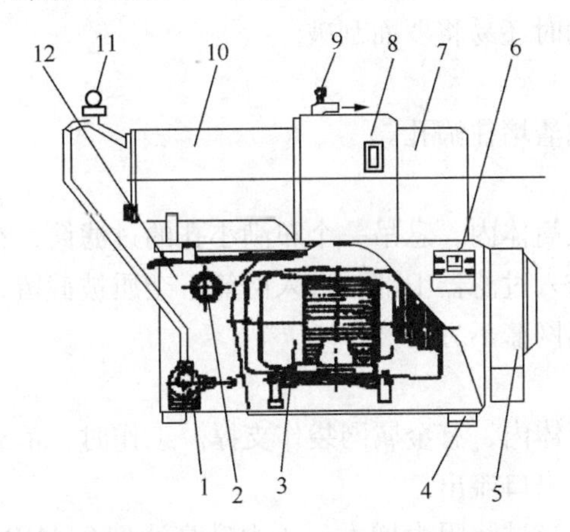

图 5－12　卧式砂磨机外形图

1—送料泵（与无级变速器连接）；2—调速手轮；3—主电动机；4—支脚；5—电器箱；6—操作按钮板；7—轴承座；8—油位窗；9—电接点温度表；10—筒体；11—电接点压力表；12—机座

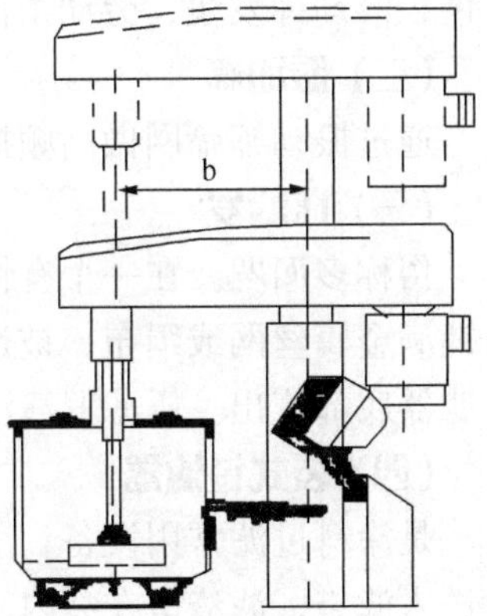

图 5－13　蓝式砂磨机外形图

四、调漆设备

除前面讲到的高速分散机可用来调漆配色外，大批量生产时，一般用调漆罐，也就是平常所说的调色缸。调漆罐安装于高于地面的架台上，其结构相对简单，见图 5－14，由搅拌装置、驱动电机、搅拌槽几部分组成。搅拌桨可安装在底部及侧面，电机可单速或多速。

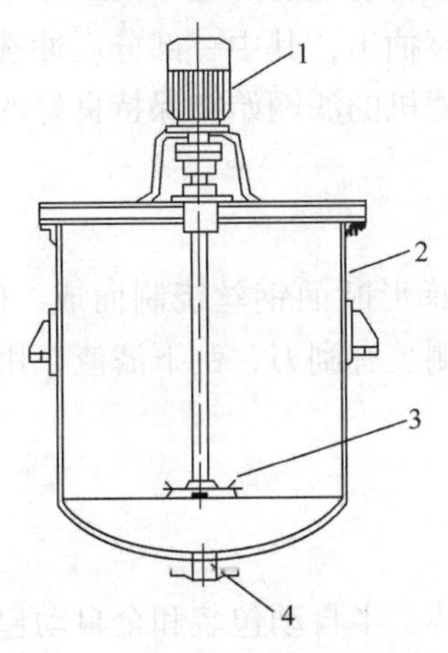

图 5－14　电动机直联的高速调漆罐

1—驱动电机；2—搅拌槽；3—锯齿圆盘式桨叶；4—出料口

五、过滤设备

漆料在生产过程中不可避免会混入飞尘、杂质，有时产生漆皮，在出厂包装前，必须加以过滤。用于色漆过滤的常用设备有罗筛、压滤机、振动筛、袋式过滤器、管式过滤器和自清洗过滤机等。

（一）罗筛

在一个罗圈上绷上规格适当的铜丝网或尼龙丝绢，将它置于铁皮或不锈钢漏斗中，就是一个简单的过滤用罗筛。优点：结构简单、价低，清洗方便。缺点：净化精度不高，过滤速度慢，溶剂挥发快，劳动条件差，人工刮动时还易将罗面刮破。

（二）振动筛

通过振动筛筛网做高频振动，可避免滤渣堵住筛孔。

（三）压滤罗

俗称多面罗。在一个有快开顶盖的圆柱筒体内，悬吊一个布满小孔的过滤筒，在过滤筒内铺满金属丝网或绢布，被过滤油漆用泵送入过滤器上部，进入网篮，杂质被截留，滤液从过滤器底部流出。压滤罗清洗的缺点是更换网篮不方便。

（四）袋式过滤器

是涂料过滤常用设备，滤袋装于细长筒体内，有金属网袋作支撑。工作时，依靠泵将漆料送入滤袋，滤渣留在袋内，合格的漆浆从出口流出。

袋式过滤器一般装有压力表，操作时，当过滤阻力增大，压力升高达到0.4MPa时，应停机，更换滤袋。过滤器应在每次使用后随时清洗，保持整洁，以备下次使用。袋式过滤器的优点是使用范围广，可过滤色漆，也可过滤漆料、清漆、溶剂。缺点是滤袋价高，过滤成本高。

（五）管式过滤器

管式过滤器通过滤芯进行过滤，更换方便、快捷。管式过滤器的滤芯有聚酯微孔滤芯、化纤缠绕滤芯等。

（六）自清洗过滤机

自清洗过滤机主要应用在连续自动化生产色漆的工序中。过滤时，以泵将漆料送入装有竖直滤板的过滤室，滤液由出料泵抽出，其中一部分反冲洗滤板，滤渣被冲下沉到底部并可排出。反冲洗可以使得自清洗过滤机的滤网始终保持良好的过滤性能，但过滤细度只能达到40μm，常常用作粗过滤。

（七）旋转过滤机

旋转过滤机的滤网用不锈钢梯形断面钢丝绕制而成，间隙为0.1～1.5mm，呈圆柱形。过滤时，滤网缓慢旋转，滤网外侧装有刮刀，刮下滤渣，用于粗过滤，过滤能力大，缺点是制造困难，结构复杂。

六、涂料的包装设备

涂料的包装可以采用手动包装、半自动包装和全自动包装工序，随着生产水平和管理水平的提高，有条件的涂料生产厂家往往采用全自动涂料包装机械进行涂料包装。全自动灌装机采用模块化实时监控装置，利用可编程序逻辑控制器，通过自动分桶、称量灌装、自动封盖、成品输出、计量系统监控等单元，实现对液体灌装生产过程实现全自动控制。全自动涂料灌装机生产能力大，用工成本低，缺点是产品花色品种更换麻烦。涂料包装的核心设备包括单头包装机和多头包装机两种，如图5－15所示。

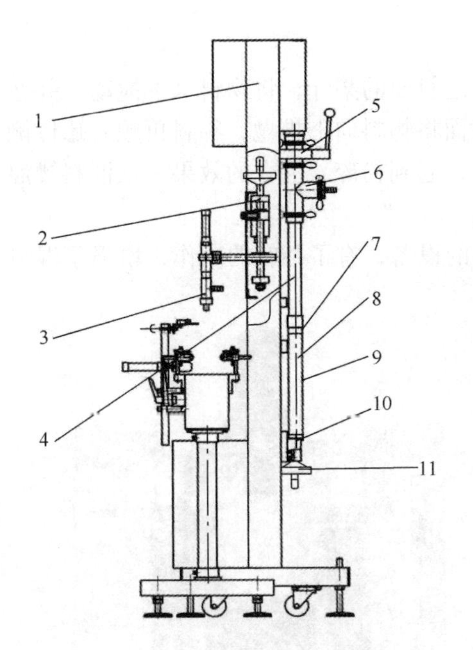

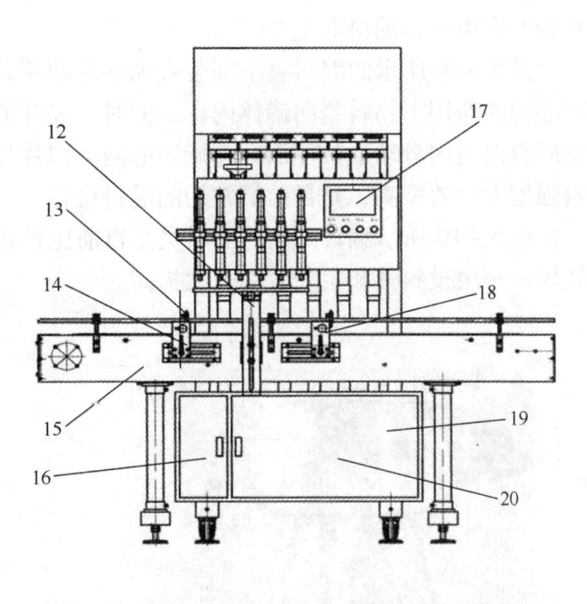

图 5 – 15　全自动灌装示意图

1—储料罐；2—升降机构；3—注料嘴；4—料缸；5—蝶阀；6—快装三通；7—节流阀；8—汽缸；9—磁性开关；10—节流阀；11—手轮；12—辅助定位爪；13—光电开关；14—阻位爪；15—输送机；16—气控箱；17—操作显示面板；18—定位爪；19—电源开关；20—电控箱

第三节　粉末涂料生产设备

粉末涂料的生产设备一般分为：配料系统、混炼挤出（分散）系统、冷却破碎系统和磨粉系统四个部分。

（一）配料设备

常用的配料设备有不带破碎装置的配料罐和带破碎装置的配料罐两种。如图 5 – 16 ~ 图 5 – 19 所示。

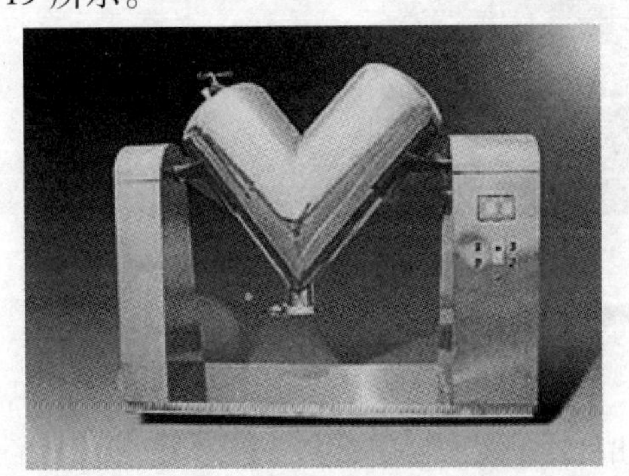

图 5 – 16　无破碎装置的配料罐 1

图 5 – 17　无破碎装置的配料罐 2

图 5 – 16 所示的混料罐没有搅拌浆，无破碎装置，靠自身的翻转，将罐体内的物料提升和下落，进行物料的混合。

图 5 – 17 所示的混料罐也无破碎装置，在自身翻转的同时，罐的一头还配有一个低速搅拌浆用以出料，水平中轴上配有螺旋推进器，加大混料强度。目前，这类的设备主要用于美

术粉及银粉涂料的拼混生产。

图5－18所示的混料罐下部装有水平转动并有一定斜面的桨叶，将物料水平搅动，并在离心力的作用下物料趋向罐体内壁，同时，桨叶的斜面将物料向上推抛，物料再顺着罐体侧壁的斜面向内翻动，被侧面高速旋转的破碎刀片打碎，起到粉碎、混合的效果。该混料罐混料强度大、效率高，是目前最常用的混料设备。

图5－19所示翻转式高速混料机是目前比较新型的设备，有了翻转的动作，增强了混料效果，一次投料量和生产效率大大提高。

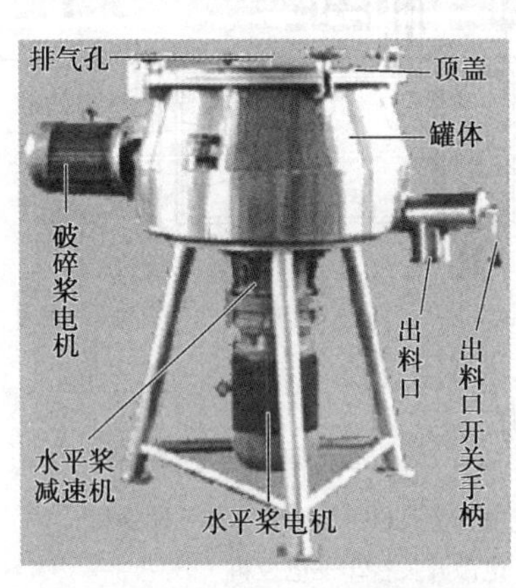

图5－18　有破碎装置的配料罐

图5－19　翻转式高速混料机

也有生产企业采用罐体罐机可分离的混料机，采用一机多罐工作模式，一罐混合完成后，罐体、罐机分离，进行下一组混合物料的操作，以提高工作效率。

（二）混炼挤出设备

自20世纪60年代壳牌化学公司在欧洲开发了粉末涂料的挤出工艺后，该工艺一直沿用至今。一般来说，混炼挤出设备有单螺杆挤出机和双螺杆挤出机两种机型，如图5－20所示的单螺杆挤出机。

图5－20　螺杆挤出机装置图

1—主电机（螺杆的动力电机）；2—变速齿轮箱（螺杆的传动装置）；3—进料电机；4—料斗；5—螺旋进料器；6—螺杆进口料斗；7—操控仪表盘

螺杆挤出机的关键结构为挤出机的螺杆，螺杆结构、材质和类型直接决定了挤出设备挤出和混炼的工作效率。挤出机螺杆的结构如图5－21和图5－22所示。

单螺杆挤出机的结构决定了其单螺杆挤出机的螺筒的内壁与螺杆的外缘以及螺筒内的三

排阻尼销钉和螺杆上的凹槽，在螺杆转动时形成对物料的剪切和混炼，进口设备的螺杆还同时具有明显的往复运动(冲程在5cm以上)，增强了物料的混炼效果。单螺杆挤出机的螺杆扭矩相对较小，螺杆可以做得较长，使挤出物料在螺筒内的存留时间较长，单螺杆螺杆的转动和往复运动，可以增加树脂对颜填料浸润时间和增大物料的剪切流动方式，使物料的混炼更加充分。单螺杆的螺筒内部结构间隙相对较大，挤出物料的胶化粒子较少，单螺杆的混炼长度、间隙及往复的幅度决定了树脂和颜填料的混炼效果。

国产单螺杆设备在许多方面达不到进口设备的条件，但进口单螺杆挤出机价格昂贵，国内使用这类设备的粉末涂料生产厂家和数量不多。

双螺杆挤出机的传动结构和螺杆结构比较复杂，两只螺杆的转动方向相同，剪切程度加大，螺筒上还有加热、水冷装置以实现对工作螺杆的温度控制，双螺杆挤出机的螺杆结构见图5－22。

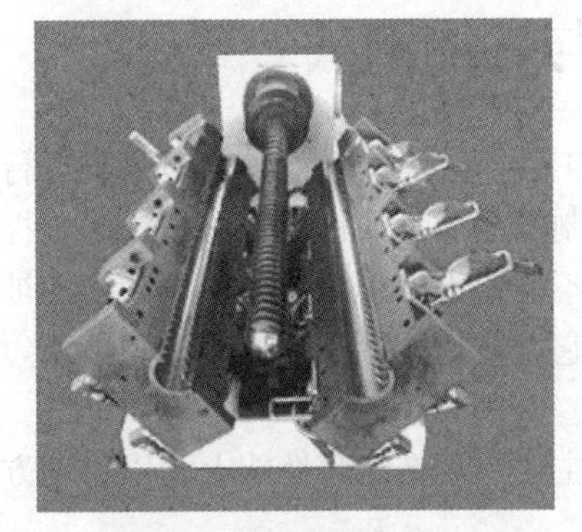

图5－21　单螺杆结构图

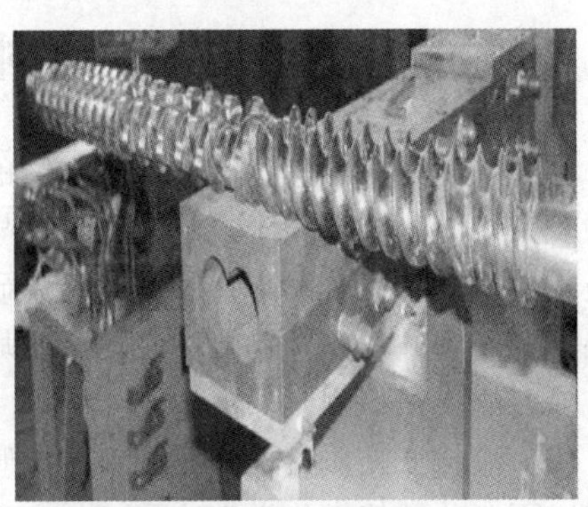

图5－22　双螺杆挤出机的螺杆结构

(三) 冷却破碎设备

生产粉末涂料用冷却破碎设备是压片破碎机，结构如图5－23所示。

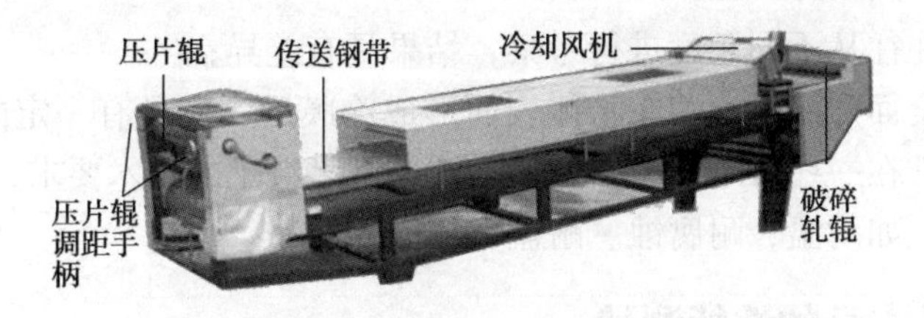

图5－23　压片破碎机结构图

压片破碎设备是由机架、压辊、输送带、冷却风机和破碎轧辊等组成，这种设备可将熔融状物料轧成厚度1.5mm左右的片状，在输送过程中经护罩上方的冷却风机风冷后，破碎成片状。

(四) 磨粉筛粉设备

生产粉末涂料用磨粉筛粉设备是ACM磨机，ACM磨机结构如图5－24所示。

上述结构中，进料器将料斗中的料片送入ACM磨机，在高速转动主磨盘上的击柱冲击及物料冲击衬瓦的作用下以及物料相互冲击下，物料被粉碎，在引风力和副磨的作用下分离。细微粉经管道进入旋风分离器进行粗细粒径粒子的分离，超细微粉进入带虑袋的回收箱，被分离出去，其余的粉末旋沉至旋风分离器的底部，被关风排料器翻排到下面的旋风筛进料器，并送入旋风筛过滤分离，粗粉从另一头排出回收。

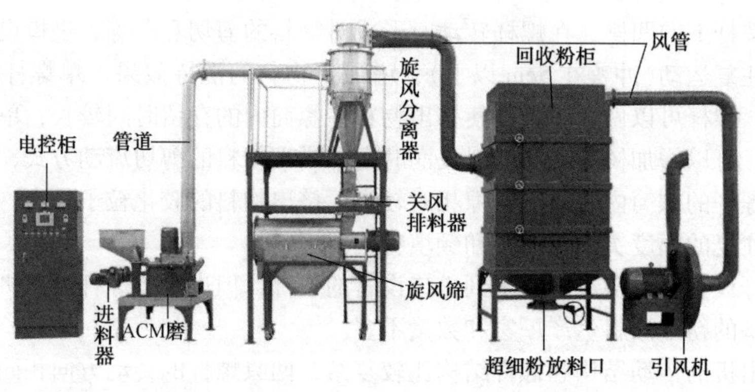

图 5-24 ACM 磨机结构图

第四节 涂料质量检验与性能测试

涂料的性能一般包括涂料产品本身的性能、涂料施工性能、涂膜性能等。对涂料进行质量检验和性能测试有利于选定配方，指导生产，起到控制产品质量的作用，同时为施工提供了技术数据，并且有助于开展基础理论研究。涂料本身不能作为工程材料使用，必须和被涂物品配套使用并发挥其功能，其质量好坏，最重要的是它涂在物体上所形成的涂膜性能。因此，涂料的质量检测有如下特点：

（1）涂料产品质量检测即涂料及涂膜的性能测试，主要体现在涂膜性能上，以物理方法为主，不能单纯依靠化学方法；

（2）试验基材和条件有很大影响。涂料产品应用面极为广泛，必须通过各种涂装方法施工在物体表面，其施工性能也大大影响涂料的使用效果，所以，涂料性能测试还必须包括施工性能的测试；

（3）同一项目往往从不同角度进行考察，结果具有差异；

（4）性能测试全面。涂料涂装在物体表面形成涂膜后，应具有一定的装饰、保护性能，除此而外，涂膜常常在一些特定环境下使用，需要满足特定的技术要求，因此，还必须测试某些特殊保护性能，如耐温、耐腐蚀、耐盐雾等。

一、涂料产品本身的性能测试

涂料产品本身的性能包括涂料产品形态、细度和贮存性等性能。

（1）颜色与外观

对涂料特别是清漆的形状、颜色和透明度的检查特别重要，检测标准参见国家标准《清漆，清油及稀释剂颜色测定法》（GB/T 1722—1992）和《清漆，清油及稀释剂外观和透明度测定法》（GB/T 1721—2008）。

对于涂料和乳胶漆的贮存稳定状态的检测，可以采用目测的方法。漆液开罐后，目测是否存在分层、沉淀结块、絮凝等现象，然后用调刀或玻璃棒搅拌，观察是否能呈均匀状态，经搅拌呈均匀状态、无结块为合格，否则为不合格。

（2）细度

细度是检查色漆中颜料颗料或分散均匀程度的标准，以 μm 表示，测定方法见 GB 6753.1—2007（《色漆、清漆和油墨碾磨细度的测定》），采用刮板细度计来对涂料细度进行测定。

典型刮板细度计的分度和测试细度范围如表 5 – 3 所示。

表 5 – 3　典型刮板细度计的分度和测试细度范围

槽的最大深度/μm	分度间隔/μm	推荐测试范围/μm
100	10	40 ~ 90
50	5	15 ~ 40
25	2.5	5 ~ 15
15	1.5	1.5 ~ 12

刮板细度计在使用前必须用溶剂仔细洗净，用细软揩布擦干。使用时，将符合产品标准黏度指标的试样，用小调漆刀充分搅匀，在刮板细度计的沟槽最深部分，滴入试样数滴，以能充满沟槽而略有多余为宜。双手持刮刀，横置在磨光平板上端(在试样边缘处)，使刮刀与磨光平板表面垂直接触，在 3s 内，将刮刀由沟槽深的部位向浅的部位拉过，使漆样充满沟槽而平板上不留有余漆，其操作及其刮板细度计如图 5 – 25 所示。

刮刀拉过后，立即(不超过 5s)使操作者的视线与沟槽平面成 150° ~ 30°角，对光观察沟槽中试样首先出现密集颗粒点之处，特别是在横跨沟槽 3mm 宽的条带内包含有 5 ~ 10 个颗粒的位置，在密集颗粒点出现之处的前面出现的分散点可不予考虑，确定此条带的上线位置，记下读数(精确到最小分度值)。两次读数的误差不应大于仪器的最小分度值，读数精确程度分别为：对量成为 100μm 的细度计为 5μm；对量成为 50μm 的细度计为 2μm；对量成为 25μm 的细度计为 1μm；对量成为 15μm 的细度计为 0.5μm，平行试验三次，试验结果取两次相近读数的算术平均值。需要注意的是，在刮板从沟槽深处向沟槽浅处刮拉的过程中，一定要掌握刮拉的力度，不要用力太大，以免将颜填料人为颗粒碾碎，造成涂料细度检测的误差，同时，用力也不能太小，避免涂料颗粒黏连在一起。刮板细度计的典型读数方法如图 5 – 26 所示。

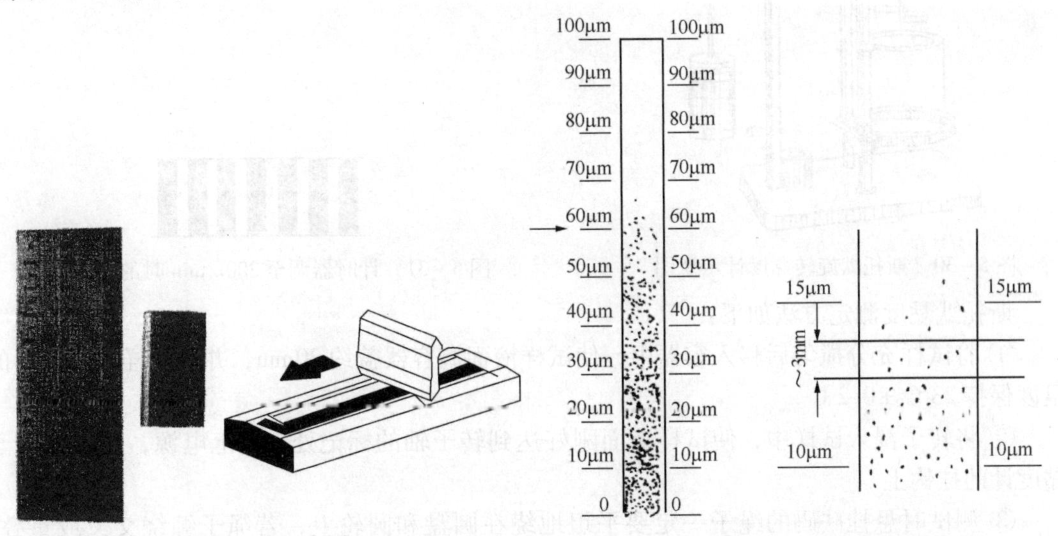

图 5 – 25　刮板细度计及操作　　　　图 5 – 26　刮板细度计的典型读数方法

(3) 黏度

黏度测定的方法很多，可以采用涂 – 4 黏度计，在规定的温度下用测量从流孔杯小孔中涂料流出所需时间的方法，测量涂料的运动黏度，也可以按照目前规定的标准 GB/T 9269—2009，用斯托默旋转黏度计来测量涂料的动力学黏度。

斯托默黏度计目前使用的有三种类型。第一种是频闪观测器型斯托默黏度计，它的工作原理是，当桨叶保持 200r/min 时，依靠频闪观测器中转筒放置形成的黑白相间线条是否相对静止，确定所加砝码的质量，计算出对应的涂料的黏度，如图 5－27 所示。第二种是转速计型斯托默黏度计。它可以可直接从转速上读出桨叶的放置速度，以便增、减挂钩上砝码质量并调节转速至 200r/min，如图 5－28 所示。第三种是数字显示式型斯托默黏度计，该仪器配有固定转速为 200r/min 的驱动马达，无需砝码，不用查表，可直接从显示器上读出所测试样的 KU 值，使测量更精确，可重复性更高，如图 5－29 所示。

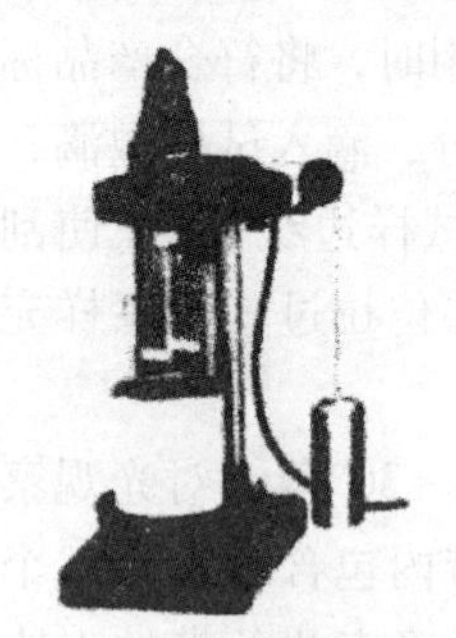

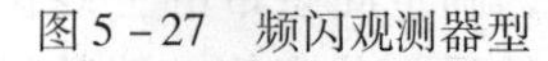

图 5－27　频闪观测器型

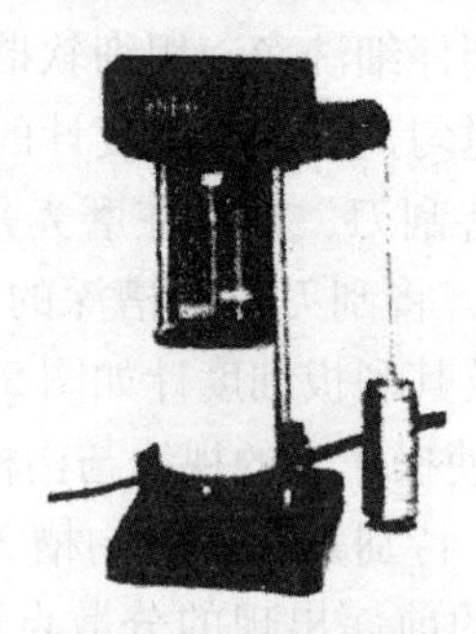

图 5－28　转速计型

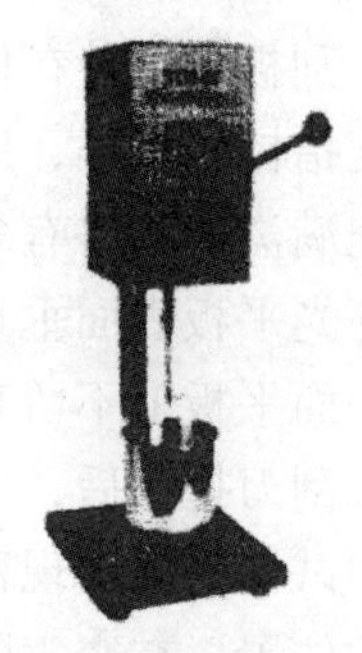

图 5－29　数字显示式

斯托默旋转黏度计示意图及计时器频闪线条如图 5－30 和图 5－31 所示，它是通过测定使浸入试样内的桨叶产生 200r/min 的转速所需的负荷来测量，测试结果以克雷布斯单位（KrebsUnit，KU）来表示。

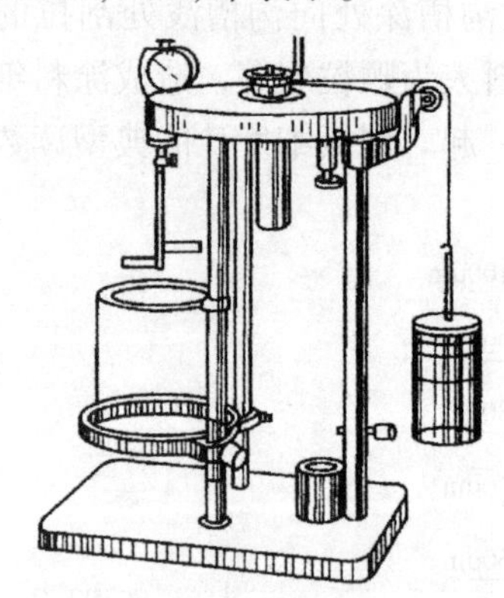

图 5－30　斯托默旋转黏度计示意图

图 5－31　计时器调至 200r/min 时的频闪线条

斯托默黏度测定方法如下：

① 将试样充分搅匀后移入容器中，使试样液面离容器盖约 20mm，并使试样和黏度计的温度保持 23℃ ±0.2℃。

② 将转子浸入试样中，使试样液面刚好达到转子轴的标记处，接上电源，将砝码置于黏度计的挂钩上。

③ 测试时悬挂砝码的绳子一定要平坦地绕在圆盘和圆轮上，若绳子缠绕交叉或重叠，将造成至少 20g 的误差。

④ 选取在黏度计上的频闪观测器显示 200r/min 的图形的砝码质量（精确至少 5g），线条沿将叶转动方向移动，表示转速大于 200r/min，应减少砝码，线条逆桨叶转动方向移动，

表示转速小于200r/min，应添加砝码，频闪线条如图7－13所示。

⑤ 重复测定，直到得到一致的负荷值，再从表5－4中查对应的KU值。

表5－4 产生200r/min转速时所需负荷(g)与对应的KU值

g	KU	g	KU	g	KU	g	KU	g	KU	g	KU	g	KU	g	KU	g	KU	g	KU	g	KU
70	53	100	61	200	82	300	95	400	104	500	112	600	120	700	125	800	131	900	136	1000	140
		105	62	205	83	—		—		—		—		—		—		—		—	
		110	63	210	83	310	96	410	105	510	113	610	120	710	126	810	132	910	136	1010	140
		115	64	215	81	—		—		—		—		—		—		—		—	
		120	55	220	85	320	97	420	106	520	114	620	121	720	126	820	132	920	137	1020	140
		125	57	225	86	—		—		—		—		—		—		—		—	
		130	68	230	86	330	98	430	106	530	114	630	121	730	127	1830	133	930	137	1030	140
		135	69	235	87	—		—		—		—		—		—		—		—	
		140	70	240	88	340	99	440	107	540	115	640	122	740	127	840	133	940	138	1040	141
		145	71	245	88	—		—		—		—		—		—		—		—	
		150	73	250	89	350	100	450	108	550	116	650	122	750	128	850	134	950	138	1050	141
		155	73	255	90	—		—		—		—		—		—		—		—	
		160	74	260	90	360	101	460	105	560	117	660	123	760	129	860	134	960	138	1060	141
		165	75	265	91	—		—		—		—		—		—		—		—	
		170	75	270	91	370	102	470	110	570	115	670	123	770	129	870	135	970	139	1070	141
75	54	175	77	275	92	—		—		—		—		—		—		—		—	
80	65	180	78	280	93	380	102	480	110	580	118	680	124	750	130	880	135	980	139	1080	141
85	57	185	79	285	93	—		—		—		—		—		—		—		—	
90	58	190	80	290	94	390	103	490	111	590	119	690	124	790	131	890	136	990	140	1090	141
95	60	195	81	295	94	—		—		—		—		—		—		—		—	

（4）固体含量(不挥发分)

涂料固体含量是涂料中除去溶剂(或水)之外的不挥发分(包括树脂、颜料、增塑剂等)占涂料质量的百分比，用以控制清漆和高装饰性磁漆中固体分和挥发分的比例是否合适，从而控制漆膜的厚度。一般来说，固体含量低，一次成膜较薄，保护性欠佳，施工时较易流挂。涂料总固体含量的检测采用《色漆、清漆和塑料不挥发物含量测定方法》(GB/T 1725—2007)提供的方法进行。

实验检测中，涂料固体含量以通过获得在一定温度下，加热烘干后剩余物质量与试样质量的比值来表示。固体含量$X(\%)$按式(5－1)计算：

$$X = (m_2 - m_1)/m \times 100 \qquad (5-1)$$

式中 m_1——容器质量，g；

m_2——焙烘后试样和容器质量，g；

m——试样质量，g。

试验结果取两次平行试验的平均值，两次平行试验的相对误差不大于3%。

涂料固含量采用表面皿法测定。方法是先将两块干燥洁净、可以互相吻合的表面皿在105℃ ±2℃烘箱内焙烘30min，然后取出，放入干燥器中冷却至室温，称量。将试样放在一块表面皿中，另一个表面皿轻轻压在试样上面，使二块皿互相吻合，再将两个表面皿分开，使试样面朝上，放入已调节至所规定温度的恒温鼓风烘箱内，焙烘一定时间，取出放入干燥器中冷却至室温，称量，然后再放入烘箱内焙烘 30min，取出放入干燥器中冷却至室温，称量，至前后两次称量的质量差不大于 0.01g 为止（全部称量精确至 0.01g）。平行试验测定两个试样。

二、涂料施工性能

涂料施工性能是评价涂料产品质量好坏的一个重要方面，主要有：遮盖力，指的是遮盖物面原来底色的最小色漆用量；使用量，即涂覆单位面积所需要的涂料数量；干燥时间，涂料涂装施工以后，从流体层到全部形成固体涂膜的这段时间，称为干燥时间；流平性系指涂料施工后形成平整涂膜的能力。

（一）遮盖力和对比率

涂料遮盖力是指把色漆均匀涂布在物体表面上，使其底色不再呈现的最小用漆量，用 g/m^2 表示。我国目前测试涂料遮盖力的方法有两种。其中，清漆和浅色漆的遮盖力采用《色漆、清漆遮盖力的测定　第一部分：适用于白色和浅色漆的 Kubelka－MunK 法》（GB/T 13452.3—1992），深色漆涂料遮盖力的测定依据 GB 1726—1979，采用单位面积质量法——黑白格法检测，如图 5－32 所示。将试样涂刷于 100mm×200mm 的黑白格玻璃上，在散射光下或规定的光源设备内，目测至看不见黑白格为止，求出其用漆量。计算遮盖力 $X(g/m^2)$ 时的公式为式（5－2）：

$$X = (m_1 - m_2)/S = 50(m_1 - m_2) \tag{5-2}$$

式中　m_1——未涂刷前盛有油漆的杯子和漆的总质量，g；

m_2——刷涂后盛有漆的杯子和漆的总质量，g；

S——黑白格板涂漆的面积，m^2。

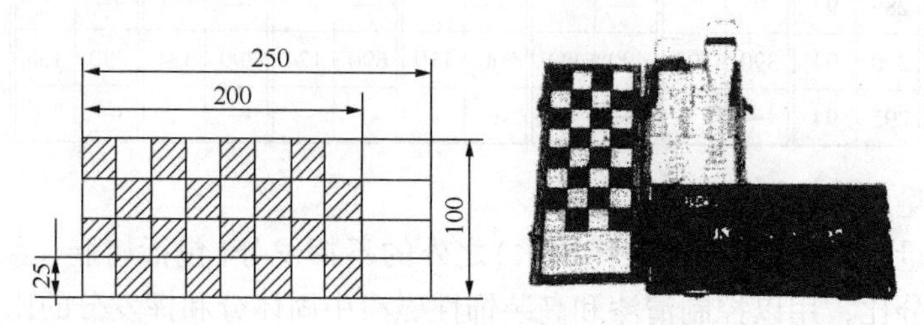

图 5－32　黑白格法测试遮盖力示意图

（二）涂料的干燥时间

涂料从流体层到全部形成固体漆膜的这段时间称为干燥时间，分为表干时间（表面干燥时间）及实干时间（实际干燥时间）两种。表干时间是指涂层在规定的干燥条件下，一定厚度漆膜的表面从液态变为固态，但其下仍为液态时，所需的时间。实干时间是指涂层在规定的干燥条件下，一定厚度的液态涂膜至完全形成固态涂膜所需时间。涂料干燥时间测定的依据是 GB/T 1728—1979 的国家标准，它的长短决定了涂料施工的时间间隔。

（1）表面干燥时间的测定

按建筑涂料涂层的试板制备方法，在尺寸为 150mm×70mm×（4～6）mm 的石棉水泥板上制备漆膜，漆膜涂好后记下时间，在产品标准规定的干燥条件下进行干燥，达到产品规定的时间之内以手指轻触漆膜表面，如感到有些发黏，但无漆黏在手指上，记下这个状况所需时间即为表面干燥的表干时间。

(2) 实际干燥时间的测定

按上述方法制板和干燥，达到产品规定的时间之内，在距离边缘不小于1cm的范围内，于漆膜表面放一个脱脂棉球，棉球上再轻轻旋转一干燥试验器，同时开动秒表，经30min，将干燥试验器和棉球拿掉，放置5min，观察涂膜有无棉球的痕迹及失光现象。涂膜上若留有1~2根棉丝，用棉球能轻轻擦掉，认为漆膜实际干燥。干燥试验器砝码质量为200g±0.2g，砝码的底面积为1cm^2，如图5-33所示。

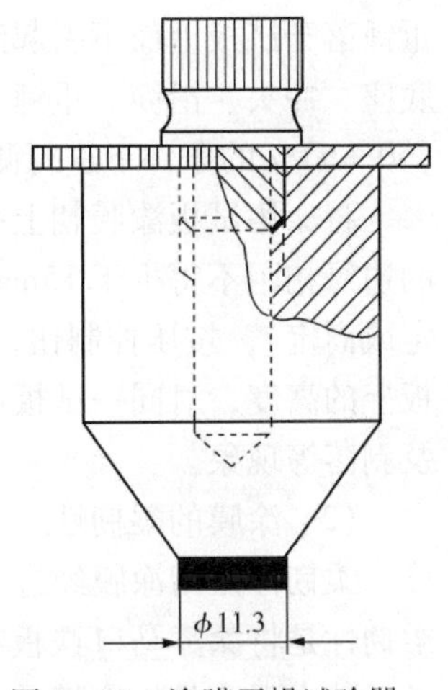

图5-33　涂膜干燥试验器

(三) 施工难易程度

我国目前执行的施工难易程度测试标准是GB 753.6—1986，通过对涂料产品进行大面积刷涂试验，主要检测涂料是否有涂装困难、流挂、油缩、拉丝等现象，采用的检测操作是：

(1) 用刷子在石棉水泥平板刷涂试样，涂布湿膜厚度约100μm，使样板的长边呈水平方向，短边与水平面约成85°角竖放。

(2) 放置6h后用同样的方法涂刷第二道试样，在第二道涂刷时，以刷子运行有无困难为准。漆刷运行顺畅、无困难则以"刷涂两道无障碍"为合格，否则为不合格。

施工难易程度的考查，采用实际施工结果给予定性的结论，在评定时存在着主观因素，所以最好用与标准试样比较得出结果。

(四) 涂料施工的流平性能

涂料施工后，有一个流动及干燥成膜的过程，涂料能否形成一个平整、光滑、均匀的涂膜，称为涂料的流平性。一般而言，流平性能好的涂膜在10min之内就可以流平。

(五) 涂料施工的流挂性

流挂性能是指涂料刷在垂直表面上，受重力的影响，在湿膜干燥以前，部分湿膜的表面容易向下流坠，形成上部变薄、下部变厚甚至形成球形、波纹形状的现象。流挂性强，是涂料施工性不良的表现之一，应该尽量避免。涂料的流挂速度与涂料的黏度成反比，与涂层的厚度的二次方成正比。涂料的流挂性能不符和标准规定，干后就很难得到平整厚薄均匀的漆膜，直接影响漆膜的外观质量和涂层的防护性能，所以，对涂料的流挂性必须进行检测。一般检测的方法是在试板上涂上一定厚度的涂膜，将试板垂直立放，观察湿膜的流坠现象，进行记录，检查是否符合产品的规定。流挂性能的检测执行国家标准《色漆流挂性的测定》(GB 9264—1988)检验方法，使用流挂性能试验仪进行检测。

三、涂膜性能

涂膜性能是涂料产品质量的最终表现，也是涂料价值的体现，一般包括机械性能、外观、热性能、耐候性等。涂膜外观包括颜色、表面平滑性、光泽等，这里不再详述。

(一) 涂膜的力学性能

涂膜的力学性能是涂料很重要的性能指标，是涂料质量优劣的重要表征，主要以抗冲击性、柔韧性、硬度、附着力、耐磨性、抗石击性、磨光性、打磨性、重涂性、面漆配套性、耐码垛性、耐洗刷性等表示，它的主要指标表述如下：

(1) 涂膜的抗冲击强度

涂膜抗冲击强度的检测依据的是GB/T 1732—1993(漆膜抗冲击测定法)，以固定质量的重锤落于试板上而不引起漆膜破坏的最大高度(cm)表示的漆膜耐冲击强度，冲击试验器由底座、冲头、滑筒、重锤、重锤控制器组成。除另有规定外，应在(23±2)℃、相对湿度(50±5)%的条件下进行测试，测试步骤如下：

将涂漆试板漆膜朝上平放在铁砧上，试板受冲击部分离边缘不小于15mm，每个冲击点的边缘相距不得少于15mm。重锤借控制装置固定在滑筒的某一高度(该高度由产品标准规定或商定)，按压控制钮，重锤即自由落于冲头上。提起重锤，取出试板，记录重锤落于试板上的高度，对同一试板进行3次冲击试验，用4倍放大镜观察，判断漆膜有无裂纹、皱纹及剥落等现象。

(2) 涂膜的柔韧性

柔韧性是指涂膜经过一定的弯曲后，不发生破裂的性能，也称为柔韧性或弯曲性。测定柔韧性是将涂漆马口铁板在一定直径的轴棒上弯曲，观察涂膜是否有裂纹，无裂纹即算通过。冲击强度是指涂膜受到机械冲击时，涂膜不发生破损或起皱的承受能力，这项指标对于车辆及机械用漆具有重要意义。

(3) 涂膜的硬度

漆膜的硬度是漆膜力学性能中最重要的性能之一，其实质是漆膜抗击外力而不致使本身遭到破坏的能力。在测定漆膜的硬度时，最常用的方法有三类，即摆杆阻尼硬度法、划痕硬度法和压痕硬度法。

① 摆杆阻尼硬度法，是用摆式硬度计，通过摆杆横杆下面嵌入的两个钢球接触涂膜样板，在摆杆以一定的周期摆动时，摆杆的固定质量对涂膜压迫，而使涂膜产生抗力。根据摆的摇摆规定振幅所需的时间判定涂膜的硬度，摆动衰减时间长的涂膜硬度高。

按我国国家标准《色漆和清漆摆杆阻尼试验》(GB 1730—2007)方法进行硬度测试。这种检测方法的优点是不破坏涂膜。

② 划痕硬度法，是在涂膜表面上用硬物划出痕迹或划伤涂膜的方法测定涂膜硬度。常用的方法有铅笔硬度法和划针测定法两种。

按我国国家标准《色漆和清漆　铅笔法测定涂膜硬度》(GB 6739—2006)进行具体检测，铅笔由6H到6B共13级，6H最硬，6B最软。

按我国国家标准《色漆和清漆　划痕试验》(GB 9279—2007)规定，用自动型仪器进行检测，所得的结果比较精确。

③ 采用一定质量的压头对涂膜压入，从压痕的长度或面积来测定涂膜的硬度，这就是压痕硬度法的实质。

按我国国家标准《色漆和清漆　巴克霍而兹压痕试验》(GB 9275—2008)规定，使用巴克霍而兹压痕试验仪测试涂膜硬度的方法进行。

以上三种测试方法，所采用的方式和仪器不一样，所测得的涂膜特征是有差异的。

(4) 涂膜附着力

涂膜附着力是指它和被涂物表面牢固结合的能力，附着力的测定方法有划圈法，划格法和扭力法等。涂膜附着力的测定是按照GB/T 9286—1998的检测标准，主要采用刀具划格试验法，根据漆膜脱落的方格数，判断涂料对基体结合的坚牢程度。检测时，按产品的标准制备涂料试板，并养护(72±2)h，然后，用锋利的刀片和刻度钢尺在试板的纵横方向各切11条间距为1mm的切痕，纵横切痕相交成100个正方形，切割后，用软毛刷轻轻地沿着正方形的两条对角线来回各刷5次，用4倍放大镜观察涂膜脱落情况，记录脱落的方格数。判断标准如表5－5所示。

表5－5　附着力检查结果分级表

分级	说　明
0	切割边缘完全平滑，无一格脱落
1	在切口交叉处涂层许薄片分离，但划格区受影响明显不大于5%
2	切口边缘或交叉处涂层脱落明显大于5%，但受影响明显不大于15%
3	涂层沿切割边缘，部分或全部以大碎片脱落，或在格子不同部位上，部分或全部剥落，明显大于15%，但受影响明显不大于35%
4	涂层沿切割边缘，大碎片剥落，一些方格部分或全部出现脱落，明显大于35%，但受影响明显不大于65%
5	大于第4级的严重剥落

（二）涂膜耐介质特性

（1）耐水性

涂膜对水作用的抵抗能力称为耐水性。涂膜耐水能力的检测方法是将试验样板浸入装有规定的三级纯水的玻璃水槽中，并使每块试板长度2～3mm浸泡于水中，调节水温为23℃±2℃并保持此温度，按产品标准规定的浸泡，时间结束时，将试板从槽中取出，用滤纸吸干，目视检查试板，看是否有失光、变色、起泡、起皱、掉粉、脱落等现象，并记录恢复时间。

（2）耐碱性

涂膜对碱侵蚀的抵抗能力称为耐碱性。涂膜耐碱溶液的配制是在温度为(23±2)℃的条件下，以100mL蒸馏水中加入0.12g氢氧化钙的比例配制碱溶液并充分搅拌，溶液的pH达到12～13。将养护好的试验样板的2/3浸入温度为(23±2)℃的氢氧化钙饱和溶液中，按产品标准规定时间浸泡结束后，取出试验样板用水冲洗干净，甩掉板面上的水珠，再用滤纸吸干，立即用4倍放大镜观察涂膜是否有起泡、开裂、剥落、粉化、明显变色等现象，没有此现象，则涂膜耐碱性合格。

（3）耐洗刷性

无论是乳胶漆还是色漆，涂层经过一定时间后，会沾染灰尘或油污，需用洗涤液或清水擦拭干净，因此，涂层必须具备耐洗刷性能，一般采用耐洗刷仪耐检测乳胶漆涂膜的耐洗刷性能的高低。

耐洗刷仪是一种刷子在试验样板的涂层表面做直线往复运动，由一个滴加洗刷介质的容器、滑动架、刷子及夹具、试验台板和往复数字显示器等组成，如图5－34所示。将养护好的试验样板涂漆面向上，水平地固定在洗刷仪的试验台板上，把预处理的刷子置于试验样板的涂漆面上，试板承受约450g的负荷，启动洗刷仪使其往复摩擦涂膜，并同时添加规定介质，滴加速度为每秒钟滴加约0.04g，使洗刷面保持湿润，按产品要求洗刷到规定次数或洗刷至样板长度的中间100mm区域露出底材为止。

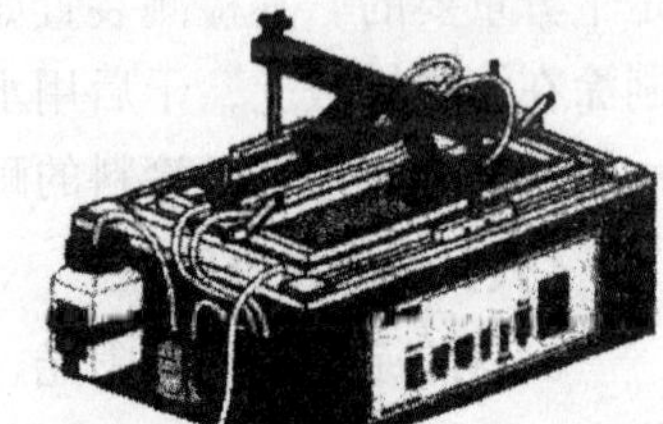

图5－34　耐洗刷仪

从试验仪上取下试验样板，用自来水冲洗，同一样板制备二块进行平行试验，洗刷至规定次数时，两块试验样板中有一块试验试验样板未露出底材，则认为其洗刷性合格。

（三）涂层耐温变性

涂层经受冷热交替的温度变化而保持原性能的能力为涂膜的耐温变性。一般建筑外墙涂料的涂膜要经受外界气候不同温度的变化，但不能随着外界温度的变化而发生开裂和脱落等现象。通常以涂膜经受冻融循环的测定以保证建筑外墙涂料经受 5 ~ 10 年的考验，以 24h 为一循环，即浸泡 18h（水温 23℃ ±2℃）、冷冻 3h（-18℃）、热烘 3h（50℃ ±2℃），一般循环五次或按产品标准规定进行。循环结束后，将试板在（23℃ ±2℃）相对温度为 50% ±5% 的条件下放置 2h，然后检查试板，观察涂膜有无粉化、开裂、剥落、起泡、变色等现象，无此现象为合格。

（四）初期干燥抗裂性

乳胶漆从湿膜状态变成干膜状态过程中，涂膜是否开裂反映了涂料的内在质量，它直接影响装饰效果及最后涂层的性能。涂膜初期干燥抗裂性采用干燥抗裂试验仪检测，如图 5-35、图 5-36 所示。

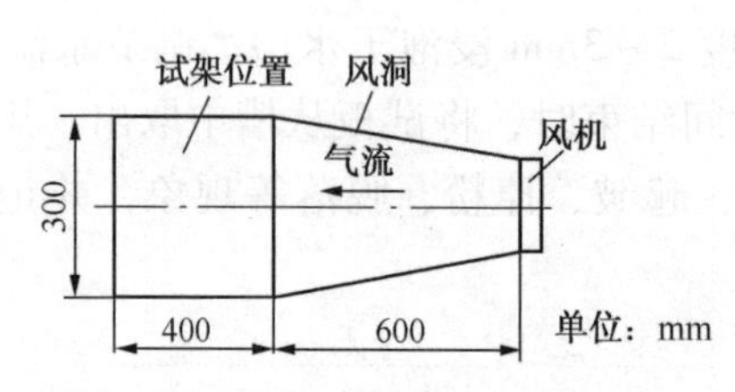

图 5-35　初期干燥抗裂试验用仪器

图 5-36　干燥抗裂试验仪

涂膜初期干燥抗裂性能测定方法是，按产品说明中规定的方法和涂布量将底涂料涂布于石棉水泥板上，经 1 ~ 2h 干燥（触干），再将产品说明中规定用量的主涂料涂布于底涂料上面，立即置于干燥抗裂试验仪架上，试件与气流方向平行，调节风机转速，使风速控制在每秒（3 ±0.3）m，放置 6h 后取出，用肉眼观察试件表面有无裂纹出现，在产品标准规定的时间内不出现裂纹为合格。

（五）耐污性

涂膜受灰尘、大气悬浮物等污染物沾污后，消除其表面上污染物的难易程度称为耐污性。对于乳胶漆外墙涂料，涂膜长期暴露在自然环境中，能否抵抗外来污染，保持外观清洁是十分重要的。其检测装置如图 5-37 所示。采用粉煤作为污染介质，将其与水掺和在一起刷涂在涂层样板上，干后用水冲洗，经规定的循环后，测定涂膜的反射系数的下降率，来表示涂膜的耐沾污性。涂料的耐沾污性能检测只限定白色和浅色涂料。

（六）耐老化性能

涂料的涂膜要抵抗阳光、雨露、风、霜等气候条件的化学破坏作用，保持原性能不变的能力，称为涂膜的耐老化性能。对涂料的大气老化试验方法，按国家标准《色漆和清漆　涂层老化的评级方法》（GB/T 1766—2008）等规定方法进行。涂膜的耐老化性能可采用人工老化机来衡量，如图 5-38 所示。人工老化机人为地模拟天然气候因素并给予涂抹老化以一定的加速性，是目前评定涂膜耐久性的主要方法，其结果表示为在若干小时内不起泡、不剥落、无裂纹、以及粉化和变色达到的级别等。

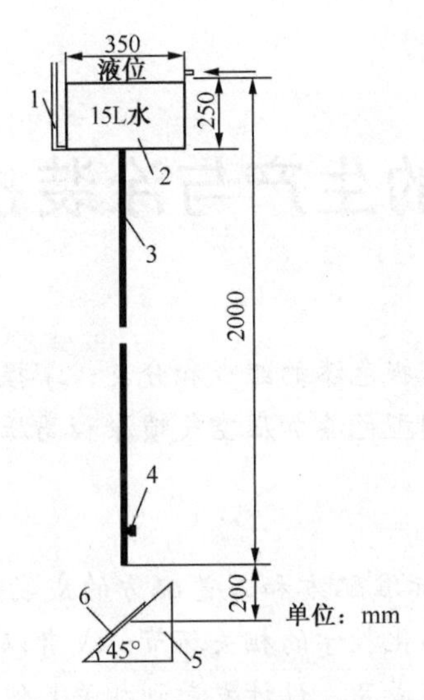

图 5－37　冲洗装置示意图

1—液位计；2—水箱；3—内径的水管；
4—阀门；5—样板架；6—样板

图 5－38　人工老化机

复习思考题

(1) 根据涂料分类，涂料包括哪几种的基本生产工艺？
(2) 研磨分散设备的分类是什么？并说明砂磨机的工作原理？
(3) 粉末涂料的研磨分散和浆状涂料、液体涂料的研磨分散有哪些相同和不同之处？
(4) 从哪些方面需要对涂料进行性能检测以及涂料的性能和质量检测的意义是什么？
(5) 试述涂料粒度检测的方法和需要注意事项是什么？

第六章　溶剂型色漆的生产与涂装技术

【教学目标】

了解色漆生产常用原料的分类、性质；掌握色漆的组成和分类；掌握色漆生产的配方设计及基本生产工艺；理解并掌握溶剂型色漆加压空气喷涂和高压无气喷涂的涂装技术。

【教学思路】

传统教学外，以某个固体溶剂型色漆的标准配方和工艺配方的成功掌握为成品，理解色漆生产工艺及相关技能，构成成品化教学的相关环节；或者以某一具体溶剂型色漆的空气喷涂涂装技术的成功掌握为成品，设计发散到相关其他涂装工件表面处理、涂装工序和高压无气涂装等知识和技能的成品化教学环节。

【教学方法】

建议多媒体讲解和溶剂型色漆配方设计、工艺设计或者喷涂涂装等综合实训项目相结合。

第一节　溶剂型色漆的组成与分类

从本章起，我们探讨添加了颜、填料的清漆，又称为油漆或者涂料的生产及涂装技术。

添加了颜、填料的清漆通常称之为涂料，常见的涂料分为溶剂型涂料(又称为色漆)、乳胶漆和粉末涂料三种。溶剂型色漆就是颜料分散在漆料中而制成的黏稠状混合物质，可以用刷涂、喷涂、浸涂以及辊涂等涂装方法将其涂覆在物体表面，转化成牢固附着的不透明的涂膜，从而对被涂物起到保护、装饰和其他特殊作用的一种工程材料。

一、色漆的组成

尽管色漆的品种繁多，成分各不相同，但是作为涂料的一类，它们也都由涂料的四大组成部分组成，即由成膜物质、颜料、溶剂以及助剂组成。

溶剂型色漆的成膜物质是油料或树脂(包括合成树脂，改性松香树脂和天然树脂)。它们通常总是以树脂真溶液或胶体溶液的形式用于色漆制造的。该树脂溶液通常称为“漆料”。颜料被分散到漆料中，在漆料的作用下与漆料一起黏附在物体表面上，形成可以牢固附着在物体表面的彩色涂膜。色漆干燥以后，由成膜物质形成连续的膜，而颜料则以非连续的状态分散在其中。可以想象，没有成膜物质，颜料是无法附着在被涂物表面的，成膜物质对于漆膜的牢固附着起到决定性的作用，所以被称为“基料”，也就是说它是构成色漆涂膜的基础性材料。

由溶剂型色漆的定义可知，颜料是构成色漆涂膜的不可缺少的组分之一，因为没有颜料就不能称之为色漆。颜料可以赋予漆膜颜色和遮盖力，同时还可以改变漆液和涂膜的物理和化学性能，根据颜料在色漆中所起作用的不同，可将其分为着色颜料、防锈颜料和体质颜料三类。

在溶剂型色漆中，溶剂也是必需的。溶剂包括真溶剂、助溶剂和稀释剂三种，溶剂在树脂储存、涂料生产以及涂料施工中均需要用到。通常，成膜物质(树脂等)以一定的浓度(即固体分)溶于有机溶剂后形成漆料，用于涂料的生产，生产时，将颜料分散于漆料之中，涂料施工时，往往也需要用稀释剂调整涂料的黏度以便涂装，当色漆涂膜固化以后，成膜物和颜料保留在涂膜之中，而有机溶剂则挥发到大气中去。习惯上，称成膜物和颜料为不挥发分或固体分，而称有机溶剂为挥发分，而有机溶剂就是涂料重要检测项目之一的 VOC(Volatile Organic Compound，挥发性有机化合物)的主要贡献者。VOC 的排放与环保理念是相悖的，所以溶剂型涂料的市场份额也在环境保护的压力下不断地下降。

助剂，亦称添加剂，它们在色漆产品中用量虽然很少，用最一般在 1% 以下，但是作用十分明显，对改善色漆的加工性能、储存性能、旅工性能或涂膜性能都起着显著作用。

二、色漆的分类

色漆的分类方法较多，有的根据色漆的成膜物质分，这在第一章中已经介绍过，此处不再赘述；有的根据色漆应用的对象分，把色漆划分为金属漆、地坪漆、木器漆等；有的根据色漆用途分，把色漆划分为防水涂料、防火涂料、防腐蚀涂料、防蚊虫涂料、保温涂料等。在这里我们介绍一种比较简单的分类方法，即根据色漆在涂层中的作用来划分，把色漆分为底漆和面漆两大类。

不同被涂物的材质、形状、表面状态各异，使用环境也有较大的差别。妄想生产一种“万金油”式的色漆，以满足不同被涂物、不同使用环境的所有要求是不可能的。对于应用上遇到的这些问题，目前涂料行业主要从两个方面去解决：一是不断研制性能优越的涂料用树脂品种；二是生产两大类涂料，一类主要用于表面装饰，称为面漆，另一类主要用于保护和连接底材与面漆，称为底漆。

底漆和面漆互相配合，发挥各自优势，才能保证涂料的综合性能最佳。色漆的分类如表 6-1 所示。

表 6-1　色漆的分类

大　类	子　类	大　类	子　类	
底漆	头道底漆 腻子 中涂漆(二道底漆) 封闭漆 防锈漆	面漆	磁漆(实色漆)	有光磁漆 半光磁漆 无光磁漆
			特种面漆	金属漆 珠光漆 美术漆 功能涂料

(一)底漆

底漆，顾名思义，就是在涂层中处于底层的漆，它是色漆复合涂层中起“承上启下”作用的重要涂层。它具有牢固附着在底材表面上的能力，同时与它上面的涂层又能很好地黏结，机械性能良好，还可以提供与面漆相适应的保护作用。用于金属表面的，有含铅丹、锌铬黄、铝粉等颜料的防锈漆，主要起抗腐蚀作用；以及含氧化铁等颜料的打底漆，主要起填平、修补、封闭等作用；用于木面的，有虫胶漆，可起封闭作用。

如前所述，在复合涂膜中，涂层由底漆到面漆，客观上要求性能不能一样，底漆要求具有保护作用，能牢固附着在底材上，面漆则要求具有较好的装饰性和耐久性。底漆在涂层中的作用就是作为面漆和底材之间的一个过渡层，避免面漆和底材之间的不配套。由于底漆和面漆之间具有配套性，所以在进行涂料施工时，一般选用同一品牌、配套的底漆和面漆，而不能使用不同品牌、不同类型的底漆和面漆。

底漆依其用途不同，又分为头道底漆、腻子、中涂漆(二道底漆)、封闭漆和防锈漆。

头道底漆，也就是第一道的底漆，它可以是清漆、也可以是色漆，它直接接触被涂物表面，对被涂物表面要有很好的附着力，涂膜坚牢，机械强度高，表面呈细腻的低光毛面，易于和它上面的涂层结合，为它上面的涂层提供良好的附着基础，同时对被涂物表面有一定的防锈作用。

防锈漆其实是头道底漆的一种。特点是配方中选用了防锈颜料，以强化防锈作用。一般的底漆主要通过屏蔽作用起防锈作用，防锈底漆则是在屏蔽作用的基础上增大了缓蚀作用和阴极保护作用，因此具有优于一般头道底漆的防锈作用。

腻子、中涂漆和封闭漆都是色漆配套涂膜的中间层。

腻子是添加了大量体质颜料的厚浆状涂料。它主要用于填补被涂物体表面不平整的地方，如洞眼、纹路等，以便得到平整的表面，涂漆后得到平整的涂膜，提高涂膜的装饰性。腻子通常用刮涂法涂在头道底漆上，干透之后要进行打磨以得到平整的表面。腻子需要具有坚牢不裂、硬而易磨的特点。腻子的使用，实际上使施工变得复杂，增加了施工成本，且使涂层的机械强度大幅度下降，所以一般尽量少用或不用。

中涂漆，也就是二道底漆，是一种颜料含量较高但较细腻的品种，易于用砂纸打磨平整。刮涂腻子的表面经打磨后易出现细小的针孔，可以用中涂漆填平。在头道底漆和面漆之间涂覆中涂漆可以增加涂膜厚度，提高面漆涂膜的丰满度，同时也可均衡色漆复合涂膜的力学性能。

封闭漆，就是一种起到封闭作用的涂料，它的作用在底漆和面漆之间形成一道封闭的屏障，防止底漆和面漆之间的漆料相互渗透，保持面漆涂膜的树脂组分或光泽，防止面漆装饰性的下降。在涂层之间附着力较差的情况下，用中涂漆进行层间过渡还可以增加涂层之间的附着力。

(二) 面漆

面漆是色漆涂膜直接暴露于表面的涂层，在整个色漆涂层中主要发挥装饰作用、功能作用，决定着涂层的耐久性。

面漆的主要品种是磁漆，即实色漆，施工后一般是平整的涂膜，具有鲜艳的色彩，适度的光泽，较高的遮盖力，较好的力学性能，户外使用的面漆，还要求有较好的耐候性。根据光泽的不同，磁漆可分为亮光、丝光和哑光。哑光又称亚光，哑光磁漆的漆膜表面有点发毛，像毛玻璃的表面那样，反射光是“漫反射”，没有眩光，不刺眼，给人以稳重素雅的感觉。亮光则表面光洁，反射光镜面反射，有眩光，给人以明亮华丽的感觉。丝光则是介于二者之间。亮光磁漆一般不含或含少量有体质颜料，丝光和哑光磁漆则需要使用体质颜料及消光剂。主要成膜物的化学结构和着色颜料的选择对磁漆的装饰性能和耐久性能都起着相当重要的作用。

金属漆(Metallic Paint)，又叫金属闪光漆，是目前流行的一种汽车面漆。在它的漆料中加有微细的非浮型闪光铝粉，光线射到铝粉颗粒上后，又被铝粒透过气膜反射出来，因此，看上去好像金属在闪闪发光一样。改变铝粉颗粒的形状和大小，就可以控制金属闪光漆膜的闪光度，且在金属漆的外面，一般加有一层清漆予以保护。

珠光漆，又叫云母漆，也是目前流行的一种汽车漆。它的原理与金属漆是基本相同的，用云母代替铝粉，在它的漆料中加有涂有二氧化钛和氧化铁的云母颜料，光线射到云母颗粒上后，先带上二氧化钛和氧化铁的颜色，然后在云母颗粒中发生复杂的折射和干涉，同时，加上云母本身特殊的、有透明感的颜色，使得反射出来的光线就具有一种好像珍珠般的闪光。而且，二氧化钛本身具有黄色，斜视时又改变为蓝色，从不同的角度去看，具有不同的颜色，这在涂料中被称为“变色龙”。因此，珠光漆就给人一种新奇、五光十色、琳琅满目的感觉。

美术漆包括了如裂纹漆、锤纹漆、橘纹漆、皱纹漆等品种，该类面漆均以其不同的美术效果，提供了特殊的表面装饰效果。

裂纹漆是由硝化棉、颜料、体质颜料、有机溶剂、辅助剂等研磨调制而成的可形成各种颜色的硝基裂纹漆，也正是如此，裂纹漆也具有硝基漆的一些基本特性，属挥发性自干油漆，无需加固化剂，干燥速度快。因此裂纹漆必须在同一特性的一层或多层硝基漆表面才能完全融合并展现裂纹漆的另一裂纹特性。由于裂纹漆粉性含量高，溶剂的挥发性大，因而它的收缩性大，柔韧性小，喷涂后内部应力产生较高的拉伸强度，形成良好、均匀的裂纹图案，增强涂层表面的美观，提高装饰性。

锤纹漆能形成类似锤打花纹的漆，有自干型和烘干型两种，由铝粉、合成树脂、溶剂等制成。喷涂干燥成膜后，漆面呈不规则而微凹的圆斑，美观耐久，广泛用于涂饰仪器、仪表、电器等。裂纹漆、锤纹漆效果效果分别如图 6－1 和图 6－2 所示。

图 6－1　裂纹漆

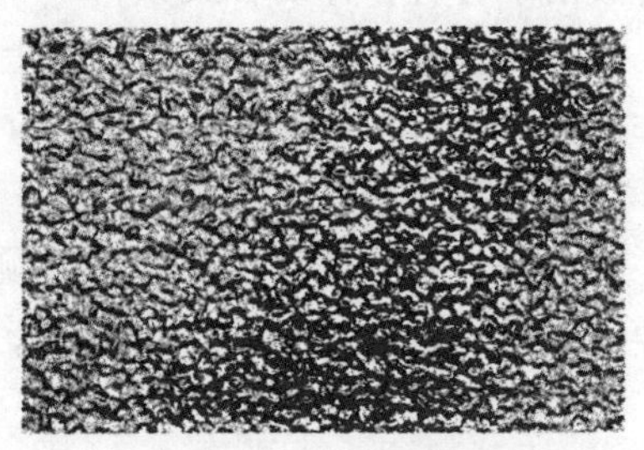

图 6－2　锤纹漆

橘纹漆在被涂物表面能形成具有立体感的凹凸橘纹涂层的建筑涂料，分溶剂型和水性两种。喷涂施工要均匀，才能得到均匀的花纹，花纹大小与喷枪压力、涂料喷出量及涂装距离有关，主要用于装配式建筑、大楼、办公室的混凝土表面、板壁、走廊等的内装饰。

皱纹漆是一种装饰用美术漆，因涂膜上形成美丽均匀的皱纹而得名，其组成成分中含有聚合不足的桐油和较多的钴干料。花纹起伏，所以反光度弱，从而得以掩饰物体表面不太显著的凹凸不平的缺陷，增加美观。当其于燥成膜时涂层表面干得快、里层干得慢而使涂层起皱，并可利用颜料种类和数量的不同来调节花纹的粗细。常用于仪器仪表外壳的涂装。橘纹漆、皱纹漆效果分别如图 6－3 和图 6－4 所示。

图 6－3　橘纹漆

图 6－4　皱纹漆

功能涂料就是能赋予涂膜特殊功能的涂料，包括防火涂料、防污涂料、标志涂料、示温涂料、自清洁涂料、防蚊虫涂料和绝缘涂料等品种。

第二节　色漆常用生产原料

涂料的主要成分包括成膜物质、颜料(包括填料)、溶剂(或水)和助剂，成膜物质在第二~第四章中已详细介绍，此处只介绍颜料、溶剂和助剂。

一、颜料

颜料就是能使物体染上颜色的物质。颜料有不同的分类方法，根据溶解性可分为可溶性颜料和不可溶性颜料；根据主要成分的化学性质可分为无机颜料和有机颜料；根据来源可分为天然颜料和合成颜料等。可溶性颜料也叫染料，可以用溶液直接印染织物。不溶性颜料要磨细加入介质中，如油、水等，然后涂布到需要染色的物体表面形成覆盖层。人类很早就知道使用无机颜料，利用有色的土和矿石，在岩壁上作画和涂抹身体。有机颜料一般取自植物和海洋动物，如茜蓝、藤黄和古罗马从贝类中提炼的紫色。人类首先使用的是天然的颜料，然而随着人类对色相细分的需要不断提高，天然颜料已经难以应付，于是人类通过化学的方法合成出了各种各样的合成颜料。

在涂料工业中，一般不是按照上述几种方法对颜料进行分类的，而是根据颜料在涂料中的作用进行划分，可分为着色颜料、防锈颜料和体质颜料三大类。

(一) 着色颜料

着色颜料就是使涂料带上一定颜色的颜料，它是涂料用颜料中品种最多的一类。着色颜料要求具有良好的遮盖力和着色力，能使涂膜呈现出鲜艳纯正、符合用户要求的颜色。同时，着色颜料还要求物化性质稳定，不溶于水、油和溶剂，耐光、耐热。着色颜料根据其颜色可以分为白、红、橙、蓝、绿、紫、黑、金属光泽和珠光色等类别。

(1) 白色颜料

所有的白色颜料都是无机的，常见的白色颜料有铅白，主要成分是 $2PbCO_3 \cdot Pb(OH)_2$；氧化锌，分子式是 ZnO，俗称锌白；锌钡白，商品名称“立德粉”，主要成分为 60% ZnS/70% $BaSO_4$ 或 60% ZnS/40% $BaSO_4$，其中 $BaSO_4$ 具有菱形晶体结构，ZnS 具有立方体或六边形晶体结构；钛白粉，分子式是 TiO_2，是涂料中最重要的白色颜料，有三种晶体形态，即板钛矿、锐钛矿和金红石。其中，板钛矿不能作为颜料使用，锐钛矿可以作为颜料使用，但是晶格空间大、不稳定、耐候性差，一般用于底漆、内用漆或低档漆中，金红石是最常用的晶体形态，晶格致密、稳定、耐候性好、不易粉化，适合于户外用漆及高档漆。

二氧化钛是一种理想的白色颜料，能抵抗多数的化学物质、有机溶剂，耐热，且具有高折射率，强遮盖力和长耐久性好，但其光敏性降低了某些颜料和几乎全部有机彩色颜料的耐晒性。TiO_2 的性能极佳，价格合适，因此应用极广，是色漆用白色颜料中，用得最多的一种颜料。

(2) 红色颜料

红色颜料的品种很多，常用的无机红色颜料有氧化铁红(Fe_2O_6)、铬红($6CdS \cdot 2CdSe$)和钼酸铅($PbMo_4$)，实际上钼酸盐红颜料的主要成分除了钼酸铅(75% ~90%)外，还含有硫酸铅(6% ~15%)和铬酸铅(10% ~15%)等；有机红色颜料有甲苯胺红、二酮基吡咯并吡咯颜料(DPP)、β－萘酚、BON芳酰胺、苯并咪唑酮、喹吖啶酮、葱酮、二溴蒽酮、皮蒽酮等。

(3) 橙色颜料

常见的橙色颜料有铝铬橙(主要化学成分可表示为 $25PbCrO_4 \cdot 4PbMo_4 \cdot PbSO_4$)、芘酮橙等。

(4) 黄色颜料

常用的黄色颜料有铬酸铅(其化学成分为 $PbCrO_4 \cdot xPbSO_4$，其中 $PbCrO_4$ 约为65%～71%，$PbSO_4$约为26%～60%)，又称为铅铬黄；铬黄(纯品为 CdS 或 CdS/ZnS；若在纯品中加入硫酸钡 $BaSO_4$，则成为填充型铬黄，又称作铬钡黄，成分为 $CdS-BaSO_4$ 或 $CdS/ZnS-BaSO_4$)；氧化铁黄(主要成分是水合三氧化二铁，化学分子式为 $Fe_2O_6 \cdot H_2O[Fe(OH)_2]$)；异吲哚啉酮黄等。

(5) 蓝色颜料

蓝色颜料中以酞菁颜料这类化合物为主。其他类的蓝色颜料有阴丹酮、群青蓝和普鲁士蓝等。

(6) 绿色颜料

常用的绿色颜料有铬绿、氧化铬绿和酞菁绿等。

(7) 紫色颜料

常用的紫色颜料有甲苯胺紫红、二噁嗪紫(商品名称永固紫 RL)两种。

(8) 黑色颜料

常用的黑色颜料有炭黑、黑色氧化铁和苯胺黑等。

(9) 珠光颜料和金属光泽颜料

① 珠光颜料

珠光颜料包括云母粉和金属化合物(如二氧化钛或氧化铁)、鸟嘌呤与次黄嘌呤的天然薄片、碳酸铅和氯氧化铋的晶体等。

珠光颜料成薄片状，透明，其薄片形态使微粒在涂层内容易排列成同一方向，折射率高，能部分传导光线。珠光颜料能使某些光波减弱，其余的光波得到加强。颜料对光线的部分反射和传导形成了彩虹似的光芒，产生类似珍珠闪光的效果，看上去就像变换的色彩。这类颜料也是我们所说的干涉型颜料，较小的微粒可以获得锦缎效果，粗糙的粒子则可以产生闪光效果。

云母钛珠光颜料常应用于汽车涂饰的末道漆，应用中常与透明颜料联合使用以获得灿烂的效果。金红石型二氧化钛可用于提高涂膜耐久性。

② 金属光泽颜料

金属光泽颜料包括铝粉和铜锌粉等品种。

铝粉俗称银粉，其颗粒呈现平滑的鳞片状，呈现银色光泽，具有非常高的遮盖力。在涂膜中由于铝粉颗粒平行于涂膜表面，因此对紫外线、太阳辐射热有良好的反射性，延缓了紫外线对涂膜的破坏。由于鳞片状铝粉颗粒层层叠加，使得涂膜具有屏蔽作用，从而阻止了水、气体和离子透过，所以含铝粉的面漆耐候性优于一般涂料，底漆则增加了涂膜的防锈性能。

铝粉分为“浮型铝粉”、“非浮型铝粉”和“闪光铝粉”，通常与溶剂混合制成铝粉浆供涂料生产使用，称为“铝银浆”。非浮型铝粉颜色发暗，沉于漆液底部，一般用于生产锤纹漆、防锈漆和美术漆等。浮型铝粉颜色银白发亮，漂浮于表面，一般用于生产磁漆、耐热漆或底漆。金属闪光铝粉也属于非浮型，但它比一般非浮型铝粉光泽高，金属质感强，粒径分布窄，在涂膜中呈现平行于涂膜方向定向排列整齐后，呈现从强闪到柔和的系列闪光效果，为涂膜带来特殊的装饰效果，常用于生产汽车漆、摩托车漆及铝塑板涂料。

铝颜料无毒，可用于多种场合。但在用于酸性介质中会释放出氢气，必须加以注意，涂料的光泽和性能也会因此变差。鳞片状铝颜料中的硬脂酸会与作为干燥剂使用的环烷酸盐和松香脂反应，破坏其鳞片状结构，使用时应予以重视。

铜锌粉俗称金粉、铜粉，是铜、锌系合金制成的鳞片状微细粉末。依据两种金属的比例不同，色彩可由黄色到红金色，依粒径大小不同光泽也有差异。

（二）防锈颜料

防锈颜料是防锈涂料的重要组成部分，在涂膜中主要发挥防锈作用各种防锈颜料的性质不同，它们的防锈机理也各不相同，依据防锈机理可将防锈颜料分为三类，即化学防锈颜料、物理防锈颜料和电化学防锈颜料。

（1）化学防锈颜料

化学防锈颜料本身为化学活性物质，依靠化学反应起防锈作用，包括铅系化合物（如红丹）、铬酸盐（如锌铬黄）、钼酸盐（如钼酸锌）、磷酸盐（如磷酸锌）和硼酸盐（如硼酸锌）等。

（2）物理防锈颜料

与化学防锈颜料不同，物理防锈颜料本身具有化学惰性，主要通过屏蔽作用起防锈作用。常用的物理防锈颜料有铁系化合物（如氧化铁红）和鳞片状防锈颜料（如铝粉）等。这些颜料在前面的着色颜料中已有介绍，此处不再重复。

（3）电化学防锈颜料

电化学防锈颜料是通过电化学作用达到其防锈效果的，具体就是电化学防锈颜料本身作为阳极，起阴极保护作用。例如，锌粉用做防锈颜料时就是作为阳极的，且生成的碱式碳酸锌能增加涂膜致密性，也具有屏蔽作用，实际上有两种不同的防锈原理。

（三）体质颜料

体质颜料其实就是颜料增补剂，起填充作用，也称为填料，主要用于降低涂料的成本。但是也能改变涂料性能如流动性（黏度），沉积作用稳定性以及涂膜强度，起到增强涂膜“体质”的作用，故称为体质颜料。大多数体质颜料为白色，粉末状，与常用的黏结剂拥有相近的折射率（1.4～1.7）。与折射率在2.7左右的TiO_2相比，其透明性较好。大多数为天然状态（可能需要提纯），其他的是人工合成的。主要的体质颜料品种有硅酸铝（中国陶土）、硅酸镁（滑石）、硅土、碳酸钙（合成的和天然的）以及硫酸钡（天然－重晶石；合成－沉淀硫酸钡）。

二、溶剂

溶剂型涂料用溶剂，一般都是挥发性的有机溶剂。溶剂的分类方法较多，如按沸点高低可以分为低沸点溶剂、中沸点溶剂和高沸点溶剂；按来源划分，可以分为石油溶剂、煤焦溶剂等；按化合物类型划分，可分为脂肪烃溶剂、芳香烃溶剂、萜烯类溶剂、醇类溶剂、酮类溶剂、酯类溶剂、醇醚和醚酯类溶剂及取代烃类溶剂等八大类。本文采用后一种分类方法进行划分，并对涂料常用有机溶剂的特性及其应用进行概述。

（一）脂肪烃溶剂

脂肪烃溶剂的主要成分是直链状的碳氢化合物，是石油的分馏产物。涂料中常用的脂肪烃溶剂有石油醚和200号溶剂油等。

（二）芳香烃溶剂

芳香烃也称为芳烃，通常是指分子中含有苯环结构的碳氢化合物。由于早期发现的这一类化合物多有芳香味道，所以这些烃类物质被称为芳香烃。芳香烃有不同的分类方法，根据结构的不同，可分为单环芳香烃、稠环芳香烃和多环芳香烃。常见的单环芳烃有苯、甲苯和二甲苯等，常见的稠环芳香烃有萘、蒽和菲等；常见的多环芳香烃有联苯、三苯甲烷等。根据来源不同可分为焦化芳烃和石油芳烃两类。焦化芳烃系由煤焦油分馏而得，石油芳烃系由石油产品经铂重整，催化裂化油及甲苯歧化精馏而得。在涂料工业中使用较多的芳香烃溶剂有苯、甲苯、二甲苯、溶剂石脑油和高沸点芳烃溶剂等。

（三）萜烯类溶剂

萜烯一般指通式为$(C_5H_8)_n$的链状或环状烯烃类。在自然界分布很广，如柠檬油中的苎烯、松节油中的α－蒎烯、β－蒎烯都属此类。萜烯一般为比水轻的无色液体，具有香气，不溶或微溶于水，易溶于乙醇，其含氧化合物如柠檬醛、薄荷脑(薄荷醇)、樟脑等都是重要化工原料和香料，萜烯也可以由一些容易获得的工业原料人工合成。在涂料用的溶剂中，常见的萜烯类物质有松节油、双戊烯和松油。

（四）醇类溶剂

醇类溶剂属于含氧溶剂，是一类重要的涂料用溶剂，它们能提供范围很宽的溶解力和挥发性，很多不能溶于烃类溶剂中的树脂，往往能溶于醇类溶剂等含氧溶剂。醇类溶剂较少单独使用，一般是与其他溶剂混合后得到溶解力和挥发速率都适中的混合溶剂后使用。常用的醇类溶剂有乙醇、异丙醇、正丁醇和二丙酮醇等。

（五）酮类溶剂

酮类溶剂是另一类含氧溶剂。涂料用重要的酮类溶剂有丙酮、甲乙酮、甲基异丁基酮、环已酮和异佛尔酮。

（六）酯类溶剂

酯类溶剂也是含氧溶剂的一种。涂料中常用的酯类溶剂大多数都是醋酸酯，也有少量其他有机酸的酯类。涂料工业中用的最多的一种酯类溶剂是醋酸丁酯和乙酸丁酯。

（七）醇醚和醚酯类溶剂

醇与醇之间发生醚化反应可以得到醚，如果将多元醇和其他醇反应则可以得到醇醚。例如，将乙二醇分别和乙醇和丁醇进行醚化反应可制得乙二醇乙醚及乙二醇丁醚。醇醚分子上的未醚化的羟基，如果与羧酸发生酯化反应，则可以生成醚酯。例如，将乙二醇乙醚及乙二醇丁醚上的羟基再与乙酸进行酯化反应，则会制得乙二醇乙醚醋酸酯及乙二醇丁醚醋酸酯。

除了上面的例子之外，还可以用二乙二醇代替乙二醇，再发生上述反应，则可相应地得到二乙二醇乙醚、二乙二醇丁醚，二乙二醇乙醚醋酸酯及二乙二醇丁醚醋酸酯等。如果以丙二醇代替乙二醇，则会得到丙二醇乙醚、丙二醇丁醚、丙二醇乙醚醋酸酯及丙二醇丁醚醋酸酯等产物。所有这些，都是涂料工业中用到的醇醚和醚酯类溶剂的典型代表。

（八）取代烃类溶剂

取代烃类溶剂在涂料工业中使用较少，通常仅在特殊场合下才能独立使用，其中最有价值的为氯代烃如1，1，1－三氯乙烷及硝基烃如2－硝基丙烷等。

三、助剂

助剂，顾名思义，即是在涂料中起到辅助作用的一些添加剂。既然是起辅助作用，那么助剂在涂料中的用量一般都比较少，只占涂料质量的百分之几，甚至更低。然而用量很低的这些助剂，却给涂料的性能带来了巨大的改变，是涂料性能朝着人们满意的方向发展。“用量虽少，作用巨大”可以说是助剂的一个真实写照。从另一个侧面来看，我们生产时必须严格控制助剂的添加量，少了达不到相应的性能要求，多了则有可能带来一些新的问题，所以关于多加助剂有“花钱买副作用”一说。

涂料用的助剂品种繁多，难以一一进行介绍，此处只简单介绍几类溶剂型色漆中常见的助剂。

（一）润湿剂和分散剂

颜料在漆料中的分散是色漆生产的核心环节，而漆料对颜料表面很好地湿润则是分散过程的基础。颜料被分散设备研磨并被漆料进一步湿润后，还需要稳定地分散于整个分散体系中，这就需要有分散剂的配合。在颜料分散过程中，湿润剂所含有的活性基团吸附在颜料粒子表面，降低了漆料和颜料之间的界面张力，提高了二者的亲和力；减小了漆料和颜料表面的接触角，加速了漆料渗入颜料孔隙并在其表面展布包覆的速度，从面提高了颜料在漆料中的分散速度。

分散剂与湿润剂有点类似，也有一定的湿润作用。此外，分散剂分子在一端与颜料紧密结合的情况下，另一端通过溶剂化作用进入漆料中形成吸附层，吸附层的厚度随着吸附基数量以及锚链长度的增加而增加。吸附层之间通过熵斥力，保持颜料粒子长期稳定地分散在漆料当中，避免颜料的再次絮凝，能提高研磨漆浆和色漆产品的储存稳定性能。

（二）消泡剂

涂料在生产的过程中，会产生许多有害泡沫，需要添加消泡剂以消除泡沫。消泡剂是指具有化学和界面化学消泡作用的添加剂。消泡剂的种类很多，根据成分可划分为天然油脂类消泡剂、聚醚类消泡剂、高碳醇类消泡剂、硅类消泡剂、聚醚改性硅类消泡剂以及新型自乳化消泡剂等，其形态有油型、溶液型、乳液型和泡沫型等四种。一般消泡剂均具消泡力强、化学性质稳定、惰性、耐热、耐氧、抗蚀、溶气、透气、易扩散、易渗透、难溶于消泡体系且无理化影响、用量少、效率高等特点。

消泡剂既可“抑泡”，也能“破泡”。当体系加入消泡剂后，其分子杂乱无章地广布于液体表面，抑制形成弹性膜，即终止泡沫的产生，这就是“抑泡”。当体系大量产生泡沫后，加入消泡剂，其分子立即散布于泡沫表面，快速铺展形成很薄的双膜层，进一步扩散、渗透、层状入侵，从而取代原泡沫薄壁，由于其表面张力低，便流向产生高表面张力的液体，这样低表面张力的消泡剂分子在气液界面间不断扩散、渗透、使其膜壁迅速变薄，泡沫同时又受到周围表面张力大的膜层强力牵引，致使周围应力失衡，导致破泡。不溶于体系的消泡剂分子，再重新进入另一个泡沫膜表面，反复破壁，直至所有泡沫消灭。

（三）防沉剂

防沉剂又称悬浮剂，是一种能改进颜料在漆料中的悬浮性能，防止沉降的助剂，一般分为触变型防沉剂和絮凝型防沉剂两大类。触变型防沉剂能使涂料增稠而呈轻微的触变性，使颜料在储存时不易沉淀，如有机膨润土、二氧化硅气凝胶、氢化蓖麻油、硬脂酸铝及聚乙烯醇等；絮凝型防沉剂是一类界面活性剂，能使颜料微粒与基料间产生可控制的絮凝，使之不易沉淀，并起防止沉淀作用，这类防沉剂有大豆卵磷脂、烷基磷酸酯、烷基苯基磺酸盐、多元醇脂肪酸酯等。

（四）防结皮剂

是一种能够延迟涂料表面结皮的添加剂。它既能够在涂料储存期间防止结皮，又不改变涂料的干性、色泽及气味等，一般可分为酚类防结皮剂和脂类防结皮剂两类。酚类抗结皮剂如邻甲氧基苯酚等为抗氧化剂，本身易氧化成醌式，而使油基漆的氧化结皮受阻。肟类防结皮剂在施工前，能与催干剂的金属离子部分形成络合物，使催干剂失去催干作用，防止结皮，施工后，在成膜过程中，肟类挥发而使络合物分解，则涂料的干性恢复。常见的肟类防结皮剂有丁醛肟、甲乙酮肟和环己酮肟等。

（五）流平剂

涂料中使用的流平剂大致分为聚丙烯酸酯类流平剂、有机硅类流平剂、溶剂型流平剂（如高沸点芳烃、酮、酯、醇类混合物）以及醋丁纤维素流平剂，其中以前两者应用居多。

流平剂是一类能有效降低涂饰液表面张力，提高其流平性和均匀性的物质。它可改善涂饰液的渗透性，能减少刷涂时产生的斑点和斑痕的可能性，增加覆盖性，使成膜均匀、自然。流平剂主要是一些表面活性剂和有机溶剂等，在溶剂型涂饰剂中可用高沸点溶剂或丁基纤维素，在水基型涂饰剂中则用表面活性剂或聚丙烯酸、羧甲基纤维素等。流平剂的使用，能避免刷痕、橘皮、缩孔、针孔等流平不良的弊病，提高涂装质量。

（六）催干剂

催干剂是涂料工业的主要助剂之一，它的作用是加速漆膜的氧化聚合、干燥，达到快速干燥的目的，当前涂料中使用的催干剂基本上都是有机酸的金属皂。使用广泛的有机酸有两种，即环烷酸（萘酸）和异辛酸（2-乙基己酸）。异辛酸制得的催干剂比环烷酸催干剂颜色浅、黏度低、气味小，质量稳定，使用效果好，它们和铅、钴、锰、锌、钙、锆和稀土金属制成的金属皂使用得比较广泛。

第三节　色漆生产工艺

如何把固体的颜料、填料，黏稠的树脂、溶剂和稀释剂这些性状各异的物质变成均匀的、稳定的涂料产品，正是色漆生产工艺要解决的问题。

色漆生产工艺过程是指将原料和半成品加工成色漆成品的物料传递或转化过程，一般由混合、输送、分散、过滤等化工单元操作过程及仓储、运输、计量和包装等工艺手段的组合而成。

色漆的生产工艺，主要包括四大方面的内容，即颜料在漆料中的分散、工艺配方设计与研磨漆浆组成、漆浆的稳定化和配方平衡、基本工艺模式与完整工艺过程。颜料在漆料中的分散是色漆生产工艺的核心问题；对工艺配方设计，本书不做详细讨论，但是研磨漆浆组成对具体的生产操作具有重要的指导作用；当漆浆研磨至达标以后，必须进行漆浆的稳定化处理，同时通过配方平衡得到需要的半成品；选用了色漆生产的设备之后，便可确定其基本工艺模式，加上其他的手段，方可形成完整的工艺过程。

一、颜料在漆料中的分散

色漆的品种众多，但是它们的生产原理基本上是一致的，生产工艺过程也大致相同。在很多外行的人看来，色漆的生产过程就是“把颜料、树脂和溶剂等原料放到分散缸中搅拌均匀就可以了”。然而，色漆的生产并非像外行人士看的那么简单。

如前所述，色漆是由固体粉末状的颜料，黏稠状的液体漆料，稀薄的液体溶剂和少量的助剂组成的。这里要注意的是，这些组分并不是互相溶解形成单一相的溶液，而是得到存在多个相的亚稳态混合物。这样的一个复杂的多相体系，往往是不稳定的；即使在某种情况下稳定，也会由于各种原因而变得不稳定。品质一般的色漆，会因运输、储存以及环境温度变化等原因而出现分层、絮凝等现象，正是色漆本身不稳定的表现。色漆生产工艺的任务，就是要得到相对稳定的产品，也就是将颜料很好地分散到漆料中，形成一个以漆料为连续相、颜料为分散相的稳定的、均匀的非均相分散体系，这里要注意的是，不单单是生产的时候稳定、均匀，而是在生产、储存、涂装和成膜过程都要保持稳定和均匀。

颜料在漆料在漆料分散过程中十分复杂，基本上都要经过润湿过程、解聚过程和稳定化过程这三个步骤。

（一）润湿过程

涂料生产用的颜料一般都是固体粉末，这些固体粉末的表面以及各个粉末颗粒之间，都会包覆着一层空气和水分。颜料要稳定分散于漆料之中，应尽可能减少相界面，以漆料取代空气和水分，以固体粉末和漆料之间的固液相界面替代原来的固气界面和液气界面，有利于体系的分散与稳定。这个以漆料替代空气和水分，对颜料暴露表面进行包覆的过程，我们称为湿润过程。湿润过程是色漆分散过程的一个重要前提。

（二）解聚过程

我们在涂料厂看到的颜料，和在颜料厂生产出来的颜料，虽然成分基本一致，但是在颜料粒径方面却是不一样的，在颜料生产时得到的颜料颗粒，我们称之为原级粒子，粒径较小，一般在 0.005 ~1μm 之间，这样的颜料颗粒如果直接用来生产色漆，那么产过程将会变得很轻松。然而这些原子粒子并不能直接进入涂料生产环节，而是经过干燥、干磨、沉淀熟化、贮存、运输等过程之后才到达涂料生产环节，而此时大部分的颜料原级粒子会团聚成附聚体和聚集体。这里所说的附聚体是指不同的原级粒子之间以边和角相连接，结合成结构松散的大的颜料粒子团；聚集体则指不同的原级粒子间以多面相结合或晶面成长在一起而形成的结构紧密的大的颜料粒子团。附聚体和聚集体统称为二次粒子。在分散过程中，如果仅仅是二次粒子的表面被漆料湿润了，那么这些二次粒子在漆料中难以均匀、稳定，因为二次粒子粒径较大、比表面积较小。所以在色漆生产过程中往往通过施加外力的方式把这些二次粒子还原为原级粒子或接近于原级粒子的小颗粒，以增大颜料颗粒的比表面积，提高颜料分散后的均匀性和稳定性。在生产实际中，一般是施加一个机械力，这种借助外加机械力，将颜料附聚体和聚集体恢复成或接近恢复成其原级粒子的过程，称为解聚过程。

（三）稳定化过程

颜料的二次粒子被外加机械力解聚以后，将会露出更多的粒子表面，这些表面被漆料所湿润，湿润后的小粒径颜料颗粒被大量的漆料分隔开来，彼此之间距离增大，吸引力减小，避免了已解聚颗粒的重新聚集。这种已解聚并被漆料所湿润的颜料颗粒被大量的、连续的不挥发成膜物（实际上是成膜物的溶液）长时间地分散开来，使得分散体系即使在没有外加机械的情况下，也不会出现颜料粒子重新聚集成大颗粒的过程，称为稳定化过程，分散体系的稳定化是色漆生产的最终目的，这三个过程不是独立存在的，而是同时或者交替进行的。

二、工艺配方设计与研磨漆浆组成

我们平时所说的涂料配方，指的是涂料的标准配方，也称为技术配方或基本配方，可以理解为涂料产品的组成及其配比以及所能达到的性能指标。涂料的标准配方，一般是涂料技术工作者根据用户对漆液和涂层性能的要求以及各种原料的性质与价格，经过理论分析和实验研究，选择合适的原料，并确定其适宜配比后得到的技术性成果。本文不会重点讨论涂料的标准配方的设计，仅对标准配方做简单的介绍。

（一）涂料标准配方

涂料的标准配方一般都包括九方面的内容，分别是：产品型号或企业内部代号、产品名称或商品名、色卡名称及其编号、原料名称、原料规格、原料的用量、各种原料在配方组成中占的比例(质量分数)、产品控制的技术指标以及必要的说明，如表6-2所示。

表6-2　涂料标准配方实例

原料名称		规格	数量/g	用量/%
组成	酚醛磁漆料	60%	100	80.78
	钛白粉	锐钛型	20	16.16
	炭黑	低色素	0.8	0.65
	深铬黄	合格	0.10	0.08
	蓖麻油酸锌	合格	0.50	0.40
	环烷酸钴液	4%	0.1	0.08
	环烷酸锌液	6%	0.7	0.56
	环烷酸锰液	6%	1.0	0.81
	硅油	1%	0.6	0.48
	二甲苯	1%	适量	
	合计		126.80	100.00
控制指标	按HG/T 3349—2003的规定指标执行		备　注	按内贸色卡16号色刷板自干后调色

（二）涂料工艺配方

涂料的标准配方决定了色漆产品的最终组成，对色漆生产产生了重大的指导意义。然而，在实际的涂料生产过程中，并不是根据标准配方中所规定的原料数量把全部原料加到一起进行分散。究其原因，可以归纳为以下两个方面。

（1）生产规模

标准配方一般通过实验室研究确定，实验室的设备都是小型的，生产规模远小于车间中的实际生产设备。通过实验室研究得到的标准配方中全漆质量较小，一般都在1kg左右，而实际的生产设备的生产规模大得多，　般都在1t以上，有的甚至达到10t。因此，标准配方用于生产时，必须先扩大一定的倍数，以适应实际生产的需要。

（2）生产效率方面

以标准配方的比例加料进行分散，则分散体系中颜料的含量较低，分散效率难以提高。假设在分散时不是把所有的原料都加进去，而是把全部的颜料加到部分的漆料中进行分散，那么体系中的颜料含量就会比较高，分散效率也随之提高。在生产实际中，其实就是这样进行的，以较高的颜料含量进行分散，待颜料达到要求的分散细度之后，再把分散合格的颜料浆以及配方中该加而未加的原料加入到调漆罐中进行调制，形成最终产品。

在上述的生产过程中，实际上是把标准配方中的原料放大一定倍数之后分为两部分，全部的颜料及部分的成膜物、溶剂和助剂等是第一部分，这部分的原料先用合适的研磨分散设备进行研磨分散；第二部分的原料包括部分的成膜物、溶剂和助剂等，用于调制最终产品。这种在保证标准配方规定的各种原料配比的前提下，将投料量按比例扩大并将物料分成研磨漆浆加料(第一部分)和调色制漆加料(第二部分)两部分后所形成的配方，就是我们要谈的工艺配方或称生产配方，工艺配方是直接用于色漆生产的指令性技术文件。

标准配方和工艺配方都是涂料生产的重要文件。两者内容不同，作用各异。标准配方可以看成两部分工艺配方的加和，也就是说研磨漆浆加料和调色制漆加料之和需要和标准配方要求的各组分的加料量相等。

工艺配方设计的工作内容，就是将原料分成研磨漆浆加料和调色制漆加料两部分、形成两个工艺配方以指导生产实际，一般首先确定研磨漆浆的组成(即研磨漆浆中颜料和固体树脂及溶剂的适宜配比)，也就是确定研磨漆浆的加料量，而总量中其余的加料量就是调色制漆的加料量。

研磨漆浆的组成与颜料品种、研磨分散设备以及研磨制浆方式有关，此外，合理的研磨漆浆组成有利于颜料二次粒子的解聚，从而提高色漆生产研磨效率。因此，两个工艺配方的确定并不是随便的事情，而是涂料科研工作者根据工程经验并不断探索才能完成的重要工作。

(三) 研磨漆浆组成

研磨漆浆的组成问题，也就是研磨分散工艺的工艺配方问题。在色漆生产的研磨分散工艺中，常见的做法是把各种颜料分别研磨，然后再在调色制漆工艺中进行颜色的调配。之所以分别研磨不同的颜料，主要是为了提高研磨分散的效率。颜料品种很多，前面已有详细介绍，此处不再重复。不同的颜料特性各异，有些较易分散，有些很难分散；有些纯度很高，有的杂质较多。这些特性各异的颜料如果混在一起研磨，必然会造成互相影响的后果。如黑色厚漆的制备工艺中，一般先把炭黑和油料预混合并研磨至细度在 20 ~ 60μm 范围，然后再加入重钙，继续研磨至细度达到 60μm，这样即可得到预期产品。但是如果把炭黑和重钙一起加到油料中同时研磨，则得到的产品呈现深灰色而非黑色，之所以不能得到预期的产品，主要是因为重钙的颗粒大，硬度大，较难研磨，炭黑虽容易研磨，但是在大颗粒重钙的“保护”作用下，得不到充分的研磨，因而无法充分发挥其着色力。此外，不同的颜料都有一个适合自己的研磨漆浆组成(这一点将在后面介绍)，单颜料研磨容易满足这个组成，而多颜料研磨则很难满足所有的颜料在组成上的需求，因此，色漆生产的漆浆研磨步骤一般采取单颜料磨浆的方式，以提高效率，降低成本。

本书所讨论的研磨漆浆组成，是基于单颜料研磨的工艺进行讨论的。在实际生产时，并不是绝对没有多颜料研磨的情况，但是单颜料研磨是基础，只要掌握了单颜料研磨漆浆组成的确定方法，也能较好地理解多颜料研磨漆浆的组成，因此，本书拟不讨论多颜料研磨的漆浆组成。

如前所述，某一种颜料的研磨漆浆组成和研磨分散设备是相关的。高速分散机、砂磨机和三辊研磨机是色漆生产过程中最常用的三种研磨分散设备，此处只讨论此三种设备的研磨漆浆组成的确定方法，其他的研磨分散设备暂不讨论。

(1) 高速分散机及其研磨漆浆组成

高速分散机(图 6－5、图 6－6)是涂料用研磨分散设备中结构最简单的一种，它可以和砂磨机配合使用做颜料的预混合设备，也可以单独使用作为超细颜料的研磨分散设备。工作时，高速分散机的电动机的转动经过无级变速后，带动主轴以一定的速度转动，主轴下端装有分散叶轮，叶轮的高速旋转对物料产生混合和分散作用。高速分散机的机头可借助油压升降并可绕立柱体呈270°或360°旋转，因此一台分散机可以配备6～4个预混合罐或分散缸，交替进行分散作业。按照安装方式的不同，高速分散机可分为A、B两种型式，A型为落地式，适用于移动式容器；B型为台架式，适用于安装在楼板或操作平台上的固定容器使用。

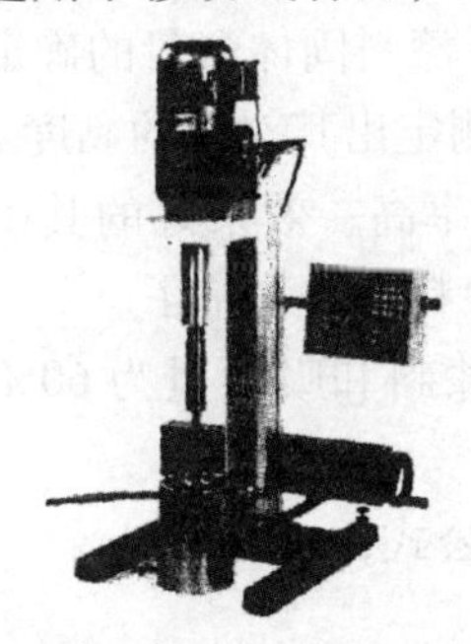

图6－5　实验用高速分散机图

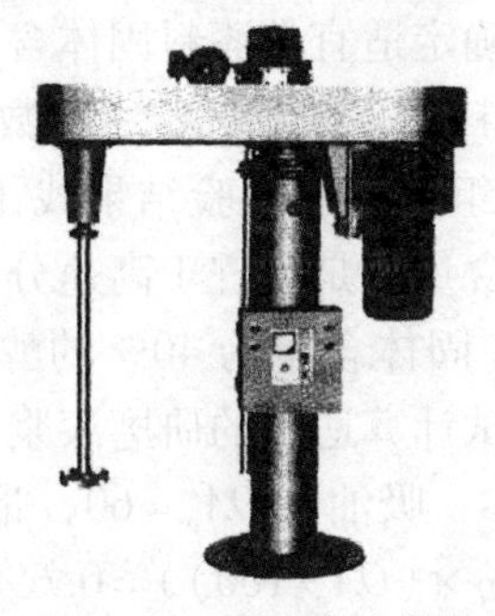

图6－6　生产用高速分散机

图6－7　分散叶轮

高速分散机中最关键的部件就是分散叶轮（如图6－7所示），通常为锯齿型叶轮，在叶轮的过边缘上交替弯出齿型，倾斜角为沿切线成20°～40°，每个齿的立缘面可产生强冲击作用，齿外缘面推动物体向外流动，形成循环与剪切力。实际上，齿附近的物料一部分向内减速滑过齿内缘面，强化了剪切作用，漆料循环到齿附近，不断受到加速和减速，在黏度剪切下被分散。叶轮转速一般为25m/s以上，分散膨胀型漆料可低至25m/s。物料能否循环对分散效果极为重要。即使具有相同的线速度，小叶轮也比大叶轮效果差，原因是循环作用不完全，外部物料不能循环到分散区域，加大叶轮直径或改变叶轮型式，可改善物料循环状态。高速分散机结构简单，操作维护保养容易，清洗方便，生产效率高，使用灵活，预混合分散及调漆皆可使用。随着新型高速分散机设备（如双轴双叶轮高速分散机、快慢轴高速分散机等）的出现，其应用范围日趋扩大。

高速分散机用于颜料分散时，要求分散缸中的研磨漆浆呈层流状态，研磨漆浆黏稠度很高。理论上，这种高黏稠度漆浆的形成既可以采取高黏度漆料也可以采取高颜料含量，或是两种情况兼而有之，但实际的生产经验告诉我们，采取较低固体含量的中等黏度漆料和高颜料含量的组合方式是比较理想的，因为此时效率较高、能耗较低，符合经济要求。

实验证明，漆料中树脂的固体含量应不低于15%，此外，为了保证在调色制漆阶段研磨漆浆的稳定性，研磨漆浆中树脂的固体含量和用于调漆的树脂的固体含量不宜相差太远，因此建议漆料固体含量在20%～65%范围内。在此漆料中添加足够的颜（填）料，制得的高黏稠度的研磨漆浆，在剪切速率为$400s^{-1}$的情况下，黏度值约为60Pa·s时，较为合适。

根据生产实际中使用高速分散机进行漆浆研磨的实际数据，古根海姆（Guggenheim）经过分析后导出了漆料固体含量（NV），漆料的黏度（η）和加氏—柯氏吸油量（OA_c）与最适宜的漆料—颜料质量比的关系，如式（6－1）所示。

$$W_V/W_P=(0.9+0.69NV+0.25\eta)\times(OA_c/100) \qquad (6-1)$$

式中　W_V——漆料的质量，kg；

W_P——颜料的质量，kg；

NV——漆料的固体含量，%；

η——漆料的黏度，Pa·s；

OA_c——加德纳－柯尔曼吸油量(亚麻油 kg/100kg 颜料)。

式(6－1)表明 W_V/W_P 之比，以 0.9(OA_c/100)项为基础增加了两个修正项：一项是 0.9 ×(OA_c/100)，另一项是 $0.25\eta\times(OA_c/100)$。这两项都是随着漆料固体含量和黏度的降低而导致研磨漆浆中漆料量与颜料量之比 W_V/W_P 降低，即研磨漆浆中颜料分的提高。而且在树脂相对分子质量固定的前提下，式中的漆料黏度实际上是随着漆料的固体含量的变化而变化的，因此确定最佳配比的关键是确定适宜的漆料固体含量。关于漆料固体含量的确定，我们可以在固体含量为 20% ~65% 漆料中，任意选定一组数据，并测定出其对应的黏度。

代入式(6－1)计算其研磨漆浆组成，由实验结果找出分散效率高、效果好的其中一种到几种组成，那么对应的漆料固体含量就是适宜于高速分散机的漆料固体含量了。

【例 6－1】以黏度为 0.5Pa·s，固体含量为 40% 的醇酸树脂漆料和吸油量为 60% 的颜料，用高速分散机制备研磨漆浆，试计算适宜的研磨漆浆组成。

解：$\because NV=40\%$，$\eta=0.5$Pa·s，吸油量 $OA_c=60$，带入上述公式，

$W_V/W_P=(0.9+0.69NV+0.25\eta\times(OA_c/100))=0.6906$

∴ 研磨漆浆总量 = 1.6906

研磨漆浆组成：基料量：0.6906 ×0.4 = 0.1561，占总量：11.26%

溶剂量 = 0.6906 ×0.6 = 0.2642，占总量：16.84%

颜料量 = 71.96%

可以看出，每生产 100kg 的研磨漆浆，需要加入 11.26kg 的基料树脂，16.48kg 的溶剂和 71.96kg 的颜料，但是一般情况下，生产厂家不会使用 100% 固含量的的基料进行生产，涂料中都含有溶剂，因此添加颜料时必须扣除溶剂的添加量，如表 6－3 所示。

表 6－3　研磨漆浆组成

质　　料	用量/kg	质料	用量/kg
50% 固体含量的醇酸树脂漆料	22.46	颜料	71.96
溶剂	5.61	合计	100.0

(2) 砂磨机及其研磨漆浆组成

砂磨机(图 6－8、图 6－9)又称珠磨机。在其固定圆筒粉碎室内，装有数个旋转研磨盘以及各类研磨体，利用旋转研磨盘带动研磨体运动，研磨体之间摩擦产生的剪切力进行研磨。常用的研磨体有渥太华砂、玻璃珠、钢珠或陶瓷小球等。

图 6－8　实验用砂磨机

图 6－9　生产用砂磨机

由于旋转研磨盘和研磨体都高速旋转并发生摩擦，研磨漆浆温度必然升高，为了防止溶剂和乳液等受热带来的不良影响，研磨室采用强制冷却。砂磨机可分为卧式砂磨机及立式砂磨机。砂磨机进行研磨时一般加入溶剂或水，即为湿式研磨。

砂磨机是一种广泛应用于涂料、化妆品、食品、日化、染料、油墨、药品、磁记录材料、铁氧体、感光胶片等工业领域的高效研磨分散设备，与球磨机、辊磨机、胶体磨等研磨设备相比较，立式砂磨机具有生产效率高、连续性强、成本低、产品细度高等优点。

关于砂磨机研磨漆浆组成的确定，1946 年丹尼尔(Daniel)提出了通过颜料流动点的方法，确定卧式球磨机的研磨漆浆的最适宜组成(事实上卧式球磨机的研磨漆浆组成也适用于砂磨机)；后来道灵(Dowling)又在实践中发展了丹尼尔流动点的方法，提出在丹尼尔流动点测定法基础上的修订原则，使该方法的适用范围可以扩展到高速分散机、高速冲击磨多方面领域。T. C. 巴顿在此基础上又发展了“砂磨机研磨漆浆组成的实用配方区域图”，能更简捷地确定研磨漆浆的组成。

以丹尼尔流动点法为基础的确定砂磨机研磨漆浆组成的方法虽然是基础性的方法，但是操作起确实烦琐。为简化起见而发展起来的“砂磨机研磨漆浆组成实用配方区域图”，在实际工作中更为简捷而实用，本节将介绍此方法。

如图 6－10 所示，“砂磨机研磨漆浆组成实用配方区域图”，呈正三角形，故又简称为“三角坐标图”。该图中，三角形左斜边表示研磨漆浆中颜料的质量分数；右斜边表示研磨漆浆中溶剂的质量分数；底边有两个含义，一是表示研磨漆浆中纯固体树脂的质量分数，二是表示研磨漆浆中漆料的固体含量。

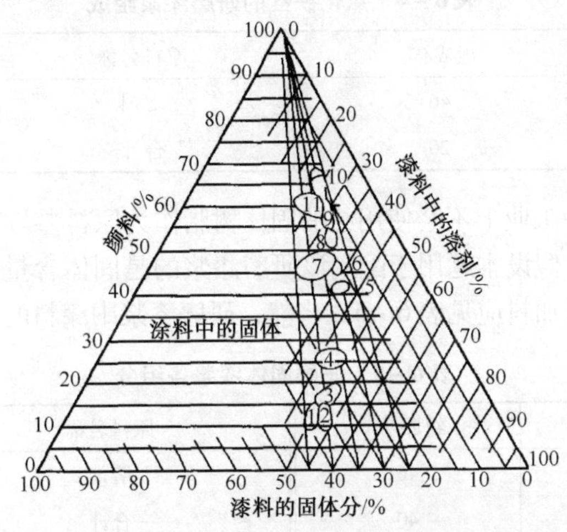

图 6－10　砂磨机研磨漆浆组成的实用配方区域图

1—酞菁蓝、酞菁绿；2—炭黑；3—铁蓝；4—甲苯胺红；5—锡红；6—氧化锌；7—铁红；8—细填料，9—钛白；10—粗填料；11—铬黄、铬绿等

三角形共有 11 个区域，标出了 11 类颜料在图中的位置。每类颜料可包括多种颜料，如区域 11，包括了柠檬黄、浅铬黄、中铬黄、深铬黄、钼铬橙、铬绿等多个品种；区域 8 及区域 10 的填料也不止一种。该图所涵盖的颜料种类较多，图的适用范围比较宽，在工业实际中应用较广。

三角形中有四组线，第一组线是一组和三角形底边平行的平行线，该组平行线与左斜边相交；第二组线是一组和三角形左斜边平行的平行线，该组平行线与右斜边相交；第三组线是一组和右斜边平行的平行线，该组平行线与底边相交；第四组线是一组由三角形顶点出发，与底边相交的直线(互不平行)。

下面我们通过一个具体的例子来介绍“砂磨机研磨漆浆组成实用配方区域图”在确定砂磨机研磨漆浆组成中的应用。

【例6-2】请通过“砂磨机研磨漆浆组成实用配方区域图”确定铁红颜料的砂磨机(或者卧式球磨机)的研磨漆浆组成。

解：如图6-6所示，铁红颜料在图中处于区域7的范围内。虽然在区域中任意选一点都能代表铁红，但是为了叙述方便，本题选取区域7的中心来代替铁红。

第一步，过区域7的中心，做一条直线和底边平行，并与三角形的左斜边交于一点，该点读数为“46”，说明在100份(质量)研磨漆浆中，氧化铁红占46份(质量)。

第二步，过区域7的中心，做一条直线和左斜边平行，并与三角形的右斜边交于一点，该点读数为“64”，它表示在100份(质量)研磨漆浆中，溶剂占64份(质量)。

第三步，过区域7的中心，做一条直线和右斜边平行，并与三角形的底边交于一点，该点读数为“20”，说明在100份(质量)研磨漆浆中，纯固体含量的树脂占20份(质量)；

第四，过三角形的顶点和区域7的中心，作一条直线，向三角形底边方向延长并与三角形的底边交于一点，该点读数为“67”，说明以上述纯固体树脂20份(质量)和溶剂64份(质量)混合而成的漆料的固体含量为67%。

于是，对氧化铁红而言，其砂磨机研磨的研磨漆浆组成见表6-4，同时可知道，研磨漆浆中漆料的固体含量为67%。

表6-4　氧化铁红的研磨漆浆组成

原料名称	组成/%	原料名称	组成/%
铁红	46	溶剂	34
纯固体醇酸树脂	20	合计	100

与高速分散机类似，工业上不会使用纯的固体树脂作为原料参与颜料研磨，而是使用含有一定量溶剂的树脂溶液。假设本题用于配制该研磨漆浆的是固体含量为50%的醇酸树脂溶液，则研磨漆浆中各组分相对加料应见表6-5，当然，研磨漆浆中漆料的固体含量仍然是67%。

表6-5　研磨固体漆浆各组分

原料名称	组成/%	原料名称	组成/%
铁红	46	溶剂	14
100%固体含量醇酸树脂液	40	合计	100

由例6-2的解题过程可知，运用“砂磨机研磨漆浆组成实用配方区域图”确定砂磨机和卧式球磨机的研磨漆浆组成是十分方便的，且实验也证明了其结果是较准确的。

按照例6-2的方法，可以很快地把图中所示的所有颜料的砂磨机研磨漆浆组成都算出来。假设都是通过各区域的中心来确定组成，则查图的结果如表6-6所示。

表6-6　砂磨机研磨漆浆的配方组成

颜料名称	颜料/%	固体树脂/%	溶剂/%	树脂固体/%
酞菁蓝，酞菁绿	12	68	50	46
炭黑	12	65.5	52.5	40

续表

颜料名称	颜料/%	固体树脂/%	溶剂/%	树脂固体/%
甲苯胺红	17	66	50	40
铁蓝	25	27	48	66
铁红	41	17	42	29
氧化锌	46	16	68	60
铁红	46	20	64	67
细填料	52	15	66	61
钛白粉	61	12	27	61
粗填料	67	10	26	60
铬黄，铬绿	60	15	25	67.5

注：上述含量指的都是质量百分含量。

值得注意的是，在“砂磨机研磨漆浆组成实用配方区域图”中，代表某一类颜料的都是一个区域而不是一个点。那么在实际应用时到底是选取区域中的哪一个点作为确定砂磨机研磨漆浆组成的基准点是需要考虑的。一般而言，各区域的中点基本适合于中油度醇酸树脂；而对天然树脂漆料和长油度醇酸树脂漆料等湿润性能稍强些的漆料，宜选择区域中偏上方的位置；对于环氧树脂漆料和丙烯酸酯树脂漆料等湿润性能稍差的漆料，宜选择区域偏下方的区域。根据上述经验得到的结果一般来多都比较合适，即便如此，在生产实际中仍然需要对上述查图结果进行实验验证并根据实际情况进行适当的调整，以确保砂磨机研磨的研磨分散效率。

（3）三辊机及其碾磨漆浆组成

三辊机是高黏度物料的最有效的研磨、分散设备，主要用于各种油漆、油墨、颜料、塑料、化妆品、肥皂、陶瓷、橡胶等液体浆料及膏状物料的研磨，如图6－11和图6－12所示。

图6－11　实验用三辊机图

图6－12　生产用三辊机

三辊机有二个辊筒安装在一个铁制的机架上，中心在同一平面上。这三个辊筒可水平安装，也可稍微倾斜安装。三辊机通过水平（或稍微倾斜）的三个辊筒的表面相互挤压及不同速度而产生的摩擦而取得研磨分散的效果。钢质滚筒可以中空，并通冷却水进行冷却，避免物料过热。物料在中辊和后辊之间加入。由于三个滚筒的旋转方向不同，转速也不同（转速从后向前顺次增大），能产生巨大的剪切和挤压作用，既能很好地解聚二次粒子，也能使漆料渗透进入颜料的细小孔隙，强化润湿作用，因此具有很好的研磨分散作用。物料经研磨后被装在前辊前面的刮刀刮下，进入收集容器。

通常情况下三辊机的辊筒材质为冷硬合金铸铁离心铸造而成，表面硬度达 HS70°以上，且辊筒的圆径经过高精密研磨，精确细腻，能使物料的研磨细度达到 15μm 左右，因此能够生产出均匀细腻的高品质颜料浆产品。

通常用于三辊机的漆料的固体分在 70% ~100%，相应黏度在 2 ~100Pa · s 的范围内变化。漆料可以是不含溶剂的 100% 的成膜物质，也可以是含有一定量溶剂的树脂溶液。例如，100% 固体含量的聚合亚麻油（η = 1. 2Pa · s）是典型的不含溶剂的漆料；70% 固体含量的醇酸树脂漆料（η = 2. 0Pa · s）是典型的含溶剂的漆料。为了提高三辊机的效率，往往是将尽量多的颜料加入含溶剂或不含溶剂的漆料中，在不影响研磨漆浆从预混合盆流入三辊机的后辊和中辊间的加料缝中，并能从刮刀架上顺利刮下，而流入调漆盆中的情况下，所加的颜料越多，效率越高。

（四）工艺配方设计

如前所述，色漆生产通常分为两个阶段进行。第一个阶段为研磨分散阶段，目的是提供一定的条件以达到最佳的颜料分散效果；第二个阶段为调漆阶段，目的是补加其他组分并进行稀释及调整，使最终色漆产品的组成符合标准配方规定的配比，并使产品符合产品技术要求。因此，色漆生产的工艺配方总是要分为研磨漆浆加料和调色制漆加料两部分。

由物料守恒可以知道，当我们由研磨漆浆组成确定了研磨漆浆加量后，相应的调色制漆加料量也相应确定了。

因此，在标准配方的基础上设计工艺配方，可依以下程序进行。

（1）首先确定研磨分散设备的种类及规格以及生产工艺过程及配料罐、调漆罐等设备的容器规格。

（2）研磨漆浆制造的力式，常见的有三种。

① 采取“单颜色磨浆法”制备各色单颜料漆浆，并储存于色浆罐中，然后以调色漆浆混合配漆的方法生产色漆产品。

② 采取“多种颜（填）料磨浆法”制造混色漆浆（同时研制调色漆浆），然后以调色漆浆调色再用调漆的方法生产色漆产品。

③ 采取“综合颜料磨浆法”在两条研磨分散生产线上同时制备多种颜（填）料漆浆和单色漆浆，最后在调漆罐中，调制色漆产品。

（3）综合考虑上述研磨制浆方法，原料的分配方式的影响及设备容量大小，将“标准配方”规定的配方数量，进行投料量的扩大计算。

（4）运用上述的研磨漆浆适宜组成的确定方法，确定研磨漆浆（以及调色漆浆）的组成，包括颜料、漆料及溶剂加料量。

（5）计算出调色制漆工艺阶段的加料数量。

（6）根据助剂本身的要求，确定助剂的添加时间，如在研磨分散时加入，或在调色制漆阶段加入，然后把配方量的助剂量分别列入“研磨漆浆加料”及“调色制漆加料”中。

这样，不同阶段的工艺配方的设计工作就完成了。

三、漆浆的稳定化和配方平衡

如前所述，色漆的生产过程可分为研磨分散和调色制漆两个阶段。经研磨分散并达到该工艺阶段技术要求的研磨漆浆可转移到后续的调色制漆工序。按照该工序工艺配方的要求，补加规定数量的漆料、溶剂及助剂，经搅拌均匀后制得到色漆产品。所得到的色漆产品，各组分的配比应符合标准配方的规定，并具有合适的黏度，一定的固体含量和良好的稳定性。调漆阶段的工作内容包括调整颜色，平衡配方以及通过正确的加料方法对研磨漆浆进行稳定化处理。事实上，在色漆生产实践中，调漆阶段补加物料的实质就是对研磨漆浆进行稳定化处理，这一点往往不能引起人们的重视，于是，在个别调漆工序中，在完全依照调漆工艺配方进行补加物料的前提下，依然会出现涂料产品质量下降的情况，有时甚至把研磨漆浆体系的稳定性完全破坏，最后导致涂料产品不合格。

上述问题的出现，并不是工艺配方计算出了错，而是因为前一个工序得到的研磨漆浆和调漆阶段添加的调漆用漆料之间的性质差异造成的，性质差异越大，后果越严重。这里所说的性质，包括组成、黏度、表面张力、温度以及其他方面的性质等。

合格的色漆产品，实际上是一个复杂的分散体系，一方面它是以颜料为分散相，以漆料为连续相的分散体系；另一方面它还是以溶剂为连续相，以树脂为分散相的胶体分散体系（肉眼可能看不出来，但是实际上树脂并非溶解于溶剂中，而是以胶体的形式存在）。进行色漆生产，目的就是获得一个均匀的、稳定的混合分散体系，这个分散体系在生产时要稳定，在贮存、运输以及施工时也需要稳定。当然，绝对的均匀是不可能的，也是不必要的，但是绝对存在的不均匀性必须是可控的，否则会导致色漆产品性能的严重下降。色漆产品的稳定性，除了受到色漆配方本身以及原料的性质影响之外，还受到生产工艺等方面的影响，下面将探讨色漆在稳定性不良方面常见的一些表现形式及其工艺根源，并将归纳出合理的操作方式。

（一）稳定性不良的常见表现形式

（1）树脂析出

树脂析出也称为树脂沉淀，是调漆过程中常见的一种稳定性不良的形式。涂料用合成树脂对溶解它的有机溶剂都有一定的容忍度，树脂溶液（即漆料）的固体含量在允许范围内，树脂可以溶解，低于此范围树脂便会从溶液中析出（或者说就沉淀出来）。这里要注意容忍度和溶解度的区别，我们都学习过溶解度的概念，知道溶剂越多，所能溶解的溶质就越多，但是容忍度却不一样，溶剂太多，溶质太少，反而会导致溶质（树脂）的析出（沉淀）。在调漆过程中，如果操作不当，就会出现树脂析出的现象。下面以一个具体的例子来说明树脂析出现象是如何发生的。

图 6－13 所示是用三辊机研磨分散一种醇酸树脂磁漆的加工过程示意图。

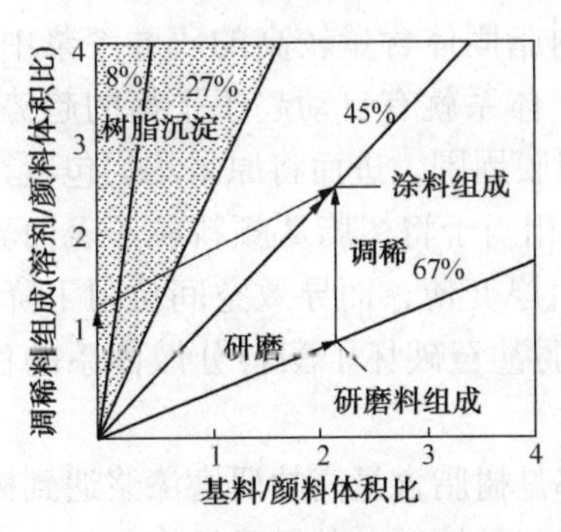

（a）有光漆用三辊机的制备途径

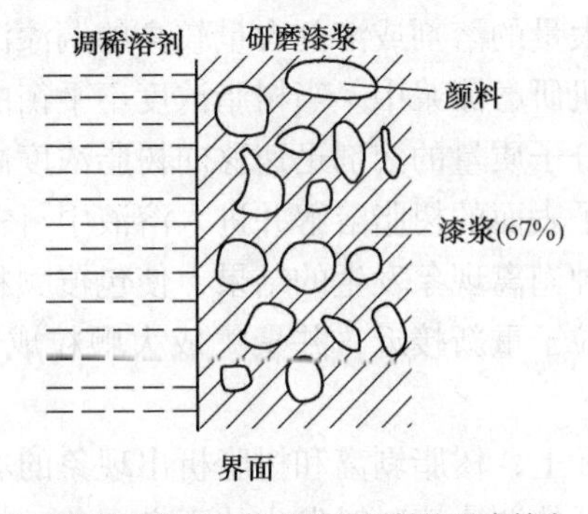

（b）调稀溶剂对界面的浸透作用，使基料从颜料粒子中抽出

图 6－13　醇酸树脂磁漆加工过程示意图

如图 6－13 所示，该产品的研磨漆浆中的漆料是固体含量为 67% 的醇酸树脂溶液。该树脂在 200 号油漆溶剂油中的稀释极限是固体成分不低于 27%，由于所制得醇酸磁漆中相

应的醇酸树脂漆料的固体含量为45%[图6-13(a)]，这种色漆产品的组成应当是在树脂呈良好溶解状态的安全范围内，理论上不应该存在树脂析出的现象。

但是在调漆阶段，如果稳定化处理的方法不得当，操作不合理，也有可能导致局部区域树脂的固体含量低于27%，而使树脂析出，体系的稳定性破坏。

假设将含颜料的研磨漆浆缓缓加到装有溶剂的搅拌罐中。在开始调稀时，罐中溶剂的树脂含量为零。随着研磨漆浆的加入，稀释溶剂中的树脂含量增加。由于开始时树脂含量低于其对溶剂的容忍度，所以树脂含量在0~27%的范围内将析出。在进行溶解的时候，为了加速溶质溶解，往往施以一定的搅拌。但是这样的方法绝对不能用于处理树脂析出问题，因为任何强有力搅拌都只会加速沉淀的产生而不是溶解。当体系中树脂含量高于27%后，继续添加研磨漆浆，过程就会朝着相反的方向进行，即树脂溶解而不会沉淀，最后那些析出了的树脂又重新溶解，最终漆料达到45%的固体含量。虽然沉淀了的树脂最终会全部溶解，体系中漆料的固含量也会达到45%，但是这样的操作却已经破坏了体系的稳定性，降低了产品的质量，因为在此过程中，树脂的暂时析出会使原来已经包覆有树脂膜的颜料粒子间的空间位阻降低，彼此接近，有可能聚集在一起而发生不可逆的颜料絮凝。

当然，以上仅仅是一种假设，实际生产中不会将研磨漆浆加入溶剂中，也不会将含有颜料的研磨漆浆加入溶剂含量较高的油料之中。实际的操作恰恰相反，是将溶剂或溶剂含量较高的漆料在搅拌情况下，缓缓加入含有颜料的研磨漆浆之中，以保证体系中树脂在漆料中的固含量不低于27%，从而避免树脂析出的发生。但即便如此，若调漆操作不当，如在未开动搅拌的情况下，向研磨漆浆中加入溶剂，尽管体系搅拌均匀后，所加入的溶剂不会导致研磨漆浆中漆料的固体含量降低到其容忍度下限以下，但是局部区域的漆料被大量溶剂冲稀，也有可能造成其固体含量低于容忍度下限，这时，该区域的树脂完全有可能析出，从而导致颜料絮凝，分散体系破坏等一系列不利现象发生。

这里两种成分(即研磨漆浆和调稀料)的差异是组成上的差异，主要体现在树脂含量上的巨大差异。这样的差异导致了树脂析出这种常见的不稳定情况的发生。

(2) 树脂剥离

树脂剥离也称为颜料析出，是指已分散好的研磨漆浆中，包裹在颜料表面的树脂被溶剂迅速溶解，而脱离颜料表面进入溶液之中的现象。

当大量的溶剂或溶剂含量较高的调漆漆料，加入少量树脂固体含量较高的研磨漆浆中，如三辊机研磨漆浆中。当树脂浓度不平衡的两相相接触时，体系就有自动趋于平衡的趋势，小相对分子质量的溶剂迅速移向树脂浓度高的颜料粒子包覆膜周围，进而将原来均匀包覆在颜料粒子表面的树脂溶解并进入溶液中[图6-13(b)]，即相当于将树脂从颜料粒子表面剥离，这种剥离现象发生的结果，使包覆颜料粒子的树脂膜由厚变薄，而导致空间位阻下降，使颜料粒子重新接近，并聚集成大颗粒成为可能，因此削弱甚至破坏了颜料分散体系的稳定性。

实际上，树脂剥离和树脂析出现象的本质是一样的，都是树脂含量高的研磨漆浆遇到树脂含量低的调漆漆料时发生的不良现象。如果调漆漆料中溶剂足够多，差异足够大，发生的是树脂剥离，如果研磨漆浆中溶剂足够多，发生的就是树脂析出。而在生产过程中，如果操作不当，这两种情况有可能同时存在，树脂先被剥离，然后由于在漆料中的固含量低于容忍度而沉淀出来。

（3）溶剂迁移

溶剂迁移也称做溶剂扩散，是一种树脂固体含量较高的漆料加入溶剂含量较高的研磨漆浆中时容易发生的稳定性不良现象。

当一种树脂固体含量较高的漆料加入溶剂含量较高的研磨漆浆(如砂磨机或球磨机的研磨漆浆)中时，由于化学势存在差异，这两种浓度不同的漆料有互相扩散、趋于均一的要求，于是两种漆料中的树脂和溶剂都分别从浓度高的一方向浓度低的另一方扩散。众所周知，小分子的溶剂的迁移速度远远高于大分子的树脂，所以实际上穿越界面的基本上都是溶剂分子，所以这样的调漆过程可以认为是溶剂从溶剂含量高的漆料(这里是研磨漆浆)快速向溶剂含量低的漆料(这里是调漆漆料)中转移，而树脂和颜料则没有发生转移，溶剂迁移后使得研磨漆浆中原来相距较远的颜料粒子的距离逐渐拉近，直至接触、互相挤压，最终会导致颜料的返粗。

这里两种成分(即研磨漆浆和调稀料)的差异是组成上的差异，主要体现在溶剂含量上的巨大差异，这样的差异导致了溶剂迁移这种常见的不稳定情况的发生。

（4）树脂聚集

在讨论树脂聚集这个概念之前，我们先来讲述一个生活中的例子，我们在用大米熬粥时，如果粥快熬好的时候发现水少了，往往需要向锅中加水。有经验的人会往锅里加热水，没有经验的人可能会往锅里加冷水。如果加的是冷水，一个意想不到的情况发生了，那就是加冷水之后的粥分层了，被煮透了的大米沉到了锅底，上层则是“固含量”很低的粥水。当然，这不是我们所希望看到的，我们熬粥一般都是希望得到均匀的粥。

我们都知道，树脂在溶剂当中并不是溶解为溶液的，而是以胶体的形式存在，这些胶体如果受到强有力的搅拌，就会分散成更细小的胶束，如果搅拌停止，那么这些细小的胶束会重新聚集。在调色制漆过程中，如果研磨漆浆和调漆漆料的温度、勃度以及表面张力等方面也存在较大差异，就会出现上述“熬粥加冷水”的情况。如将一种低温的高黏度的漆料和一种低黏度的漆料相混合，如果此时搅拌不足，其中的树脂就会呈聚集状态存在，出现树脂的粗胶粒。此时，色漆分散体系中颜料的分散情况是良好的，但是树脂却出现了不良的稳定性，所以得到的色漆产品的质量也是不良的。因此，在生产中，除了要注意前面提到的关于颜料的稳定性不良情况外，还需要避免树脂聚集这种不良现象的发生。

（二）稳定后处理的措施

前面谈到了四种色漆稳定性不良的常见表现形式，我们在生产中需要避免这些不良现象的发生，才能保证色漆产品的质量，为此，在生产中需要按照下列的措施对研磨漆浆进行稳定化处理(同时也是调色制漆的过程)。

（1）将研磨漆浆首先加入调漆罐中并在从始至终的有效搅拌下，均匀而缓慢地逐步加入需要补加的漆料、溶剂、助剂等组分。这样可以避免混合不均及加入的组分因局部增量太大，而导致组分性质差异太大所造成的各种导致稳定性破坏的现象，如溶剂或低树脂含量的漆料加入高树脂含量的研磨漆浆中，导致树脂析出或树脂剥离，或高树脂含量的漆料加入低树脂含量的漆浆中，导致溶剂迁移，以及高黏度漆料加入低黏度漆料中，导致的树脂聚集现象。

（2）按照先补加调漆用漆料，再补加入调稀用溶剂的加料顺序进行调漆。如果需要补加两种漆料时，需根据实际情况，采取合适的加料顺序，如对于三辊机研磨分散漆浆，由于该漆浆中的漆料属于高树脂含量漆料，故应先加入较高树脂含量的漆料，再加入较低树脂含量的漆料，以避免树脂剥离现象的发生。与此相反，对于砂磨机、球磨机的研磨漆浆，由于这两类漆浆中的漆料都属于低树脂含量的漆料，故应先加入较低树脂含量的漆料，再加入较高树脂含量的漆料，以避免溶剂迁移或树脂聚集现象的发生。

(3) 对于需要补加漆料和溶剂的情况，还可以用另一种方法进行调漆，即先将溶剂在有效的搅拌下，均匀缓慢地加入调漆用高树脂含量漆料中，变为树脂含量较低的树脂溶液，再按上一步的"补加两种漆料"的方式进行调漆。这样也可降低由于溶剂的加入而导致研磨漆浆中原已包覆在颜料粒子表面的树脂剥离的风险。

(4) 对于砂磨机研磨漆浆或卧式球磨机研磨漆浆等低树脂含量的研磨漆浆的稳定后处理，向其中补加高树脂含量漆料时，一般是在有效搅拌下缓慢而均匀地补加漆料，以避免因溶剂迁移而导致的分散体系稳定性降低。有时为了安全起见，会在确定研磨漆浆组成时有意地适当提高研磨漆浆的树脂含量，以减小研磨漆浆中漆料和调漆漆料中树脂含量的差异。

(5) 当色漆使用两种或两种以上溶剂时，尽量在研磨漆浆中使用高沸点溶剂。这主要出于两方面的考虑。其一，由于在同系溶剂中，其扩散速度大体上与溶剂相对相对分子质量的平方成反比，即相对分子质量越小，扩散速度越快。因此以低相对分子质量(低沸点)的溶剂配制的高溶剂含量的砂磨机研磨漆浆或球磨机研磨漆浆，比用高相对分子质量(高沸点)的溶剂制备的研磨漆浆造成调漆时更容易发生溶剂迁移这种稳定性不良的现象。其二，在同系溶剂中，相对分子质量小的溶剂比相对分子质量大的溶剂更容易挥发，在研磨时选用高相对分子质量(高沸点)溶剂可减少溶剂的挥发损失和降低对环境的污染(相对低相对分子质量溶剂而言)。

(6) 尽量避免将温度和黏度等性质相差很大的调漆漆料和研磨漆浆直接混合。如将一种温度低而茹度又较高的漆料直接加入砂磨机研磨漆浆或球磨机研磨漆浆等低树脂含量(低黏度)漆料组成的研磨漆浆中，往往会产生树脂聚集或溶剂扩散现象，从而导致树脂分散不良或颜料分散不良等稳定性方面的问题。解决此类问题的正确方法是将待加入的漆料在向研磨漆浆加入前做钻度及温度等方面的调整，尽量缩小研磨漆浆和调漆漆料的性质差异。

(7) 当用于调制复色漆的调色浆经储存后黏稠度太大时，应先通过搅拌作用搅拌均匀并破坏其触变性，如果必要的话可加入部分漆料将其调稀，待黏度合适后再加入研磨漆浆中调整颜色。

(8) 为保证实际加料量与工艺配方加料量不出现允许误差范围以外的偏差，同时确保即使出现错误操作也有据可查，在调漆时要准确计量各种物料的加料数量，且要做好复核及记录。

(三) 配方平衡

如前所述，每个色漆产品都有自己的一个标准配方，而在具体生产过程中这个标准配方又被划分为两个指令性文件，即研磨漆浆工艺配方和调色制漆工艺配方。不管色漆生产的过程简单还是复杂，不管漆浆研磨阶段采取了什么样的设备和工艺，最终都要在调色制漆阶段保证每批产品的加料量符合标准配方所规定的比例，亦即两个工艺配方所规定的总量，这样的一个过程称之为配方平衡。配方平衡看上去似乎很简单，只要严格按照工艺配方加料量加料即可。但是由于受到各种因素影响，在生产实际中并非如此简单，下面我们来讨论一下配方平衡的主要工作内容。

依据调色制漆加料配方的规定的数量和符合漆浆稳定化要求的加料方式，将调漆时需补加的物料逐项加入研磨漆浆中，但是这一步需要考虑上一步工序(即研磨漆浆工序)加料量的波动，并根据波动的情况对调漆加料量做适当调整。这里所说的波动，可能是由于生产时更换花色品种带来的，如用砂磨机进行研磨分散时，当需要更换花色品种时，往往需要用一部分漆料经供浆泵输入砂磨机筒体，把筒体内残存的漆浆排除，那么这部分先加进去砂磨机的漆料，就必须从调漆工艺配方中减去，否则最终产品中漆料就超量了；也可能是由于误操作带来的，如工人在称量时多加或少加了，那么在调漆阶段就必须根据前面的记录从调漆工艺配方中减少或者增加相应的数量。

在生产色漆时，产品的颜色需要和标准颜色相一致。由于每批颜料的颜色、着色力等可能稍有区别，上一工序颜料的加料量也可能稍有误差，为了达到标准颜色的要求，调色时加入的调色漆浆的量往往与调色制漆工艺配方所规定的数量不完全相同，多加入或少加入一部分调色漆浆。少加入一部分调色漆浆的情况对配方平衡影响较少，此处不予讨论。下面来看多加入调色漆浆的情况。出于调色制漆时尽量减少调色漆浆加料的考虑，调色漆浆的颜料含量总是比较高的，这些调色漆浆的超量部分，若要调整颜基比，就要补加相应当漆料；而补加相应漆料后，又需视漆料量，补加相应当催干剂或交联树脂等。

由于大多数的色漆产品配方中的颜基比都不是一样的，如果我们对超量的调色漆浆进行颜基比调整时，都要把颜基比调整到和所生产的色漆的颜基比一致，那么在生产实际中每一个品种都需要重新计算加料量，工作量大，不符合生产实际，在现实中难以做到。但是颜基比调整对配方平衡来说又是必须的。为了既保证平衡配方的科学严谨，又使操作成为切实可行，涂料工作者找到了一个折中的方法。即在对每一种超量调色漆浆进行补加漆料量计算（以及与其相关的催干剂及交联剂等的计算）时，不是将其颜基比调整到符合正在生产的色漆产品的颜基比，而是调整到与其颜色相同的色漆产品的颜基比。例如，在生产醇酸树脂磁漆时，若加入的红色调色漆浆超量的话，那么对这部分红色调色漆浆进行补加漆料计算时，是将其调整成红色醇酸磁漆的颜基比，对其他颜色的调色漆浆来说也是一样的，对每一种颜色的调色漆浆来说，其补加组分的量与其超量的数值的比例是固定的。于是，只要把每一种常用的调色漆浆的补加组分与色浆超量数值的比例做成一张表格，操作工人就可以根据表格简单、准确地进行颜基比调整了。

四、基本工艺模式与完整的工艺过程

所谓色漆生产工艺过程是指将原料和半成品加工成色漆成品的物料传递或转化过程，是混合、输送、分散、过滤等化工单元操作过程及仓储、运输、计量和包装等工艺手段的有机组合。通常，总是依据产品种类及其加工特点的不同，首先选用适宜的研磨分散设备，确定基本工艺模式，再根据多方面的综合考虑，选用其他工艺手段，进面构成全部色漆生产工艺过程的。

（一）基本工艺模式

通常色漆生产工艺流程是以色漆产品或研磨漆浆的流动状态、颜料在漆料中的分散性、漆料对颜料的湿润性及对产品的加工精度要求等四方面的考虑为依据，首先选定过程中所使用的研磨分散设备，从而确定工艺过程的基本模式的。

依据产品或研磨漆浆的流动状况可将色漆分为易流动、膏状、色片和固体粉末状态等四种类型。常见的易流动的产品或研磨漆浆有磁漆和头道底漆等；常见的膏状产品或研磨漆浆有腻子和厚浆状美术漆等；常见的色片有硝基色片和过氯乙烯色片等；常见的固体粉末状态产品有各类粉末涂料等。

按照在漆料中分散的难易程度可将颜料分为细颗粒而易分散的合成颜料、细颗粒而难分散合成颜料、粗颗粒的天然颜料和填料、微粉化的天然颜料和填料以及磨蚀性颜料等五大类。常见的细颗粒而易分散的合成颜料有钛白粉、立德粉、氧化锌等无机颜料及大红粉、甲苯胺红等有机颜料，它们的原级粒子的粒径皆小于1μm，且比较容易分散于漆料之中。常见的细颗粒而难分散合成颜料有炭黑和铁蓝等，它们的原级粒子的粒径也属于细颗粒型的，但是其结构及表面状态决定了它们难于分散在漆料之中。常见的粗颗粒的天然颜料和填料有天然氧化铁红(红土)、硫酸钡、碳酸钙、滑石粉等，它们的原级粒子的粒径约5~40μm，甚至更大一些。常见的微粉化的天然颜料和填料有超微粉碎的天然氧化铁红、沉淀硫酸钡、碳酸钙、滑石粉等，其原级粒子的粒径为1~10μm，甚至更小一些。常见的磨蚀性颜料有红丹及未微粉化的氧化铁红等，它们对研磨设备有一定的磨蚀作用。

按照漆料对颜料的湿润性，可将漆料分为湿润性能好、湿润性能中等以及湿润性能差等三大类。常见的湿润性能好的漆料有油基漆料、天然树脂漆料、酚醛树脂漆料及醇酸树脂漆料等；常见的具有中等湿润性能的漆料有环氧树脂漆料、丙烯酸树脂漆料和聚醋树脂漆料等合成树脂漆料；常见的湿润性能差的漆料有硝基纤维素溶液、过氯乙烯树脂等。

按照对产品加工精度的不同，可将色漆分为低精度、中等精度和高精度等三类。所谓低精度是指产品细度在40μm以上；中等精度是指产品细度在15~20μm；高精度是指产品细度在15μm以下。

我们在选用研磨分散设备时，必须综合考虑上述四方面的因素。以天然石英砂、玻璃珠或陶瓷珠子为分散介质的砂磨机，对于细颗粒而又易分散的合成颜料、粗颗粒或微粉化的天然颜料和填料等易流动的漆浆，都是高效的分散设备，其生产能力高，分散精度好，能耗低，噪声小，溶剂挥发少，结构简单，便于维护，能连续生产，因此，在多种类型的磁漆和底漆生产中获得了广泛的应用。但是，它不适用于生产膏状或厚浆型的悬浮分散体，用于加工炭黑等细颗粒而难分散的合成颜料时生产效率低，用于生产磨蚀性颜料时则易于磨损，这些因素都应在选用设备时结合具体情况予以考虑。

球磨机同样也适用于分散易流动的悬浮分散体系，曾是磁漆生产的主要设备之一，它适用于分散任何品种的颜料，对于分散粗颗粒的颜料、填料、磨蚀性颜料和细颗粒又难分散的合成颜料有着突出的效果。卧式球磨机由于密闭操作，故适用于要求防止溶剂挥发精度的漆浆及经常调换品种花色的场合。

三辊机生产能力一般较低，结构较复杂，手工操作劳动强度大，敞开操作，溶剂挥发损失大，故应用范围受到一定限制，但是它适用于高黏度漆浆和厚浆型产品的特点为砂磨机和球磨机所不及，因而被广泛用于厚漆、腻子及部分厚浆状美术漆的生产。三辊机易于加工细颗粒而又难分散的合成颜料及细度要求为5~10μm的高精度产品。目前对于某些贵重颜料，一些厂家为充分发挥其着色力、遮盖力等颜料特性，以节省用量，往往来用三辊机进行研磨。由于三辊机中不等速运转的两辊之间能产生巨大的剪切力，导致高固体含量的漆料对颜料润湿充分，从而有利于获得较好的产品质量，因而被一些厂家用来生产高质量的面漆。除此之外，由于三辊机清洗换色比较方便，也常和砂磨机配合应用，用于制造复色磁漆用的少量调色浆。

至于双辊机轧片工艺，则仅在生产过氯乙烯树脂漆及黑色和铁蓝色硝基漆色片中应用，以达到颜料能很好地分散在塑化后树脂中的目的。然后靠溶解色片来制漆。

研磨分散设备的类型是决定色漆生产工艺过程的关键。选用的研磨分散设备不同，工艺过程也不同。例如，砂磨机分散工艺，一般需要在附有高速分散机的预混合罐中进行研磨漆浆的预混合，再以砂磨机研磨分散至细度合格，输送到制漆罐中进行调色制漆制得成品，最后经过滤净化后包装、入库完成全部工艺过程。由于砂磨机研磨漆浆黏度较低易于流动，大批量生产时可以机械泵为动力，通过管道进行输送；小批量多品种生产也可用容器移动的方式进行漆浆的转移。球磨机工艺的配料预混合与研磨分散则在球磨筒体内一并进行，研磨漆浆可用管道输送(以机械泵或静位差为动力)和活动容器运送两种方式输入调漆罐调漆，再经过滤包装入库等环节完成工艺过程。三辊机研磨分散得到的漆浆较稠，故一般用换罐式搅拌机混合，以活动容器运送的方式实现漆浆的传送，为了达到稠厚漆浆净化的目的，有时往往与单辊机串联使用进行工艺组合。

实际上，只要选定了研磨分散设备，工艺过程的基本模式也就初步形成了。目前常见的基本工艺模式有砂磨机工艺、球磨机工艺、三辊机工艺和轧片工艺四种，下面将简单的介绍。粉末涂料多以热熔混合法生产，工艺过程较独特，将在“粉末涂料”一章中单独介绍。

(1) 砂磨机工艺

如图6－14所示，是砂磨机工艺流程之一这是以单颜料磨浆法生产白色磁漆或以白色漆浆为主色漆浆，调入其他副色漆浆，而制得多种颜色磁漆产品的工艺流程。现以酞菁天蓝色醇酸调合漆生产为例，将其工艺过程概述如下：

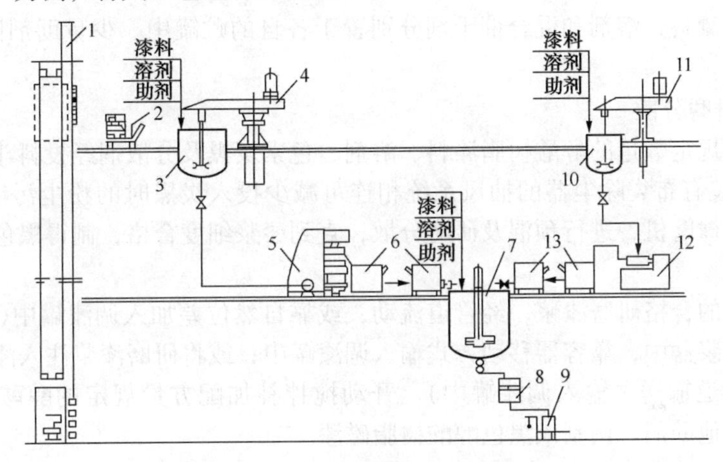

图6－14　砂磨机工艺流程示意图

1—载货电梯；2—手动升降式叉车；3—配料预混合罐(A)；4—高速分散机(A)；5—砂磨机；6—移动式漆浆盆(A)；7—调漆罐；8—振动筛；9—磅秤；10—配料预混合罐(B)；11—高速分散机(B)；12—卧式砂磨机；13—移动式漆浆盆(B)

① 备料

将色漆生产所需的各种袋装颜料和体质颜料用叉车送至车间，用载货电梯提升，手动升降式叉车运送到配料罐A(配制白色主色漆浆用)和配料罐B(配制酞菁蓝调色浆用)。

将醇酸调合漆料、溶剂和混合催干剂分别置于各自的贮罐中贮存备用(图6－14中未表示出漆料、溶剂及催干剂贮罐)。

② 配料预混合

按工艺配方规定的数量将漆料和溶剂分别经机械泵输送并计量后加入配料预混合罐中，开动高速分散机将其混合均匀，然后在搅拌下逐渐加入配方量的白色颜料和体质颜料，提高高速分散机的转速，进行充分的湿润和预分散，制得待分散的主色漆浆。

③ 研磨分散

将白色的主色漆浆以砂磨机(或砂磨机组)分散至细度合格并置于移动式漆浆盆中，得到合格的主色研磨漆浆。

同时将配料预混合罐 B 中的酞菁蓝色调色漆浆，以砂磨机分散至细度合格并置于移动式漆浆盆中，得到合格的调色漆浆。

④ 调色制漆

将移动式漆浆盆中的白色漆浆，通过容器移动或机械泵加压管道输送的方式，依配方量加入调漆罐中。在搅拌下，将移动式漆浆盆中的酞菁蓝调色漆浆逐渐加入其中，以调整颜色。待颜色合格后补加配方中漆料及催干剂，并加入溶剂调整黏度，以制成合格的酞菁天蓝色醇酸调合漆。

⑤ 过滤包装

经检验合格的色漆成品，经振动筛净化后，进行磅秤计量、人工包装、入库。

(2) 球磨机工艺

① 备料

将该产品生产所需要的色素炭黑用叉车送至车间，用载货电梯及手动升降式叉车运送到球磨机附近。

将醇酸树脂漆料，溶剂和混合催干剂分别置于各自的贮罐中。少量助剂则由桶装暂存，以备投料时使用。

② 配料及研磨分散

将工艺配方规定数量的醇酸树脂漆料、溶剂、色素炭黑及分散剂经投料斗一并加入球磨机中(投料斗与装有布袋除尘器的抽风系统相连可减少投入炭黑时的粉尘污染)。封闭球磨机加料口，启动球磨机，进行预混及研磨分散，直到漆浆细度合格，制得黑色研磨漆浆。

③ 制漆

将球磨机中的合格研磨漆浆，经管道流动，或靠自然位差加入调漆罐中(也可将研磨漆浆注入移动式漆浆盆中，靠容器移动方式输入调漆罐中；或将研磨漆浆注入漆浆盆中后，经机械泵加压及管道输送，输入调漆罐中)。开动搅拌补加配方量规定的醇酸树脂漆料、溶剂、催干剂及其他助剂，调制成黑色醇酸树脂磁漆。

④ 过滤包装

经检验合格的色漆产品，经振动筛净化后，进行磅秤计量、人工包装、入库。

(3) 三辊机工艺

以红氨基醇酸烘漆生产为例，其工艺过程如下：

① 备料

将短油度醇酸树脂漆料、氨基树脂溶液和溶剂，分别置于各自的贮罐中，贮存备用。将配方所规定的颜料备齐，准备投料。

② 配料预混合

按工艺配方规定的数量，将短油度醇酸树脂漆料、溶剂及颜料加入配料盆中，置于换罐式搅拌机中混合均匀，至无干粉状物并使颜料湿润良好。

③ 研磨分散

将装有混合好漆浆的配料盆，用起重工具(电动葫芦或升降叉车等)运送到三辊机上，进行漆浆的研磨分散。三辊机可以单台研磨，也可以两台串联。为对稠厚漆浆进行净化，细度合格的研磨漆浆置于移动式漆浆盆中。

④ 调漆

用容器移动的方式将研磨漆浆加入调漆罐中，补加工艺配方中规定数量的短油度醇酸树脂液、氨基树脂溶液及助剂，并加入溶剂调整勃度，制得红氨基醇酸烘漆成品。

⑤ 过滤包装

经检验合格的色漆成品经振动筛净化后进行磅秤计量、人工包装、入库。

(4) 轧片机工艺

轧片机工艺流程示意图如图 6-15 所示。现以黑色过氯乙烯树脂漆生产为例，将其工艺过程概述如下。

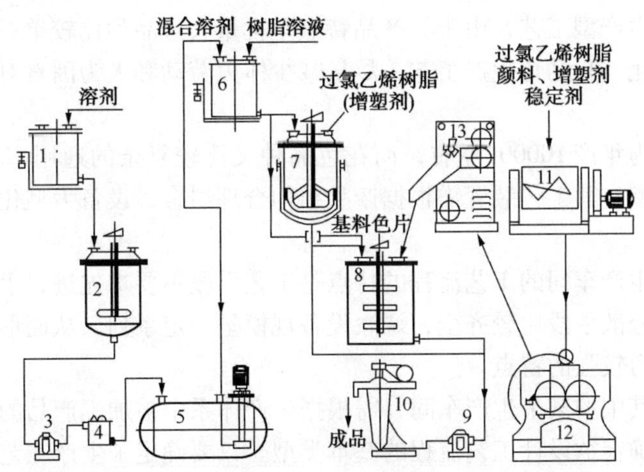

图 6-15 轧片机工艺(过氯乙烯树脂漆)流程示意图

1—溶剂计量罐；2—溶剂混合罐；3—齿轮泵(A)；4—过滤器；5—混合溶剂贮罐；6—计量罐；7—树脂溶解罐；8—调漆罐；9—齿轮泵(B)；10—高速分散机；11—捏合机；12—双辊炼胶机；13—切粒机

① 树脂溶解

在搪瓷树脂溶解罐中加入配方量的混合溶剂，在搅拌下慢慢加入过氯乙烯树脂并升温到60℃左右，保持溶解制得透明的过氯乙烯树脂溶液备用。

同时将配方中所需的硬树脂也制成树脂溶液经过滤净化后备用(图 6-15 中未表示出该部分)。

② 色片轧制

色片轧制也即颜料分散过程。首先将工艺配方规定数量的过氯乙烯树脂、增塑剂、稳定剂、炭黑等加入捏合机中，进行捏合。

将混合均匀的物料加入双辊机进行树脂塑化及颜料分散。将轧制好的颜料色片割离下来，冷却后经切粒机切成颜料色片颗粒。

③ 调漆

依工艺配方规定的数量，按顺序依次将过氯乙烯树脂溶液、色片、增塑剂、硬树脂溶液、溶剂及醇酸树脂溶液加入调漆罐中进行混合，调整黏度制得色漆成品。

④ 过滤包装

经检验合格的成品漆，经高速分离机过滤净化后输入包装罐，由磅秤计量、人工包装、入库。

(二) 完整的工艺过程

如上所述，选择了研磨分散设备就决定了色漆工艺过程的基本模式，但是要形成完整的工艺过程，还需要选定诸如仓储、输送、计量和包装等工艺手段。由于这些工艺手段的不同，使得同一基本模式的不同工艺过程彼此不同，甚至有较大的差别。仓储、输送、计量和包装等工艺手段一般要通过综合考虑欲生产的产品规模大小、品种花色的复杂程度、合理组织生产所需要的工艺特点以及车间布局等诸方面的因素，并经过精心设计才能最终选定。在设计色漆生产工艺过程时，以下几方面往往是设计者要反复考虑的问题。

（1）工艺流程的基本类型

工艺流程的基本类型通常可分为大规模专业化生产型、通用型和小批量多品种型三种。

大规模专业化生产型工艺，由于其产品特点是批量大且品种比较单一，适于设计成规模化、连续化、密闭化、自动化生产工艺，尽量减少体力劳动和人为因素对质量的干扰，充分提高劳动生产率。

生产规模通常为年产10000t左右，而花色品种又比较复杂的通用型工艺是我国目前涂料工业中常见的类型。其工艺装置需根据产品结构合理组合，设备大型化及系列化需综合考虑，不能强求一致。

小批量多品种生产车间的工艺流程的特点是工艺手段不要求先进，手工操作较多，体力劳动较大，但研磨分散手段比较齐全，调漆设备规模呈一定系列，从而形成对产品批量大小及品种变化适应能力较强的特点。

涂料工厂或者其中的某个生产车间，需根据生产体系中被加工产品的生产规模及品种和花色的复杂程度，确定欲设计工艺流程的基本类型。只要确定了生产工艺的基本类型，那么选择哪些工艺手段，形成具备什么特点的生产工艺流程的方向也就明确了。

（2）原料的储存与输送方式

色漆生产所需要的原料品种繁多，如各种树脂、溶剂、颜料和助剂等。这些原料有些是液态的，有些是固态的，有些是易燃易爆的，也有些是有毒的。针对不同特点的原料，在选择贮存与输送方式的时候就必须考虑到这些原料的特点，不同的贮存与输送方式也将形成不同的工艺过程。例如，色漆制造所使用的颜料和填料等粉状物料，可以采用仓库码放、袋(桶)装运输、磅秤计量、人工投料的方式；也可采用散装槽罐车运输(或袋装粉料先经破袋进仓)、气力输送或机械输送、自动秤计量、自动投料的方式进行，这些不同的方式的组合使得工艺过程互不相同。同样，漆料、溶剂等液体物料可以采用桶装码放、起重工具(如电动葫芦和升降叉车等)吊运、磅秤计量、人工投料的方式；也可以采用储罐贮存、机械泵加压经管道输送及计量罐称量或流量计计量投料的方式，这同样导致工艺过程的明显不同。

这些不同的方式我们不能简单地用“好”与“不好”来评判，关键还是看“适合”还是“不适合”。例如，小批量多品种车间无论是粉料和液体物料都宜选用磅秤计量和人工投料的方式进行，这样才能适合生产灵活多变的要求；中等规模的通用型车间，液体物料可以使用流量计计量、电子秤计量或由安装在传感器上的配料罐(制漆罐)直接计量的方式，以减少操作烦琐程度，减轻体力劳动和提高计量精度；而粉状颜料、填料由于品种较多、包装繁杂，可以沿用起重工具吊装、人工计量投料的方式，当然也可以选用较先进的其他方式；对于大规模专业化的生产，一般都会选用先进的方式，如粉末状的颜料、填料采用散装槽罐车运输(或袋装粉料先经破袋进仓)、气力输送或机械输送、自动秤计量、自动投料的方式，漆料、溶剂等液体物料采用贮罐贮存、机械泵加压经管道输送及计量罐称量或流量计计量投料的方式等。

综上所述，在设计工艺过程时应根据工厂或者车间的具体情况选择合适的储存与输送方式的组合，盲目追求先进的工艺手段而不顾自身的实际情况是不合理的。

(3) 品种花色的复杂程度

在色漆生产的研磨分散过程中，变换品种及花色比较困难，而市场又要求涂料厂提供颜色尽量丰富的色漆产品。因此，如何尽量简化生产，又最大限度地满足用户对多品种花色的需求，也是设计色漆生产工艺时要认真考虑的一个方面。

(4) 产品的填充和包装手段

包装过程是色漆产品人库前的最后一道工序，可供采用的罐装方法大致可以分为三种：

① 人工灌漆，磅秤计量，人工封盖，贴签和搬运入库。

② 采用填充机(或称罐装机)计量装听，封盖，其余操作由人工进行。

③ 使用“供听→检查→罐漆→封盖→贴签→传送→码放”一系列操作自动完成的包装线。

当前国内采用较多的是第一种方法，该方法设备简单，投资少，灵活方便，但装量受操作者熟练程度和责任心的制约较大，体力劳动较重。第二种方法以机械灌漆代替人工计量，是当前应当推广应用的方法，投资及占地增加不大，但对提高罐装质量有明显的效果。第三种方法适于在大规模专业化的自动生产线上选用。

(5)平立面的设计

设备的平立面布置是影响色漆工艺的一个重要因素。流程设计是各项工程设计的基础，但是设备平立面布置的不同又反过来导致工艺流程的变化，对三辊机工艺及球磨机工艺这个问题并不明显，而对砂磨机工艺则较为突出，即同样的工艺手段组合，由于采取不同层次的立体车间布置或单层平面布置，都会因物流方向和物料输送方式的变化使最终的工艺流程繁简不一。

目前国内的涂料厂绝大多数采用的都是单层平面布置，也有少量的企业采用了立体车间布置，如2005年被国际涂料巨头阿克苏·诺贝尔收购了涂料业务的广州涂易得涂料有限公司的乳胶漆生产车间就属此例。

综上所述，可以看出，研磨分散设备的选用，决定了色漆生产工艺的基本模式，而辅以其他工艺手段的组合应用才最终形成了彼此不同的完整的工艺过程。而选用设备以及其他工艺手段及组合的依据，则是产品的品种结构，产量大小以及所追求的工艺特点。设备一旦选定、完整的工艺过程一旦形成，就会对日后的生产计划安排、正常的工艺技术管理、产品质量监督以及由此而导致的技术经济水平起着明显的作用。工艺过程形成后也不是一成不变的，涂料工作者应在生产实际中认真观察，勤于思考，勇于发现问题和解决问题，并不断改进已有的生产工艺，提高生产效率和产品质量。

第四节　溶剂型色漆的喷涂涂装技术

一、喷涂装置

常用喷涂装置由喷涂室、加压喷涂装置、空气压缩机、油水分离器和喷枪组成。

(一) 喷涂室

为了避免清漆、涂料对于环境和操作者的危害，涂装施工必须在密闭的空间中进行。喷涂室就是专门设置的喷涂装置的密闭空间，在其中可以进行有空气喷涂和高压无气喷涂两种操作。喷涂室按照喷涂工件的工作状态分为转盘式喷涂室、通过式喷涂室和围护型实体结构喷涂室三种；按照漆雾处理方式的不同又分为干式喷涂室和湿式喷涂室。

(1) 转盘式喷涂室

转盘式喷涂室如图6-16所示，适用于单件小批量产品的涂装。喷涂时，应保持干式喷涂室通风装置的良好状态，定期维修设备，以保持引风机有足够的风量供给；操作者应站在引风气流同方向的旋转工作台背向室门开口的一侧，室内的溶剂蒸气和雾化涂料可随着上送下吸式引风气流进入引风口被抽出室外；转盘式喷涂室的推拉式门在涂装过程中的开口宽度要适宜，避免轴流式引风在室内产生涡流，使飞散的雾化涂料在室内积聚。由于喷涂过程中，漆雾会附着在地面、转盘等地方，因此，干式喷涂室应时刻保持内壁、转盘应保持清洁，使用后，应及时清理溅落的涂料并擦拭干净。转盘应保持转动灵活，发现故障及时修好再用。操作前，地面上应少量洒水，以减少灰尘。操作结束后应清扫干净。

（2）通过式喷涂室

通过式喷漆室是指待喷漆工件通过输送装置通过喷漆操作的喷漆场所。通过式喷涂室的工件用悬挂链从喷漆室的一侧穿入喷漆室，从另一侧穿出，喷漆工在工件通过完成喷漆。操作时，操作人员应注意在和气流流向相一致的位置上，并在喷涂室内将悬挂链上的工件喷涂完毕，不得到室外远离通风的位置上喷涂。

通过式喷涂室因开口较多，影响引风气流的良好组成，所以易受过喷飞散涂料的污染，因此，除室壁应平整光滑外，最好在室壁上涂油或黏贴塑料薄膜，以便于清理。

（3）围护型室体结构喷涂室

围护型室体结构喷涂室是指围合喷涂室四周的墙体、门、窗等，形成一个相对密闭的环境以保护环境，保证涂装人员更加安全的操作的一类喷涂室。它的功能与转盘式或者通过式喷涂室类似，此处不再赘述。

（4）喷淋水帘式喷涂室和溢流水帘式喷涂室

这两种喷涂室采用上送风、下抽风的装置，以水为介质，使得漆雾与水在喷漆室下部充分混合，经过沉淀过滤，实现对未涂用漆雾的捕集和处理；同时上层漆雾通过送风装置、捕集装置进行处理，如图 6－17 所示。

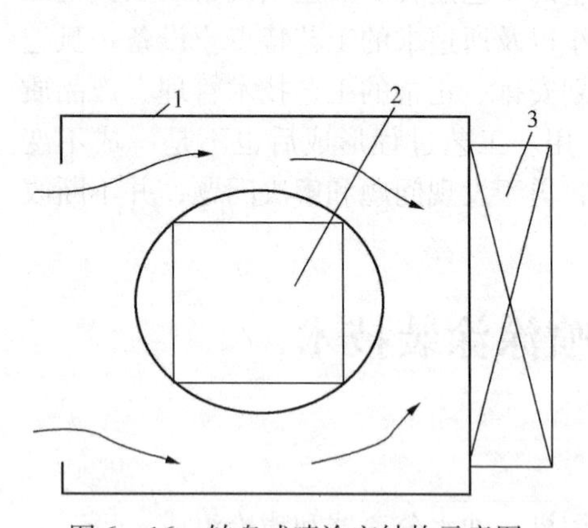

图 6－16　转盘式喷涂室结构示意图

1—喷漆房；2—转盘；3—引风机

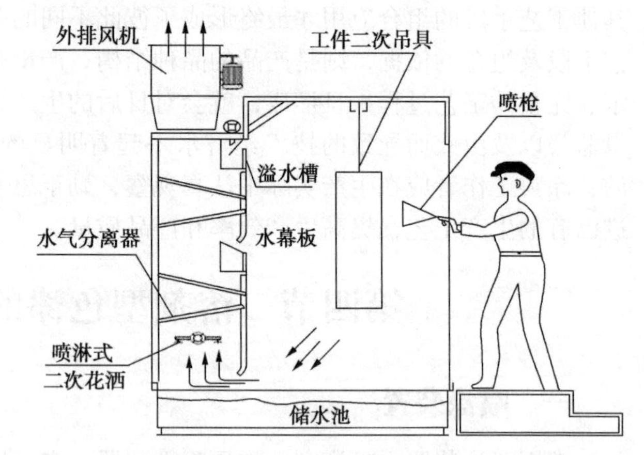

图 6－17　水帘式喷涂室示意图

喷涂操作时，必须打开离心式风机，使喷涂产生的过喷雾化涂料随引风气流从操作者的背后由前方进入喷淋室。

起动水泵，将具有一定压力的水送至喷水嘴，形成两级水幕，喷淋至有引风口一面的室壁顶端并流下形成密实水幕，将随引风到达室壁前还没有进入引风口的过喷飞散的雾化涂料和溶剂顺水淋下，流入下面水槽过滤回收处理，余下的不含雾化涂料的含水气流，经气水分离器分离处理后排放。

使用水帘式喷涂时，喷涂位置距水帘的距离要适宜。喷涂操作要顺着引风气流的流向进行，勿使雾化飞散到气流流向之外。

（二）压力供料罐

压力罐是盛放油漆并对油漆进行加压的装置，采用空气压缩机提供供料罐压力；采用由节流阀、压差减压阀组成的压力补偿调节阀供料，保证涂料流量恒定，实现定量供料。工作时，要注意加入压力供料罐内的涂料黏度合适，充分过滤；供料时，应根据被涂件的形状、大小、涂层质量要求，调整好供料的压力和流量等工艺参数。

（三）空气压缩机和油水分离器

空气压缩机用来提供涂料用加压罐的压力，按照工作原理不同，空压机分为容积型、动力型(速度型或透平型)、热力型压缩机三类。一般喷涂用空压机的压力要求为4~10atm。

油水分离器用来分离经过压缩的空气中含有的少量机油和润滑油，保证得到清洁的压缩空气。使用前，检查进气、排气、油水排放阀门等是否漏气，进气管、排气管、油水排放管是否接错，经油水分离后的压缩空气压力是否在规定范围内；油水分离器工作6~8h后，应打开油水排放管阀门，排净分离出的油水，并检查油、水的分离效果；大批量涂装生产时，可将多个油水分离器并联或串联使用，也可使用大罐体。较新型的结构是在罐体内装有变色硅胶，使用过程中发现硅胶变色(变为红色)，即表示罐内过滤分离材料已含有较多水分，此时应对材料进行处理。如果失效，应及时更换。

（四）喷枪

喷枪是一种利用压缩空气物化涂料，并将涂料喷涂到涂装工件上的机械。按照工作原理的不同，喷枪可以分为吸上式、重力式、压送式和内混式喷枪四种，分别如图6-18~图6-21所示。

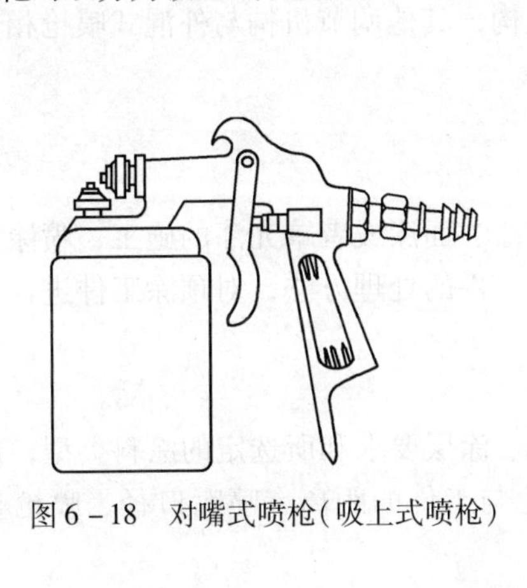

图6-18　对嘴式喷枪(吸上式喷枪)

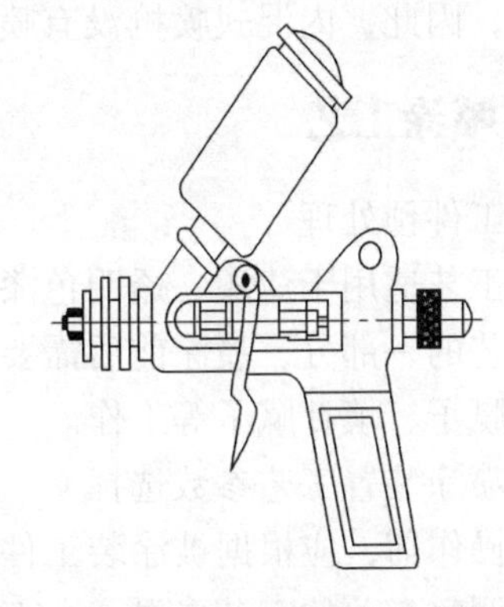

图6-19　压下重力式喷枪

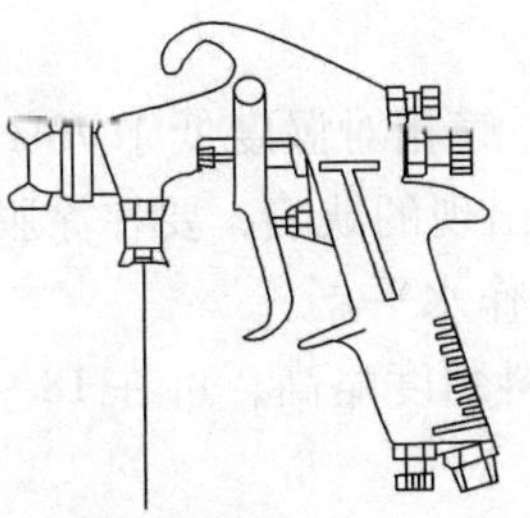

连接涂料加压罐

图6-20　压送式喷枪

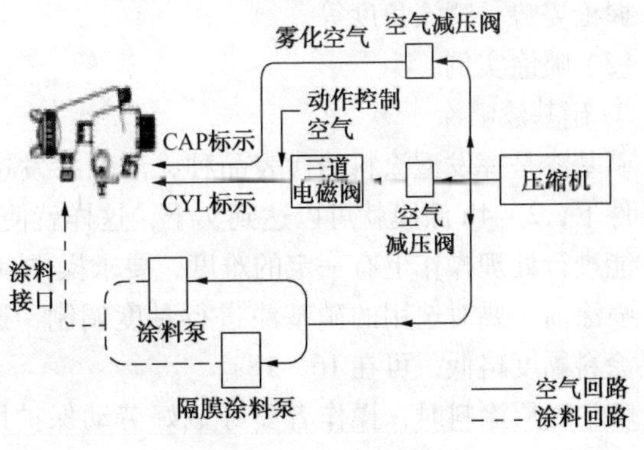

图6-21　内混式喷枪

吸上式喷枪的工作原理是利用高速气流而令喷枪局部真空，因而产生吸力把油漆从壶中吸到喷咀加以雾化喷出，主要用作大面积喷涂，好处是油漆的雾化较佳，可以达到漆膜的厚度及光泽度要求。

吸上式喷枪的涂料罐位于喷枪的下部，涂料喷嘴一般较空气帽的中心孔稍向前凸出，压缩空气从空气帽中心孔，即涂料喷嘴的周围喷出，在涂料喷嘴的前端形成负压。吸上式喷枪的涂料喷出量受涂料黏度和密度的影响较明显，而且与涂料喷嘴的口径有密切关系，适用于一般非连续性喷涂作业场合。

重力式喷枪的涂料罐位于喷枪的上部，涂料靠自身的重力与涂料喷嘴前端形成的负压作用从涂料喷嘴喷出，并与空气混合雾化。喷枪的基本构造与吸上式喷枪相同，但在相同喷涂条件下，涂料喷出量比吸上式大。重力式喷枪用于涂料用量少与换色频繁的喷涂作业场合。当涂料用量多时，可另设高位涂料罐，用胶管与喷枪连接。在这种场合，可通过改变涂料罐的高度调整涂料喷出量。

压送式喷枪是从另设的涂料增压罐（或涂料泵）供给涂料，提高增压罐的压力可同时向几支喷枪供给涂料。这种喷枪的涂料喷嘴与空气帽心孔位于同一平面，或较空气帽中心孔向内稍凹，在涂料喷嘴前端不必形成负压。压送式喷枪适用于涂料用量多且连续喷涂的作业场合。

内混式喷枪本体内有两个供气系统，即用于涂料混合雾化的压缩空气系统与用于在涂料容器内给涂料加压的压缩空气系统，涂料供给方式是采用压送式。喷枪喷头的空气帽中心孔呈长橄榄形，因而喷雾图形为椭圆形。这种喷枪没有侧面空气孔和辅助空气孔，不能任意调整喷雾图形，喷雾图形是由空气帽的中心孔的形状决定的，要改变喷雾图形的幅宽，必须更换空气帽，因此，内混式喷枪没有喷雾图形调节机构，其他调节机构与外混式喷枪相似。

二、喷涂工艺

（1）工件预处理

喷涂工艺适用于清漆、透明色漆、色漆等的底漆、面漆或者罩光漆的施工，喷涂只是整个涂装工艺的一部分，喷涂前后需要按照不同材质工件的处理方法，对预涂工件进行表面处理、刮涂腻子、填补腻子等工作。

（2）喷涂装置工艺参数选择

喷涂操作前，应根据被涂装工件的形状、大小、涂层要求和所选定的涂料类型，选择喷枪类型，调整有关的工艺参数，如喷涂压力、喷枪与工件的距离、喷嘴口径、喷枪移动速度、握枪姿势、喷涂角度等。

（3）喷涂实例

① 硝基漆喷涂

硝基漆是挥发型涂料的代表品种，溶剂挥发速度很快，在空气相对湿度低于70%的常温条件下，2～4h涂膜就可以达到实干，这样就使得每层喷涂时出现的缺陷，要在涂膜实干后才能进行处理操作上有一定的难度，要求操作者具有较高的操作水平。

喷涂前，要对选用的硝基漆进行黏度调制，通常是底层涂料黏度略高，可在18～23s；面层涂料黏度略低，可在16～18s。

喷涂底层涂料时，操作者要穿戴好劳动保护用品，将施工场地清扫干净；启动通风装置，保持施工现场空气流通，全面检查使用的设备是否完好，并准备好喷漆工具；然后启动空气压缩机的控制开关，观察油水分离器上部的压力表，使空气压力达到0.2～0.4MPa，再打开油水分离器的下部阀门，把油水混合物排放干净；将喷枪的喷嘴口径调换为1.5～2.5mm，按操作要求把喷枪调整到适宜的工艺参数，将风管的两端分别连接到喷枪的油水分离器的出风口，或者是经分离后的压缩空气储气罐上，接好后把风管的接头螺栓旋紧，避免空气压力升高，螺栓松动漏气。

当空气压力满足喷涂要求时，使空气压力保持稳定，然后扣动喷枪扳机，检查空气喷嘴或空气帽上的中心孔是否通畅，把枪体上的涂料灌卸下，装入少量涂料，再安装并旋紧在枪体上，断续扣动扳机对着通风装置试喷几下，观察涂料的射流状态、雾化情况是否良好、涂料的喷出量是否均匀等。

常温下底层涂料的干燥需要0.5～1h，喷涂操作如图6－22所示。

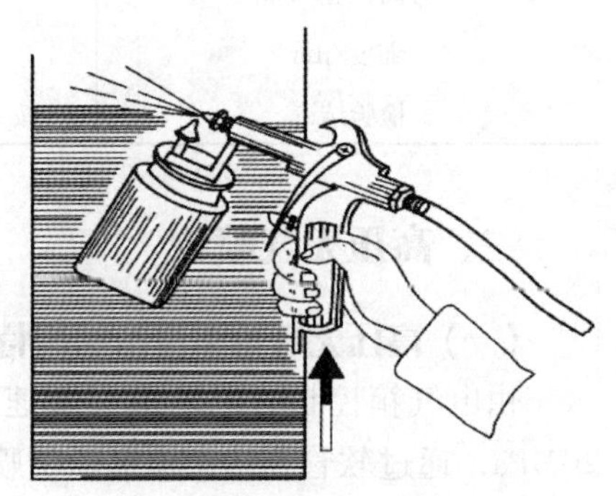

图6－22　硝基漆的喷涂操作示意图

硝基面层涂料的表面光泽度较低，大多在70%～80%，喷涂面层涂料时，先将经过打磨后的工件表面用压缩空气和擦布清理干净，然后再进行喷漆。

② 醇酸树脂漆喷涂

醇酸树脂漆是自干型涂料中的主要品种，既能在常温下自然干燥，也可加温烘干。喷涂操作时，应将预处理合格的工件，再用压缩空气和擦布重新清理一遍。喷涂需要调节醇酸树脂漆的黏度中底漆为18～25s；面漆为25～30s，面漆黏度不宜超过30s。

底涂层需在常温下自然干燥18～24h或在温度为(105±5)℃下烘干30min，待底层与中间层充分干燥后，根据工艺要求选择是否喷涂面漆。

③ 氨基醇酸烘干面漆喷涂

烘干型涂料中，应用最广泛的就是氨基醇酸烘干清漆和磁漆。氨基醇酸烘干漆作为面层涂料，既有良好的保护作用又有较高的装饰性，溶剂挥发速度慢，流平性好，故必须经过烘烤后才能在工件表面固化成膜。尽管需要较高的烘干温度，但因其具有一定的强度和硬度、良好的“三防”性能，常用于湿热带气候条件下工作的产品涂装。

面漆喷涂前的底漆涂层，应与氨基醇酸烘干漆相适应，常选用醇酸树脂底漆或环氧酯底漆，后者的“三防”性能好，通常与氨基醇酸烘干漆配套涂装湿热带使用的产品；底涂层干燥后，对其表面的缺陷应刮涂腻子进行填平。

面漆喷涂前，以专用配套稀释剂调稀，将涂料黏度调至18～25s，用120～180目筛网过滤后备用；双组分漆现用现配，一次用完，使用时限为8h，施工后应立即用专用稀释剂清洗喷枪、容器，以防漆固化黏堵喷枪，氨基醇酸烘漆的技术指标如表6－7所示。

表6－7　氨基醇酸烘漆技术指标

检测项目	检测指标	检测结果
容器中状态	搅拌后无硬块，呈均匀状态	合格
施工性	喷涂二道无障碍	喷涂二道无障碍
干燥时间/min	30(120℃)	30(120℃)
光泽(60°)	不小于90	96

续表

检测项目	检测指标	检测结果
耐冲击性/cm	不小于 40	50
硬度(铅笔)	不小于 HB	H
弯曲试验/mm	不大于 3	1
细度/μm	不大于 20	15
检验结论	按 HG/T 2594—1994 检验合格	

三、高压无气喷涂

(一) 高压无气喷涂设备结构特点

由电气箱控制的电动机经减速机驱动高压柱塞泵，把吸入的涂料压力增至高压 10～20MPa，通过软管到达橄榄形喷嘴喷出，在空气中剧烈膨胀雾化成很细的微粒喷到工件表面上，形成均匀的涂膜。

高压无气喷涂的喷涂效率高，在大面积施工中比人工喷涂工效提高 5 倍以上；而且涂层的质量好，附着力大，涂层较厚，可减少涂层道数，缩短工时。由于不使用空气雾化，涂料不会被油水等杂质污染，涂膜光泽高，防腐性能好，可喷涂高黏度(12～100s)的各种涂料，节省能源，所消耗的电能仅为空气喷涂机的5%左右，漆雾少，噪声低(小于 75dB)，可改善作业环境。高压无气喷涂设备示意图及高压泵工作原理如图 6－23、图 6－24 所示。

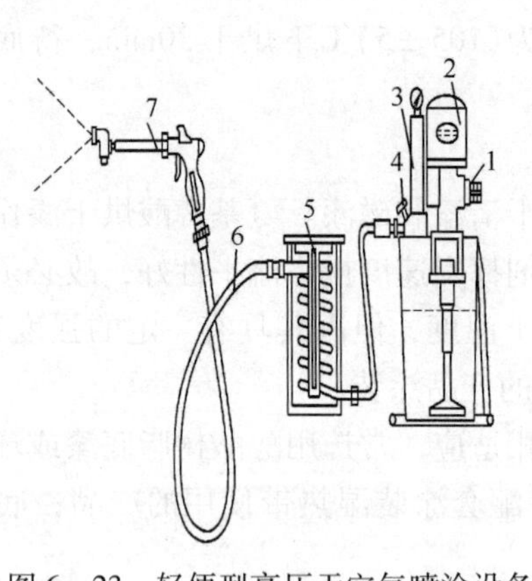

图 6－23　轻便型高压无空气喷涂设备

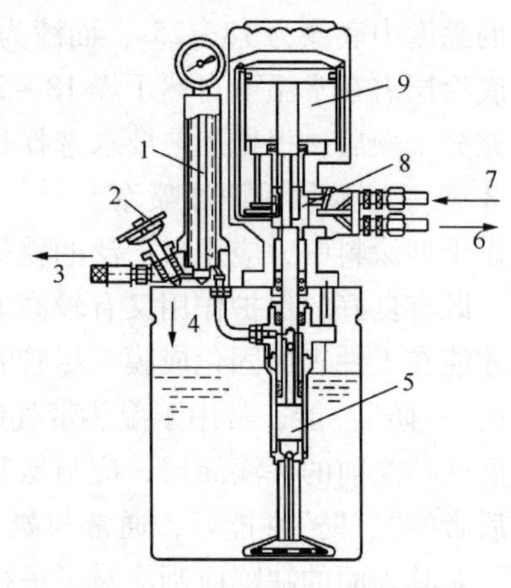

图 6－24　高压泵工作示意图

(1) 高压泵　由三个部分组成，上部是低压空汽缸；中间是压缩空气分配室；下部是高压涂料泵。

(2) 蓄压过滤器　主要有两个作用，其一是稳定涂料压力(起稳压器作用)，以便不使在喷涂过程中涂料压力有过大的波动；其二是由于喷嘴的孔很小，涂料内稍有杂质和污物就会使其堵塞，影响正常工作，因而必须过滤涂料里的杂质。

(3) 高压软管　将高压涂料输送到喷枪，这要一种特制的高压软管，这种软管是用橡胶和钢丝网(或其他纤维织物)制成的，可耐工作压力达 30MPa 以上。

(4) 喷枪　喷枪由铝合金制成，在枪柄处有旋转的活络接头与软管连接，以使高压涂料进入枪体，操作灵活，不会泄漏。

（5）电加热器　温度对涂料的黏度影响很大，在低温条件下使用高压喷涂设备，由于涂料的黏度增加，流动性差，因而吸涂料时阻力大，同时也使涂料雾化质量受到影响。

（二）高压无气喷涂操作

（1）首先准备好 0.4～0.6MPa 的压缩空气，再将待喷涂的涂料用 100 目的滤网过滤。然后进行试喷，将快速接头插入高压泵进风接口，空泵起动，注意阀门开启量应由小渐大，先吸入溶剂以清洗设备及软管，但这时不要气压，以免溶剂渗漏，约循环 3～4min 后，即可将溶剂排掉。

（2）喷涂操作时，喷枪与工作物之间的距离为 250～400mm。

（3）无气喷涂一般比压缩空气喷涂漆雾要少，但由于涂料雾化成微粒和溶剂的挥发，在狭小环境、通风不良的情况下操作时，应穿上涂装专用的防护衣，戴上通有冷风的面罩，清洗设备时应戴上耐溶剂的手套。

（4）工作结束时要卸下喷嘴，并随即用溶剂清洗干净，妥善保管，同时将剩余涂料排出（先自喷枪排出，待压力下降后可由放泄阀放出），吸入溶剂进行循环清洗。

复习思考题

（1）什么是色漆？色漆如何分类和组成是什么？

（2）颜料和填料是如何分类和划分的？

（3）溶剂型色漆的助剂有哪些类别，其中润湿分散剂、流平剂、催干剂的分类和作用是什么？

（4）溶剂型色漆的生产工艺包括哪些方面？如何保证漆浆稳定，不分层，不析出？

（5）色漆标准配方和工艺配方有什么关系？如何保证配方中各物料的平衡？

（6）溶剂型色漆的喷涂涂装有哪些方法？试设计一个具体的溶剂型色漆喷涂涂装的例子。

第七章　乳胶漆的生产与涂装技术

【教学目标】

了解乳胶漆分类、组成和发展趋势；理解掌握乳胶漆各个组分的作用、配方设计及相关乳胶漆稳定的方法和理论；掌握乳胶漆涂装墙面处理和辊涂、刷涂的涂装工艺。

【教学思路】

传统教学外，以某个乳胶漆的标准配方和工艺配方的成功掌握为成品，理解乳胶漆生产工艺及相关技能，构成成品化教学的相关环节；或者以某一具体内墙或外墙乳胶漆的辊涂、刷涂涂装技术的成功掌握为成品，设计发散到相关其他涂装工件表面处理、涂装工序和电泳涂装等知识和技能的成品化教学环节。

【教学方法】

建议多媒体讲解和乳胶漆配方设计、工艺设计或者辊涂、刷涂涂装等综合实训项目相结合。

第一节　乳胶漆及其组成

一、乳胶漆的定义

以合成树脂乳液为基料，以水为分散介质，在表面活性剂的存在下，加入颜料、填料和助剂，经一定工艺过程制成的涂料，叫做乳胶漆，也叫乳胶涂料等。由于添加了乳化剂、或者有乳化剂功能成分的存在形成乳液体系，因此，在混合体系结构上，传统油漆是使颜料、填料、助剂均匀地分散在均相的树脂溶液中制成的单非均相分散系统；而乳胶涂料是以非均相乳状液作为基料，均匀分散颜料、填料及助剂的双重非均相系统。

二、乳胶漆的特点

乳胶漆的出现，不仅节省了大量有机溶剂的使用，属于“绿色涂料”，同时还具有其他溶剂型涂料不具备的优点：

（1）以水为分散介质，属水性涂料的范畴，杜绝了火灾危险，是一种既省资源又安全的环境友好型涂料。

（2）施工方便，可刷涂、辊涂和喷涂。可用水稀释，涂刷工具可以很方便地用水立即清洗。

（3）涂膜干燥快，在合适的气候条件下，一般 4h 左右可重涂，1 天可施涂二、三道，施工效率高，成本低。

（4）透气性好，对基层含水率的要求比溶剂型涂料低，能避免因不透气而造成的涂膜起泡和脱落问题，还能大大缓解结露，或不结露。

（5）耐水性好，乳胶漆是单组分水性涂料，但其干燥成膜后，涂膜不溶于水，具有很好的耐水性。

（6）保色性、耐气候性好，大多数外墙乳胶白漆不容易泛黄，耐候性可达十年以上，性能能满足保护和装饰等要求，所以使用范围不断扩大。

同时也要看到，乳胶漆也存在着一些明显的缺点：

（1）水溶剂在较低的温度下不易挥发，最低成膜温度高，一般为5℃以上，所以在较冷的地方冬季不能施工。

（2）干燥成膜受环境温度和湿度影响较大。

（3）干燥过程长。

（4）贮存运输温度要在0℃以上。

（5）光泽度也比较低。

三、乳胶漆的组成

就组成而言，乳胶漆和传统油漆一样，由4个部分组成，如图7－1所示。

（一）基料

是建筑乳胶漆的主要成膜物质，是影响乳胶漆性能好坏的主要因素，关系到涂膜的硬度、柔性、耐水性、耐碱性、耐擦洗性、耐候性、耐沾污性，同时关系到乳胶漆的成膜温度、对底材的结合强度等性能。常用的乳液可以分为如下三种类型，如图7－2所示。

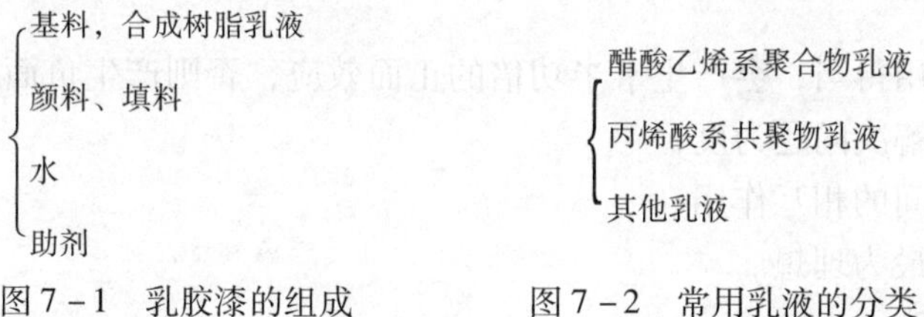

图7－1　乳胶漆的组成　　　　图7－2　常用乳液的分类

乳液的性质主要取决于所用的原料、用量、组成、合成工艺及选用的助剂。例如，常规聚合和核壳聚合导致乳液的玻璃化转变温度较高，但常规聚合的最低成膜温度MFT较高（例如21.5℃），不利于低温涂装；而核壳聚合的最低成膜温度较低（例如8℃），比较适合低温涂装的要求。乳液的粒度对乳胶漆的性能影响也较大；粒度小则提高漆膜的光泽、抗水性、抗张强度，同时对提高乳液中自身的黏度、稳定性及提高颜料的黏结能力都有明显提高。

（二）颜料和填料

颜料和填料是构成乳胶漆的次要成膜物质。颜填料的种类和性能关系到涂料的颜色、遮盖力，漆膜强度的高低、与底材的结合力、硬度、光泽、耐污性、保色性、耐久性等性能是否符合合格。合适的颜填料应当具有良好的耐碱性、耐候性、易分散等特点。颜料可以为漆膜提供遮盖力和色彩；填料则决定了乳胶漆粒度分布和对比率（干遮盖），为涂料涂装改善施工性能，提高颜料遮盖效率、增强涂层理化性能。

（三）水和助溶剂

（1）水

水是乳胶漆的溶剂，无论是乳胶漆乳液的合成过程中，还是乳胶漆配制、涂装过程中，水都是乳胶漆中用量最大的溶剂。乳胶漆乳液合成中对所用水的质量要求较高，必须用去离子水，但制备乳胶漆用水除去尽量不用矿物质含量高的水之外，对纯度要求不高。乳胶漆中溶剂水的优点是，水无毒无味，完全满足环境保护要求；水不爆炸，不燃烧，安全无毒，便宜易得；借助于助剂，以水为分散介质的乳胶漆性能可满足需要。水作为溶剂的不利因素是，表面张力大，湿润性差；具有明显极性，不是良溶剂；蒸发热高，干燥时间长；挥发速率与环境和基材有关；凝固点高；介电常数大；电导率高；需要非常重视杀菌防腐保洁。

（2）助溶剂

助溶剂又称为成膜助剂、凝集剂、聚结剂，通常为高沸点溶剂，会在涂膜形成后慢慢挥发。在乳胶漆中，成膜助剂可以调节水挥发速率、降低水的表面张力、软化乳胶粒子表面，促使聚合物粒子受压变形，融合成膜，降低乳液及乳胶漆的最低成模温度、促使漆膜致密、改善漆膜的耐擦洗性及除污性能。常用的助溶剂有丙二醇、乙二醇、丙二醇乙醚、丙二醇丁醚、200 号溶剂油等一些溶剂，用量以便为乳胶漆量的2% ~3%。

（四）助剂

乳胶漆介质是水，而水的表面张力大，极性大，蒸发热高，会对涂料性能造成许多缺陷，如流变性能差、泡沫低、低温成膜不佳、易霉变等。为了满足乳胶漆在生产、贮运和施工期间的工艺操作要求，支持涂膜达到设计目标的指标，往往在乳液制备和乳胶漆生产过程中添加各种各样的助剂。乳胶漆中常用的助剂有颜料润湿分散剂、消泡剂、增稠剂和流变改性剂、杀菌防腐剂和防霉抗藻剂、助成膜剂、pH 调节剂、湿边控制剂、抗冻剂、触变剂和紫外线吸收剂等。助剂的使用需要注意彼此之间的不利影响，有机搭配，综合使用，遵循如下四个原则：

① 任何助剂使用得当，会产生事半功倍的正面效应，否则产生负面效应；

② 用量均以能解决问题为度；

③ 注意助剂之间的相互作用；

④ 一剂多功能最为理想。

（1）湿润分散剂

乳胶漆的制备主要是基料与颜填料的稳定分散问题，这就首先要求实现颜料被基料润湿，然后实现颜料粒子在基料中进行均匀、稳定、充分的分散。润湿剂可以降低液体和固体表面之间的表面张力，使固体表面和易于为液体润湿，为颜填料粒子的进一步分散创造充分条件。常用的润湿剂为阴离子或者非离子表面活性剂，如二烷基磺基琥珀酸盐、烷基萘磺酸钠和聚氧乙烯烷酚基醚等非离子型表面活性剂。

分散剂和润湿剂非常类似，有时候分散剂同时具有润湿剂的功能，但是不能把润湿剂的功能完全用分散剂来替代。分散剂可以实现被润湿颜料粒子的充分、稳定的乳化，提高固体粒子在液体中的悬浮性能，使得分散充分的乳胶漆的遮盖力、着色效果、漆膜光泽、稳定性等能够得到最大的发挥和保证。

常用的分散剂有无机和有机两种类型。其中，常用的无机类分散剂是六偏磷酸钠、三聚磷酸钠、焦磷酸四钠等；常用的有机分散剂：是胺类化合物、AMP - 95、（2—甲基—氨基丙醇）、聚丙烯酸盐。一般而言，有机分散剂的分散效果好于无机分散剂，对于低极性的有机颜料如酞菁蓝、酞菁绿、炭黑等容易絮凝难分散颜料更为适用。分散剂用量一般为颜料量的0.5%。

（2）消泡剂

消泡剂就是用来抑制涂料在生产中泡沫的出现及消除涂料成膜时出现的气泡的添加剂。

在乳胶漆的生产和使用过程中因为加有多种表面活性剂，很容易产生泡沫，这会影响到乳胶漆的生产、储存、涂装等各个环节。

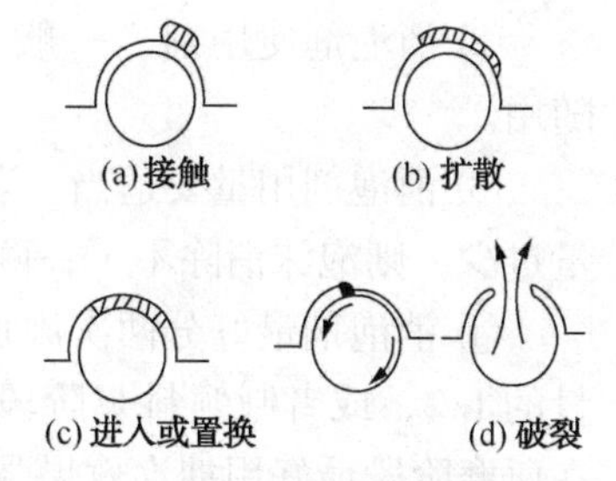

图 7－3　消泡剂的消泡机理

消泡剂的消泡原理如图 7－3 所示。消泡剂以低于泡沫的表面张力分散在泡沫的表面，同时消泡剂在乳胶漆中对溶剂水的溶解能力很差，这样，形成泡沫的表面活性剂分子和消泡剂迅速相溶，表面张力进一步降低，泡沫的壁厚进一步降低，变薄，直至破裂消失；溶有表面活性剂的消泡剂由于在水中的溶解度不高，会进一步结合表面活性剂分子，使得表面活性剂分子和水溶液进一步分离，导致泡沫彻底破火。

消泡剂在泡沫介质中起要起作用，首先必须渗入到气泡膜上。其渗入能力可以用渗入系数 E 表示，而且消泡剂渗入膜层以后，又要能很快地散布开来，其散布能力可用散布系数 S 表示。根据 Ross 提出公式，消泡剂的消泡能力可以表示为式(7－1)和式(7－2)：

$$E = \gamma_{fm} - \gamma_{fca} + \gamma_{fm/fcl} > 0 \quad (7-1)$$

$$S = \gamma_{fm} - \gamma_{fca} - \gamma_{fm/fcl} > 0 \quad (7-2)$$

式中　γ_{fm}——气泡介质的表面张力；

γ_{fca}——消泡剂的表面张力；

$\gamma_{fm/fcl}$——起泡介质和消泡剂之间的表面张力。

消泡剂主要分为硅型和非硅型。硅型消泡剂如乳化硅油、水性硅油，非硅型消泡剂是极性有机化合物，如磷酸三丁酯、正辛醇、矿物油、脂肪酸盐混合物以及如 SPA－102 醚酯化合物和有机磷酸盐等组成的复合型消泡剂。

消泡剂的选择与乳胶漆品种、乳液类型、乳胶漆用其他助剂的种类和性能等有很大关系，选择时应细致谨慎。消泡剂的用量一般较低，在 0.5% 以下，添加时往往分两阶段，即研磨时加一部分，在调漆时再加一部分。

消泡剂选择不当或与其他组分搭配不当时，常出现鱼眼、失光、色差等。评价消泡剂的方法有水平试验法、密度杯法等，前者用于低黏度涂料，后者用于高黏度涂料。评价消泡剂消泡效果是，一定要在消泡剂加入后至少需要 24h 进行评定，消泡剂选用的种类和添加量不合适，往往会导致涂料中，消泡剂性能的持久性与缩孔、缩边之间的失衡。实际生产中使用的消泡剂如表 7－1 所示。

表 7－1　消泡剂的种类

种类	名　称
低级醇类	甲醇、乙醇、异丙醇、仲丁醇、正丁醇等
有机极性化合物系	戊醇、二丁基卡必醇、磷酸三丁醇、油酸、松浆油、金属皂、HLB 低的表面活性剂(例：缩水山梨糖醇月桂酸单酯、缩水山梨糖醇月桂酸三酯、聚乙二醇脂肪酸酯、聚醚型非离子活性剂)、聚丙二醇等
矿物油系	矿物油表面活性剂配合物、矿物油和脂肪酸金属盐的表面活性剂配合物等
有机硅树脂	有机硅树脂、有机硅树脂表面活性剂配合物、有机硅树脂、无机硅树脂配合物

使用消泡剂时，需要注意以下事项：

① 消泡剂在水中溶解度小，无论分层与否，添加过程中都需充分搅拌混合均匀。

② 消泡剂使用前，一般不需要用水稀释，可直接加入，某些品种若需稀释则随稀释随用。

③ 消泡剂用量要适当。若用量过多，会引起缩孔、缩边、涂刷性差、再涂性差等；用量过少，则泡沫消除不了，两者之间可找出最佳点，即消泡剂的适当用量。

④ 消泡剂最好分两次添加，即研磨分散颜料阶段和颜料浆配入乳胶阶段。一般各加总量的1/2，或者制颜料浆阶段加2/3，成漆阶段加1/3，可根据泡沫产生的情况进行调节。在研磨阶段最好用抑泡效果强的消泡剂，在成漆阶段最好用消泡效果强的消泡剂。

⑤ 要注意消泡剂加入后至少需24h才能获得消泡性能的持久性与缩孔、缩边之间的平衡，所以若提前去测试涂料性能会得出错误结论。

(3) 增稠剂

增稠剂又称流变助剂，是乳胶漆的重要助剂之一。适当地加入增稠剂，可以有效地改变涂料体系的流体特性，使之具有触变性，从而赋与涂料良好的贮存稳定性和施工性。

所谓触变性，是指体系的黏度会随着所受外力变化而变化，当涂料未受外力或外力较小(如贮存和施工后)时，体系呈现很高的黏度，可以防止颜料的凝聚与沉淀，如图7－4所示，形象展示了流体触变性的特征。

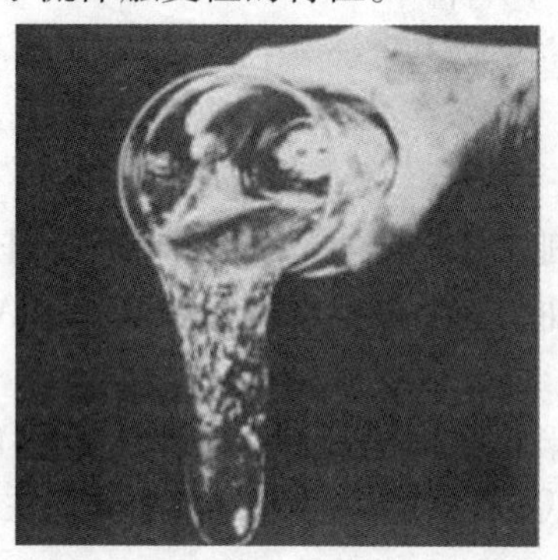

图7－4　流体触变性演示

当涂料受到很强的剪切力作用(如刷涂)时，体系的黏度会随着剪切力的增大而降低，使涂料具有良好的刷涂性，而刷涂完毕后，体系黏度的恢复又有一短暂的滞后时间，使涂膜流平。流平后涂膜又恢复至很高的黏度以防止流挂。因此，适当的使用增稠剂可以使乳胶漆获得良好的流体特性，既避免了贮存过程中的沉淀现象，又很好地解决了涂料施工时流平和流挂的矛盾问题。

增稠剂的添加使得乳胶漆在低剪切速率下的黏度增加明显，而在高剪切速率时黏度增加很小，它对乳胶漆的增稠、稳定及流变性能，起着多方面的改进调节作用。生产上，在乳液聚合中保护胶体，提高乳液的稳定性；在颜料、填料分散阶段，提高分散黏度而有利于分散；贮存上，将乳胶漆中的颜料、填料微粒在增稠剂的单分子层中，并由于黏度的增加，改善了涂料的稳定性，防止颜料、填料的沉底结块，抗冻融性及力学性能也提高；施工上，能调节乳胶漆的黏稠度，并呈良好的触变性，在液涂及刷涂的高剪切速率下，黏度下降而不费力；在涂刷后，剪切力消除，则恢复原来的黏度，使厚膜不流挂，沾漆时不滴落，液涂时不飞溅，它又能延迟涂膜失水速率，使一次涂刷面较大。

增稠剂在乳胶漆的作用可以有如下三个方面：生产上，乳液聚合中保护胶体，提高乳液的稳定性。在颜填料分散阶段，提高分散黏度有利于分散；储存中，将乳胶漆中的颜填料微粒吸附在增稠剂单分子层中，防止颜填料的沉底结块，抗冻融性(溶质析出)及力学性能的提高；施工时，调节乳胶漆的黏度，具有良好的触变性，刷漆时不滴落，液涂时不飞溅。

根据增稠剂化学成分的不同，乳胶漆所使用的增稠剂可以分为四类，即纤维素类、聚丙烯酸类、聚氨酯类和无机增稠剂。根据增稠剂与乳胶粒中各种粒子的作用关系，乳胶漆用增稠剂又可分为缔合型和非缔合型，如图 7－5 所示。

① 纤维素类增稠剂(HEC)

自 20 世纪 50 年代以来，纤维素类增稠剂就一直是最重要的流变助剂，其主要品种有羟甲基纤维素、羟乙基纤维素和羟丙基纤维素等，目前使用最广泛的为羟乙基纤维素。

纤维素分子是一个由脱水葡萄糖组成的聚合链，通过分子内或分子之间形成氢键，也可以通过水合作用和分子链的缠绕实现黏度的提高。纤维素增稠剂溶液呈现出假塑性流体特性，静态时纤维素分子的支链和部分缠绕的主链处于理想无序状态而使体系呈现高黏性，随着外力的增加、剪切速度梯度的增大，分子平行于流动方向作有序的排列，易于相互滑动，表现为体系黏度下降。纤维素增稠剂结构如图 7－6 所示。

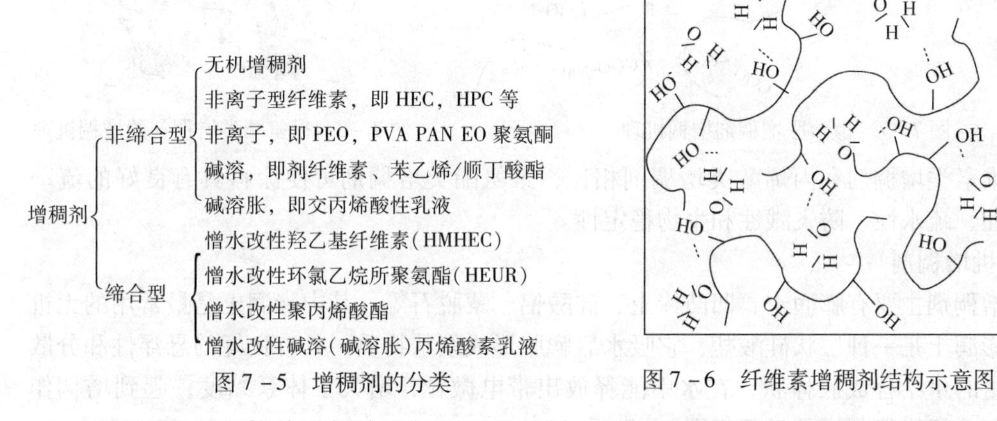

图 7－5　增稠剂的分类

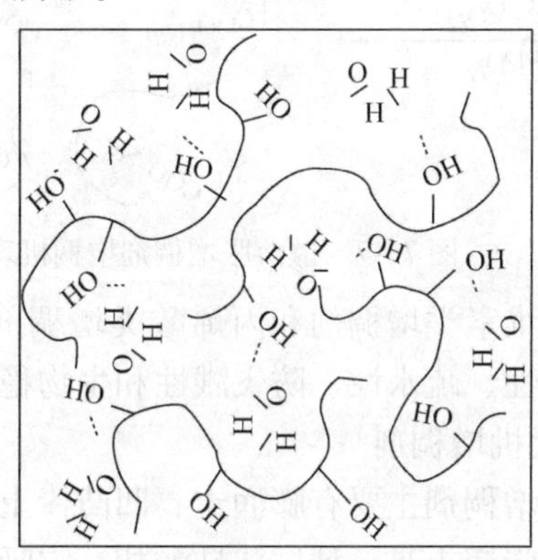
图 7－6　纤维素增稠剂结构示意图

这种增稠机理使其增稠效果与所用的基料、颜料和助剂无关，因而得到广泛应用。但纤维素增稠剂有较多的副作用，在滚涂施工时会出现飞溅的问题，其缠绕增稠机理导致涂料具有强烈的宾汉流体特征，屈服值较大，流平性较差。由于纤维素类增稠剂在成膜后仍留在涂膜中，其高度的水溶性对涂膜的耐水性产生不良影响，而且作为纤维素的衍生物，易受酶和霉菌的攻击，在配方设计中应予以考虑。

② 丙烯酸类增稠剂(HASE)

丙烯酸类增稠剂为羧基含量较高的丙烯酸酯共聚物乳液，主要有丙烯酸或甲基丙烯酸与甲基丙烯酸酯、甲基丙烯酸乙酯或丙烯酸乙酯的共聚物或三聚物，这类增稠剂常以 40% 左右的酸性乳液形式提供。丙烯酸类增稠剂与纤维素类增稠剂的增稠机理不同，这类高分子增稠剂溶于水中，通过羧酸根离子的同性静电斥力，分子链由螺旋状伸展为棒状，从而提高了水相的黏度，另外它还通过在乳胶粒与颜料之间架桥形成网状结构，增大了体系的黏度，从而起到增稠作用。碱溶胀增稠剂增稠机理如图 7－7 所示。

由于丙烯酸类增稠剂的相对分子质量比较低，因而使涂膜具有良好的流平性，而且具有良好的生物稳定性，优良色浆的配伍性。但这类增稠剂在 pH 为 8～10 时呈溶胀状态，使体系的黏度增大，而当 pH 大于 10 时便溶于水，失去增稠作用，因而其对 pH 具有较大的敏感性，另外其良好的水溶性对涂膜的耐水性产生不良的影响。

③ 聚氨酯类增稠剂(HEUR)

聚氨酯类增稠剂是近年来新开发的缔合型增稠剂，这种增稠剂是分子质量相对较低的水溶性聚氨酯，其分子结构中既有亲水部分也有亲油部分，呈现出一定的表面活性。当它的水溶液超过某一特定浓度时，会形成胶束，同一个聚氨酯增稠剂分子可以连接几个不同的胶束，该结构会减少水分子的迁移灵活性而提高其黏度。另外，每个聚氨酯增稠剂分子至少含有两个亲油链段，亲油链段可以与乳液粒子、颜料粒子相缔合形成网络结构，这种缔合结构在剪切力的作用下受到破坏，黏度降低，而当剪切力消失黏度又可恢复。聚氨酯类增稠剂的增稠机理如图 7-8 所示。

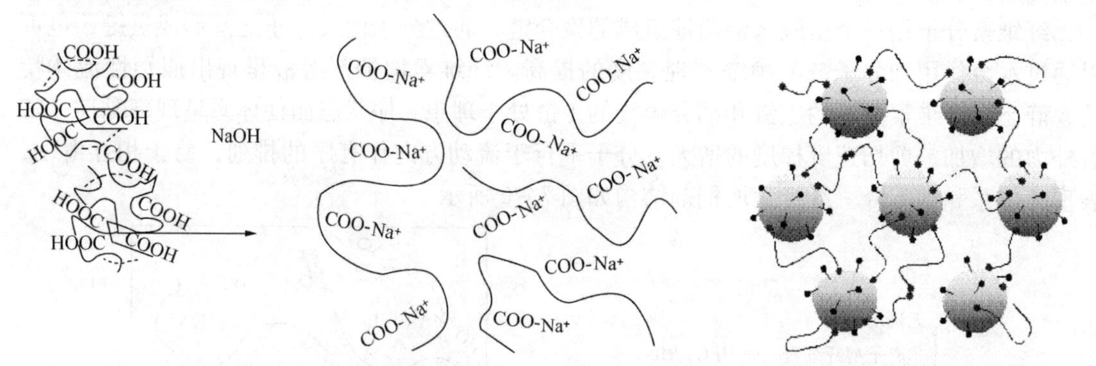

图 7-7　碱溶胀增稠剂增稠机理　　　图 7-8　聚氨酯类增稠剂的增稠机理

与纤维素类增稠剂和丙烯酸类增稠剂相比，聚氨酯类增稠剂可使涂料具有良好的流动性、流平性、疏水性、防飞溅性和生物稳定性。

④ 无机增稠剂

无机增稠剂主要有膨润土、凹凸棒土、硅酸铝、蒙脱石等。其中膨润土是最常用的无机增稠剂。膨润土是一种层状硅酸盐，它吸水后膨胀形成絮状物质，具有良好的悬浮性和分散性，与适量的水结合成胶体状，在水中能释放出带电微粒，增大了体系黏度，起到增稠作用。蒙脱石无机增稠剂增稠机理如图 7-9 所示。

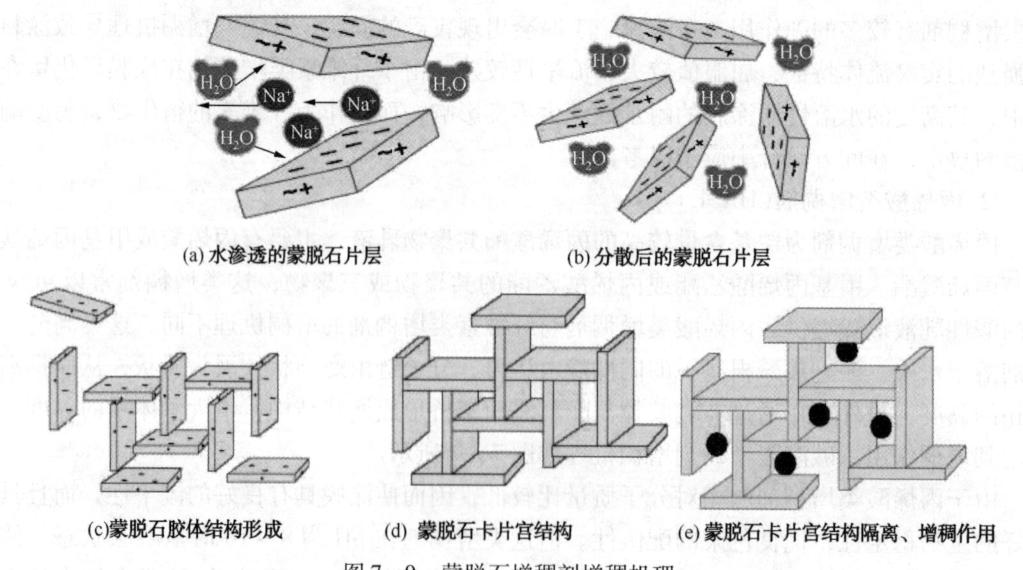

图 7-9　蒙脱石增稠剂增稠机理

无机增稠剂还具有很好的生物稳定性，但其流平性和光泽度较差，对表面活性剂比较敏感。

⑤ 络合型有机金属化合物类增稠剂

络合型有机金属化合物类增稠剂是一类新型的增稠剂，它的增稠效果良好，副作用小，相容性好；它的抗流挂性、抗辊涂抗飞溅性、流平性等都明显优于纤维素醚类增稠剂，缺点是价格较贵，难以在涂料工业中广泛使用。络合型有机金属化合物类增稠剂的增稠机理如图7-10所示。

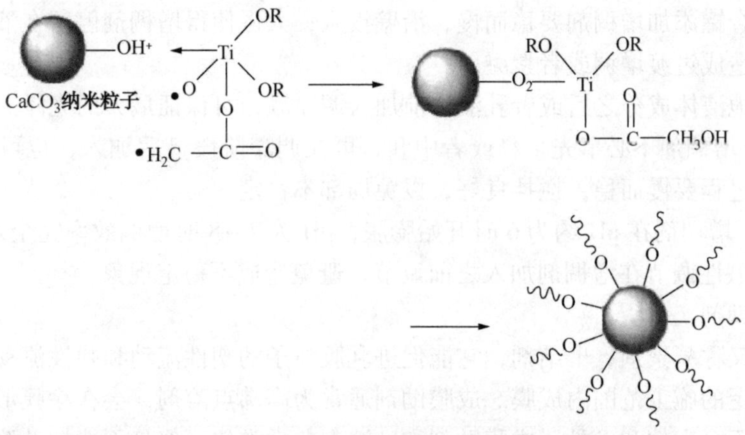

图7-10 络合型有机金属化合物类增稠剂的增稠机理

增稠剂的品种较多，在选择增稠剂时，除了考虑其增稠效率和对涂料流变性的控制外，还应考虑其他一些因素，使涂料具有最佳的施工性能、最好的涂膜外观和最长的使用寿命。常见的增稠剂性能比较如表7-2所示。

表7-2 常见的增稠剂性能比较

性　质	HEUR	HASE	HEC
成本	最高	依品种定	低
抗飞溅性	优良	很好	不好
流平性	优	尚好~优	不好
高剪切黏度	很好	很好	好
高光泽潜力	很好	尚好~很好	不好
抗压黏性	尚好	很好	好
表面活性剂和共溶剂敏感性	敏感	中度敏感	不敏感
pH值敏感性	不敏感	中度敏感	不敏感
耐水性	稍不如HEC	比HEC差多	很好
耐碱性	很好	不好	很好
耐擦洗性	很好	尚好	好
耐腐蚀性	很好	不好	不详
电解质敏感性	不敏感	中度敏感	不敏感
微生物降解	无	无	可能

对于高PVC乳胶漆的黏度控制，应保证贮存中不分层，可采用HEC和碱溶胀增稠剂(HASE)配合，来调整黏度；对于中等PVC和低PVC乳胶漆，可将黏度曲线不同的缔合型

增稠剂配合使用。同时，在增稠剂使用过程中，应当注意以下事项：

（a）HEUR 为黏稠水溶液，加入二醇或二醇醚作为共溶剂适当抑制缔合，避免此增稠剂相同浓度下呈凝胶状态，同时溶剂存在可避免产品受冻，冬天必须热温后方能使用。

（b）低固、低黏 HEUR 产品易于处置，可散装运输储存。

（c）合适搅拌条件下低 HEUR 可直接加到乳胶漆中。高黏 HEUR 需要添加水或者共溶剂稀释后使用。

（d）向混合罐添加增稠剂要稳而慢，沿壁投入；太慢使得增稠剂停留在液体表面，太快局部浓度过高造成过渡增稠或者絮凝。

（e）在其他液体成分之后或者乳液之前加入调漆罐，可保证最大的光泽。

（f）HASE 增稠剂不必事先稀释或者中和，可在调漆阶段最后加入，也可在颜料分散阶段加入。添加过程要慢而稳，搅拌良好，以免局部不稳定。

（g）HASE 增稠剂在 pH 约为 6 时开始膨胀，pH 为 7 ~ 8 时增稠效率完全发挥。

（h）乳液碱性调节在增稠剂加入之前调节，避免造成不稳定现象。

（4）成膜助剂

成膜助剂又称凝聚剂、聚结剂，它能促进乳胶粒子的塑性流动和弹性流动，改善其聚结性能，能在广泛的施工范围内成膜。成膜助剂通常为高沸点溶剂，会在涂膜形成后慢慢挥发掉，最终涂膜不会太软和发黏。成膜助剂和助溶剂非常类似，但是不能把助溶剂和成膜助剂混为一谈，它的挥发度要低于涂料的助溶剂。

一般情况下，乳胶漆在较低温度条件下施工时，乳胶漆膜会聚集成粉末或开裂状的不连续膜，漆膜强度大大降低。这种情况的出现，一方面是由于乳胶漆配方不同，导致乳胶漆的最低成膜温度（MFT）差异太大造成的；另一方面也是乳胶漆中缺少合适的成膜助剂或者成膜助剂的添加量不合适，造成施工温度低于 MET 造成的。通过添加使高聚物微粒软化的成膜助剂可以改变这种状况，调节涂膜物理性能和成膜性能之间达到合理的平衡。

在乳胶粒的融合过程中，乳胶颗粒之间形成大量的毛细管道，这些毛细管道中充满了溶液，溶液产生毛细压力，垂直施加于含水溶液 - 颗粒界面，促使聚合物颗粒变形。但是这种变形受聚合物弹性模量的制约，如果聚合物颗粒过硬，乳胶粒不会变形，也就不能成连续致密的漆膜，而只能形成粉化、断裂的弱强度漆膜。因此，成膜过程中，首先需使乳胶颗粒变软，亦降低聚合物的玻璃化转变温度。

成膜助剂通过对乳胶粒子的溶解作用，降低了乳胶体系的玻璃化转变温度。一旦乳胶粒变形与成膜过程完成后，成膜助剂在最低成膜温度 MFT 之上，会从涂膜中挥发，从而使聚合物的玻璃化温度恢复到初始值，成膜助剂起到促临时增塑剂作用。

成膜助剂大都为微溶于水的强溶剂，有醇类、醇醚及其酯类等。传统的成膜助剂有：松节油、双戊烯、松油、十氢萘、1，6 - 己二醇、1，2 - 丙二醇，苯甲醇、甲基节醇、乙二酸醇醚类及其醋酸酯。这些溶剂都有一定的毒性，正逐渐为低毒性的丙二醇醚类及其醋酸酯代替。理想的成膜助剂应符合以下要求。

① 具有同树脂良好的相溶性。成膜助剂必须是聚合物的强溶剂，达到降低聚合物的玻璃化转变温度目的。相容性不好，造成乳胶粒融合不充分，漆膜外观及其光泽下降。

② 具有适宜的水溶解性。在水中溶解性要小，易为乳胶微粒吸附而聚结性能。其微弱的水溶性又可使它易为乳胶漆中分散剂、表面活性剂及保护胶所乳化。水溶性大，则成膜助剂分散在水相中，导致部分成膜助剂不能用于聚合物在底材上成膜，要达到同样效果，需增

加成膜助剂用量。

③ 具有适宜的挥发度。成膜前保留在乳胶漆涂层中，水分挥发后，成膜助剂不能残留于涂膜中，其挥发速度应低于水和乙二醇。由于成膜助剂沸点高，且与树脂的相溶性好，最后成膜助剂挥发很慢，涂膜要经历几周后才能达到所需的硬度。

④ 具有良好的水解稳定性。乳液的 pH 一般都在 7～10，如果成膜助剂在弱碱性条件下发生水解，会降低其使用效果，乙二醇醚醋尽管在降低乳液 MFT 上效果显著，但是一个会水解、还原成乙二醇醚原始化合物的成膜助剂。

⑤ 具有使用范围广。根据性能不同要求，树脂的 MFT 从 0～80℃不等，如果一种成膜助剂适用于涂料所用的各种乳液，这无疑是莫大的方便。

在乳胶漆中成膜助剂的用量较大，为降低成本，可将溶解好的成膜助剂和具有一定的溶解性的芳烃溶剂复配。如将丙二醇醚类成膜助剂和丙二醇、200 号煤焦溶剂复配成混合成膜助剂，具有优良的成膜效果，并可降低成本。

成膜助剂的选择与用量，不单评估其成膜效果，而且对于乳胶体系的贮存性能(黏度变化及冻融稳定性)、湿膜性能(流平性、抗流挂性及展色性)、干膜性能(耐擦洗、耐沾污、耐气候)都有影响，宜全面考虑。

成膜助剂都是强溶剂，对乳胶有较大的凝聚力，要注意它的加入方式，应防止局部过浓或加入太猛而形成液态凝聚而破乳，用量一般随高聚物的玻璃化温度高低、高取物组成、固体分的高低及气候条件而定。成膜助剂加入方法有直接加入法、预混合加入法、预乳化加入法。

(5)防腐剂和防霉剂

乳胶漆是由高分子成膜物质(树脂)、颜料、填料、助剂等物质组成，这些物质往往是各种微生物的营养源，如乳胶漆中的水就是生命要素，是构成微生物生存的物质条件。从乳胶漆制造时起就有受微生物污染的可能性，受污染的涂料，当达到一定湿度、温度、pH 等条件后，微生物开始繁殖生长，于是涂料就发生霉变、污染、劣化、变质，出现黏性丧失、不愉快气味，产生气体和变色，颜料絮凝或乳液稳定性丧失、调色着色性不良等。

为防止乳胶漆在贮存期间变质及成膜后长霉，就必须加入防腐剂、防霉剂。早期常用的防腐防霉剂为五氯酚钠、醋酸苯汞及三丁基锡等。但是酚类化合物效率较低，用量一般在 0.2% 以上，汞化合物用量为漆的 0.05% 左右，锡化合物的用量为漆的 0.05% ～0.1% 。目前，乳胶漆中使用的防霉杀菌剂有如下一些类别：

① 取代芳烃类。如五氯苯酚及其钠盐；四氯间苯二腈、邻苯基苯酚、溴醋酸苄酯；

② 杂环化合物，2－(4－噻唑基)苯并咪唑、苯并咪唑氨基甲酸酯、2－正辛基－4－异噻唑啉－3－酮；

③ 胺类化合物。双硫代氨基甲酸酯、N－(氟代二氯甲硫基)酞酰亚胺、水杨酰苯胺；

④ 有机金属化合物如有机汞、有机锡、有机锡；

⑤ 甲醛释放剂(经过缩聚的羟甲基有机物)；

⑥ 其他，磺酸盐类、醌类化合物、α－羟丙基甲酰磺酸盐、偏硼酸钡和氧化锌。

针对乳胶漆的特点，理想的防霉杀菌剂应具有如下特点：

① 与涂料中各的相容性良好，加入后不会引起颜色、气味、稳定性等方面的变化。

② 在 pH 为 6～10 范围内储存稳定。

③ 适合在 40℃长时间储存，并可短时间内允许 60～70℃的加工温度。

④ 由于包装桶的容量较小，包装桶的密封性较差，涂料顶层和桶层之间有较大的空间，

可能导致二次污染。因此，理想的防霉杀菌剂要有气相杀菌能力。

⑤ 要求有很好的水溶性，因为微生物都是在水相中生长，这样可以保证其更好地接触，更快地取得杀菌效果。

⑥ 要求杀菌谱线全面，对弱碱性环境下滋生的绝大多数的霉菌和细菌都有良好的灭菌效果。

⑦ 要求有良好的生物降解性和较低的环境毒性，并尽量减少对操作人员的刺激性。

（6）中和剂

乳胶漆的 pH 对系统的性能及稳定性有很大关系，中和剂可把乳胶漆的 pH 保持在一定的范围，从而保证增稠剂、表面活性剂等处在最佳状态，使乳胶漆处在最稳定水平。一般而言，乳胶漆中单体是酸性、乳胶漆中的表面活性剂中含有磺酸基或者羧酸基，这些单体、组分的存在都要求乳液体系、乳胶漆体系处于碱性状态下才能够保持稳定的状态。最常用的中和剂为氨水，在成膜时很快挥发，而不残留在涂膜中，但氨水有强烈的刺激性气味。因此，也可考虑既能较快挥发，而气味较小的氨类化合物。除此之外，还常采用 AMP－95(2－甲基氨基丙醇)、NaOH、KOH 等来调节 pH 值。

第二节　乳胶漆配方的设计

一、乳胶漆配方过程

乳胶漆是由合成树脂乳液(基料)、颜(填)料、助剂和水(分散介质)构成，是一个配方产品。它的配方设计是在保证产品高质量和合理的成本原则下，选择原材料，把涂料配方中各材料的性能充分发挥出来，既要依据乳胶漆的性能指标要求来选择乳液、颜料和填料种类及其用量，又要根据施工要求、贮存要求和乳胶漆的性能来选择一些适合的助剂，如黏度调整剂、分散剂、成膜助剂、消泡剂等及其用量，其基本过程如下：

（一）性能目标确定

涂料与橡胶不同，它不能单独作为过程材料使用，它总是物件表面上与被涂物件一起使用，因此涂膜与被涂物件的界面作用力是涂料配方设计中所要考虑的一个重要的影响因素。总的来说，涂料的配方设计需要考虑以下几个方面。

（1）成膜物质

成膜物质的化学性质和物理性质将基料决定，如涂膜是室温干燥固化还是反应固化、柔软性、硬度比、与被涂基材的附着力、耐候性、耐紫外线性、耐化学药品腐蚀性等性质。

（2）挥发物

挥发物与溶剂和稀释剂的物理化学性质有关，如挥发速度、沸点、对树脂的溶解性、毒性和闪点等。

（3）颜料和助剂性质

如颜料的着色力、遮盖力、密度，与基材的混溶性(或者分散性)、耐光性、耐候性和耐热性等；助剂的特殊功能如防沉、防流挂、防橘皮、消泡、帮助颜料润湿分散，改善涂料的施工性和成膜性用的流平剂、增稠剂、成膜助剂、固化剂、催干剂等。

（4）涂覆的目标和目的

如基材的材质，是高档产品(轿车、飞机、精密仪器仪表等)还是中低档产品(如家用电器、内外墙、桥梁、塑料、纸张等)，是一般的饰物还是起保护作用，还是赋予被涂物件某种特殊功能。

(5) 成本考虑

成本包括原材料的成本、生成成本、贮存和运输成本等。用于高档产品的涂料，其性能要求更高些，价格可以较贵些；用于低档产品的涂料，性能可以稍差些，价格则可以便宜些。

(6) 竞争力因素

明确自己设计的配方产品是市场上的全新产品还是市场有买的产品的类似的产品，若是后者，则要比较所设计的产品与市场的产品在性能和价格上的优势，包括涂料本身的性能如固含量、黏度、密度、贮存期等；使用性能如遮盖力、需要几次测涂才能达到所需得性能要求，是常温干燥还是升温反应固化成膜；漆膜的性能如柔软性、硬度比，与基材的附着力大小，耐候性、耐紫外线性、耐酸碱性、耐溶剂性、耐沾污性、耐温性和耐湿性等，以便确定自己所设计的产品是否在某一或某几个主要性能上优于市场同类产品，或性能相近但价格上有很大的优势。

(二) 原料的选择

(1) 乳液基料选择

基料一般是高聚物，是通过搭配能形成刚性聚合物的单体(硬单体)和形成软性聚合物的单体(软单体)得到的。基料影响乳胶涂料的综合性能，是涂膜性能的决定性因素，影响涂膜的光泽、耐水性、耐碱性、耐候性、耐洗刷性、抗开裂性等性能。一般用玻璃化转变温度和 MFT 来表征基料的性能，影响它的主要因素有基料单体组成、粒径大小及其分布。常用的硬单体有苯乙烯、甲基丙烯酸甲酯、氯乙烯、醋酸乙烯等；常用的软单体有丙烯酸丁酯、丙烯酸乙酯、顺丁烯二酸、反丁烯二酸等。

玻璃化转变温度反应聚合物基料形成涂膜的硬度大小，玻璃化转变温度高的基料其涂膜的硬度大、光泽高、耐污染性好，不宜污染，其他力学性能相应也好。玻璃化转变温度也反映了基料的软硬单体组成和比例，硬单体含量越高对基料的耐污染性、耐划伤性与光泽保护性有利；而软单体含量越高对基料的成膜性能、初期光泽、伸长率等涂膜性能有利，折中的方案为玻璃化转变温度为 5 ~ 30℃。为使涂料在较低温度下可以施工，一般使乳胶涂料的 MFT 为 20℃。

基料主链上含有双键(丁二烯或其衍生物)、芳香族侧链(苯乙烯)或卤素，在太阳光暴晒期间，受氧气和紫外线影响，易发生氧化反应和光氧化反应，因此含有苯乙烯、丁二烯及其衍生物等单体的基料耐候性较差，含有苯乙烯、氯乙烯、高级甲基丙酸酯等硬单体的基料具有良好的耐碱性和耐水性，含有醋酸乙烯等单体时耐碱性和耐水性较差。基料粒径方面，基料粒径越小，乳液的成膜性、乳液涂料的增稠稳定性、耐刷性、抗流挂性、遮盖力等性能越好；基料粒径越大，抗冻融性、颜色稳定性越好。

外墙涂料要保证涂膜具有光滑、平整、密实、疏水、良好的抗氧化、耐候性和一定的硬度与抗高温回黏性的特性。

涂料各组分中，基料选择是关键，选择耐候性好，保光保色，抗粉化乳液；选用结构紧密，抗粉化，耐久的颜填料；选用抗水分散剂和疏水剂对亲水颜填料、涂层表面进行疏水处理；涂料配方的 PVC 含量大都超过 30%，因而颜填料粒子的疏水处理对涂层性能影响比较大，如可以选用抗水分散剂 Hydro - Palat100 给每个亲水的颜填料粒子涂上防水膜，使用

HF－200处理涂膜，整个涂膜上罩上一层防水面料，增加漆膜的滑感，提供低摩擦系数表面，使得涂膜更耐擦洗等。

纯丙烯酸乳液是指丙烯酸醋单体（丙烯酸甲酯、丙烯酸乙酯、丙烯酸丁酯和甲基丙烯酸丁酯等）通过共聚而制得的乳液。该乳液配制的乳胶漆，耐候、耐碱、耐水、漆膜保色、保光性能优异，户外使用寿命可达10～15年，漆膜对底材具有极好的附着力，具有良好的抗污性、耐磨性及耐候性。在美国等发达国家，外用建筑乳胶涂料主要以纯丙烯酸乳胶漆为主，国内市场上，由于纯丙乳胶漆成本较高，应用受到了限制。

醋酸乙烯与丙烯酸酯共聚乳漆，在乳胶漆发展中占有相当重要的地位，因为在乳液聚合物中引入丙烯酸酯类单体，可大大提高聚合物保光、保色、抗粉化、耐水、附着力等性能。例如，在醋酸乙烯单体中加入15%左右的丙烯酸丁酯，经乳液聚合得到的乳胶，其粒径比醋酸乙烯均聚乳胶小，而与颜料的黏结力、与物体的附着力、涂膜的抗粉化性等，均能显著提高。再如，在醋酸乙烯与丙烯酸酯共聚乳液的基础上，微量使用丙烯酸类单体共聚，其聚合物用氨处理，即可得到黏稠度很大的产物，这种产物可用来配制黏稠度更大的厚浆型乳胶漆。醋酸乙烯与丙烯酸醋类共聚后，所制得的乳胶漆，其涂膜的耐水性、耐碱性、耐擦洗性及耐候性等方面都比聚醋酸乙烯乳胶漆有明显提高，目前在建筑外墙涂料广泛使用。

硅丙乳胶漆是近年出现的新型优异的外墙用乳胶漆品种。实际涂装过程中，随着乳液干燥成膜，硅氧烷水解，缩聚可在聚合物分子之间，或聚合物和基材之间形成交联牢固的（－Si－）结合，使涂膜具有优异的耐候性、耐污性、耐水性和附着力。硅丙乳液中，有机硅的Si－O共价键键能为450kJ/mol，远大于普通乳液中C—C键能（345kJ/mol）和C—O键能（35lkJ/mol）。从而赋予硅丙乳胶漆耐热性和优异的耐候性，而且它具有极低的表面张力，使漆膜大大提高憎水性，水滴在其表面呈露珠滚动而不渗入，涂层不易积灰，耐沾污性好，而纯丙乳胶漆由于其主链结构稳定，不易氧化和水解，在受紫外光照射下不易裂解和黄变，其耐候性也较好，但要比硅丙乳胶漆差。

内墙乳胶漆是建筑涂料品种里的一个大类，内墙涂料的主要功能是装饰和保护室内壁面，使其美观、整洁。内墙涂料要求涂层质地平滑、细腻、色彩柔和、有一定的耐水、耐碱、抗粉化性、耐擦洗性和透气性好，气味低，环保等。

内墙乳胶漆根据其性能和装饰效果不同大致可分为平光乳胶漆、丝光漆、高光泽乳胶漆三种。不同类型的乳胶漆所用原料虽不完全相同，但生产工艺基本一致。

聚醋酸乙烯乳液为最早开发的品种。纯醋酸乙烯聚合物的玻璃化转变温度较高，因此室温下成膜难度大，漆膜脆性高，必须增加增塑剂帮助成膜。但增塑剂在使用过程中缓慢挥发，漆膜仍然会慢慢变脆，造成产品质量下降。同时，醋酸乙烯易水解，使用的保护胶又是水溶性聚乙烯醇，故聚醋酸乙烯乳胶漆耐水性、耐碱性不好，不宜作为外墙使用。但由于醋酸乙烯价廉易得，合成方便，颜填料容量大，流动性较好，附着力较好，所以目前仍为内墙乳胶漆的主导产品。

苯乙烯－丙烯酸乳液在我国已成为最通用、最常见的乳液品种。苯丙乳胶漆耐水、耐碱、耐擦洗性好，且价格适中，制备工艺稳定，故而成为制备外墙和内墙乳胶漆的通用品种。苯丙乳胶漆一般作为内墙涂料使用，这是因为苯乙烯结合在芳环中的叔碳原子对氧化敏感，一旦氧化就与主链切断，生成了发色基团，容易使涂膜变色，导致涂料的耐候性、保色性变差。

醋酸乙烯—叔碳酸乙烯酯共聚乳液制备的乳胶漆商品名称为Veova，由于涂料中含10个碳的叔碳酸乙烯酯单体，其玻璃化转变温度低（-3℃），改善了与之共聚的醋酸乙烯的柔韧性，有内增塑的作用，得到的乳胶漆性能全面，既有良好的耐水、耐碱、耐擦洗性，又有良好的户外耐候性，且乳液对颜填料的包容能力强，因此，作为内外墙涂料使用均可。实验表明，分别用醋酸乙烯—叔碳酸乙烯酯乳液与常规的苯丙乳液制成的乳胶漆进行对比，前者比后者在耐水性及耐擦洗性等方面均有明显提高。

原材料选择好后，确定配方是不十分困难的，一般通过小试和适当的调整就可以做到，因为在选定原材料过程中，实际上也是通过小试来确定的，配方调整过程在保证乳胶漆质量的前提下，尽量考虑以低成本来生产，即以最低的成本生产高质量产品。

（2）颜料、填料选择

颜料是乳胶色漆中不可缺少的成分，其主要作用是为涂料配方体系提供遮盖力，在涂膜形成过程中也发挥着重要作用。它们对涂料的一些物理性能如耐候性、耐久性、耐磨性、耐腐蚀性、光泽、流平性、抗流挂性、透气性、不渗水性和附着力等，都有很大的影响。涂料用颜料应具有如下特性：

a）耐久性、耐光与耐气候牢度，尤其是户外涂料用颜料。

b）高的遮盖力或特定的透明性，高着色强度与光泽度。

c）与不同类型展色料或介质体系有良好的相容性和易分散性能，在涂料中不发生浮色或花浮现象。

d）溶剂型涂料用颜料应具有良好的耐溶剂性能、抗结晶性和抗絮凝性，不发生色光与着色强度的变化。

e）水性涂料用颜料应具有良好的耐水性，不发胀。

f）耐化学试剂、耐酸、耐碱。

g）良好的耐热稳定性与贮存稳定性，不发生分层与沉淀现象。

填料是乳胶涂料中有使涂膜消光的作用，能使涂膜达到所需要的光泽，并能改进乳胶涂料的流动性，改善施工性能，提高颜料的悬浮性和防止流挂的性能，提高乳胶涂料的遮盖力，降低乳胶涂料的成本。乳胶漆中使用的填料品种很多，常用的有重质碳酸钙、轻质碳酸钙、滑石粉、硅灰石粉、绢云母粉（云母粉）、高岭土、沉淀硫酸钡、膨润土、灰钙粉、超细硅酸铝、石英粉等。表7-3为常见的填料品种性能。

表7-3　常见的填料品种性能

名称	主要成分	结构	悬浮性	特性	缺陷
重质碳酸钙	$CaCO_3$	粒状	差	成本低	易沉降
轻质碳酸钙	$CaCO_3$	粒状	好	悬浮性好	易起白霜、发胀
硅灰石粉	$CaSiO_3$	针状、纤维状	差	提高涂膜强度，耐擦洗性	易沉降
滑石粉	$3MgO \cdot 4SiO_2 \cdot H_2O$	片状	好	改善涂料的施工性能、流平性	易粉化
高岭土	$Al_2O_3 \cdot 2SiO_2 \cdot 2H_2O$	片状、管状	好	提高干遮盖力、悬浮性好	
绢云母粉	$K_2O \cdot 3Al_2O_3 \cdot 6SiO_2 \cdot 2H_2O$	片状	好	提高耐候性、耐水性、防龟裂、延迟粉化	
沉淀硫酸钡	$BaSO_4$	粒状	差	提高涂膜沾污性	易沉降
石英粉	SiO_2	粒状	差	提高涂膜强度	易沉降

在乳胶涂料中合理选择填料的品种，填料的规格对涂料的质量可大幅度地提高，如果选择不当同样会带来不必要的麻烦。乳胶漆中填料的选择遵循如下的原则：

① 根据涂料的应用范围选择不同品种。乳胶涂料分为内墙涂料、外墙涂料，一般在外墙涂料中选择耐候性好，不易粉化的填料，建议使用绢云母粉、硫酸钡、硅灰石、煅烧高岭土等，一般不用轻钙；内墙涂料中建议使用重钙、轻钙、滑石粉、高岭土等白度较高的产品，同时使用超细粉体。

② 根据使用填料的品种选择不同细度。重钙、硫酸钡、滑石粉、锻烧高岭土等填料在涂料中使用，一方面起到体质填充的作用，另一方面具有一定的干遮盖力，一般建议使用超细产品，因为填料对钛白粉遮盖力有协同作用，当粉体粒径达到微细化级，基本上与所配套应用的二氧化钛颜料的粒径接近时，可提高钛白的遮盖效果，同时提高漆膜的强度和耐水性能。使用硅灰石、绢云母粉是为了提高漆膜强度、耐候性、抗水性等，一般建议使用800目左右的产品，如考虑漆膜效果时，可采用1250目左右的产品，一般不建议使用2000目以上的产品。

③ 根据CPVC浓度要求选择不同的填料。CPVC即临界颜料体积浓度，是指基料正好覆盖颜料粒子表面，并充满颜料粒子堆积空间时的颜料体积浓度，填料的细度越高，其比表面积越大，吸油值越高，CPVC值越小，所需乳胶量就越大，产品质量越高；反之，CPVC越大，乳胶量减少，产品质量降低。

（3）乳胶漆助剂的选择

乳胶漆用的助剂一般分为4类：分散颜填料的分散剂和润湿剂；保护涂料和漆膜的防腐剂和防霉剂；调整涂料黏度的增稠剂；防止生产和施工时产生泡沫的消泡剂。另外，还有降低成膜温度的成膜助剂等。

① 成膜助剂的选择

成膜助剂促进乳液粒子的塑性流动和弹性变形，改善其聚结性能，使涂料在更宽的范围内成膜，它是一种易挥发的暂时增塑剂，不会影响最终漆膜的性能。成膜助剂的选择应遵循以下几点：

第一，应能明显地降低聚合物乳液的玻璃化转变温度，并与聚合物的相容性好，有助于光泽的提高。

第二，应具有中至高沸点，以及一定的挥发速度，其挥发速度至少应低于水，这样在成膜前能保留在乳胶漆中，在成膜后逐渐挥发掉。

第三，应微溶于水或具有一定的水溶性，易为乳液粒子所吸附并能很好地聚结。

由于聚合物的种类不同，首先要考虑成膜助剂对乳液的适用性。许多乳液生产厂都有与其相配套的成膜助剂，如果生产厂没有配套助剂，则必须通过试验来确定相应的助剂品种。在实际应用中，往往两种或多种成膜助剂拼用，只用一种即能满足使用的多种成膜助剂是今后乳胶漆成膜助剂的研究方向。

成膜助剂对乳液具有较大的凝聚性，因此添加时应避免加入高浓度的成膜助剂，最好是在涂料生产的适当阶段加入，这样就不会损害乳液的稳定性。成膜助剂有直接加入、预混合加入和预乳化加入3种方式。

直接加入：在涂料的生产过程中直接将成膜助剂加到涂料中，可以在加入乳液前直接加到颜填料混合物中，最好是在涂料研磨前加入，使之能很好地分散乳化；也可以在乳液加到涂料后加入，但必须以很慢的速度并在搅拌状态下加入。

预混合加入：对直接加入成膜助剂会使乳液破坏的情况，可以将其先与表面活性剂类助剂和丙二醇预先混合后加入。

预乳化加入：这种方式主要是对颜料体积浓度很低的有光乳胶漆而言。在这种情况下，可在成膜助剂加入前对其进行预乳化，将其与水、增稠剂和分散剂一起乳化，然后再加入。成膜助剂不溶于水，必须稀释后加入，最好在研磨阶段加入，否则会产生乳液破乳及聚结等。

② 增稠剂的选择

乳胶漆中必须加入增稠剂，以改善涂料的流变性。增稠剂品种很多，分为有机和无机2类，前者用于薄质涂料，后者用于厚质涂料。最常用的增稠剂为羟乙基纤维素(HEC)、丙烯酸共聚物和缔合型聚氨酯增稠剂。

HEC在乳胶漆中使用最方便，具有一定的抗微生物侵袭的能力，良好的颜料悬浮性、着色性及防流挂性。其缺点是流平性较差。

缔合型增稠剂的优点是具有良好的涂刷性、流平性、抗飞溅性及耐霉变性。其缺点是着色性、防流挂性和贮存抗浮水性较差，特别是对涂料中的其他组分非常敏感。常将HEC和缔合型增稠剂拼用，以获得最佳的增稠和流平效果。

乳胶漆中增稠剂的加入方式有如下几种：

第一，HEC粉末在分散阶段加入：或预先配成水溶液使用。其浓度一般为2%～3%。应该注意的是，HEC在水中必须先润湿再溶解，水的温度及pH值对溶解速度影响很大，一般是将HEC润湿后再增大pH值，不可在HEC湿透前加入碱性物质，或将乳胶漆配方中的二元醇、成膜助剂与HEC制成色浆，然后加入乳胶漆中。

第二，丙烯酸类增稠剂(HASE)可直接加到乳胶漆中，最好在调漆阶段加入。HASE增稠剂的酸值高，会争夺乳胶漆中的碱，导致不稳定，因此应在搅拌下慢慢加入。比较安全的方法是先用水将HASE稀释，再加到乳胶漆中。

第三，缔合型聚氨酯增稠剂(HEUR)为黏稠的水溶液，低黏度HEUR可直接加到乳胶漆中；高黏度HEUR应先稀释(稀释剂以共溶剂和水的混合物为佳)，在其他液体成分之后，乳液之前加入，添加速度宜慢而稳。丙烯酸类增稠剂及缔合型聚氨酯增稠剂一般不要在分散研磨阶段加入，否则会影响体系的稳定性，漆膜发脆、失光及着色力下降。加入上述增稠剂前，至少用1:2去离子水稀释(或按说明要求)，可防止乳液破乳及成品漆的不透明性、黏度和光泽受到影响。

③ 消泡剂的选择

在乳胶漆生产过程中，需要加入多种助剂，有些助剂会导致泡沫的产生，在生产及施工过程中，又需要搅拌，甚至需要高速搅拌，也会产生大量泡沫，为了缩短生产时间，便于施工，就要加入消泡剂。

消泡剂具有抑泡和消泡的作用。选择消泡剂应考虑高效、持久，前者主要取决于消泡剂的分散性和表砸张力是否恰当，后者往往被忽视，但从实用效果看，后者更为重要，因为乳胶漆常常须贮存一段时间，因此必须考虑消泡剂的持久性。

消泡剂选择不当或与其他组分搭配不当时，常出现鱼眼、失光、色差等弊病。评价消泡剂的方法有水平试验法、密度杯法等，前者用于低黏度涂料，后者用于高黏度涂料。在评价消泡剂时一定要注意，消泡剂加入后至少需要24h后才能取得消泡剂性能的持久性与缩孔、缩边之间的平衡，在加入消泡剂后立即涂刷样板或测试涂料性能，往往会得出错误的结论。

消泡剂应在搅拌下均匀加到乳胶漆中，不要一下倒入，且用量不能过多，否则会引起涂刷性差，漆膜有缩孔、缩边、鱼眼等弊病。添加时最好分 2 次加入，即在研磨分散颜料阶段及最后成漆阶段加入，一般是每次各加总量的一半，或者在制浆阶段加 2/3，制漆阶段加 1/3。可根据泡沫产生的情况进行调节，在制浆阶段最好加入抑泡效果大的消泡剂，在制漆阶段最好加入破泡效果大的消泡剂。

④ 其他助剂的选择

AMP－95 是含 5% 水的 2－氨基－2－甲基－1－丙醇多功能助剂。在乳胶漆配方中，AMP－95 可作为高效共分散剂，以防止颜料的二次絮凝，同时还可大幅度地提高涂料的综合性能，如改善增稠剂的性能，提高调色浆的展色性；避免使用氨水，减少涂料的气味；改善漆膜的耐擦洗性和耐水性；降低罐中腐蚀和闪锈。

使用 AMP－95 可以减少分散剂、消泡剂、增稠剂的用量，从而提高成膜性能，也可以降低原材料的总成本。

在乳胶漆中还要加入适量防霉、防腐剂等。过去所用的防霉、防腐剂是有机汞、有机锡等重金属化合物，它们的抑菌、杀菌能力大，但毒性很大，正逐渐被淘汰。

目前大多采用高效、低毒或无毒的非汞型防霉剂，有取代芳烃类、杂环化合物、胺类化合物等。

二、乳胶漆配料计算

在确定了乳胶漆的使用目的、性能指标；确定了选择颜料试剂的大致方向后，就需要对乳胶漆中各个组分的添加量进行计算，其中，最重要的就是乳胶漆乳液的投料量和颜料的投料量的计算。

（一）颜料体积浓度（*PVC*）

颜料体积浓度是指涂膜中颜料和填料的体积占涂膜总体积的百分数，以 *PVC* 表示，见式（7－3）：

$$PVC(\%) = \frac{\text{干膜中颜填料体积}}{\text{干膜中颜填料体积} + \text{干膜中基料体积}} \times 100\%$$

$$= \frac{\sum M_i/\rho_i}{\sum M_i/\rho_i + \sum M_j/\rho_j} \tag{7-3}$$

式中 M_i——颜填料质量，g；

M_j——漆基（树脂）质量，g；

ρ_i——颜填料密度，g/cm^3；

ρ_j——漆基（树脂）密度，g/cm^3；$i=1 \sim n$，表示不同颜填料的品种；$j=1 \sim m$，表示不同漆基的品种。

其中，漆基（树脂）质量和密度均指的是固体树脂的数值（若是乳液，其密度是指干漆膜密度，此时漆基体积＝乳液质量×固含量/乳液干膜密度）。得到 *PVC* 值在 0～100% 变化，涂膜从一个极端状态到另一个极端状态。涂膜性能一般如下变化：

① 耐磨性、耐湿性、防腐蚀性、光泽度从高到低；对应的 *PVC* 值应当是：从低到高。

② 抗起泡性、渗透性、黏稠性、对比率从低到高。对应的涂料 *PVC* 值应当是前两种是从低到高，后两种中对比率低固含量低。

常用颜料的典型 *PVC* 范围如表 7－4 所示。

表 7-4 常用颜料的 *PVC* 范围

分类	颜料名称	*PVC*/%	分类	颜料名称	*PVC*/%
白色颜料	二氧化钛	15~20	红色颜料	氧化铁红	10~15
	氧化锌	15~20		甲苯胺红	10~15
	氧化锑	15~20		芳酰胺红	5~10
	铅白	15~20	黑色颜料	氧化铁黑	10~15
黄色颜料	铬黄	10~15		炭黑	1~5
	锌铬黄	10~15	防锈颜料	碱式硅铬酸铅	25~35
		5~10		碱式硫酸铅	15~20
	耐晒黄	5~10		铅酸钙	30~40
	联苯胺黄	5~10		红丹	30~35
	氧化铁黄	10~15		磷酸锌	25~30
绿色颜料	氧化铬绿	10~15		四盐基锌黄	20~25
	铅铬绿	10~15		铬酸锌	30~40
	颜料绿 B	5~10		不锈钢粉	5~15
蓝色颜料	铁蓝	5~10	金属粉颜料	铝粉	5~15
	群青	10~15		锌粉	60~70
	酞菁蓝	5~10		铅粉	40~50

对于乳胶漆而言，外用涂料的 *PVC* 一般为 30%~55%，内用型涂料 *PVC* 一般为 45%~70%，对不同配方的涂料进行性能比较试验时，其 *PVC* 重要性更为突出。

（二）临界颜料体积浓度(*CPVC*)

涂料配方中，当颜填料量很少时，涂膜中的基料能够充分润湿和包裹颜料粒子，颜料可均匀分散在基料中，随着配方中颜填料量的增加，当恰巧有足够的黏结料或乳液润湿颜填料粒子时的 *PVC* 称之为 *CPVC*。当 *PVC* 高于 *CPVC* 时，基料则无法润湿所有的颜填料颗粒，粉料松散地存在于涂膜中，从而使涂膜质量变差。随着涂料配方中 *PVC* 的变化，涂料施工后其涂膜在拉伸强度、涂膜密度、附着力等机械性能，渗透性、起泡性、抗锈蚀等渗透性，光泽、遮盖力、着色力等光学性能都发生变化，涂膜诸多性能在 *CPVC* 点及附近将发生急剧变化。*CPVC* 可通过测试确定，它的计算公式为式(7-4)：

$$
\begin{aligned}
CPVC &= \frac{\text{颜填料总体积}}{\text{颜填料总体积} + \text{颜填料吸油总体积}} \\
&= \frac{\text{颜填料总体积}}{\text{颜填料总体积} + \text{颜填料吸油量克数}/0.93} \\
&= \frac{\sum_{i=1}^{i=n} M_i/\rho_i}{\sum_{i=1}^{i=n} M_i/\rho_i + \sum_{i=1}^{i=n} N_i/0.93} \times 100\% \qquad (7-4)
\end{aligned}
$$

式中 M_i——颜填料质量，g；

N_i——漆基(树脂)质量，g；

ρ_i——颜填料密度，g/cm^3；

0.93——亚麻仁油的密度，g/cm^3。

上述公式分子分母同时除以颜填料的总体积：可以进一步化简该 CPVC 计算公式，如式(7－5)所示：

$$CPVC = \frac{1}{1 + \sum_{i=1}^{i=n} OA_i \times \rho_i \times V_i / 93.5} \times 100\% \quad (7-5)$$

式中，OA_i，某个粉体颜料的吸油量(g/100g)；ρ_i，某个粉体颜料的密度(g/cm^3)；V_i(cm^3)，某个粉体在整个粉体体积中所占有的体积%；$OA_i \cdot \rho_i$ = g 油量/100g 颜料的体积；93.5＝100×亚麻仁油的密度(g/mL)。

(三)乳胶漆临界颜料体积浓度(LCPVC)

对于水性乳胶漆来讲，它的基料—乳液并不是在溶剂中的溶液，而是分离的、球形的乳胶颗粒的悬浮液。它与颜料都是以粒子状态分散于水介质中。在成膜过程中，随着水分的挥发，基料的粒子和颜填料的粒子共同形成紧密堆积，基料粒子变形，分子链相互扩散结合而形成紧密涂层。其 CPVC 不仅与颜填料的粒径分布和粒子的几何外形有关，也与基料—乳液的粒径及粒径分布、粒子形变能力(玻璃化转变温度)及几何外形有关，即使在相同的颜填料品种和质量的条件下，使用不同的乳液(包括成膜助剂)其 CPVC 也会变化，为了与溶剂型涂料有所区别，把乳胶漆的 CPVC 统称为 LCPVC。

乳胶漆临界颜料体积浓度(LCPVC)的理论公式如式(7－6)所示：

$$LVPVC = \frac{1}{1 + OA \times (D/93.5) \times e} \quad (7-6)$$

式中　e——乳液效率指数，可以近似看做是颜填料混合总体积与颜填料各组分体积加和的比值；

OA——混合颜填料的吸油量；

D——混合颜填料的密度；

93.5——100×亚麻仁油的密度(g/mL)。

不同的 PVC 乳胶漆涂膜具有不同的性能。当 PVC < LCPVC 时，涂膜的附着力、耐洗刷性、流平性较好；当 PVC > LCPVC 时，耐洗刷性急剧下降，透气性上升；低 PVC 时填料没有遮盖力；高 PVC 时基料不能完全包住颜填料，涂膜中组分以颜填料、基料和空气三相共存。不同 PVC 乳胶漆涂膜性能比较如表 7－5 所示。

表 7－5　不同 PVC 乳胶漆涂膜性能比较

性　能	PVC < LCPVC	PVC > LCPVC
光泽	高	低
孔隙率	低	高
吸水率	低	高
水汽透过率	低	高
弹性	高(取决于 T_g)	低(膜易碎)
遮盖力	低	高(干遮盖效应)
耐洗刷性	高	低

一般而言，外墙和高档内墙乳胶漆 PVC < LCPVC，一般内墙乳胶漆 PVC 可以超过 CPVC。研制高 PVC 含量乳胶漆是乳胶漆发展的重要课题，其中的关键是乳胶漆需要有较高的 LCPVC，并尽量缩小 PVC 与 LCPVC 之间的距离。

（四）对比颜料体积浓度

通常，可通过 *PVC* 和 *CPVC*（*LCPVC*）的比值（比体积浓度）更直观地推算出涂料的性能，可以用公式（7－7）表示为：

$$\Lambda = PVC/CPVC \text{ 或者 } \Lambda = PVC/LCPVC \tag{7-7}$$

对于涂料的许多性能例如光泽、遮盖力、耐洗刷性等，都与对比颜料体积浓度有着非常密切的关系。涂膜的光泽随对比颜料体积的浓度增加而先增后减，$\Lambda = 1$ 时光泽最低；$\Lambda < 0.6$ 时，涂料遮盖力随对比颜料体积浓度的增加增大的明显；$0.6 < \Lambda < 1$ 遮盖力增加平缓；$\Lambda < 1$ 涂料耐洗刷性随对比颜料体积浓度增加降低的较为剧烈，$\Lambda > 1$ 时，涂料的耐洗刷性随对比颜料体积浓度增加降低的幅度较小；$\Lambda = 0.7$ 涂料的耐污性最好，小于或者大于 0.7 耐污性均呈下降趋势。综合比较，对比颜料体积浓度为 0.6～0.8 最好。

（五）颜基比

涂料配方设计中的另一个重要概念是颜基比，即涂料中的颜料（包括填料）的质量和基料固体分质量的比值。使用颜基比能够粗略地估计涂料的性能，在已知涂料的各种基本组分的质量配比，例如，颜料的总含量、基料的固体含量等情况下，可以很方便地根据经验来估计涂料的性能。用颜基比可以对乳胶涂料进行大致的分类，即外用乳胶涂料或内用高性能乳胶涂料的颜基比为（2.0～4.0）∶1.0；一般内墙用乳胶涂料的颜基比的范围在（4.0～7.0）∶1.0 之间；对涂料的性能要求越高，颜料－基料比应当越低。4.0∶1.0 被认为是各种外用涂料的最高颜料－基料比，这一结论适用于各种颜料与基料。

因此，在乳胶漆配方设计中，首先要考虑的因素是颜料体积浓度 *PVC*，或者为求计算简单可以用颜基比 *P/B* 代替。因为颜料和基料的配比直接决定了涂膜的最终成分，也就最终决定涂膜的各种性能。颜料体积浓度有一个临界值 *CPVC*，在临界值附近，涂料的性能会发生急剧变化，如图 7－10 所示。*CPVC* 的值由特定配方本身的性质所决定，但是从许多成功涂料系统的 *CPVC* 值来看，乳胶漆的临界颜料体积浓度在 50%～60%之间，如图 7－11 所示。

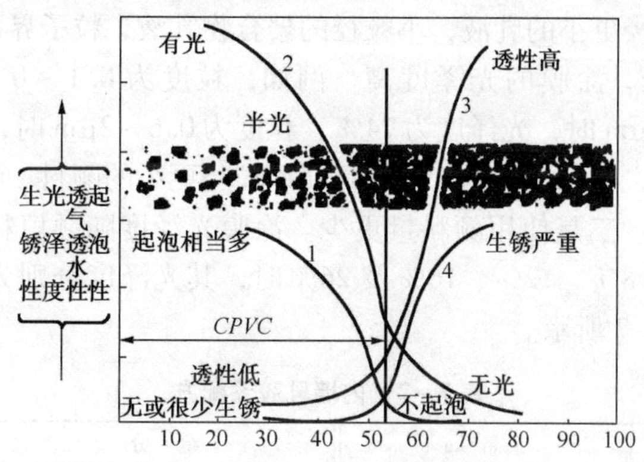

图 7－11 颜料体积浓度和涂膜性能的关系

1—起泡性；2—光泽度；3—透气透水性；4—生锈性

三、配方实例

（一）乳液底清漆

当水泥、砖、灰泥及木结构壁面底材的空隙率高、孔径大、裂纹深时常用建筑腻子填缝；当空隙率低、孔径小或仅有微细裂纹时，可以首先涂底漆。底漆乳胶粒子的平均粒径为 1μm，过小则会渗入底材内部，壁上成膜物质减少，降低了涂饰质量。常用的乳液底漆基料是聚醋酸乙烯酯均聚物和共聚物乳液，它的特点是对各种底材附着力大、干燥速度快，如表7－6建筑底漆配方。

表7－6　建筑底漆配方

组　分	质量/kg	
	配方1	配方2
顺酐乳液(56%)	600	
醋酸乙烯酯共聚物(56%)		360
钛白粉	200	75
碳酸钙	100	100
滑石粉		100
黏土	100	
甲基纤维素(2%)	200	150
二异丁烯－马来酸酐共聚物25%	8	20
非离子分散剂	4	3
乙二醇		20
二乙二醇－乙醚	50	
二乙二醇－乙醚醋酸酯		8
消泡剂	4	2
邻苯基酚钠20%	10	
乙酸苯汞		0.3
水	262	210

(二)内墙乳胶漆

作为内墙乳胶漆的基料主要有聚醋酸乙烯酯乳液和乙丙乳液，在要求档次较高的场合也有用纯丙乳液和苯丙乳液的。由于乳胶漆的成膜主要靠分散的聚合物粒子的相互凝聚，加上乳化剂的存在，使得乳胶漆难以得到与溶剂性涂料一样的光泽，但仍可有几种途径改善乳胶漆的光泽：一是使用粒径更小的乳液，小粒径的聚合物乳液，粒子界面压缩力更大，有利于聚合物粒子的相互凝聚，涂膜的光泽度高。例如，粒度为0.1～0.2μm时，光泽度可达80%；粒度为0.2～0.6μm时，光泽度为74%；粒度为0.6～2μm时，光泽度仅为30%，同时，乳液粒度分布越窄，则光泽度越好。二是使用粒径更小的颜料。颜料粒径越小，乳胶粒子越容易包覆颜料粒子。三是使用颜料量更少。涂膜光泽度随颜填料用量的增大而急剧下降，例如当*PVC*分别为8%、12%、16%及26%时，其光泽度分别为80%、65%、50%及25%。配方举例如表7－7所示。

表7－7　内墙乳胶漆配方

组　分	质量/kg	组　分	质量/kg
水	49.9	增白剂	22.7
分散剂	4.54	硅藻土	11.35
三聚磷酸钾	0.454	分散，加入如下配方	
丙二醇	11.35	2－氨基－2－甲基－丙醇	1.816
杀菌剂	0.23	表面活性剂	1.82
消泡剂	0.454	甲基纤维素2%	104
钛白粉	90.8	水	10.9
高岭土	68.1	消泡剂	0.454
甲基纤维素2%	22.7	聚醋酸乙烯酯乳液55%	115.7

上述乳胶漆配方中，*PVC*50.1%；对比率 0.947；黏度 83KU；pH 9.0；耐擦洗周期 310；理论遮盖面积 9.46m²/kg。

（三）外墙乳胶漆

外墙用乳胶漆的基料主要有苯丙乳液、纯丙乳液、乙丙乳液等。外墙乳胶漆应当具有优良的耐水性、耐污性、耐候性和保色性，室外气候条件下，涂层不发生龟裂、剥落、粉化、变色等特点，配方如表 7－8 所示。

表 7－8　外墙乳胶漆配方

原材料	百分比/%	功能	备注
浆料部分：			
去离子水	8.0		
DisponerW－19	0.15	润湿剂	Deuchem
DisponerW－519	0.5	分散剂	聚丙烯酸铵盐
PG	2.5	助溶剂	聚乙烯醇
DefomW－094	0.15	消泡剂	矿物油及合成共聚物的混合物
DeuAddMA－95	0.1	胺中和剂	醇胺有机物
DeuAddMB－11	0.1	防腐剂	Deuchem
DeuAddMB－16	0.2	防霉剂	Deuchem
R902 钛白粉	20.0	颜料	
重质碳酸钙	16.0	填料	
滑石粉	6.0	填料	
在搅拌状态下依序将上述物料加入容器搅拌均匀后，调整转速高速分散至细度合格后，再调整转速至合适状态下加入下述物料，搅拌均匀后过滤出料			
涂料中颜填料质量和基料固体分质量的比值			
配漆部分：			
DefomW－094	0.15	消泡剂	Deuchem
Texanol	2.5	成膜助剂	2，2，4－三甲基－1，3 戊二醇单异丁酸酯
AC－261	35.0	纯丙乳液	Rohm&Haas
水	7.85		
DeuRheoWT－113（50% 水溶液）	0.2	流变助剂	Deuchem
DeuRheoWT－202（50% PG 溶液）	0.4	流变助剂	Deuchem
DeuRheoWT－204	0.2	流变助剂	聚氨酯增稠剂
用 DeuAddMA－95 调整 pH 为 8.0～9.0 左右			
总量	100.0		
配方控制数据：			
项目	数据		
KU	98		
T.I.（摇变触变指数）	3.0		
对比率	0.93		
PVC/%	43.5		
N.V/%（固含量）	59.8		

（四）弹性拉毛乳胶漆

弹性拉毛乳胶漆是指用拉毛滚筒拉出漆膜表面粗糙、能够形成柔韧性好，伸长率高，弹性和回弹性优良的乳胶漆。弹性乳胶漆用乳液的玻璃化转变温度至少应低于 -10℃，其配方如表 7 -9 所示。

表 7 -9　弹性拉毛漆配方

原材料	百分比/%	功能	供应商
浆料部分：			
去离子水	9.5		
DisponerW -19	0.2	润湿剂	Deuchem
DisponerW -519	0.8	分散剂	Deuchem
PG	1.5	抗冻、流平剂	DowChemical
DefomW -094	0.3	消泡剂	Deuchem
DeuAddMA -95	0.2	胺中和剂	Deuchem
DeuAddMB -11	0.1	防腐剂	Deuchem
DeuAddMB -16	0.2	防霉剂	Deuchem
R902 钛白粉	12.0	颜料	
重质碳酸钙	16.0	填料	
滑石粉	6.0	填料	
云母粉	10.0	填料	
在搅拌状态下依序将上述物料加入容器搅拌均匀后，调整转速高速分散至细度合格后，再调整转速至合适状态下加入下述物料，搅拌均匀后过滤出料			
配漆部分：			
DefomW -052	0.4	消泡剂	Deuchem
Texanol	1.5	成膜助剂	Eastman
2438	30.0	弹性乳液	Rohm&Haas
AC -261	10.0	纯丙乳液	Rohm&Haas
DeuRheoWT -113(50% 水溶液)	0.5	流变助剂	Deuchem
DeuRheoWT -207(50% PG 溶液)	0.8	流变助剂	Deuchem
用 DeuAddMA -95 调整 pH 值 8.0 ~9.0 左右			
总量	100.0		
配方控制数据：			
项目	数据		
KU	130		
T. I.	7.0		
PVC/%	48		
N. V/%	54		

（五）水性真石漆

真石漆是一种仿天然石材的涂料，涂料由乳液、不同粒度的石英砂骨料和助剂组成。涂层硬度很高，耐候性好，具有天然花岗石、大理石的逼真形态，装饰性强。沙粒尺度在20 ~180

目之间，选3种不同粒度的沙粒符合使用，效果更好。弹性乳胶漆的配方如表7－10所示。

表7－10　水性真石漆配方

原材料	百分比/%	功能	备注
AD－15	16.0	无皂纯丙乳液	Nationalstarch&chemical
去离子水	15.0		
DefomW－094	0.3	消泡剂	Deuchem
DeuAddMB－11	0.1	防腐剂	Deuchem
DeuAddMB－16	0.2	防霉剂	Deuchem
DeuAddMA－95	0.2	胺中和剂	Deuchem
Texanol	1.6	成膜助剂	Eastman
DeuRheoWT－113(50%水溶液)	1.0	流变助剂	Deuchem
DeuRheoWT－207(50%PG溶液)	0.4	流变助剂	Deuchem
彩砂	65.2(不同目数)		

在搅拌状态下依序将上述物料加入容器，搅拌均匀。然后加入不同目数彩砂搅拌均匀后过滤出料。

总量	100.0

原材料	质量份	功能	备　注
去离子水	245.5		
ER－30M	3	羟乙基纤维素	DowChemical
DP－518	4	分散剂	Deuchem
DeuAddMB－11	2	防腐剂	Deuchem
Defoamer091	3	消泡剂	Deuchem
TR－92	200	钛白粉	
Omyacarb® 2(2μm)	80	碳酸钙	

在搅拌状态下依序将上述物料加入容器搅拌均匀后，调整转速高速分散至细度合格后，再调整转速至合适状态下加入下述物料，搅拌均匀后过滤出料。

200号溶剂汽油	10		Deuchem
乙二醇丁醚	15		Deuchem
Defoamer091	2		Deuchem
Acronal296DS	417	乳液	自交联苯丙共聚物
WT－105A与丙二醇1:1预混合后加入	2		缔合型聚氨酯增稠剂
455	2	流平剂	Deuchem
AMP－95	适量	中和剂	2－甲基氨基丙醇

用DeuAddMA－95调整pH值8.0~9.0左右

配方控制数据：

项目	数据
KU	104
Weight solids/%	48
PVC/%	30
Gloss(60°)/%	23
Contrast ratio/%	97

第三节 乳胶漆的生产技术

乳胶漆的生产大致分为：原料的检验和控制、乳胶漆的调制（包括颜料填料的分散以及白色乳胶漆和基础漆调制）、产品性能检验、过滤、配色和包装。乳胶膝的生产工艺流程如图 7－12 所示。

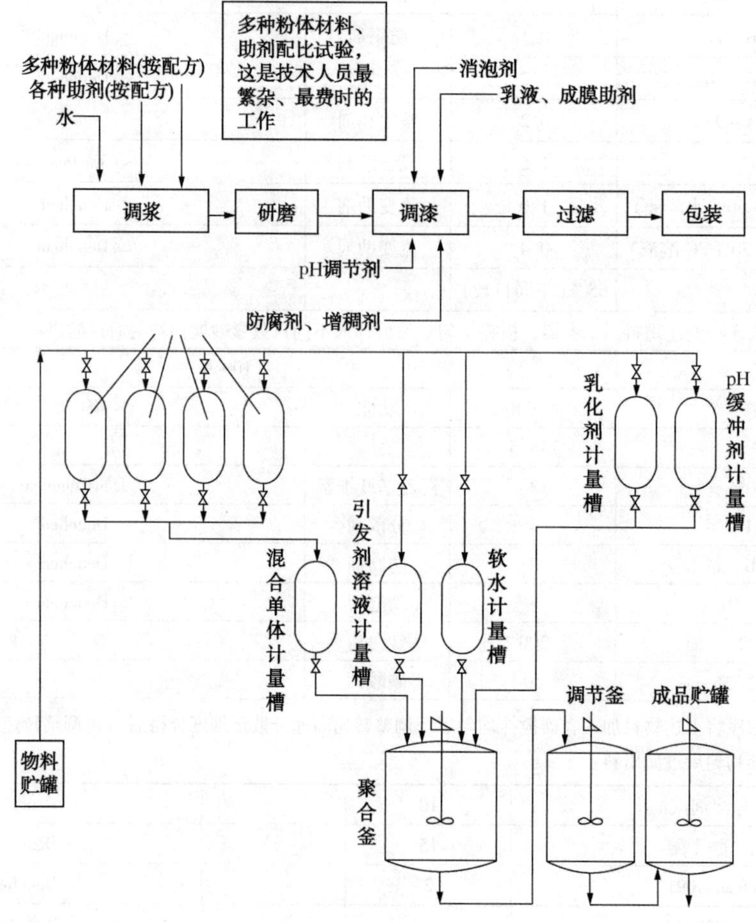

图 7－12 乳胶漆的生产工艺

一、原料检验和控制

根据原材料在乳胶漆生产中的重要等级、检测难易程度和测试设备情况等，设置验收指标、确定试验方法，建立验收程序，采取实际检测或验证供货方提供的检验报告等方法，严格控制原料质量，其中，乳液可参照企业标准进行；颜料填料一般可对遮盖力、吸油量或吸水量、细度等设置控制指标；溶剂（成膜助剂和助溶剂）可测试外观、折射率和馏程等，加以控制；助剂按照功能为主，兼顾其他指标进行检验；溶剂水可设置硬度或电导值进行控制。有条件的话，细菌也可作为检测指标。

二、乳胶漆的调制

乳胶漆的调制与传统的溶剂型涂料生产工艺大体相同，一般分为预分散、分散、调和、过滤、包装等。一般乳胶漆的生产工艺包括三个部分。

（1）漆浆的制备：首先将水、分散剂、消泡剂、防腐剂等液体物料投入分散罐中，搅拌均匀，在搅拌状态下将着色颜料和体质颜料依次投入，并加速分散20~40min。

（2）胶漆的配制：在调漆罐中投入乳液，再加入增稠剂、pH调节剂、防冻剂、成膜助剂、消泡剂等助剂，搅拌15min左右，至完全均匀后，检测出料。

（3）过滤及产品包装：在乳胶漆的生产过程中，由于少部分颜（填）料尚未被分散，或因破乳化成颗粒，或有杂质存在于涂料中，因此此时的涂料需经过滤除去粗颗粒和杂质才能获得质量好的产品，可根据产品的要求不同，选用不同规格的筛网及不同容器包装，并做好计量，这样才能得到最终的产品。

所以，乳胶漆的调制其实就是颜填料均匀、稳定分散在乳液中的过程。颜填料分散方法往往采取如下三种：

（1）研磨着色法：将颜料填料的二次粒子还原成一次粒子后再与乳液混合。

（2）干着色法：将二次粒子直接加到乳液中去混合。

（3）半干着色法：当配方中总用水量不足以采用研磨着色法时，可以在水中加入部分乳液，然后颜料和填料的二次粒子加入其中分散，分散达到要求后，将剩下的乳液加入混合均匀。

三、乳胶漆和基础漆的质量控制

在生产过程中，对乳胶漆的半成品进行检验。经检验合格后才能转序，这里所说的半成品，包括浆料（未加乳液）、基础漆和白乳胶漆。主要控制指标有打浆阶段的分散细度、乳胶漆pH、固含量、黏度、密度（密度不是乳胶漆的质量指标，测试它也能反映批和批之间的稳定性）、细度（是加入乳液后制得的白乳胶漆和基础漆的细度）、厂检验项目（出厂检验项目包括容器中状态、施工性、干燥时间、涂膜外观和对比率，按标准进行），其他检验项目等按有关标准进行。

四、乳胶漆配制中的要点

乳胶漆配制过程中，配方材料应尽可能选用分散性好的颜料和超细填充料，从而在稳定提高产品质量的前提下，减轻甚至研磨作业，简化生产工艺，提高生产效率。在前期分散阶段，可预先投入适量HEC，不仅有助于分散，同时防止或减少浆料沾壁现象，改善分散效果。在液体增稠剂加入之前，应尽量用3 ~5 倍水调稀后，在充分搅拌下缓慢加入，从防局部增稠剂浓度过高使乳液结团或形成胶束，敏感的增稠剂可放在浆料分散后投入到浆料中充分搅拌以免出现上述问题。消泡剂的加入方式为一半加到浆料中去，另一半加到配漆过程中，这样能使消泡效果更好。调漆过程中，搅拌转速应控制在200 ~400r/min 以防生产过程中引入人量气泡，影响涂料质量。

五、乳胶漆配制中应当注意解决的问题

（一）絮凝

当用纯溶剂或高浓度的漆料调稀色浆时，容易发生絮凝。其原因在于调稀过程中，纯溶剂可从原色浆中提出树脂，使颜料保护层上的树脂部分为溶剂取代，稳定性下降，当用高浓度漆料调稀时，因为有溶剂提取过程，使原色中颜料浓度局部大增加，从而增加絮凝的

可能。

（二）配料后漆浆增稠

色漆生产中，会在配料后或砂磨分散过程遇到漆浆稠的现象。其原因，一是颜料由于加工或贮存的原因，含水量过高，在溶剂型涂料中出现了假稠现象；二是颜料中的水溶盐含量过高，或含有其他碱性杂质，它与漆料混合后，脂肪酸与碱反应生成皂而导致增稠，解决方法是，增稠现象较轻时，加少量溶剂，或补加适量漆料；增稠情况严重时，如原因是水分过高，可加入少量乙醇等醇类物质，如是碱性物质所造成的，可加入少量亚麻油酸或其他有机酸进行中和。

（三）细度不易分散

研磨漆浆时细度不易分散的原因主要有以下几点：

（1）颜料细度大于色漆要求的细度，如云母氯化铁、石墨粉等颜料的原始颗粒大于色漆细度的标准，解决办法是先将颜料进一步粉碎加工，使其达到色漆细度的要求，此时，单纯通过研磨分散解决不了颜料原始颗粒的细度问题。

（2）颜料颗粒聚集紧密难以分散。如炭黑、铁蓝在生中就很难分散，且易沉淀。解决办法是分散过程中不要停配料罐搅拌机，砂磨分散时快速进料过磨，经过砂磨机过一遍后，再正常进料，二次分散作业。此外，还可以配料中加入环烷酸锌对颜料进行表面处理，提高颜料的分散性能，也可加入分散剂，提高分散效率。

（3）漆料本身细度达不到色漆的细度要求，也会造成不易分散，应严格把好进漆料的检验手续关。

（四）调色在贮存中变胶

某些颜料容易造成调色贮存中变胶，最易产生变胶现象的酞菁蓝浆与铁蓝浆，解决方法，可采用冷存稀浆法，即配色浆研磨后，立即倒入冷漆料中搅拌，同时加松节油稀释搅匀。

（五）醇酸色漆细度不合格

细度不合格的主要原因有，研磨漆浆细度不合格；调漆工序验收不严格，调色浆、漆料的细度不合格；调漆罐换品种时没刷洗干净，没放稀料或树脂混溶性不好。

（六）复色漆出现浮色和发花现象

浮色和发花是复色漆生产时常见的两种漆膜病态。

浮色是由于复色漆生产时所用的各种颜料的密度和颗粒大小及润湿程度不同，在漆膜形成但尚未固化的过程中向下沉降的速度不同造成的。粒径大，密度大的颜料（如铬黄钛白、铁红等）的沉降速度快，粒径小，密度小的颜料（如炭黑、铁蓝、酞菁等）的沉降速度相对慢一些，漆膜固化后，漆膜表面颜色成为以粒径小，密度小的颜料占显著色彩的浮色，而不是工艺要求的标准复色。

发花是由于不同颜料表面张力不同，漆料的亲和力也有差距，造成漆膜表面出现局部某一颜料相对集中而产生的不规则的花斑。解决上述问题的办法是在色漆生产中，加入降低表面张力的低黏度硅油或者其他流平助剂。

（七）凝胶化

涂料在生产或贮存时黏度突然增大，并出现具弹性凝胶的现象称为凝胶化。聚氨酯涂料在生产和贮存过程中，异氰酸酯组成（又称甲组成）和羟基组分（又称乙组分）都可能出现凝胶化现象，其原因有，生产时没有按照配方用量投料；生产操作工艺（包括反应温度、反应时间及 pH 值等)失控；稀释溶剂没有达到氨酯级要求；涂料包装桶漏气，混入了水分或空气中的湿气；包装桶内积有反应性活性物质，如水、醇、酸等。

预防与解决的办法是，原料规格必须符合配方、工艺要求；严格按照工艺条件生产，反应温度、反应时间及 pH 值控制在规定的范围内。

（八）发胀

色浆在研磨过程中，浆料一旦静置下来就呈现胶冻状，而一经搅拌又稀下来的现象称为发胀。这种现象主要发生在羧基分中，产生羧基组分发胀的原因主要有，羧基树脂 pH 值偏低，采用的是碱性颜料，两者发生皂化反应使色浆发胀；聚合度高的羧基树脂会使一些活动颜料结成的颜料粒子团而显现发胀。解决的方法是，可以在发胀的浆料中加入适量的二甲基乙胺或甲基二乙醇胺，缓解发胀；用三辊机对发胀的色浆再研磨，使絮凝的颜料重新分散；在研磨料中加入适量的乙醇胺类，也能消除因水而引起的发胀。

（九）沉淀

由于杂质或不溶性物质的存在，色漆中的颜料出现沉底的现象叫沉淀。产生的原因主要有，色漆组分黏度小，稀料用量过大，树脂含量少；颜料相对密度大，颗粒过粗；稀释剂使用不当；贮存时间长。可以加入适量的硬脂酸铝或有机膨润土等涂料常用的防沉剂，提高色漆的研磨细度避免沉淀。

（十）变色

清漆在贮存过程中由于某些原因颜色发生变化的现象叫变色。这种现象主要发生在羧基组分中，其原因有，羧基组分 pH 值偏低，与包装铁桶和金属颜料发生化学反应；颜色料之间发生化学反应，改变了原来颜料的固有显色；颜料之间的相对密度相差大，颜料分层造成组分颜色不一致。可以通过选用高 pH 值羧基树脂，最好是中性树脂避免变色，在颜料的选用上须考虑它们之间与其他组分不发生反应。

（十一）结皮

涂料在贮存中表层结出一层硬结的漆膜的现象成为结皮。产生的原因有，涂料包装桶的桶盖不严，催干剂的用量过多。可加入防结皮剂丁酮肟以及生产时严格控制催干剂的用量解决。

第四节　乳胶漆辊涂涂装技术

乳胶漆的涂装方法可以采用辊涂和电泳涂装两种。前者广泛适用于建筑乳胶漆的涂装；后者适用于金属工件的涂装，涂装原理为水性乳胶漆具有的导电特性。实际使用中，由于乳胶漆大量用于建筑墙面的涂装，所以辊涂在乳胶漆涂装中占有重要的地位。

一、辊涂涂装工具

辊涂是通过毛辊辊筒沾涂涂料，旋转辊筒，将涂料涂覆在工件上的涂装方法。辊涂使用的工具比较简单，包括手工辊涂工具和自动辊涂工具两类。手工辊涂工具包括手工辊涂工作台、手工辊子和盛放涂料的涂料盘；自动辊涂设备主要是自动滚涂机。

普通涂料(包括油性漆和水性漆)的辊涂作业，要选用毛辊进行涂装。工艺型涂料(如浮雕涂料、套色涂料)的辊涂作业，要选择专用辊筒；但辊涂涂装施工中，以毛辊的涂装作业最为常见。选用毛辊，要根据涂装面的大小、平整度等选择毛辊的尺寸及规格。面积较大、宏观平整的工作面，可选用规格大一些的毛辊进行涂装，这样可以提高涂装的速度。而涂装面较小或宏观平整度差一些的工作面，要选用规格小一些的毛辊进行涂装。除辊筒的规格尺寸需要根据工作面的情况进行选择之外，毛辊绒毛的长度也是应选择的重要因素，一般来说，绒毛长的辊筒适宜涂装表面比较粗糙的被涂物，或涂装无光型的涂料，绒毛短的辊筒适宜涂装表面比较光滑的涂装物，或涂装有光型的涂料。

二、辊涂涂装方法

辊涂基本操作步骤分为蘸料、展料、理料和清洗四个步骤。

（一）蘸料

将辊筒按水平方向与涂料接触，并浸入至辊筒直径的1/3蘸取涂料，然后将辊筒在蘸料网上来回滚动，以使涂料均匀分布在毛辊上。同时，多余的涂料可以从蘸料网的下面流回涂料槽，若毛辊蘸料不足，可以再重复上面的操作步骤，以毛辊均匀蘸满涂料、不流坠为适宜。

（二）展料

辊涂应有顺序地平行展料，使辊筒的推拉走“M”形或“W”形路线。用力适中，以使展料均匀。涂装垂直水平面的被涂物，展料时应注意辊筒向下进行时用力要轻，以免产生流坠现象。

（三）理料

展料后辊筒已经比较干燥，此时，不要马上蘸料，而是要将刚刚展开的涂料均匀，注意理料时不要与展料的接茬相重合，而是压着展料的接茬走辊。

对于有光涂料，理料时毛辊最好不要做往复运动，而是按照毛辊的顺毛方向做单向运动，以使涂层平整光滑。

（四）清洗

手工辊筒和辊涂机用后要及时用配套稀释剂清洗干净，特别是涂料盘和辊子更应清洗干净，以避免涂料使得毛辊发硬和换色时造成混色事故。

乳胶漆施工前，应先除去墙面所有的起壳、裂缝，并用填料补平，清除墙面一切残浆、垃圾、油污，外墙大面积墙面宜作分格处理。砂平凹凸处及粗糙面，然后冲洗干净墙面，待完全干透后即可涂刷。

使用滚筒前，须先用刷子涂刷滚筒不能涂及的部位，2～3h后，再大面积的用滚筒滚涂，滚筒应选用优质滚筒。施工时先涂底漆，5～8h后，底漆完全干透后再罩面漆，一般在温度25℃，湿度50%下施工最佳。涂料在涂刷时和干燥前必须防止雨淋及尘土污染，墙表施工温度应在5℃以上。同时，避免在雨雾天气施工。

三、常见施工问题

（一）接茬现象

主要原因是由于涂层重叠，面漆深浅不一所致。施工中要避免接茬现象，可采取以下措施，施工最好一次成活，不要修补，每刷涂一遍都要仔细检查，严把质量关，以免造成接茬现象。

（二）空鼓和裂缝现象

主要的原因是由于底层抹灰没有按工艺要求施工所造成的，因此在施工前，应按水泥砂浆抹灰面交验的标准，来检查验收墙面，否则，面层平涂不能施工。

（三）面层出现楞子现象

主要原因是在现浇混凝土施工中，模板接缝处易产生楞子，因此在面层施工以前，抹灰工序要对这些接缝进行修正，达到抹灰面的标准，以避免面层施工后出现此现象。

（四）弹性乳胶漆耐沾污性问题

外墙乳胶漆由于暴露于室外，除受到阳光、空气等因素的影响易出现粉化变色等，最容易出现的问题是易受雨水沙尘的沾污。弹性外墙乳胶漆涂膜因具弹性，所以在夏季气温高的时候，漆膜极易发黏，所以极易黏尘土。雨天窗台下及楼顶部分流下的含灰尘的积水在天气晴朗后，会在墙面留下污痕，是因为灰尘颗粒渗入到了漆膜内部的毛细孔内。也有的部分乳胶漆施工过程中采用特殊的施工工艺，如“拉毛”效果，这时漆面的高低不平极易造成积尘。

通过选用耐污性能好的基料或使用耐污性涂料助剂可以显著提高涂膜耐沾污性。另外，通过本次实验发现消泡剂的使用对涂料耐污性也有一定影响，当把消泡剂分两次添加时，漆膜耐污性会比把消泡剂在成漆过程中一次性加入时制得的乳胶漆的耐污性提高许多，这是因为分两次添加消泡剂可以提高漆膜的平整性。

四、内墙乳胶漆涂装技术

（一）材料要求

内墙乳胶漆涂装工序要求在每个施工阶段都要有合格的施工材料，各种材料的具体要求如下。

（1）腻子：宜用符合 JG/T 3049《建筑室内用腻子》要求的成品腻子。现场调配的腻子应坚实、牢固，不得粉化、起皮和开裂。

（2）质基层封闭涂料：醇酸清漆稀释液，清漆: 稀释剂 = (3 ~ 4):1。

（3）底涂料：水性或溶剂型涂料，与面涂料有良好的配套性。

（4）面涂料：应符合 GB/T 9756—2009 标准《合成树脂乳液内墙涂料》的规定。

（二）工具和工作用品

内墙涂料的涂装可采用刷涂、辊涂和无气喷涂等方式，常见的是刷涂和辊涂相结合的涂装方法。乳胶漆涂装施工工具包括：油灰刀、砂纸、腻子刮板、腻子托板、辊筒刷、排笔、油漆刷；工作用品包括：手提式电动搅拌机、过滤筛、塑料桶、匀料板、钢卷尺、粉线包、薄膜胶带、遮盖板、人字梯、跳板、塑料防护眼镜、口罩、手套、工作服、胶鞋。

（三）技术准备

为了避免施工中出现质量问题，明确责任，常常对施工对象的完成质量进行评估，并在此基础上确定施工方案。在正式施工之前进行基层检查验收。承接工程方在基层检查验收中，应当检查施工对象的常见项目有：

① 墙体强度

墙体基层强度与基层的种类及本身的质量有关，通常混凝土和金属基层的强度最高，砂浆、胶合板、纤维板强度居中，石膏板强度最低，基层强度过低会影响涂料的附着性。通常用目测、敲打、刻划等方式检查，合格的基层应当不掉粉，不起砂，无空鼓、起层、开裂、剥离现象。

② 墙体平整度

墙体基层不平整主要影响涂料最终的装饰效果，平整度差的基层还增加了填补修整的工作量和材料消耗。平整度的检查有个项目：平面平整、阴阳角垂直、立面垂直和阴阳角方正。表面平整用2m直尺和楔形塞尺检查，中级抹灰允许偏差4mm，高级抹灰允许偏差2mm；阴阳角垂直用2m托线尺检查，中级抹灰偏差4mm，高级允许2mm；立面垂直用2m托线板和尺检查，中级抹灰允许偏差5mm，高级抹灰允许偏差3mm。此外，要求分格缝深浅一致，横平竖直，无缺棱掉角，滴水线顺直，牢固，无表面缺陷，泛水坡度符合设计要求。

③ 墙体干燥度

墙体干燥时间与基层的厚度、通风状况，环境温度和湿度等有直接关系，适合水性涂料施工的基层，含水率应低于10%，溶剂型涂料，基层含水率应低于10%。通常对水泥砂浆基层而言，在通风良好的情况下，夏季14天，冬季28天，含水变率可达到要求，一般情况下新浇的混凝土夏季干燥4周左右。含水率可用水分测定仪测定，也可以用薄膜覆盖法粗略测定，方法是用300mm见方的薄膜片，在傍晚时用胶带将四边密闭，注意使薄膜有一定的松施度，次日下午观察膜内表面有无明显结露，以确定含水率是否过高。

④ 墙体酸碱度

墙体一般是经过水泥砂浆粉刷的毛坯墙，毛坯墙墙面的砂浆、混凝土中的石灰、水泥都具有很强的碱性，没有干透的毛坯墙面会因基层碱性过大，影响涂料的黏结，造成涂层变化、起层等质量事故。基层干燥后，可溶性碱分被带到墙体表面，逐渐与空气中的二氧化碳反应生成中性的碳酸钙，使砂浆、混凝土趋于中性化，碱性相应减少，能满足涂料施工的要求。

一般而言，墙面的pH应小于10。pH测定方法如下：用清水将脱脂棉花浸湿，然后将其轻轻按在待涂装的基层面上以吸收基层的碱分，1min后用pH试纸或pH笔测定与基层接触的湿棉，根据试纸颜色变化，判断出pH值的大小，也可用水将墙润湿后直接测定。

⑤ 墙面清洁程度

在施工乳胶漆时，基层需达到以上坚固、平整、干燥、中性、清洁的标准方可进行施工，否则容易出现施工质量问题。

清洁的基层表面有利于涂料的黏结。基层表面的浮浆、尘土等易于清除，油污等可用中性洗涤剂或溶剂洗涤，常见基层的性能特点和处理方法：

（a）水泥砂浆抹灰面表面多孔，干燥较快，吸收性因粗糙度而异，呈碱性，容易出现空鼓和开裂。一般处理方法为：墙体养护1个月，使含水率降低到小于10%，碱性降低到pH小于10，再刮涂内墙腻子2~3遍即可。

（b）石膏板或线条表面光滑，吸水性强，强度稍低，耐水性较差，遇水变软。一般处理方法为用107胶水在刷乳胶漆之前预刷一遍，以降低其对乳胶漆水分和乳液的吸收。

（c）石灰水粉刷的墙面吸水性强，乳胶漆直接涂刷容易脱落。处理方法为需要刮涂内墙腻子。

（d）涂装过程中遇到的硬质纤维板、胶合板、刨花板等基层，因其表面有一定吸收性，不耐水，能燃烧，直接刷涂料有渗色现象，可以用醇酸清漆：　稀释剂=(3~4):1的漆料对基层进行刮涂。

（e）涂装过程中遇到的铁质金属板表面基层，对漆料不吸收，易锈蚀，直接刷涂料锈斑会渗出，采用的处理方法为先用金属防锈漆做防锈处理，重要的工程可先做磷化和抛喷砂防锈处理，再施工乳胶漆。

(f) 未涂刷乳胶漆的旧墙基层表面长霉，部分粉化，有沾污，采用的处理方法为长霉部位用漂白粉水溶液及钢丝刷反复刷洗，将霉菌除去，然后用水冲洗干净，干燥后，涂内墙抗碱底漆。粉化严重的部位要用铲刀铲除，再涂刷内墙抗碱底漆。

(g) 涂刷过乳胶漆的旧墙原有涂层仍旧完好的，涂刷内墙抗碱底漆再涂装面漆。表面破损或粉化的，铲除至牢固部分，再予补平涂刷抗碱底漆。

(h) 施工过程中遇到的马赛克、面砖等基层，与大部分涂料的附着力差，采用处理方法为先做磁砖介面腻子，再施工抗碱底漆和面漆。

(i) 制作墙面涂装样板。墙面基层施工面积较大时，应按设计要求做出样板间，经设计、建设单位认可后，作为验收依据。

（四）辊涂和刷涂涂装工艺

在内墙乳胶漆施工之前，首先需要对施工现场的门窗、灯具、电器插座及地面等应进行遮挡，以免施工时被涂料沾污。施工时应按照如下步骤涂装：内墙墙面的修补、除碱、清扫→满刮腻子(2~3 道)→320 号砂纸打磨→抗碱底漆→面漆第一道→320#以上砂纸局部轻磨→面漆第二道→干燥成型。该工艺适用于在水泥砂浆、混合砂浆、石棉水泥板、混凝土板、石膏板、木质板等室内基层上进行乳胶漆施工。

(1) 基层处理

首先清除基层表面尘土和其他黏附物，较大的凹陷应用聚合物水泥砂浆抹平，并待其干燥；较小的孔洞、裂缝用腻子修补；墙面泛碱起霜时用硫酸锌溶液或稀盐酸溶液刷洗，油污用洗涤剂清洗，最后再用清水洗净；木质基层应将木毛砂平。

对基层原有涂层应视不同的情况区别对待，疏松、起壳、脆裂的旧涂层应将其铲除；黏附牢固的旧涂层用砂纸打毛；不耐水的涂层应全部铲除；对门窗框、玻璃等不需施工部位的成品、半成品应在施工前进行保护，以防污染。

(2) 刷底胶(木质及油漆面除外)

如果墙面较疏松，吸收性强，可以在清理完毕的基层上用辊筒均匀地涂刷一至两遍胶水打底(丙烯酸乳液或水溶性建筑胶水加 3~5 倍水稀释即成)，不可漏涂，也不能涂刷过多造成流淌或堆积。

(3) 木质基层封闭

在木质基层上用油漆均匀地涂刷一遍醇酸清漆稀释液[清漆: 稀释剂 = (3~4) : 1]，干燥 1~2 天。

(4) 局部补腻子

基层打底干燥，先用腻子找补明显不平之处，干后砂平。成品腻子使用前应搅匀，腻子偏稠时可酌量加清水调节。

(5) 满刮腻子

基层平整度不够、麻面或木质基层时需要满刮腻子。

刮涂腻子是采用抹子、刮板或油灰刀进行施工的，刮涂的要点是平、实、光，即腻子与基层接触紧密，黏结牢固，表面平整、光滑以减少打磨的工作量，刮涂时，应注意如下事项：

① 基层吸收性强时，应在刮涂腻子前用底涂进行封闭，以免腻子中的胶料被基层过多的吸收，影响腻子的附着力。

② 掌握好刮涂时工具的倾斜度，用力均匀，以保证腻子饱满。

③ 为避免腻子收缩过大，出现开裂和脱落，一次刮涂不要过厚，根据不同腻子的特点，厚度以 0.5 ~ 1.0mm 为宜。

④ 不要过多地往返刮涂，以免出现卷皮、脱落或将腻子中的胶料挤出，封住表面不易干燥。

⑤ 根据涂料的性能和基层状况，选择适当的腻子和刮涂工具，用油灰刀填补基层孔洞和裂缝时，食指压紧刀片，用力将腻子压进缺陷内，要填满、填实，将四周的腻子收刮干净，使腻子痕迹尽量减少。

（6）打磨

腻子批刮完毕等完全干燥后要进行打磨，打磨一般用砂纸，砂纸有很多型号，一般硬质腻子用稍粗的(型号较小的如 180 号)普通腻子用 240 号或 320 号砂纸，600 号以上的砂纸用于水磨或打磨涂层表面的细小颗粒。砂纸要包在辅助打磨工具上，易于操作又可保证腻子的平整度，不耐水的腻子不能进行水磨。

（7）抗碱底漆

在刷底涂料之前，用纸胶带和报纸将不要涂装的部位保护起来，以免污染，底涂料施工之前应搅拌均匀，按说明书加适量水稀释，用滚筒刷或排笔均匀涂刷一遍。注意不要漏刷，也不要刷得过厚，底涂料干后如有必要可局部复补腻子，干后砂平。

（8）面漆

乳胶漆面漆的涂装经常采用辊涂和刷涂结合的涂装方法。涂装时，将面涂料按产品说明书要求的比例用水稀释并搅拌均匀。墙面需分色时，先用粉线包弹出分色线，涂刷时在交色部位留出 1 ~ 2cm 余地。一人先用滚筒刷蘸涂料均匀涂布，另一人随即用排笔刷展平涂痕和溅沫，应防止透底和流坠。每个涂刷面均应从边缘开始向另一侧涂刷，并应一次完成，以免出现接痕。第一遍干透后，再涂第二遍涂料。一般涂刷 2 ~ 3 遍涂料，视不同情况而定。涂刷末遍涂料前，亦可用细砂纸将上道涂层轻轻砂光以提高装饰效果，易被交叉作业污染的部位应较后进行施工，分色线处应先涂浅色涂料，后涂深色涂料。

① 辊涂施工

可用羊毛或人造毛辊，一般用短毛辊筒，这是较大面积施工中常用和施工方法。滚涂施工操作容易，工作效率高，滚涂前先用水将辊筒润湿，在废纸上滚去多余的水，再蘸取涂料，蘸料时只需将辊筒刷的一半浸入料中，然后在匀料板上来回滚动几下，使之蘸较均匀。滚涂时自上而下再自下而上，按“W”形方式将涂料滚在基层上，然后逐列修饰，为避免辊痕的产生，两列之间应该重叠 1/3。滚涂时辊筒刷两端用力要均匀，开始时可轻些，因为辊筒含料较多，然后逐步加重，辊筒的回转速度不宜过快，以免涂料飞溅。面漆一般辊涂两遍，其间隔 2h 以上。

② 刷涂施工

刷涂是涂料施工，特别是内墙涂饰常采用的方法，其优点是工具简单，操作方便，不受场地大小、基层形状的限制，节省涂料，缺点是工效低，涂膜外观质量稍差，易出现刷痕。挥发性强、干燥迅速的涂料不易刷涂。

为便于施工后的清洗，先将刷毛用水浸湿、甩干，然后再蘸涂料，刷毛蘸入涂料不要太深，蘸料后在匀料板或容器口刮去多余的涂料，然后在基层上依顺序刷开，上料时刷子与墙面的角度约为 50° ~ 70°，修饰时角度则减少到 30° ~ 45°，涂刷时动作迅速，每个涂刷面积不要过大，以保证相接部位不会显出接头的痕迹，涂刷墙面、顶棚等大面积时，中途最好不要间断，当涂刷到门窗、墙角、灯具、电源板等部位时，为避免沾染，应先用小刷子将不易涂刷的部位涂刷一下，然后再进行大面积的涂刷，这种技法通常称为“卡边”，卡边宽度一般为5～8cm，水性无光乳胶漆施工时，可先将所有的部位卡边后再涂刷，有光乳胶漆则应一面卡边，一面刷涂。

③ 注意事项

（a）涂料使用前应核对标签，并仔细搅拌均匀，用后须将盖子盖严，加水量应根据说明书的要求，严禁加过量水稀释，否则容易出现脱粉等施工质量问题。

（b）涂料的贮存温度不低于0℃，施工应符合产品说明书规定的气温条件，应在5℃以上，相对湿度少于85%。如果涂料在贮运中冻结，应置于较高温度的房间中任其自然解冻，不得用火烤，解冻后的涂料经确认未发生质变后方可使用。

（c）涂料调色最好由生产厂或经销商完成，以保证该批涂料色彩的一致性。如果在施工现场需要调色，必须使用厂家配套提供或指定牌号、产地的色浆，按使用要求和比例，由专人进行调配。

（d）有的聚氨酯含有较多的游离甲苯二异氰酸酯，在涂刷挥发过程中会导致乳胶漆泛黄，应避免聚氨酯和乳胶漆同时施工，最好是在聚氨酯类油漆完全干透后再刷乳胶漆。

（e）室内装饰施工往往会有其他工种的交叉作业，应注意涂料工程的成品保护。已经施工的墙面如受到脏物污染，可用干净的湿抹布轻轻擦洗，污染严重时应重新涂刷，如果不慎沾上油漆，应在油漆干燥前，用稀释剂将其擦去。

（f）涂层干后，在交工前不得长时间浸水，以免发生质量事故。

（g）涂刷工具用毕应及时清洗干净并妥善保管。

④ 安全防护措施

（a）施工前应检查架板是否搭设牢固，安全可靠后，方可进行工作。

（b）禁止穿拖鞋、硬底鞋、高跟鞋在架板上工作，架板上不能多人集中在一起。

（c）使用人字梯时，两梯之间应设拉绳，并用橡皮或麻布包裹梯脚，防止滑倒。

（d）在贮存和使用醇酸清漆及稀释剂之处，严禁烟火。

（e）施工及照明电器必须按电工安全规范安装接线，严禁随意拉线、接线。

（f）向现场全部人员进行安全教育。

（五）内墙乳胶漆工程质量的验收

涂饰工程应待涂层养护期满后进行质量验收，一般应在施工结束7d后才可以进行，验收时应检查下列资料：

（1）涂饰工程的施工图，设计说明及其他设计文件；

（2）涂饰工程所用材料的产品合格证书，性能检测报告及进场验收记录；

（3）基体（或基层）的检验记录；

（4）施工自检记录及施工过程记录。

对于涂饰工程的检验批，按照室内涂饰工程每50间同类涂料涂饰的墙面划分为一个检验批，不足50间也划分为一个检验批。

对于涂饰工程每个检验批的检查数量，应按照室内按有代表性的自然间（大面积房间和走廊按10延长米为1间）抽查10%，但不应少于5间。

国标GB 50210—2001《建筑装饰装修工程质量验收规范》“涂饰工程”中规定了合成树脂乳液内墙涂料的涂饰工程的质量要求，乳胶漆内墙涂装质量如表7－11所示。

表 7-11 乳胶漆内墙涂装质量要求

项次	项目	普通级涂料工程	中级涂料工程	高级涂料工程
1	掉粉、起皮	不允许	不允许	不允许
2	底面漏刷、透底	不允许	不允许	不允许
3	泛碱、咬色	不允许	不允许	不允许
4	流坠、疙瘩	允许少量	允许少量	不允许
5	光感和质感	光泽较均匀	手感细腻光泽较均匀	手感细腻光泽均匀
6	颜色、刷纹	颜色一致	颜色一致	颜色一致无刷纹
7	分色线平直（拉5m线检查，不足5m拉通线检查）	偏差不大于3mm	偏差不大于2mm	偏差不大于1mm
8	门窗、灯具等	洁净	洁净	洁净

五、外墙乳胶漆涂装技术

外墙涂料的涂装，除了需要采用特殊的防水腻子、防水、耐候性好的乳胶底漆和面漆之外，施工前的准备、涂装基材的处理、涂装方法等和内墙涂装大同小异，在这里不再一一赘述。

复习思考题

（1）什么是乳胶漆？并简述乳胶漆的优缺点。

（2）什么是消泡剂，消泡剂的消泡机理是什么？消泡剂一般如何使用？

（3）乳胶漆增稠剂的类别和增稠机理是什么？谈谈对流挂与流平两个指标的理解？

（4）在某个涂料配方中颜料含量如下，金红石钛白100kg，重钙200kg，硅灰石100kg，硫酸钡80kg。①试计算该颜料的临界吸油体积浓度？②如果该涂料乳液的固体含量为49%，密度为2.0g/mL，试求涂料的最低乳液用量？③如果乳液用量为130kg时，涂膜的空隙率为多少？

（5）乳胶漆为什么经常采用辊涂和刷涂的涂装工艺？

（6）什么是乳胶漆的颜料体积浓度？临界颜料体积浓度、对比颜料体积浓度和颜基比？它们之间的关系是什么？

（7）乳胶漆辊涂涂装的特点是什么？试设计一个具体的乳胶漆外墙辊涂涂装的施工方案。

第八章　粉末涂料的生产与涂装技术

【教学目标】

了解粉末涂料生产常用原料的分类、性质；掌握粉末涂料的组成和分类；掌握粉末涂料的生产原理及基本生产工艺；理解并掌握粉末涂料流化床、熔射法和静电喷涂的涂装技术。

【教学思路】

传统教学外，以某个典型粉末涂料生产工艺的成功掌握为成品，理解并掌握色漆生产原理和操作技能，构成成品化教学的相关环节；或者以某一具体粉末涂料的静电喷涂涂装技术的成功掌握为成品，设计发散到相关其他涂装工件表面处理、涂装工序和流化床、熔射法涂装等知识和技能的成品化教学环节。

【教学方法】

建议多媒体讲解和粉末涂料生产原理、工艺设计或者静电喷涂涂装等综合实训项目相结合。

第一节　粉末涂料的组成和分类

粉末涂料是涂料的一个特殊品种，它与传统的溶剂型涂料不同，不含有机溶剂，也不含水，是一种固体粉末状的涂料。粉末涂料的涂装方式明显不同于溶剂型涂料和乳胶漆，它首先需要将粉末喷涂到被涂物上面，然后经烘烤、熔融、流平，最终才能够固化成膜。

作为无溶剂型涂料，粉末涂料始于20世纪40年代初，生产和涂装过程中没有溶剂释放，少污染，符合环境保护的要求，涂装过程中喷出的粉末可回收再利用，节省资源，符合涂料发展的的“4E”(经济、高效、生态、能源)原则。这些优点，促使了粉末涂料的高速发展。

经过多年的发展，粉末涂料从热塑性粉末涂料起步，以热固性粉末涂料为主流，品种不断开发，应用领域不断拓展，涂装技术从厚涂层到可薄涂至30μm，从以防腐蚀为主到高装饰、高功能性并重，成为了在各种涂料品种中发展速度最快，最具发展前途的涂料品种之一。

一、粉末涂料的特点

与溶剂和水性涂料相比，粉末涂料具有如下一些优点：

(1) 粉末涂料是一种固体含量为100%粉末状涂料，不含有机溶剂，生产、储存运输、涂装过程中，减少了火灾危险，避免了有机溶剂对大气造成污染及对操作人员健康带来危害。

(2) 在涂装过程中，未涂装的粉末涂料可以回收再用，涂料的利用率达到95%以上。

(3) 粉末涂料有利于厚膜涂装，一次涂膜厚度可达50 ~500μm，相当于溶剂型涂料几道至几十道的厚度，减少了多道喷涂中产生的二次污染问题，有利于节能和提高生产效率。

（4）粉末涂料用的树脂分子质量大，涂膜的物理力学性能和耐化学介质性能比溶剂型涂料好。

（5）粉末涂料涂装操作技术简单，涂膜厚涂时不容易产生流挂等弊病，容易实行自动化流水线涂装。

粉末涂料不是十全十美的涂料产品，也有如下缺点：

（1）粉末涂料的制造设备和工艺比较复杂，制造成本高，品种和颜色的更换比较麻烦。

（2）涂装设备不能直接使用溶剂型涂料涂装设备，还需要专用回收设备，设备投资大，静电粉末涂装中，更换涂料品种和颜色比较麻烦，同时要考虑防止粉尘爆炸等问题。

（3）粉末涂料的烘烤温度多数在150℃以上，烘烤温度高，不适合于耐热性差的塑料、木材、焊锡件等物品的涂装。

（4）粉末涂料容易厚涂，但难得到50μm以下平整光滑的薄涂涂膜，涂膜外观的装饰性不如溶剂涂料。

（5）闪光型面漆的光泽差。

（6）不适合用于外型复杂的被涂物涂装。

二、粉末涂料的组成

粉末涂料一般由树脂、固化剂、颜料、填料和助剂等组成，在主要组成方面与溶剂型和水性涂料比较没有多大差别。粉末涂料中，颜料起到对涂膜的着色和装饰作用，填料改进涂膜的刚性和硬度，热塑性粉末涂料中不需要添加固化剂助剂，而在热固性粉末涂料中，必须含有固化剂成分。

粉末涂料用助剂在粉末涂料配方组成中所占比例很少，但是对涂膜的外观、光泽、某些物理力学和化学性能起到决定性作用。例如，流平剂可以消除涂膜产生的缩孔问题；安息香有利于成膜时脱出空气、水分和反应生成的小分子化合物；光亮剂可以使颜料和填料容易润湿和分散；消泡剂可使喷涂工件时避免产生火山坑和颗粒；消光剂使涂膜的光泽下降；松散剂使粉末涂料夏季不容易结团；防流挂剂使涂料涂装时，在被涂物的边缘不容易产生流挂等弊病；各种纹理剂可以使涂膜外观产生皱纹、橘纹、砂纹、绵纹、锤纹、花纹等纹理。

（一）粉末涂料用树脂

在粉末涂料配方中，树脂是最主要的成分。在热塑性粉末涂料中，树脂本身在一定温度和时间条件下，熔融流平成为具有一定的物理力学性能和强度的涂膜，这种变化是可逆的，只发生物理变化，不发生化学变化。在热固性粉末涂料中，树脂可以与固化剂在一定温度条件下进行交联固化化学反应，成为具有一定的物理力学性能和强度的涂膜，这种变化是不可逆的。一般粉末涂料用树脂应具备如下条件：

（a）热塑性树脂应具备在一定温度条件下直接成膜性能，成膜物应具有很好的物理力学性能和耐化学性能。热固性树脂具备在一定温度条件下与固化剂进行化学反应成膜的性能，并且成膜物具有很好的物理力学性能和耐化学药品腐蚀性能。

（b）树脂与固化剂、颜料、填料和助剂等粉末涂料的其他组成成分的混溶性和分散性好，容易制造粉末涂料。

（c）树脂的熔融温度与分解温度之间的温差要大，熔融温度要明显低于分解温度。这是因为树脂的熔融温度与分解温度之间的温差小时，粉末涂料的烘烤温度控制不好，树脂容易发生分解反应，直接影响涂膜性能。一般而言，聚氯乙烯树脂之外的大多数粉末涂料用热塑性树脂和热固性树脂是能达到这种要求的。

（d）对涂膜流平性要求好的粉末涂料，在烘烤固化温度条件下，树脂的熔融黏度要低，尤其是要求薄涂层的粉末涂料，尽量选择树脂熔融黏度比较低和反应活性弱的品种。

（e）树脂在生产粉末涂料和涂装粉末涂料过程中，对空气、湿气、温度、日光等的物理和化学稳定性好，机械粉碎性好，对被涂物的附着力强。

（f）树脂的熔融温度和交联固化成膜温度尽可能低，一般粉末涂料的成膜固化温度高，大多数在150℃以上，热量消耗较大，如果树脂的熔融温度和交联固化温度低，则有利于节能。

（g）树脂与固化剂交联固化反应过程中，不产生反应副产物或者产生的副产物少。

（h）树脂的电晕放电、带静电或者摩擦带静电性能好。

常用的粉末涂料树脂有如下类型：

（1）纯环氧树脂

纯环氧树脂是制备环氧树脂型粉末涂料的唯一高分子树脂，在热固性粉末涂料中历史最早，有很多品种广泛使用于重防腐蚀领域中。

环氧粉末涂料具有较好的机械强度、抗化学药品耐蚀性、快速固化和低熔融黏度等特性，广泛用于功能性厚膜及装饰性薄膜中。环氧粉末涂料通常用胺类，酸酐或酚醛类作为交联固化剂，于120℃下固化20～30min，或在更高的温度下短时间固化成膜。尽管环氧粉末涂层具有较好的耐蚀性及优良的机械性能，但在紫外光的照射下，涂层易变色并发生降解，最终会导致涂层“粉化”，在室外光照下，环氧涂层平均每年粉化25μm，户外使用效果较差。

考虑到粉末涂料的生产加工性、产品储存稳定性、成膜性能等方面的因素，环氧树脂作为成膜物，一般选用分子量在1000～4000，软化点在90℃左右的双酚A型环氧树脂，粉末涂料使用的双酚A型环氧树脂的平均环氧值为0.12，即国内牌号为E－12或604型环氧树脂。

双酚A型环氧树脂是双酚A同环氧氯丙烷通过一系列的开环、闭环反应合成的双酚A二缩水甘油醚聚合物。在环氧树脂中，双酚A型环氧树脂原料易得，成本最低，因而产量最大，国内约占环氧树脂总产量的90%，世界约占环氧树脂总产量75%～80%，被称为通用型环氧树脂。

（a）第一次开环反应

在碱催化下，环氧氯丙烷的环氧基与双酚A酚羟基反应，生成端基为氯化羟基化合物，反应方程式如式(8－1)所示：

$$2\underset{\diagdown O \diagup}{CH_2-CH}-CH_2Cl+HO-R-OH \longrightarrow Cl-CH_2-\underset{OH}{\underset{|}{CH}}-CH_2-O-R-O-CH_2-\underset{OH}{\underset{|}{CH}}-CH_2-Cl \quad (8-1)$$

在氢氧化钠作用下，上述反应产物脱HCl形成端环氧基化合物，反应方程式如式(8－2)所示：

$$Cl—CH_2—\underset{|}{\overset{}{CH}}(OH)—CH_2—O—R—O—CH_2—CH(OH)—CH_2—Cl + 2NaOH \longrightarrow$$

$$\underbrace{CH_2—CH}_{O}—CH_2—O—R—O—CH_2—\underbrace{CH—CH_2}_{O} + 2NaCl + 2H_2O \quad (8-2)$$

（b）第二次开环反应

新生成的环氧基再与双酚 A 酚羟基反应生成端羟基化合物，反应方程式如式(8－3)所示：

$$\underbrace{CH_2—CH}_{O}—CH_2—O—R—O—CH_2—\underbrace{CH—CH_2}_{O} + HO—R—OH \xrightarrow{NaOH}$$

$$\underbrace{CH_2—CH}_{O}—CH_2—O—R—O—CH_2—CH(OH)—CH_2—O—R—OH \quad (8-3)$$

（c）第 $n+1$ 次开环和闭环反应

端羟基化合物进一步与环氧氯丙烷作用，生成端氯化羟基化合物，同时在 NaOH 存在下，进一步闭环生成最终的环氧树脂，反应方程式如式(8－4)所示：

$$(n+1)HO—R—OH + (n+2)\underbrace{CH_2—CH}_{O}—CH_2—Cl + (n+2)NaOH \longrightarrow$$

$$\underbrace{CH_2—CH}_{O}—CH_2\left[O—R—O—CH_2—CH(OH)—CH_2\right]_nO—R—O—CH_2—\underbrace{CH—CH_2}_{O} \quad (8-4)$$

$$+(n+2)NaCl + (n+2)H_2O$$

其中，n 为平均聚合度。通常 $n=0\sim19$，相对分子质量 340～7000。调节双酚 A 和环氧氯丙烷用量比，可得到相对分子质量不同的环氧树脂。

液平均聚合度 $n=0\sim1.8$ 时，产品是液态双酚 A 环氧树脂，平均相对分子质量较低，如 E－51，E－44；当 $n=1\sim1.8$ 时，环氧树脂产品为半固体，软化点 >55℃，如 E－31；当 $n=1.8\sim5$ 时，环氧树脂产品为固体，成为中等相对分子质量环氧树脂，软化点 55～95℃，如 E－20，E－12 等；当 $n>5$ 时，环氧树脂产品也为固体，又称为高相对分子质量环氧树脂，软化点 >100℃。如 E－06，E－03 等。

（2）环氧/聚酯混合树脂

环氧/聚酯型树脂的合成过程是，先将多元醇和一部分多元酸反应生成端羟基聚酯，再与剩余的多元酸反应成为端羧基聚酯树脂，端羧基聚酯树脂的通式为：HOOC－R′－(OOC－R－COO－R′)$_n$－COOH，可根据需要合成出不同羧基含量的聚酯树脂，与环氧树脂采用不同的质量比进行搭配使用。作为粉末涂料用树脂，其优点是成本较低，但漆膜外观不够理想。聚酯树脂与环氧树脂交联固化的反应机理如式(8－5)所示：

$$R—O—CH_2—\underbrace{CH—CH_2}_{O} + HOOC—R' \longrightarrow R—OCH_2—CH(OH)—CH_2—O—\underset{\|}{C}(O)—R' \quad (8-5)$$

聚酯树脂与环氧树脂必须有合理的配比，如果配比不当将使涂膜交联密度降低，造成涂膜的物理机械性能和耐化学药品腐蚀性能下降。环氧树脂含量多时，耐候性差。

(3) 纯聚酯树脂

纯聚酯粉末涂料所采用的饱和聚酯树脂分为两种，一种是以羟基封端的羟基型纯聚酯，一种是以羧基封端的羧基型纯聚酯树脂，它们对应不同的固化剂及固化体系。纯聚酯化合物的结构如式(8 -6)所示：

$$H-O-CH_2-CH_2-O-\overset{O}{\overset{\|}{C}}-C_6H_4-\overset{O}{\overset{\|}{C}}-O\!\left[CH_2-CH_2 \right. \qquad (8-6)$$

$$\left. O-\overset{O}{\overset{\|}{C}}-C_6H_4-\overset{O}{\overset{\|}{C}}-O \right]_n CH_2-CH_2-O-H$$

纯聚酯树脂粉末涂料具有具有非常好的流动性、耐候性强、对金属的附着力优、涂膜丰满光泽度高、抗紫外线照射的特点。

(4) 丙烯酸树脂

丙烯酸树脂型是日本开发的品种，丙烯酸树脂中含有缩水甘油基(缩水甘油基甲基丙烯酸)，采用长链二羟基酸作固化剂，故所得漆膜耐候性和硬度均为优良，丙烯酸型粉末涂料主要成膜物质的结构如式(8 -7)所示：

$$\underset{\displaystyle COOCH_3}{CH_2=CH}-CH_3+\underset{\displaystyle COOH}{CH_2=CH}+\underset{\displaystyle COOC_4H_9}{CH_2=CH}\xrightarrow[\triangle]{\text{引发剂}}\left[CH_2-\underset{\displaystyle COOCH_3}{\overset{\displaystyle CH_3}{CH}}-CH_2-\underset{\displaystyle COOH}{CH}-CH_2-\underset{\displaystyle COO_4H_9}{CH}\right]_n \qquad (8-7)$$

(5) 氟碳树脂

氟碳树脂可以作为清漆、溶剂色漆、水分散体涂料和乳胶涂料等的成膜物质，但最早却是作为粉末涂料的成膜物质而存在(详见第四章)。氟碳树脂有热塑性树脂和热固性树脂两种，具有特别优异的耐候性，主要用于高档汽车外壳涂料的涂装。

(二) 粉末涂料用固化剂

在热塑性粉末涂料中不需要固化剂，但是在热固性粉末涂料中，固化剂是粉末涂料组成中必不可少的成分，如果没有固化剂，热固性粉末涂料就无法交联固化成膜。固化剂的性质是决定粉末涂料和涂膜性能的主要影响因素，应该具备如下条件：

(a) 固化剂应具有良好的与树脂进行化学反应的活性，在常温和熔融挤出混合温度条件不与树脂发生化学反应，而在烘烤固化条件下，与树脂迅速进行交联固化反应，得到外观流平性好、物理力学性能和耐化学品腐蚀性能好的涂膜。

(b) 固化剂仅与树脂起化学反应，不与颜料、填料和助剂等其他组成成分起化学反应。

(c) 固化剂的熔融温度低，并与树脂的混溶性好，这样在熔融挤出混合工艺中，与树脂能够分散均匀，交联固化成膜后容易得到外观和性能良好的涂膜。

（d）固化剂与树脂发生化学反应时，最好不产生副产物或者产生的副产物少，这样在交联固化成膜过程中，不易出现涂膜的针孔、缩孔和气泡等弊病，同时不污染环境或者对环境的影响很小。

（e）固化剂的稳定性好，在粉末涂料生产、贮存、使用和回收利用过程中，接触空气、湿气、温度和日光等的影响下不起化学反应，也不产生结块，不影响粉末涂料干粉流动性和其他质量指标。

（f）从节约能源考虑，固化剂与树脂的交联固化反应温度低，反应时间要短，这样有利于低温短时间固化成膜，可以节能，提高生产效率。

（g）从粉末涂料的制造工艺和贮存稳定性考虑，固化剂在常规或室温条件下是固体，而不是液体，最好是固体粉末状或者容易粉碎的固体粒状或片状，这样在制造粉末涂料过程中容易分散均匀，并能得到各种性能良好的粉末涂料。固化剂最好是配制粉末涂料以后，对粉末涂料的玻璃化转变温度下降明显，粉末涂料的玻璃化转变温度低，粉末涂料容易结团，常温条件下无法正常使用。

（h）固化剂应为无色或浅色，不使固化涂膜着色，这样有利于配制白色或浅色粉末涂料。

（i）固化剂与树脂烘烤固化后，涂膜的耐热、耐光性好，在使用中不容易变色。

（j）固化剂最好是无毒或者毒性很小，特别是配制粉末涂料以后达到基本无毒。固化剂的原材料来源丰富，价格便宜，这样有利于大范围的推广应用，容易工业化。

粉末涂料用固化剂各类繁多，选用的原则主要根据其基料树脂所带有的活性基团，如表8－1所示。

表8－1　固化剂类型及选用原则

树脂中的活性基团	固化剂的类型
羟基(—OH)	酸酐、封闭异氰酸酯，带烷氧羟甲基三聚氰胺
羧基(—COOH)	多环氧基化合物或树脂、羟烷基酰胺
环氧基	双氰胺及衍生物，酸酐，酰胺，含羧基聚酯树脂，芳香族胺，含酚羟基树脂
不饱和基团	过氧化物

（三）粉末涂料用颜料

颜料在粉末涂料配方中的作用是使涂膜着色和产生装饰效果，对有颜色的粉末涂料来说是不可缺少的组成成分。粉末涂料用颜料的要求跟溶剂型涂料和水性涂料差不多，但是由于粉末涂料的特殊性也有其他方面的要求，因此品种范围窄。粉末涂料用颜料应具备如下条件：

（a）颜料在粉末涂料的制造、贮存和使用过程中，不与树脂、固化剂、填料和助剂等成分等发生化学反应。

（b）颜料的物理、化学稳定性好，不受空气、湿气、温度和环境的影响，粉末涂料成膜以后，也不容易受酸、碱、盐和溶剂等化学药品腐蚀的影响。

（c）颜料的重要功能是对涂料的着色，要求颜料的着色力和消色力强，还要求遮盖力也强，这样有利于降低使用量，也可以降低涂料成本。

（d）颜料应热塑性树脂和热固性树脂中的分散性好。

（e）颜料的耐光性，耐候性和耐热性好，特别是耐侯性粉末涂料用的颜料的耐光性最好达到7～8级，耐候性达到5级，因为一般粉末涂料的烘烤温度较高，都在150℃以上，大多数都在180℃左右，所以颜料的耐热温度应大于粉末涂料的烘烤固化温度或者更高一些。由于这个条件的限制，能用于粉末涂料的颜料品种比较少。

(f) 颜料最好是无毒或者毒性很小，一般情况下尽量不使用或者少使用含有铅和铬的颜料。

(g) 颜料的来源丰富，价格便宜。

在粉末涂料中常使用的无机颜料有钛白粉(锐钛型和金红石型)、铁红、铅铬黄(柠檬铬黄、铬黄、中铬黄、深铬黄和橘铬黄)、立德粉、云母氧化铁、铝粉和铜粉、炭黑等。有的也用氧化铁黄和铁黑等颜料，因它们的耐热温度都比较低，并不太适用于粉末涂料中，常用的有机颜料品种有酞菁蓝系列(B型、BGS型和BGNCF型)、酞菁绿、永固红系列(F3RK和F5RK型)、永固紫系列(HR和HB型)、永固黄((5GX型)、耐晒黄(G型和10G型)、耐晒大红(BBN型)、耐晒艳红(BBC型)、耐晒红(BBS型)、新宝红((SGB型)等，其中耐光性不好的不能用在户外，只能用在室内。耐晒黄的耐热温度是160℃，在没有更好更便宜的黄色有机颜料品种时，可以暂时使用，群青的耐热性不太好，但是为了调节涂膜的色相，主要是消除黄相，在白色中经常使用。

（四）粉末涂料用填料

填料在粉末涂料配方中的作用是提高涂膜的硬度、刚性、耐划伤性等物理性能，同时改进粉末涂料的松散性和提高玻璃化转变温度等性能，再则，在满足涂膜各种性能的情况下降低涂料成本。除透明粉末涂料以外，在大部分粉末涂料配方中都要加填料，也是不可缺少的成分，粉末涂料用填料的要求与溶剂型涂料和水性涂料差不多，一般应具备如下条件：

(a) 填料在粉末涂料制造、贮存和使用过程中，不与树脂、固化剂、填料和助剂等成分等发生化学反应。

(b) 填料的物理、化学稳定性好，不受空气、湿气、温度和环境的影响，粉末涂料成膜以后，也不容易受酸、碱、盐和溶剂等化学药品的影响。

(c) 填料的重要功能是添加到粉末涂料中以后，能够改进涂膜硬度，刚性和耐划伤性等物理力学功能，同时有利于改进粉末涂料的贮存性能、松散性能和带静电性能。

(d) 填料应在热塑性树脂和热固性树脂中的分散性好。

(e) 填料的耐热性、耐候性和耐光性好。

(f) 填料应该是无毒的。

(g) 填料的来源丰富，价格非常便宜。

在粉末涂料中常用的填料有沉淀硫酸钡、重晶石粉、轻质碳酸钙、重质碳酸钙、高岭土、滑石粉、膨润土、沉淀二氧化硅、云母粉、石英粉、硅灰石等。近年来这些填料品种中超细微粉、表面改性微粉的应用日益广泛，对改进填料在粉末涂料中的分散性和涂膜外观起到一定的作用。

（五）粉末涂料助剂

助剂也是粉末涂料配方中的重要组成成分，虽然与上述的树脂、固化剂、颜料和填料比较，其用量比较少，只占配方总量的千分之几到百分之几，但是它的作用对涂料和涂膜性能的影响是不可忽视的，在某些情况下，助剂起到决定性的作用。

基本要求来说，粉末涂料助剂都应具备如下特点。

(a) 如上所述，助剂在配方中的用量很少，为了使助剂分散均匀，在制造粉末涂料过程中，要求容易分散。

（b）助剂的化学稳定性好，在粉末涂料制造，贮存和使用过程中，除有特殊需要的情况（例如，促进剂在烘烤固化过程中的化学反应）之外，一般不与树脂、固化剂、颜料和填料进行化学反应，也不受空气、湿气、温度和环境条件的影响。

（c）从粉末涂料的配色考虑，助剂最好是无色或浅色，不会使粉末涂料色。

（d）从人体健康和环境保护考虑，助剂最好是无毒和低毒。

（e）从粉末涂料的贮存稳定性和制造过程中添加方便考虑，助剂最好是固体粉末涂料，并与树脂、固化剂的相容性好，当助剂为液体状时，从粉末涂料的贮存稳定性考虑，使用量不能太多。

（f）粉末涂料中常用的助剂品种有流平剂、光亮剂、增光剂、脱气剂、消泡剂、分散剂、抗静电剂、摩擦带电助剂、促进剂、防结块剂（松散剂或疏松剂）、上粉率改性剂、硬度改性剂、防划伤剂、防流挂剂、增塑剂、抗氧化剂、紫外光吸收剂、光敏剂、抗菌剂、皱纹剂、橘纹剂、龟纹剂、锤纹剂、砂纹剂、绵纹剂、花纹剂（浮花剂）和润滑剂等助剂，其中最常用的是流平剂、光亮剂、脱气剂消泡剂和松散剂等。

三、粉末涂料的品种

粉末涂料品种很多，性能和用途各不相同，一般而言，粉末涂料可以按照成膜物质、涂装方法、涂料功能和涂膜外观进行分类。

粉末涂料按涂装方法和存在的状态可以分为静电粉末喷涂粉末涂料、流化床浸涂粉末涂料、电泳粉末涂料、紫外光固化粉末涂料和水分散粉末涂料等。

粉末涂料按其特殊功能和用途可以分为装饰型粉末涂料、防腐粉末涂料、耐候性粉末涂料、绝缘粉末涂料、抗菌粉末涂料和耐高温粉末涂料等。

粉末涂料按涂膜外观可以分为高光粉末涂料、有光粉末涂料、半光粉末涂料、亚光粉末涂料、无光粉末涂料、皱纹粉末涂料、砂纹粉末涂料、锤纹粉末涂料、绵纹粉末涂料、金属粉末涂料和镀镍效果粉末涂料等。

粉末涂料按主要成膜物的性质分为热塑性粉末涂料和热固性粉末涂料两大类。

尽管热塑性粉末涂料被最早开发利用，但热固性粉末涂料由于具有各种优异的物理、化学性能及外观装饰性等优点，从而迅速占据了市场，成为粉末涂料的主流品种。表 8－2 列出了热塑性和热固性粉末涂料的特性比较。

表 8－2　热塑性和热固性粉末涂料的特性比较

项　目	热塑性粉末涂料	热固性粉末涂料
树脂类型	热塑性树脂	热固性树脂
树脂相对分子质量	高	中等
树脂软化点	高至很高	较低
固化剂	不需要	需要
颜料的分散剂	稍微困难	比较容易
颜料和填料的添加量	较少	较多
制造粉末涂料时的粉碎性	较差，常温剪切法或低温冷冻粉碎法粉碎	较容易，常温粉碎
涂膜外观	一般	很好
涂膜的薄涂性（60～70μm）	困难	容易

续表

项　目	热塑性粉末涂料	热固性粉末涂料
涂膜物理力学性能调节	不容易	容易
涂膜耐化学介质性能	较差	好
涂膜耐污染性	不好	好
对底漆的要求	需要	不需要
涂装方法	以流化床浸涂法为主	以静电粉末喷涂法为主

（一）热塑性粉末涂料

热塑性粉末涂料是由热塑性树脂、颜料、填料、增塑剂和稳定剂等经干混或熔融混合、粉碎、过筛分级得到的涂料。热塑性粉末涂料所用树脂相对分子质量较高，柔韧性良好，很难破碎成粉末，难以形成薄膜或功能性涂膜，但是加热时，热塑性粉末涂料可以熔融、分散、凝聚在工件表面，形成光滑的、完整连续非交联网状结构的涂层，该过程是物理变化而不是化学变化，一旦重新加热，涂层会再次融化。

热塑性粉末涂料的品种很多，例如聚乙烯、聚丙烯、聚氯乙烯、聚酰胺（尼龙）、聚酯、乙烯/醋酸乙烯共聚物（EVA），醋酸丁酸纤维素（简称醋丁纤维素）、氯化聚醚、聚苯硫醚、聚氟乙烯等粉末涂料，其中国内外用得比较多的是聚乙烯粉末涂料，其次是聚氯乙烯、聚酰胺等粉末涂料，其他品种的粉末涂料由于价格性能等原因，用量和用途都受到一定的限制。

我国热塑性粉末涂料的主要品种是以聚乙烯占主导地位，另外还有改性聚丙烯、聚氯乙烯、聚酰胺、氯化聚醚和聚苯硫醚等品种。热塑性粉末涂料常用做防腐涂层、耐磨涂层、绝缘涂层，在化工设备、线材、板材、仪表、电器、汽车等行业都有应用。主要热塑性粉末涂料性能如表 8－3 所示。

表 8－3　热塑性粉末涂料性能表

性能	聚氯乙烯	尼龙 11	聚酯	聚乙烯	聚丙烯
底漆	要	要	不要	要	要
熔点/℃	130～150	186	160～170	120～130	165～170
预热/℃	230～290	250～310	250～300	200～230	225～250
相对密度	1.20～1.35	1.01～1.15	1.30～1.40	0.91～1.00	0.90～1.02
附着力	A～B	A	A	B	A～B
光泽（60°）/%	40～90	25～95	60～98	60～80	60～80
硬度（ShoreD）	30～55	70～80	75～85	30～50	40～60
柔韧性（3mm）	通过	通过	通过	通过	通过
耐冲击	A	A	A～B	A～B	B
耐盐雾	B	A	B	B－C	B
耐候性	B	B	A	D	D
耐湿性	A	A	B	B	A
耐酸性	A	C	B	A	A
耐碱性	A	A	B	A	A
耐溶性	C	A	C	B	A

（二）热固性粉末涂料

热固性粉末涂料是由热固性树脂、固化剂、颜料和助剂等组成，经预混合、熔融挤出、粉碎、过筛分级而得到粉末状涂料。热固性粉末涂料中的树脂相对分子质量小，本身没有成膜性能，只有在加热条件下，和固化剂发生交联，生成空间网状结构，才能形成涂膜。按照主要成膜物质树脂的种类不同，热固性树脂分为环氧、聚酯/环氧、聚酯、聚氨酯、丙烯酸、聚酯/丙烯酸、丙烯酸/环氧和氟碳树脂等。热固性粉末涂料的性能及应用如表 8 -4 所示。

表 8 -4　热固性粉末涂料的性能与应用

粉末涂料体系	主要性能	主要应用
环氧型	优良的耐化学药品性，耐腐蚀性及机械性能较差的户外颜色/光泽，耐候性	金属家具、汽车内部零件微波炉、冰箱层架等
环氧一聚酯	极好的耐化学药品性，耐腐蚀性及机械性能，良好的户外颜色/光泽耐候性	农用机械、雷达、金属家具、家具电器等
聚氨酯	优良的耐化学药品性、耐腐蚀能力及机械性能，优良的户外颜色/光泽耐候性	汽车、灯饰、室外器具等
TGIC 聚酯	极优良的耐化学药品性、耐腐蚀能力及机械性能，优良的户外颜色/光泽耐候性	建筑用铝型材、农用机械、室外用具等
丙烯酸	极优良的耐化学药品性、耐腐蚀能力及机械性能，优良的户外颜色/光泽耐候性	洗衣面、冰箱、微波炉、汽车、室外灯具、铝型材等
碳氟化合物	极优的耐化学药品性、耐腐蚀能力、机械性能及户外颜色/光泽耐候性	建筑行业、汽车外壳等

我国热固性粉末涂料以聚酯/环氧为主，其次是环氧和聚酯粉末涂料，聚氨酯粉末涂料处于推广应用阶段，其他品种还没有工业化大生产。

第二节　典型粉末涂料的配方

典型热固性粉末涂料的品种有纯环氧型粉末涂料、环氧/聚酯混合型粉末涂料、纯聚酯型粉末涂料、丙烯酸型粉末涂料、辐射固化粉末涂料等。

考虑粉末涂料各组分之间的数量关系，主要应该确定成膜树脂和固化剂之间的数量关系，两者之间投料比的变化，直接就决定了粉末涂料的性能。现以典型热固性粉末涂料为例，分析粉末涂料的配方设计。一般粉末涂料的主要组成和配方的用量如表 8 -5 所示。

表 8 -5　一般粉末涂料的组成和各组分用量范围

组成	用量/%	备　注
树脂	60 ~ 90	在透明粉末涂料中用量大
固化剂	0 ~ 35	在热塑料性粉末涂料中 0%，在聚酯/环氧粉末涂料中 3%
颜料	1 ~ 30	在黑色粉末涂料中 1%，在纯白色粉末涂料中 30%
填料	0 ~ 50	在透明粉或锤纹粉中 0%，砂纹、皱纹粉中高达 50%
助剂	0.1 ~ 5	不同助剂品种的用量范围差别很大

注：各成分的用量很难准确地划定范围，只是一个大概的参考。

一、纯环氧型粉末涂料的配方

纯环氧树脂粉末涂料中的高分子成膜物质只有环氧树脂一种，涂装时，需要在环氧树脂中添加固化剂，才能形成热固性粉末涂料。

环氧树脂的固化剂的品种有很多，经常使用的品种主要有有机胺类、有机酸类、酚类和二酰肼类固化剂，它们通过和线性环氧树脂发生加成固化、催化聚合、缩聚交联和光固化反应而使得环氧树脂发生固化。考虑环氧树脂粉末涂料的配方，主要应当确定环氧树脂和固化剂的用量，它们之间的关系可以写为：

100g 环氧树脂固化剂的用量 =（固化剂的相对分子质量 × 环氧值）/（固化剂参与固化反应的官能团的个数）

例如，有机胺类固化剂，该类固化剂主要有双氰胺、加速双氰胺和改性双氰胺、咪唑类固化剂、改性多元胺以及伯胺等，它们与环氧树脂的固化反应的原理为式(8－8)、式(8－9)、式(8－10)所示：

(1) 伯胺与环氧基反应生成仲胺并产生一个羟基：

$$R-NH_2+\underset{\diagdown O \diagup}{CH_2-CH}\longrightarrow R-NH-CH_2-\underset{OH}{\underset{|}{CH}}- \tag{8-8}$$

(2) 仲胺与另外的环氧基反应生成叔胺并产生另一个羟基：

$$R-NH-CH_2-\underset{OH}{\underset{|}{CH}}-+\underset{\diagdown O \diagup}{CH_2-CH}\longrightarrow R-N\left[CH_2-\underset{OH}{\underset{|}{CH}}\right]_2 \tag{8-9}$$

(3) 新生成的羟基与环氧基反应参与交联结构的形成：

$$R-N\left[CH_2-\underset{OH}{\underset{|}{CH}}\right]_2+2\underset{\diagdown O \diagup}{CH_2-CH}\longrightarrow R-N\left[CH_2-\underset{O-CH_2-\underset{OH}{\underset{|}{CH}}-}{\underset{|}{CH}}\right]_2 \tag{8-10}$$

上述固化反应机理中，含有羟基的醇、酚和水等能对固化反应起促进作用，含有羰基、硝基、氰基等基团的试剂对固化反应起抑制作用。氨基与环氧基反应有严格定量关系，氨基上一个活泼氢和一个环氧基反应，根据这种关系，可以计算出伯胺、仲胺类固化剂用量。

100g 环氧树脂固化所需伯胺的质量(g)如式(8－11)所示：

100g 环氧树脂中伯胺的用量 =（伯胺的相对分子质量 × 环氧值）/2（双氰胺活泼氢个数） (8－11)

同样，以双氰胺作为固化剂对环氧树脂进行固化时，因为双氰胺的分子式为 $H_2N-C=NH(NH)-N\equiv C$，相对分子质量为 84，则 100g，E－12 型环氧树脂中双氰胺的用量 = 84 × 0.12/4 = 2.62g。

实际中，因为双氰胺和环氧树脂的混合性较差，双氰胺上的活泼氢不可能完全参与反应，双氰胺的用量大于理论用量。双氰胺固化体系的环氧型粉末涂料的配方如表 8－6 所示。

表 8-6 环氧型粉末涂料的配方

组　分	用量/kg	组　分	用量/kg
环氧树脂	68	硫酸钡	5
双氰胺	2.6	流平剂	5
2-甲基咪唑	0.1	增光剂	0.3
钛白粉	20	安息香	0.8

该配方属于耐药品环氧树脂粉末涂料，用2-甲基咪唑作为固化促进剂，颜填料控制在30%以内，以环氧树脂本身作为流平剂，加大增光剂和脱气剂的用量，可以降低涂膜的粗糙程度，减少涂膜的针孔。同时，配方设计中，应当理解如下环氧树脂的技术指标：

(1) 环氧值

环氧值是单位重量的环氧树脂中含有化学反应活性基团——环氧基的数量，也即指每100g 环氧树脂中含有环氧基（H_2C—O—CH—）的克当量数，单位为当量/100g。

(2) 环氧当量

环氧当量是环氧树脂含有单位数量环氧基团的质量数，也即指含有1当量环氧基时，环氧树脂的克数，单位为克/当量。

环氧值和环氧当量的换算关系为：环氧当量=100/环氧值。

环氧值和环氧当量是用来进行理论上的固化剂用量计算的数值，是设计配方时固化剂用量的计算依据。可以依据环氧值和环氧当量来判断固化体系交联密度的大小，在相同体系的系列中进行交联密度的比较。

(3) 软化点

对于非结晶型高分子化合物，固-液的转变是一个由软化，进而熔融的渐变过程，没有一个确定的转变温度，通常引出"软化点"的概念。环氧树脂的软化点是固-液转变的临界温度，环氧树脂的分子量不是单一值，在一定范围内分布，故而，它有一个较大变形的温度，这个较大变形的温度就称之为树脂的软化点。

软化点反映了环氧树脂平均分子量的大小和分子量分布情况，其大小随环氧树脂平均分子量大小增加而增加。软化点的高低对物料在挤出机的混炼效果和涂膜的流平性都有一定影响，软化点低的环氧树脂有利于物料的混炼和涂膜的流平。

二、环氧/聚酯混合型粉末涂料

（一）环氧/聚酯混合型粉末涂料的配方

环氧/聚酯混合型粉末涂料的成膜是由相互匹配的环氧树脂与聚酯树脂在特定条件下交联固化完成的。混合型粉末涂料用聚酯树脂为饱和的端羧基聚酯树脂。聚酯树脂中的羧基与环氧树脂中的环氧基所发生的交联反应是加成聚合反应，反应中没有小分子产生，因此环氧/聚酯混合型粉末涂料涂膜的外观丰满，装饰性较好，多用于家电行业，颜基比和 *PVC* 值都控制适宜，高品质的环氧/聚酯粉末涂料多用性能较好的钛白粉，少用硫酸钡。

聚酯树脂与环氧树脂必须有合理的配比，如果配比不当将使涂膜交联密度降低，造成涂膜的物理机械性能和耐化学药品性能下降。两种树脂配比的理论值可用式(8-12)计算：

$$m = E/(Ar \times 1/56100) = 56100 \times E \cdot M/Ar \qquad (8-12)$$

式中 m——100g 环氧树脂需配聚酯树脂用量；

Ar——聚酯树脂的酸值，mgKOH/g(酯)；

E——环氧树脂的环氧值，mol/100g(环氧)；

M——环氧树脂的用量，g；

56100 = (39.1 + 17) × 1000 = 56100(KOH 的相对分子质量)。

如表 8－7 所示混合型粉末涂料配方。

表 8－7　环氧/聚酯混合型粉末涂料配方

组　分	用量/kg	组　分	用量/kg
聚酯树脂	35	钛白粉	18
环氧树脂	33	硫酸钡	5
流平剂	5	安息香	0.5

以上配方中，将环氧树脂看做固化剂，用量为 37g，其中含有流平剂中的 4g；环氧树脂的环氧值为 0.12/100；聚酯树脂的酸值为 70.0mgKOH/g；按照理论用量公式计算得到聚酯树脂的理论投料量 m = 56100 × 0.12 × 0.37/70 = 35.6g，实际投料为 35g。这样设计是考虑涂料熔融挤出时，达不到绝对的均匀混合，酸值、环氧值测定误差，环氧官能团水解等因素。

硫酸钡密度：4.50g/cm^3；钛白粉密度：4.0g/cm^3；聚酯密度：约 1.38；环氧树脂密度：约 0.980g/cm^3；颜基比 = 23∶73.5 = 31.3%。所以颜填料体积浓度(涂膜中颜填料的总体积除以涂膜的基料总体积和颜填料体积之和)PVC = 5.6/68.7 = 8.15%。

配方设计中，聚酯减少的量一般为理论的 3% ~ 5%，颜基比越小，涂层机械物理性能越好，表面越光滑，但是涂层遮盖力下降，成本提高；颜基比越大，涂层遮盖力好，机械性能差、表面粗糙。

配方颜填料体积浓度大小对涂层光泽起到决定性作用，一般控制在 10% ~ 15%，PVC 值增加，涂层光泽就下降，当 $PVC > 40\%$ 时，涂层基本没有光泽；PVC 值减少，涂层的遮盖力变差，当 $PVC < 5\%$ 时，涂层几乎全部露底。

(二) 聚酯树脂技术指标

(1) 外观

聚酯树脂的外观为色浅、透明的固体颗粒，一般来说颜色越深聚酯的纯度越低。

(2) 酸值

聚酯树脂酸值是指中和 1g 聚酯树脂中的羧基所消耗的氢氧化钾的(mg)值，单位为 mgKOH/g。

聚酯树脂酸值的大小是树脂中反映活性基团——羧基含量高低的指标，酸值高，羧基含量就大，交联密度也大。聚酯树脂酸值的高低和相对分子质量的小与大有关。

酸值是用来计算固化剂用量的指标依据，环氧聚酯混合型体系的粉末涂料中，环氧树脂和聚酯树脂互为固化剂，两者的用量可按照式(8－13)来计算：

$$\text{环氧树脂的数量(kg 或 g)} = \frac{\text{聚酯树脂的数量(kg 或 g)} \times \text{聚酯树脂的酸值(mgKOH/g)}}{561 \times \text{环氧树脂的环氧值(当量/g)}} \qquad (8-13)$$

由上面公式可以看出，聚酯树脂酸值的不同，环氧树脂的质量配比就不同，根据不同酸值一般常用的聚酯树脂分为50/50、60/40、70/30、80/20四种型号。不同酸值的聚酯树脂对粉末涂料及涂膜性能的影响见表8－8。

表8－8 不同酸值的聚酯树脂对粉末涂料及涂膜性能的影响

聚酯树脂与环氧树脂的比例	50/50	60/40	70/30
对颜料的剪切分散性能	+	+	+
对颜料的润湿分散性能	+	+/－	－
柔韧性	+	++	++
化学稳定性	+	++	++
粉碎性能	++	++	+
静电喷涂时的带电性能	+	+	+
摩擦带电性能	+	+	++
高光应用	+	+	－
低光应用	－	++	++
边角覆盖性	+/－	+	+
附着性能	++	++	+
耐溶剂性能	++	+	+～－
耐酸性	++	++	++
耐碱性	+	+	+～－
耐磨性	+	+	+～－
抗损伤性能	++	++	+
耐洗涤剂性能	++	++	+
耐涂抹性能	+	－	－
铅笔硬度	+	+	+
室内抗黄变性能	+	+	++
耐污染性	+	+	+

注：＋为性能加强；－为性能降低。

（3）软化点

可以参照环氧树脂的软化点。

（4）黏度

流体在流动时，相邻流体层间存在着相对运动，则该两流体层间产生的摩擦阻力，称为黏滞力。黏度是用来衡量黏滞力大小的一个物性数据，是度量流体黏性大小的物理量，其大小由物质种类、温度等因素决定。聚酯树脂在常温下是固体状态，聚酯树脂的黏度是在某一熔融温度下的值。

黏度的表示有许多种，常用动力黏度，即面积各为$1m^2$并相距1m的两层流体，以1m/s的速度做相对运动时所产生的内摩擦力，单位为Pa·s(帕·秒)。

聚酯树脂的相对分子质量是影响树脂黏度的重要因素，树脂的相对分子质量越大，黏度越大，温度越高，黏度越低。黏度大小对粉末涂料的加工和成膜过程中及成膜后的性能有很大的影响。

树脂黏度对加工性能的影响表现在挤出时树脂对颜料的剪切、润湿和混合溶解过程。树脂在较大的剪切应力下对颜料有较好的分散，物料在挤出过程中的剪切应力 T 与树脂的黏度 μ 有以下关系见式(8－14)：

$$T=\mu\times D \tag{8-14}$$

式中　D——剪切速率。

从关系式中可以看出，树脂的黏度大则利于颜料的剪切分散。

颜料的分散是树脂对颜料的浸润过程，我们可以把颜料的聚集团表面看做是无数个毛细管，那么液体渗入毛细管的速度 U 如下式(8－15)：

$$U=\frac{K\times r}{\mu} \tag{8-15}$$

式中　r——毛细孔的半径；

μ——熔体树脂的黏度；

K——与树脂表面张力有关的常数。

当颜料聚集团的空隙在一定的情况下，润湿速度主要取决于基料树脂的黏度，黏度越低润湿越快。经验表明，在挤出设备这种中低剪切速率下，润湿分散作用则显得较重要，在高剪切速率下，剪切分散作用较明显。

在成膜方面，黏度是流动的阻力，黏度大的树脂流动速度较慢，达到某一流平程度时所需用的时间较长，树脂黏度低更利于粉末涂料成膜时的流平。

未固化聚酯树脂的黏度对固化后涂膜性能的影响则表现在聚酯树脂的相对分子质量方面，对于聚合度较低的聚合物，树脂的黏度 μ 与其数均分子量 M_n 符合如下(8－16)关系式：

$$\lg\mu=A\lg M_n+B \tag{8-16}$$

其中 A、B 是和聚合度有关的常数，聚合度越高 A 值越大，树脂的数均分子量越大，其黏度呈 A 次幂的级数增大。对于热固性树脂来说，固化后的相对分子质量高，涂膜耐热性、强度等性能好；固化后的相对分子质量低，涂膜耐热性、强度等性能较差。未固化树脂的相对分子质量大的，固化后的热固性树脂的相对分子质量相应大，涂膜强度和耐性就高；未固化树脂的相对分子质量小的，固化后的热固性树脂的相对分子质量相应也小，涂膜强度和耐性就低。

研究表明，未固化聚酯树脂的相对分子质量越小，要使固化后的涂膜达到合适的强度时，固化剂的用量越接近理论值，聚酯树脂与固化剂的配比量对涂膜性能的影响就很敏感；反之，随着聚酯树脂的相对分子质量的加大，在保证固化涂膜的强度下，聚酯树脂与固化剂之间的计量的宽容度越大。

(5) 玻璃化转变温度

对于聚酯树脂这种无定形材料来说，当从低温开始加热树脂固体时，随着温度的升高，其比容(单位质量的体积)有个缓慢的增加，当温度升高到某一点时，随着温度的升高，树脂比容的增加速度会有增大的变化，这个比容增速发生变化的温度点称之为玻璃转变温度，简称玻璃化转变温度。固体聚酯在这一温度前后，热膨胀系数发生了转变。对于未固化的聚酯树脂来说，我们可以把玻璃化转变温度理解为树脂的玻璃态与树脂的高弹态相互转变时的温度。树脂在玻璃态时是脆性的，易粉碎而不发生粘连，在高弹态时会发生粘连现象。粉末涂料在生产中的冷却、磨粉以及产品的储运时需要考虑这一指标。

聚酯树脂分子的主、侧链结构和数均相对分子质量 M_n 大小都会影响到它的玻璃化转变温度。聚合物数均相对分子质量与玻璃化转变温度的关系式如式(8－17)所示：

$$T_g = T_g \propto - \frac{A}{M_n} \tag{8-17}$$

其中 A 是常数，$T_g \propto$ 是数均相对分子质量 M_n 最大时的玻璃化转变温度。在日常工作中往往使用黏度体现相对分子质量的大小，常用聚酯树脂的相对分子质量范围内(分子的聚合度较小)，聚酯树脂的黏度 μ 与聚酯树脂的重均相对分子质量 M_w 的关系为 $\lg\mu = \lg M_w + K$(K 为常数)，黏度和重均相对分子质量成正比，常用聚酯的 $M_w/M_n = 2 \sim 5$，由此可以得出结论，玻璃化转变温度随聚酯树脂黏度的变化比较复杂，一方面受到聚酯树脂结构的影响，即常数 A；另一方面还受到相对分子质量分布离散度的影响，黏度大的聚酯树脂不一定玻璃化转变温度就高。在实践使用中也发现有时将聚酯树脂黏度值的幅度提高较大时，玻璃化转变温度的增加并不明显。相反，同品种聚酯树脂的玻璃化转变温度的增高而黏度增大是很明显的，在生产和选用聚酯树脂时应注意。

聚酯树脂的玻璃化转变温度对粉末涂料生产(特别是磨粉)和储运有很大影响，玻璃化转变温度较低的聚酯树脂会使材料稍遇温度升高就具有弹性而不好磨粉，在储运过程中容易结块。

(6) 挥发分

粉末涂料使用的饱和聚酯树脂是熔融法工艺生产的，不使用溶剂，反应的生成水在后期抽真空也能够除去，聚酯树脂的挥发分很低。

(7) 官能度

所谓官能度就是化合物中官能团的数目就叫官能度。酸值不同的聚酯树脂在粉末涂料生产、成膜以及对涂膜的性能方面表现出一定的差异。热固性的聚酯树脂是具有一定官能度和相对分子质量的聚合物，其官能度 F_n 与数均相对分子质量 M_n 的关系如式(8－18)所示：

$$F_n = \frac{A_v \times M_n}{56100} \tag{8-18}$$

式中　A_v——聚酯树脂的酸值。

从式中可以看出，当官能度基本不变的情况下，聚酯树脂的酸值越低，它的数均相对分子质量越大，其熔融黏度也越大。低酸值的聚酯树脂使体系的熔融黏度变大，低熔融黏度的环氧树脂的用量减少，在粉末涂料加工性能较差、往往造成挤出混炼不均匀，机械性能变差(如70/30 的体系)，涂膜的丰满度和流平性降低。

环氧/聚酯混合型粉末涂料具有很好的综合性能，主要应用于户内使用产品的涂装，在装饰性的粉末涂料涂装领域替代了绝大部分的纯环氧体系的粉末涂料，是目前产量最大的粉末涂料品种。

三、纯聚酯型粉末涂料

聚酯粉末涂料是继环氧和环氧/聚酯粉末涂料之后发展起来的热固耐候性粉末涂料。根据所使用的聚酯类型和固化剂类型不同，可以分为 TGIC 固化的纯聚酯粉末涂料、β－羟烷基酰胺固化的纯聚酯粉末涂料、多异氰酸酯固化的纯聚酯粉末涂料(聚氨酯粉末涂料)等。

(一) TGIC 固化的纯聚酯粉末涂料

TGIC(又称三缩水甘油基三聚异氰酸酯、异氰脲酸三缩水甘油酯)是目前使用最广泛的用于户外粉末涂料的羧基聚酯固化剂，分子结构式如式(8－19)所示：

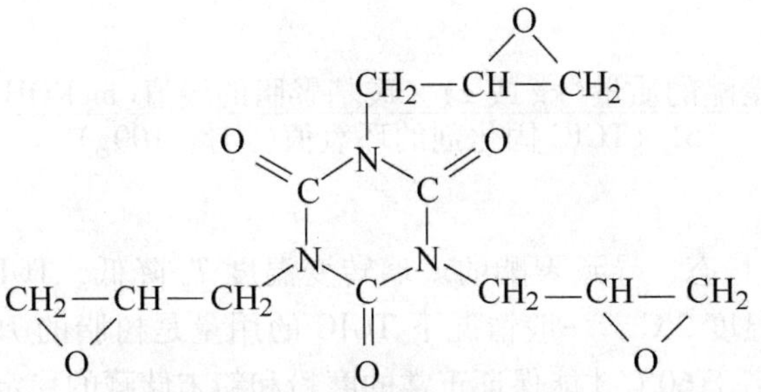

$$\text{TGIC 结构式} \tag{8-19}$$

三缩水甘油基三聚异氰酸酯，又称异氰脲酸三缩水油酯（TGIC）

TGIC 的熔融温度 120℃，黏度(120℃)0.058 ~ 0.065Pa · s，环氧当量 102 ~ 109g/当量，热和光稳定性及耐候性优良，与聚酯树脂有很好的相容性，固化后的机械性能和电性能好，透明度很好。TGIC 和聚酯的固化机理如式(8 - 20)所示：

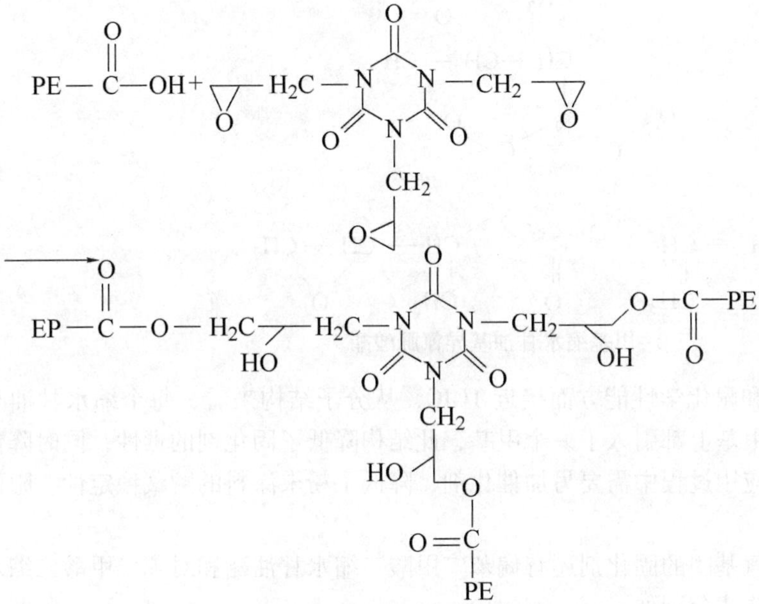

$$PE-COOH + \text{TGIC} \longrightarrow EP-C(=O)-O-H_2C-CH(OH)-H_2C-N(\ldots)N-CH_2-CH(OH)-CH_2-O-C(=O)-PE \tag{8-20}$$

TGIC 的官能度是 3，相对于官能度大约为 2 的双酚 A 型环氧树脂交联剂的端羧基聚酯树脂的官能度要大一些，与 TGIC 固化的端羧基聚酯的官能度要小，才能保证体系有适当的交联密度和固化速度，选用不同的多元醇和多元酸合成的聚酯树脂在耐候性等方面会有差异。不同的多元酸和多元醇对树脂性能的影响见表 8 - 9。

表 8 - 9　不同的多元酸和多元醇对树脂性能的影响

项　目	活性	官能度	交联密度	黏度	T_g	韧性	冲击	耐候性	硬度
对苯二甲酸					+	+	+		
间苯二甲酸	+			−	−	−	−	+	+
己二酸				−	−	+	+	−	
偏苯三酸酐	+	+	+				+	+	+
新戊二醇				+	+		−	+	
乙二醇					−	−	+		
丙二醇	+				+			−	
己二醇				−	−	+			
三羟甲基丙烷	+	+	+		+	−			

注：+为性能增强；-为性能降低。

TGIC 的计算如式(8－21)如下：

$$\text{TGIC 的用量(kg 或 g)} = \frac{\text{羧基聚酯的质量(kg 或 g)} \times \text{羧基聚脂的酸值(mgKOH/g)}}{561 \times \text{TGIC 固化剂的环氧值(当量/100g)}} \tag{8-21}$$

TGIC 可以和聚酯树脂形成溶液状态，导致聚酯的玻璃转变温度 T_g 降低，TGIC 对聚酯树脂的用量每 1% 降低其玻璃转变温度 2℃。一般情况下 TGIC 的用量是树脂的 7%，TGIC 固化的聚酯树脂的玻璃转变温度应高于 60℃才能保证正常的磨粉和粉末储藏的稳定性。

TGIC 对生物体有很高的直接毒性，对环境有间接污染，有遗传毒性和可能致畸性，目前很多国家已经用 TGIC 的衍生物——三 β－甲基缩水甘油基异氰脲酸酯替代 TGIC 作为固化剂，商品名称：MT239，其分子结构如式(8－22)所示：

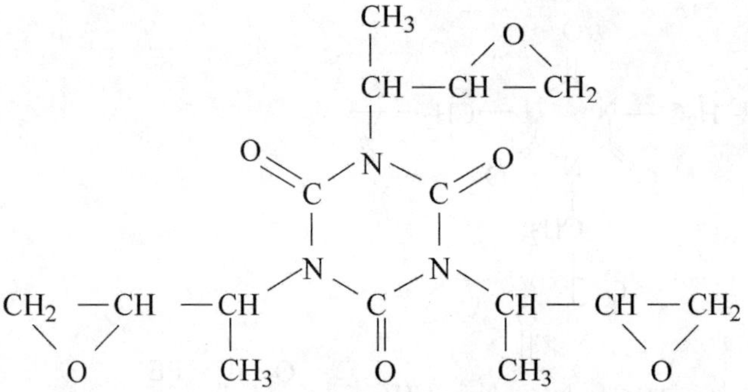

CH_3
CH — CH — CH_2 (O)
O　N　O
C　C
N　N
CH_2 — CH — CH　C　CH — CH — CH_2
O　CH_3　O　CH_3　O

(8－22)

三β－甲基缩水甘油基异氰脲酸酯

MT239 在耐候性和耐化学性能方面接近 TGIC，从分子结构来看，每个缩水甘油与三聚异氰脲酸酯连接的亚甲基上都引入了一个甲基，此结构降低了固化剂的毒性，同时降低了环氧基的反应活性，在应用过程中需要另加催化剂，降低了粉末涂料的贮藏稳定性，阻碍了它的发展空间。

其他含有活性环氧基团的固化剂还有偏苯三甲酸三缩水甘油酯和对苯二甲酸二缩水甘油酯混合物，它们的结构式分别如式(8－23)所示：

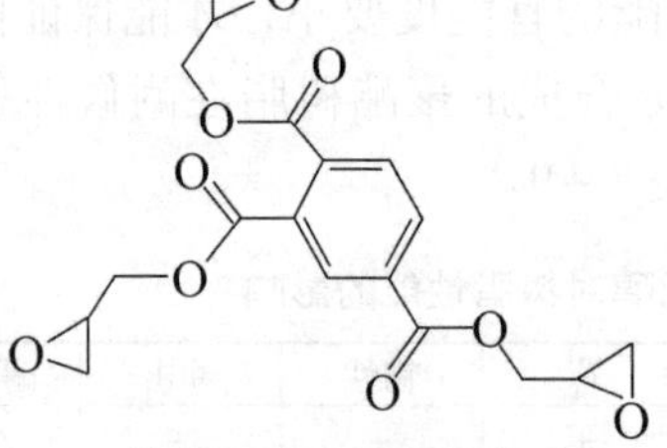

(8－23)

偏苯三甲酸三缩水甘油酯 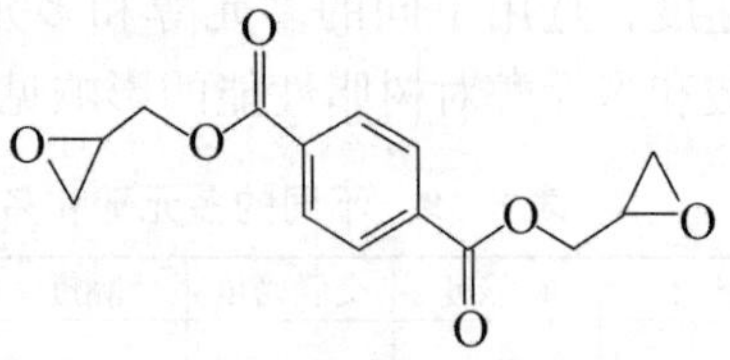　　对苯二甲酸二缩水甘油酯

常温下偏苯三甲酸三缩水甘油酯(简称 TML)是液体形态，对苯二甲酸二缩水甘油酯(简称 DGT)是结晶固体。两者虽然低毒，但都有一定的刺激性。DGT 的官能度为 2，单独使用会造成 DGT 使用量偏大，聚酯树脂的 T_g 有较大的降低。为降低固化剂的用量，通常把 DGT 作为 TML(官能度为 3)的载体，二者混合制成 1∶3 或 2∶3 的混合物，商品名称分别为 PT910 和 PT912。其中，PT910 或 PT912 与端羧基聚酯树脂固化后的涂膜性能与 TGIC 相当，使用这两种固化剂都会降低聚酯的 T_g，降低粉体的储存性能。

（二）β－羟烷基酰胺固化的纯聚酯粉末涂料

β－羟烷基酰胺（简称 HAA）固化剂是一种较新的户外羧基聚酯固化剂，分子结构中有四个活性羟基基团，与羧基发生脱水缩聚反应。最常用的是化学名称为 *N*，*N*，*N′*，*N′*－四（β－羟乙基）己二酰胺，商品名称是 XL552，国内的牌号为 T105 等。β－羟烷基酰胺的理论当量是 80，熔点为 120℃左右。分子结构式如式（8－24）所示：

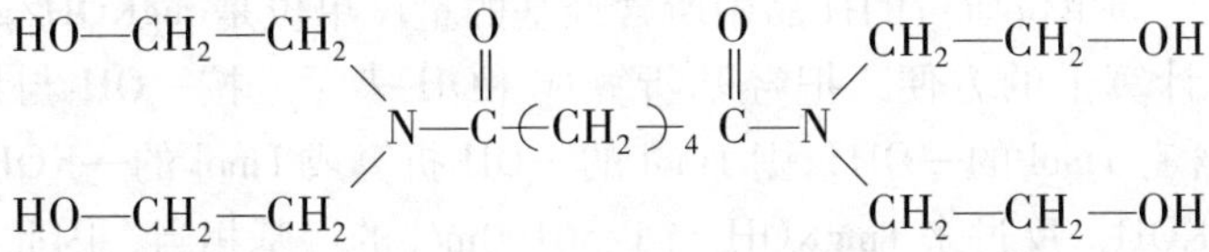

$$
\begin{array}{c}
HO—CH_2—CH_2 \qquad\qquad\qquad\qquad CH_2—CH_2—OH \\
\qquad\qquad\qquad\qquad N—\overset{\displaystyle O}{\overset{\|}{C}}—\!(CH_2)_4\!—\overset{\displaystyle O}{\overset{\|}{C}}—N \\
HO—CH_2—CH_2 \qquad\qquad\qquad\qquad CH_2—CH_2—OH
\end{array}
\qquad (8-24)
$$

由于产品纯度问题或加有添加剂，羟烷基酰胺固化剂的实际当量按 82～100 计算。β－羟烷基酰胺固化剂用量的理论计算公式（8－25）如下：

$$
\text{羟烷基酰胺固化剂用量(kg 或 g)} = \frac{\text{羧基聚酯质量(kg 或 g)} \times \text{羧基聚酯酸值(mgKOH/g)} \times \text{羟烷基酰胺固化剂当量}}{56100} \qquad (8-25)
$$

羟烷基酰胺与聚酯树脂的羧基发生的是缩合反应，在固化时有水分子产生，厚涂时涂膜表面容易产生针孔现象。

β－羟烷基酰胺固化剂具有用量少、固化温度低（150℃即开始反应）、产品品质一致性好、无毒等优点。抗泛黄性不佳，具有挥发性，涂膜光泽不易做高，其他性能与 TGIC 体系相当。由于没有有效的固化促进剂，固化速度不易调整，只能通过选择不同的聚酯来实现胶化时间的变动。针对这种固化剂产生针孔和烘烤黄变的问题，人们通过添加一些抗黄变助剂等物质来改善这些缺陷，例如 T105M。

通过羟烷基酰胺的结构式可以看出，该固化剂的官能度为 4，因此与之配套的聚酯树脂的官能度要比用于 TGIC 的还要低，才能达到合适的交联密度和胶化时间。

另一种化学名称为 *N*，*N*，*N′*，*N′*－四（β－羟丙基）己二酰胺的羟烷基酰胺固化剂，商品牌号为 QM1260，其分子结构式如式（8－26）所示：

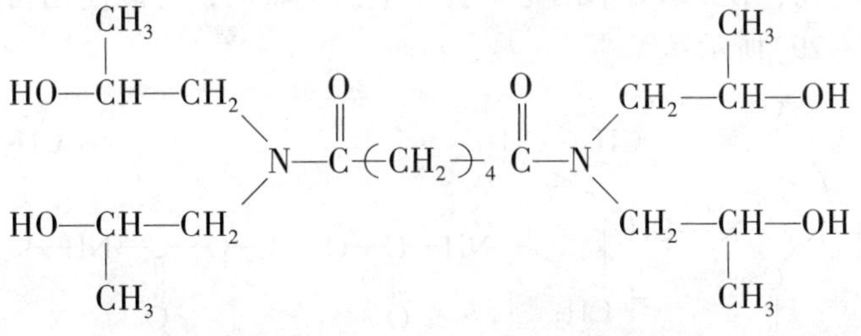

$$
\begin{array}{c}
HO—\underset{}{\overset{CH_3}{\overset{|}{C}H}}—CH_2 \qquad\qquad\qquad\qquad CH_2—\overset{CH_3}{\overset{|}{C}H}—OH \\
\qquad\qquad\qquad\qquad N—\overset{\displaystyle O}{\overset{\|}{C}}—\!(CH_2)_4\!—\overset{\displaystyle O}{\overset{\|}{C}}—N \\
HO—\underset{\underset{CH_3}{|}}{CH}—CH_2 \qquad\qquad\qquad\qquad CH_2—\underset{\underset{CH_3}{|}}{CH}—OH
\end{array}
\qquad (8-26)
$$

从式中可以看出，QM1260 与 XL552 的差异是在羟烷基上各多了个甲基，提高了它的抗黄变性。

目前，许多聚酯树脂的生产厂家相继开发了针对羟烷基酰胺固化剂的低官能度专用聚酯树脂，从不同程度解决了光泽不高的缺陷。在粉末涂料配方中使用非安息香脱气剂可以改善烘烤黄变。与 TGIC 体系的粉末涂料相比较，羟烷基酰胺体系的粉末涂料，在耐候性方面没有差别，在高温下的耐湿气、耐水性、耐洗涤液方面稍有不足。羟烷基酰胺具有增加粉末颗粒带电性的作用，容易造成粉末的厚喷涂而形成静电堆积现象，影响涂膜流平，在配方中可加入一定量的抗静电助剂来控制粉末的带电量，防止厚喷涂现象。

（三）多异氰酸酯固化的纯聚酯粉末涂料（聚氨酯粉末涂料）

聚氨酯粉末涂料是指封闭的异氰酸酯固化端羟基的饱和聚酯树脂体系的粉末涂料。羟基聚酯树脂是含有羟基活性基团、具有一定官能度和相对分子质量的聚合物。与羧基聚酯树脂相反，在聚酯合成配方中的多元醇过量，端羟基聚酯树脂的表达式为式(8－27)所示。

$$HO—R'—(OOC—R—COO—R')_n—OH \tag{8-27}$$

树脂中反应活性基团羟基含量是计算固化剂用量的指标，也是固化体系交联密度的指标，用羟值来表示，即单位质量的样品中所含羟基的量。单位是 mgKOH/g，mgKOH 是度量羟基的单位。为了计算上的方便，把羟基折算成 KOH 表示，按—OH 与 KOH 的计量关系 1mol 的—KOH 中含有 1mol 的—OH，则 1mol 的—OH 折算成 1mol 的—KOH，就等于是 56.1 克或者是 56100mgKOH。反过来 1mgKOH 与 1/56100mol 的羟基相当，因此用 mgKOH 来做为度量羟基的单位，1mgKOH 的羟基就是 1/56100mol 的羟基，并用羟值来计算固化剂的用量。

羟基聚酯最重要也是应用最普遍的一类固化剂是已内酰胺封闭的异佛尔酮二异氰酸酯(IPDI)多元醇的齐聚物或自封闭异佛尔酮二异氰酸酯聚合物。这两中固化剂都是脂环族异氰酸酯的衍生物，具有优异的户外使用性能。已内酰胺封闭的异佛尔酮二异氰酸酯(IPDI)多元醇的齐聚物最具代表性的商品是 Degussa 公司的 BF1530，玻璃转变温度约 50℃，熔融温度在 75～90℃范围内，解封温度是 160～170℃，异氰酸酯基(NCO)的含量为 15%，游离的 NCO 基团含量小于 1%。其结构式如式(8－28)所示：

$(CH_2)_5$ C=O N　CH_3 CH_3　　　　　　　　　CH_3 CH_3 O=C $(CH_2)_5$ N

O=C—NH—[环]—CH_2—NH—CO—O—R—O—CO—NH—CH_2—[环]—NH—C=O

CH_3　　　　　　　　　　　　　　CH_3

(8－28)

自封闭异佛尔酮二异氰酸酯聚合物代表性商品是 Degussa 公司的 BF1540、BF1300、拜耳公司的 LS2147 等。熔融范围是 105～115℃，总 NCO 含量是 15.4%，游离 NCO 含量小于 1%，在固化时 98% 的缩脲二酮转化成 IPDI 与聚酯中的羟基进行交联反应，BF1540 类固化剂交联反应没有副产物，在 120℃基础是不会发生预交联的，可以使用粉末的通用设备来生产。其结构如式(8－29)所示：

CH_3 CH_3　O　CH_3 CH_3　　　CH_3 CH_3

[环]—CH_2—(N<C(=O)>N—CH_2—[环]—NH—C(=O)—O—R—O—C(=O)—NH—[环]—CH_2—

NH CH_3　O　CH_3　O　O　CH_3

O=C—O—R'

O　CH_3 CH_3

N<C(=O)>N)$_n$—CH_2—[环]

O　CH_3 NH

R'—O—C=O

(8－29)

计算异氰酸酯固化剂用量的关键指标是异氰酸酯基(NCO)的含量，固化剂用量的理论计算公式(8－30)如下：

$$\text{异氰酸酯固化剂的用量(kg 或 g)} = \frac{0.0479 \times \text{羟基聚酯的数量(kg 或 g)} \times \text{羟基聚酯的羟值(mgKOH/g)}}{\text{异氰酸酯固化剂中异氰酸酯基的含量(\%)}} \tag{8-30}$$

异氰酸酯固化剂的实际用量达到理论用量的80%就能很好的固化。

己内酰胺封闭的IPDI齐聚物在固化反应过程中封闭剂己内酰胺被解封并释放出来，生成的涂料涂膜产生针孔或气泡，不易厚涂。己内酰胺封闭的IPDI齐聚物在固化过程中产生烟雾，不利于环保，己内酰胺封闭的IPDI齐聚物中的己内酰胺，在解封到脱出膜层这一阶段起到了溶剂的作用，降低了熔融涂层的黏度，涂膜流动平整，可以达到溶剂型涂膜的流平程度。自封闭的IPDI聚合物不存在挥发的问题，涂膜流平一般。

BF1540的官能度小于2，其反应活性低，固化物交联密度不高，涂膜机械强度和耐溶剂等耐化学性能不太好。经过改进的BF1300等产品的官能度可达到2.0，通过200℃/8min固化，涂膜具有很好的机械性能，用1%的洗涤液于74℃浸泡500h，或90℃水中浸泡500h，涂膜的保光率可以超过80%。

研究表明，含有羧基的羟基聚酯固化后的涂膜在耐盐雾性会受到影响，且涂膜在过烘烤时易发生黄变。

多异氰酸酯固化的纯聚酯粉末涂料具有极好的装饰性和机械性能，其耐化学性能和耐水性也很好，在低温情况下容易开裂。该体系在制作消光粉末涂料方面具有非常大的潜力，可以做到光泽的重复性好，表面硬度、机械强度和耐候性能都非常优异。

（四）丙烯酸型粉末涂料

使用含有活性官能团丙烯酸聚合物制成的粉末涂料为热固性丙烯酸型粉末涂料。生产丙烯酸树脂的主要单体是$C_4 \sim C_8$的丙烯酸酯和甲基丙烯酸酯，通过与功能单体共聚合的方法很容易引入不同的官能团，比如丙烯酸、甲基丙烯酸是引入羧基；丙烯酸羟乙酯、甲基丙烯酸羟乙酯、丙烯酸羟丙酯是引入羟基；甲基丙烯酸缩水甘油酯(GMA)是引入环氧基等。

丙烯酸类单体的反应性能相差很大，导致各单体共聚时在分子链上的分布不均匀，功能基团它们在高分子链上是随机分布的，不是位于分子的链端，分子链中支化点间的位置不易控制，导致某些分子链上官能团的含量和位置及官能度都不确定，某些聚合物分子的整个链段可能没有官能团，或有很多官能团。由于聚合物中不含官能团的那部分分子(包括低官能度的分子)降低涂膜机械性能，过高官能度的那部分分子所形成交联聚合物的交联密度过大增强涂膜的机械性能，其综合结果是交联涂膜的柔韧性低、抗冲击性能差。

实际应用的丙烯酸粉末涂料是含有环氧官能团的丙烯酸树脂作基料，以长链的二元酸作固化剂，如癸二酸或月桂二酸。固化剂中的脂肪长链为固化涂膜提供了一定的柔韧性和抗冲击性，相比其他通用粉末涂料体系还有很大的差距。

日前国内主要采用将含有环氧官能团的丙烯酸树脂与TGIC或羟烷基酰胺固化剂配合，通过对羧基聚酯树脂的双固化用以制造户外消光粉末涂料。这种体系的粉末涂料，在机械性能、耐候性，特别是表面抗磨损性方面都不及传统的TGIC或羟烷基酰胺体系的粉末涂料。

国外的文献专利报道了含羧基的丙烯酸树脂与TGIC固化剂配合，用于生产透明的和有色的粉末涂料，其机械性能、光泽和耐候性能都较好。使用羟基丙烯酸树脂作基料，用已内酰胺封端的IPDI——已二醇加成物作固化剂，得到的涂膜具有较好的柔韧性、光泽、耐化学品性和耐溶剂性。

国外有些公司使用羟基丙烯酸树脂与羟基聚酯树脂的混合物与封闭的异氰酸酯交联制作粉末涂料，这种混合体系的方法解决了单独使用丙烯酸树脂的缺陷，提高了单纯的异氰酸酯/聚酯体系的户外耐久性。他们还开发了使用羟基丙烯酸树脂和双酚 A 型环氧树脂组合的粉末涂料，这一体系融合了丙烯酸树脂的抗紫外线型、坚硬等性能，以及环氧树脂的柔韧性和耐化学药品性。其涂膜的耐冲击性较一般的聚酯/环氧混合体系稍差，其他性能比如硬度、耐划伤性和耐磨损性明显超过了普通的聚酯/环氧混合型粉末涂料。

开发丙烯酸粉末涂料是基于丙烯酸树脂在溶剂型涂料中表现出来的优异的耐紫外线性能、透明性和耐烘烤黄变性能够应用于汽车的外用涂装方面的。丙烯酸粉末涂料因其涂膜机械强度不理想，耐光性能达不到溶剂型涂料的水平，实际应用市场并不大。最新开发的纯丙烯酸粉末涂料通过粉末涂料颗粒的细微化改善了涂膜的平整度，耐候性也有了很大的改善，尽管达不到溶剂型涂料的水平，迫于环保的压力，一些国际知名的轿车生产商已经在尝试使用丙烯酸粉末涂料对整车进行涂装了。

第三节　粉末涂料的生产技术

一、粉末涂料的生产工艺流程

粉末涂料生产工艺过程分为四个工序：配料、混料工序；热混炼、挤出工序；冷却、破碎工序；磨粉、筛分工序。前两道工序，是使成膜树脂相互溶解均匀，并使颜填料在树脂中分散得足够均匀；而后两道工序，就是如何将粉磨好。粉末涂料就生产和产品控制而言就是两个要点：如何使粉末涂料的各种原材料混合分散均匀，使其具备涂料的性能；如何将混合分散好的物料加工成合适粒度的粉料，以利于涂装使用。粉末涂料的生产流程及操作要点，见图 8－1。

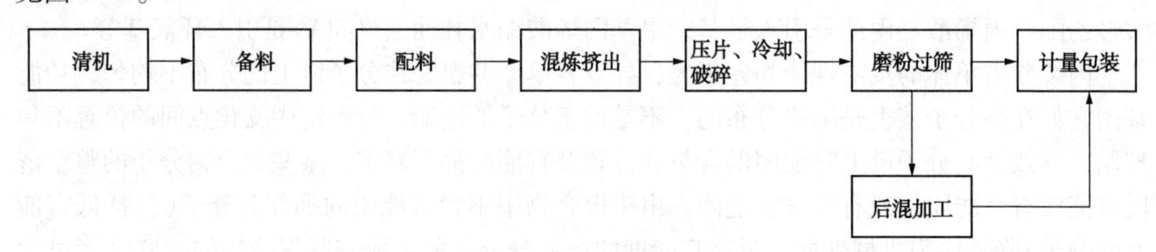

图 8－1　粉末涂料的生产工艺流程草图

（一）清机

涂料生产之前，对生产设备的清理非常必要，清理工作主要包括新机器设备的油污和焊渣、铁屑的清理；生产间歇中，生产设备在产品品种切换时对前一个生产品种的清理。

（二）备料

包括根据所做产品的品种和数量进行各种原材料的准备。

（三）配料

进行配料生产之前，需要仔细核对各种原料的产地、型号、批次是否和工艺配方中要求的一致，对要使用的所有计量器具进行校对。配料过程中，要分清不同材料对计量器具精度的要求，并按要求进行准确计量投配料，按规定的顺序进行投料并按规定的程序、搅拌强度和时间进行混料并做到每料配制工艺的一致性。

（四）混炼挤出

混炼挤出工序要求按规定将螺筒加热到设定温度，料斗内的物料不得加得过满、过实，以防堵料造成螺杆空转。安全启动螺杆转动，调整到规定转速，待主电机电流平稳后启动进料器，在挤出过程中要随时观察并定时记录螺筒各段温度值和各电机的电流值参数，保证物料挤出的连续性。

（五）压片、冷却、破碎

开启压片机之前先备好接料器皿，粗调辊距，开启轧辊冷却水阀；在启动挤出机前启动压片机，待挤出物料出来后细调辊距，并协调挤出速度，调整好钢带速度，保证料片在达到破碎辊处之前能够充分冷却。

（六）磨粉过筛

按要求装好规定目数的筛网并检查各管道、部件的连接是否牢固，按照规定程序启动磨机，待风机风量稳定后再依次启动其他部分，最后启动进料器；按规定调整好风量以及副磨、进料器的速度，保证磨体内温度正常，随时做筛析样，以确定无破、漏筛。以每个投料批次量为单位进行中控抽样。

（七）计量包装

检查计量称、缝包机、托盘、照明设施及工具是否完好齐全。根据生产任务单，领用包装袋、标签纸、封包线等物品，开启装袋机，倒袋输送机，整形压平机；开启金属检测机对包装袋进行金属杂质检测，开启电子复检称对产品进行质量复检，最后正确开启喷墨打号机打印产品批号，由码垛机码垛，由叉车运送入库。

二、热塑性粉末涂料的生产

热塑性粉末涂料是由热塑性树脂配以颜填料和各种助剂，混合后经过熔融挤出造粒、再经微细粉碎和分级而成。热塑性粉末涂料的工艺流程和热固性粉末涂料的工艺流程非常类似，其差别在于，热塑性粉末涂料在熔融挤出工序时，不需要考虑固化剂，熔融挤出温度控制范围较宽，熔融时间可以适当延长。同时，为了保证其塑性，热塑性粉末涂料中往往不加或者少加填料，热塑性粉末涂料的生产工艺流程如图 8－2 所示。

（一）备料

（1）热塑性粉末涂料用树脂

树脂是粉末涂料的主要组成部分，在热塑性粉末涂料中，树脂本身在一定温度下熔融流平形成具有一定物化性能的涂膜，且这种变化是可逆的。作为粉末涂料用树脂，必须具备如下条件：

① 树脂必须可以粉末化。因为大多数热塑性粉末涂料是通过熔融挤出混合后再在常温下粉碎成粉末的，所以树脂的粉碎性要好。热塑件树脂的相对分子质量大，韧性强，在常温下机械粉碎性差，这是需要注意的。不过在树脂生产过程中获得的粉末也可以使用。此外，通过化学粉碎方法能粉碎的树脂也可以作为涂料用的粉末原料。

② 树脂加工后必须是流动性良好的粉末。无论是流化床浸涂还是静电喷涂，粉末的涂装施工对粉末的物理性能、粒度分布、形状都有一定要求，因为这些因素决定着粉末流动性的好坏。虽然粉碎方法和涂装设备对粉末的流动性也有影响，但树脂原料对粉末流动性的影响甚大。

③ 树脂必须通过加热能熔融流动。即使能加工成粉末的树脂，还必须在涂装于被涂物表面后，通过加热能熔融流动形成平滑的涂膜。有时即使是同一种树脂材料，由于熔体流动速率（熔融指数）不同，也可能得不到良好的涂膜。例如，聚乙烯的熔体流动速率在 4～30g/min 范围内可获得良好的涂膜，而在 4g/min 以下则形成较粗糙的涂膜，在 30g/min 以上则涂层表面常出现流挂、流堆现象。

④ 树脂的熔融温度和分解温度之间的温差要大。熔融温度与分解温度的温差小会给涂装操作带来困难，烘烤温度低时涂不上粉末，烘烤温度高时树脂又容易分解，影响涂膜的质量和性能。例如，聚氯乙烯树脂的熔融温度与分解温度差较小，涂装温度控制不当时，产品合格率较低。

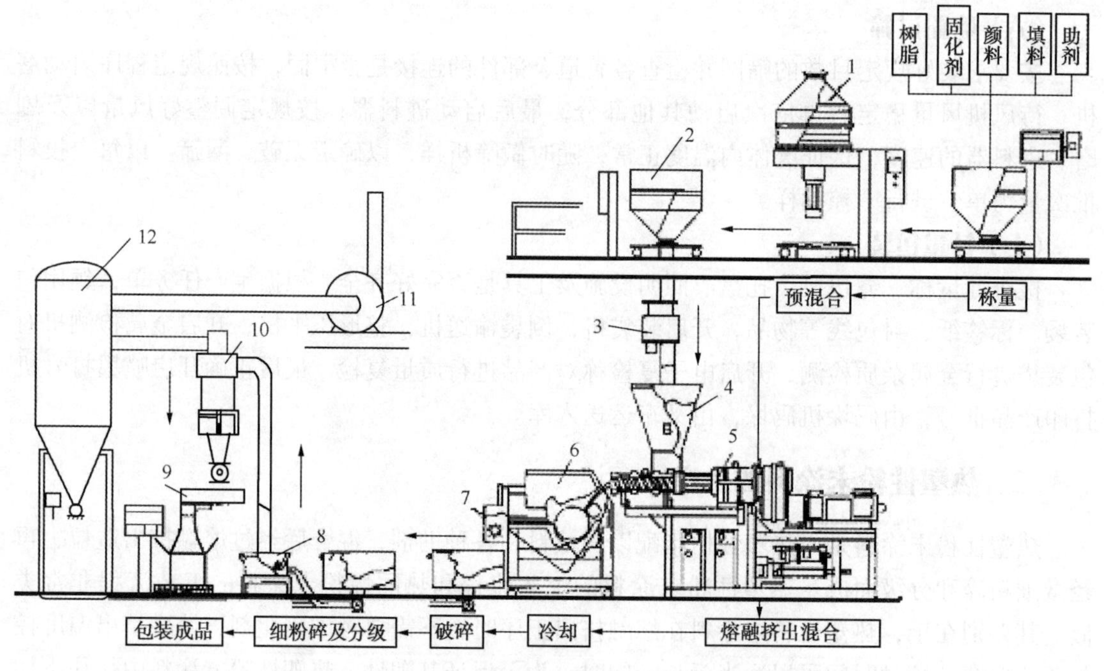

图 8－2　粉末涂料的生产工艺流程

1—混合机；2—预混合加料台；3—金属分享器；4—加料机；5—挤出机；6—冷却辊；
7—冷却破碎机；8—空气分级器；9—筛分机；10—旋风分离器；11—排风机；12—过滤器
（注：如果是热塑性粉末涂料的生产，则不需要添加固化剂）

（2）颜料和填料选择

颜料和填料的加入不仅可以改变基料的颜色，还可以改进热塑性树脂的性能和降低成本。选择颜料和填料时要考虑到本身的耐化学药品性、抗老化性、耐候性、耐热性、着色力、分散性以及与基料的相容性，且添加量要适当，对于工程用和管道用粉末涂料，一般不需加填料，以防止破坏其主要性能。

（3）添加助剂

为了提高涂层的抗老化性和附着力等性能，需选择抗氧剂、抗紫外线吸收剂、翻合剂等，特别是户外用粉末涂料，选择有效的助剂是非常重要的。

（二）混合

为了使粉末涂料配方中的树脂、颜料、助剂混合均匀，在熔融挤出前应进行预混合。混合可以采用各种方法，用圆筒混合、圆锥混合、螺杆式混合或高速混合机混合均可。

（三）熔融挤出

选用专用挤出机进行混炼，应控制好各段的温度和挤出速率，使各种成分充分混合。其流程示意图如图 8 - 3 所示。

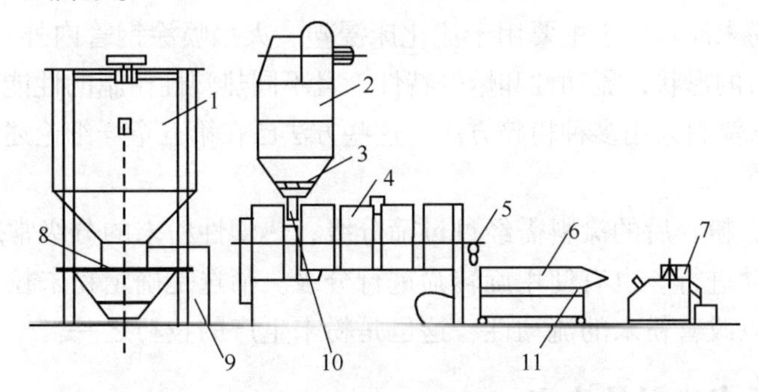

图 8 - 3　热塑性树脂挤出机及配套设备

1—混料机；2—抽料机；3—金属分离器；4—挤出机；5—进水口；6—冷却水槽；7—切粒机；8—进料口；9—储料筒；10—下料门；11—出水口

挤出机是主要设备，要求螺杆长径比较大，一般应达到 30∶1，螺杆形状合理，混料均匀无死角，可根据原料的不同进行调整，用单螺杆挤出机就能达到混炼效果。常见的单螺杆挤出机结构如图 8 - 4 所示。

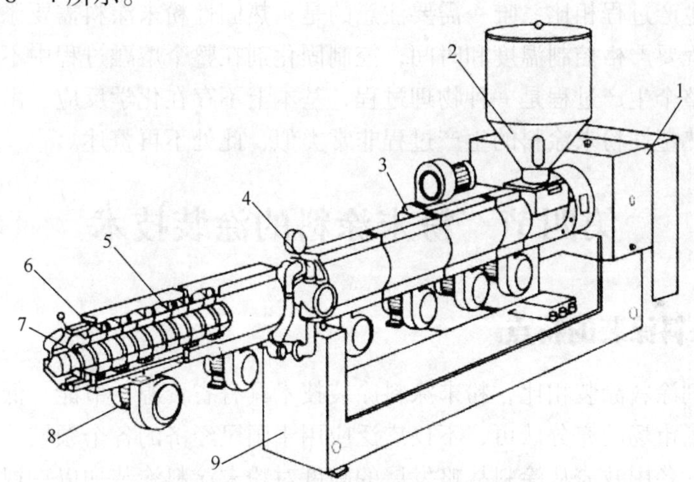

图 8 - 4　常见的单螺杆挤出机结构

1—传动装置；2—料斗；3—传动电机；4—排气装置；5—料筒加热器；6—料筒；7—螺杆；8—冷却装置；9—底座

目前比较经济实用的挤出机如国产塑料机械厂生产的挤出机，其型号、性能见表 8 - 10。该挤出机的特点是采用侧排气、氮化机筒、氮化螺杆、可控调速机、各段自动控温。

表 8 - 10　常用单螺杆挤出机性能、型号

型　号	SJ90	SJ120
原料状态	混合粒料	混合粒料
控温段数 n	6	7
耗电量/（kW/h）	25 ~ 35	60 ~ 70
产量/（kg/h）	60 ~ 80	130 ~ 160

（四）粉碎

热塑性树脂的相对分子质量均较大、硬度较低、富于弹性和弯曲性，且随着温度的升高而变软，对温度的敏感性非常强，与热固性树脂、陶瓷、无机材料相比，是较难粉碎的物料。涂料涂装上，热塑性粉末涂料由于主要用于流化床浸塑、火焰喷涂钢管内外和粉末回转成型等，要求粉末具有较圆滑的形状，流动性和熔融特性，且不同热塑性树脂的性能差异较大，这些特点都要求热塑性粉末涂料采用多种粉碎方法。这些方法已在第五章详细论述，此处不再赘述。

（五）分级

分级也叫筛选，粉碎后的涂料需经过过筛分级，热塑性粉末的分级常用振动筛，多数与粉碎集于一体、自动进行。也有使用旋转筛进行分级。筛选是确定粉末粒径的工序，选择合理的分级方法，可以改善粉末的流动性，这也是粉末生产的技巧之一。

三、热固性粉末涂料的生产

热固性粉末涂料的生产，就是将树脂、固化剂、颜料、填料和助剂等固体物料，在不使用溶剂或水等介质条件下按配方量比例加进混合机，经充分混合分散后定量加到挤出机熔融混合，然后在压片冷却机上压成薄片，冷却破碎成薄片状，再进空气分级磨粉碎后旋风分离，分离出来的粗粉经振动筛过筛后得到成品，而细粉末通过袋滤器进行回收的过程。和热塑性粉末涂料的生产过程相比，唯一需要注意的是，热固性粉末涂料需要添加固化剂，且整个熔融混合的过程要严格控制温度和时间，控制固化剂在整个熔融过程中不能与不饱和树脂发生化学反应。整个生产过程是一种物理过程，基本上不存在化学反应。由于热固性粉末涂料的生产过程和热塑性粉末涂料的生产过程非常类似，此处不再赘述。

第四节　粉末涂料的涂装技术

一、粉末涂料涂装的特点

和传统型溶剂涂料涂装相比，粉末涂料涂装技术具有省资源、节能、低公害和高生产效率的特点，获得了市场的充分认可，不仅广泛应用于国民经济的各个领域，而且在国防建设方面也不可或缺，各国政府从涂料战略发展的高度对粉末涂料涂装加以重视，使得粉末涂料的涂装获得了长足的发展。相较于传统溶剂型粉末涂料涂装，粉末涂料涂装有本身特有的特点、技术经济指标和涂膜质量，如表 8－11、表 8－12 和表 8－13 所示。

表 8－11　粉末涂料与溶剂型涂料的涂装特点比较

项　　目	粉末涂料涂装	溶剂型涂料涂装
一次涂装涂膜厚度/μm	50～500	10～30
薄涂	难	易
厚涂	易	难
涂装线自动化	易	难
过喷涂料的回收利用	可以	不可以
涂膜性能	好	一般
溶剂带来的大气污染	没有	有

续表

项　　目	粉末涂料涂装	溶剂型涂料涂装
溶剂带来的火灾危险	没有	有
溶剂带来的毒性	没有	有
粉尘污染	有，但少	没有
粉尘爆炸问题	有，但不大	没有
涂装劳动生产效率	高	一般
专用涂装设备	需要	不需要
专业生产操作技术	不需要	需要
涂料调色和换色	麻烦	简单
溶剂(能源)浪费	没有	有
涂料运输方便程度	方便	不方便
涂料的贮存	比较方便	不方便

表 8－12　钢门涂装工艺技术经济比较

对比项目	粉末喷涂	氨基烘漆	常规喷漆
设备投资/万元	30	40	50
主要工序	4	4	9
材料利用率	>95%	40%～50%	30%～40%
劳动保护	无毒	二次污染	有毒
劳动强度	轻	中	高
安全性能	安全	易燃	危险
自动化程度	高	高	极低
每班工人/人	8	9	24
占用场地/m^2	230	350	200
生产周期/h	6	6	43
耗电量/度·件$^{-1}$	0.75	0.9	0.21
工人工资/元·件$^{-1}$	0.33	0.33	1
原辅料费用/元·件$^{-1}$	13.5	15.2	17.5
每件门成本/元·件$^{-1}$	13.95	15.67	18.52

表 8－13　钢门涂膜质量对比

检验项目	粉末涂料	氨基烘漆	常规油漆	测试方法
附着力/级	1	2	3	GB/T 9286－88
柔韧性/YY	1	2	3	GB 1731－1993
冲击强度/cm	50	45	40	GB 1732－1993
光泽/%	98	100	85	GB/T 9754－2007
硬度	>4H	>2H	<2H	GB 6739－2006
耐化学品性(90d)				GB 1763－79
25% H_2SO_4	无变化	锈蚀落点	严重锈蚀	
25% NaOH	无变化	布满锈点	起泡起皱	

二、粉末涂料涂装前的表面处理

粉末涂料广泛应于铸铁件、钢板、锌板、锌合金、铝板和铝合金板的涂装。粉末涂装对被涂工件的表面预处理要求与工件涂装液体涂料相同，都是赋予涂层以下三方面的作用。

(1) 提高涂层对底材表面的附着力

底材表面有油脂、污垢、锈蚀产物、氧化皮及旧涂膜，如果直接涂装粉末涂料会造成涂层对基材的附着力很弱，涂膜容易整块剥落或产生各种外观缺陷。有时将各类污垢和锈蚀物清理干净以后涂层附着力仍不理想，要想进一步提高涂膜附着力，一般可采取打磨粗化、化学覆膜(磷化、氧化)等方法处理。

(2)提高涂膜对金属基体的防腐保护能力

钢铁生锈以后，锈蚀产物中含有很不稳定的铁酸($\alpha-FeOOH$)，它在涂膜下部仍会促使锈蚀扩展和蔓延，使涂膜迅速破坏而丧失保护功能。所以在施工涂膜前彻底除锈可大大提高涂膜的防护性。以油漆涂膜为例，表 8－14 显示了各种除锈方法对涂膜防护性的影响。

表 8－14　各种除锈方法对涂膜防护性能的影响

除锈方法	样板锈蚀情况/%	除锈方法	样板锈蚀情况/%
未除锈	60	酸洗除锈	15
手工除锈	20	喷砂除锈	个别锈点

注：样板涂两道底漆，两道面漆，经 2 年天然曝晒试验得到的结果。

如果在洁净的钢铁表面进行磷化处理，形成磷酸锌盐化学转化膜，则涂膜的防护性能会大幅度提高。

(3) 提高底材表面平整度

提高底材表面平整度，对于铸件表面来讲很重要，必须彻底清除型砂、焊渣及锈蚀物，否则将影响涂膜外观。

粉末涂料涂装中金属工件的表预面处理方法包括除油、除锈、磷化、氧化、表面调理和钝化封闭等。其中，表面调理和钝化封闭工序仅与磷化有关。对于塑料、木材类非金属材质则另有有特殊的表面预处理方法。

表面预处理的质量等级应与涂膜品质相一致，表面预处理质量太低，涂膜品质将达不到预期要求；如果定得太高，就会影响到表面预处理的技术经济性。底材材质与各处理剂和处理方法的配套选择如表 8－15 所示。

表 8－15　底材材质、预处理剂和处理方法的配套性

材质	喷砂喷丸	酸洗除锈	水性清洗剂(喷/浸)	表面调理(喷/浸)	磷　　化	封闭与氧化	其他
铸件	√	浸	√	Ni 盐	锰、锌、铁盐浸		
钢铁		浸	弱碱/中碱	钛胶	各类磷化剂喷/浸	Cr(Ⅲ)－PO_4 系，浸	
铝合金			弱碱/中碱偏硅酸钠	碱活化	含 HF、H_2CrO_4 的磷化剂浸	铬盐钝化，浸	
镀锌板			弱碱	钛胶	含 F－锌盐磷化剂喷/喷－浸	Cr(Ⅳ)－Cr(Ⅲ)－PO_4	
塑料			中性/弱碱中温	专用表面活性剂		铬酸氧化，浸	除脱模剂

三、粉末涂装工艺分类

粉末涂料与液态涂料的差别在于其不同溶剂和水，呈固体粉末状态，这一固有特点使它在施工方面明显地区别于传统的溶剂型涂料和水性涂料。

粉末涂料的涂装方法很多，原则上可以划分成热熔涂装工艺和冷涂装工艺两大类，粉末涂装工艺划分如图 8－5 所示。

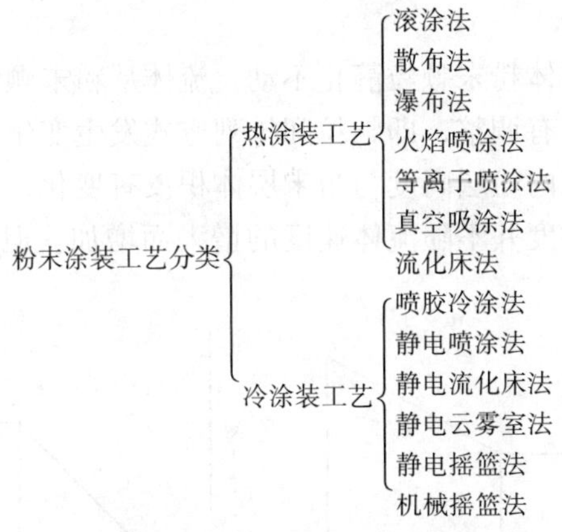

图 8－5　粉末涂装工艺分类

不管什么样的涂装工艺，它们的涂装原理都是相同的，都是使粉末涂料均匀地涂布于被涂工件表面，经过加热熔融流平成膜的涂装工艺。如果工件需要预热以熔融粉末涂料则属于热涂装工艺范围，否则属于冷涂装工艺。工件能够在常温下进行粉末涂装，再进行热熔流平成膜的工艺属于冷涂装工艺范围，当前应用最为广泛的冷涂装工艺主要是流化床和粉末静电喷涂工艺。

（一）流化床粉末涂装

在粉末涂装中，流化床涂装工艺的工业化生产较早，应用领域广泛，如表 8－16 所示。

表 8－16　流化床涂装产品的应用范围

应用领域	产品实例	涂料品种	特点
交通道路	公路、桥梁、铁路、海港、轮船、防护栏、路标、信号牌、广告牌、客车扶手、货架、自行车、摩托车筐	聚乙烯、聚氯乙烯、氯乙烯改性 EVA	耐腐蚀、美观、耐用
建筑	街道、园林、公寓、民电、工厂用安全隔离网、围栏、铝门窗、阳台栏杆及门窗玻璃护网、运动场围网围栏、混凝土钢筋、钢管桩	聚乙烯、氯乙烯、尼龙、改性聚酯	耐腐蚀、美观、密封性好、寿命长
电气通信	空调机、电冰箱、洗衣机的部件、商品陈列架、电风扇、仪器仪表、电控柜、配电盘、电线管	聚乙烯、环氧树脂、聚氯乙烯	绝缘、美观、耐低温
管道	供排水管、石油天然气及燃气管道、食品工业输送管、栏杆、管接手、异形管	聚乙烯、环氧树脂、聚氯乙烯	耐腐蚀、卫生、美观
养殖	动物园隔离网、草原围网、鸡笼、鸟笼、水产养殖、网箱	聚乙烯、聚氯乙烯、改性 EVA	耐腐蚀、美观、卫生
家庭办公	厨房、卫生间挂具、鞋架、衣架、脸盆架、衣帽钩、蔬菜水果和肉类盛装筐、文件文具筐、书架、货架、垃圾筐	各种涂料	美观、手感好、卫生、耐用
其他	灯具、挂面杆架、钓鱼杆、暖所护网	各种涂料	美观、耐用

（1）涂装原理

流化床的工作原理是将让均匀分布的空气流通过粉末层，使粉末微粒翻动呈流态化。气流和粉末建立平衡后，保持一定的界面高度，并将需涂敷的工件预热后放入粉末流化床中浸涂，得到均匀的涂层，最后加热固化(流平)成膜。

固体流态化过程分为固定床、流化床、气流阶段三个阶段。流化床是固体流态学的第二阶段，从理论上认识这三个阶段的特点和相互关系，对于掌握流化床涂装技术是很重要的。

① 固定床阶段

当流体速度很小时，固体粉末颗粒静止不动，流体从粉末颗粒间隙穿过，当流体速度逐渐增大时，固体颗粒位置略有调整，即颗粒间排列方式发生变化，趋向松动的倾向，此时固体颗粒仍保持相互接触，床内粉层高度与粉末层体积没有变化，这个阶段用图 8 -6 中的 *ab* 段表示。此阶段床内粉层高度并不随流体速度的增大而增加。但是 Δp 却随流体速度的增大而增加。

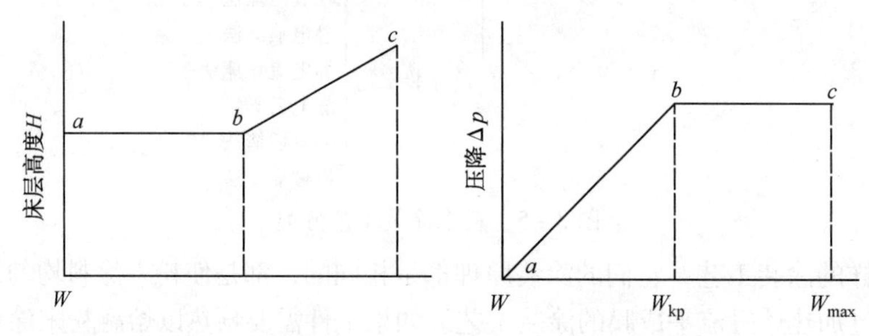

图 8 -6　流化床内粉层高度 H、压降 Δp 与流体速度 W 的关系

注：W_{kp} 为临界速度，W_{max} 为极限速度

② 流化床阶段

在固定床的基础上，继续增大流速 W，床层开始膨胀和松动，床层高度开始增加，每个粉末颗粒均被流体托浮起来，离开原来的位置作一定程度的位移，即进入流化床阶段。随着流体速度的继续增大，粉末运动加剧且上下翻滚，如同液体加热达到沸点时的沸腾状态。这个阶段用图 8 -6 中的 *bc* 段表示，此时床内粉层膨胀，高度随流体速度的增大而增加，但床内压强并不增大，因此在一个较大范围内变动流速而不影响流体所需的单位功率，这是流化床的特征之一。图 8 -6 的 *b* 点就是固定床与流化床的分界点，称为“临界点”，此时的速度称为“临界速度”。

③ 气流输送阶段

流体速度继续增加到某一极限速度时，固体粉末颗粒被流体从流化床中吹送出来，这个阶段称为气动输送阶段。从图 8 -6 中 *c* 点开始即为此阶段，*c* 点处的速度称为流化床的极限速度，因此在掌握流化床涂装技术时，应当将流体速度保持在临界速度 W_{kp} 和极限速度 W_{max} 之间。

④ 流化床的均匀性

流化床内粉末流化状态的均匀性是保证涂膜均匀性的关键因素，当气体流速不太大时，床层比较平稳，若加大流速(即增加流化数)W($W = W/W_{kp}$)，床层内粉粒运动加剧，就会出现气泡。气泡随着流化数 W 的增加由小变大，出现大气泡时粉粒被强烈地搅拌到界面上方，再增大 W 时，大气泡就可能占据流化床整个截面，这时床层将被割成几段，产生“气截”、“腾涌”等现象，如图 8 -7(a)所示。大气泡猛烈冲击粉粒，当气泡破裂时，粉粒被抛得很高，然后落入床层内，气截现象将引起压强的剧烈波动，并恶化气流与固体粉粒的接触，使压强比正常情况要大。

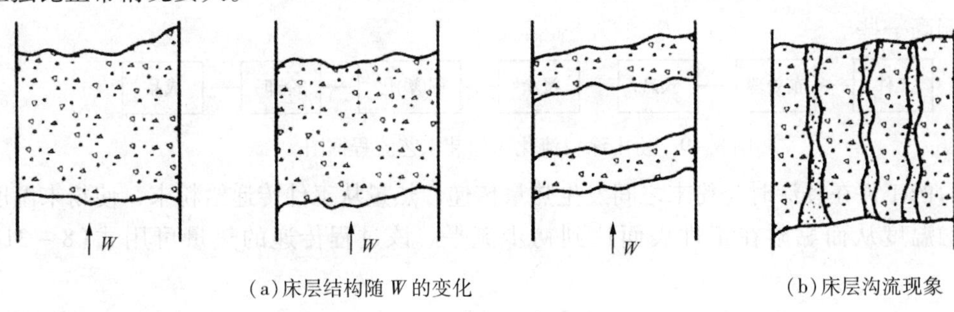

(a)床层结构随 W 的变化　　(b)床层沟流现象

图 8－7

引起流化床床层不均匀的另一原因是沟流现象[见图 8－7(b)]。粉末粒度不均匀，细小颗粒容易产生内聚而形成孔渠，气流从孔渠中流过的现象称为“沟流”或“气沟”。沟流现象会使床层趋于不均匀，压强降波动比较大，这首先是由孔渠中的小颗粒转入流化，继而两旁粉粒开始运动引起的。尽管远离孔渠的粉粒可能仍维持在固定床状态。截面较大的流化床中粉末流态化不均匀主要是由“大气泡”和“沟流”现象引起的。

要均匀控制流化床是比较困难的，流化数必须经过大量试验才能找出最佳值。流化数的确定以能够进行流化床涂敷操作为标准，没有必要苛求绝对均匀。刚开启流化床时，气量给得小一些，随后逐渐增加气量，达到相对均匀就可进行涂装操作了，流化床内粉末的悬浮率最高可达 30%～50%。

(2) 流化床主要设备

流化床是涂装操作的关键设备，它主要由气室、微孔透气隔板和流化槽三部分组成。图 8－8是较为常见的流化床结构，其特点为：

① 气室部分采用环形的铜管出风，并在两块多孔的均压板之间夹一层羊毛毡，使上升气流更均匀。

② 流化槽的槽壁具有 1∶10 的锥度，有利于粉末的均匀流动，且为了提高流化槽的空间利用率，流化槽亦可做成矩形或椭圆形。

③ 流化槽可用钢板、铝合金板、聚氯乙烯板或有机玻璃板等材料制作。

流化槽底部振动装置机构可使槽内粉末流化更均匀，并减少粉尘飞扬，称为振动式流化床。

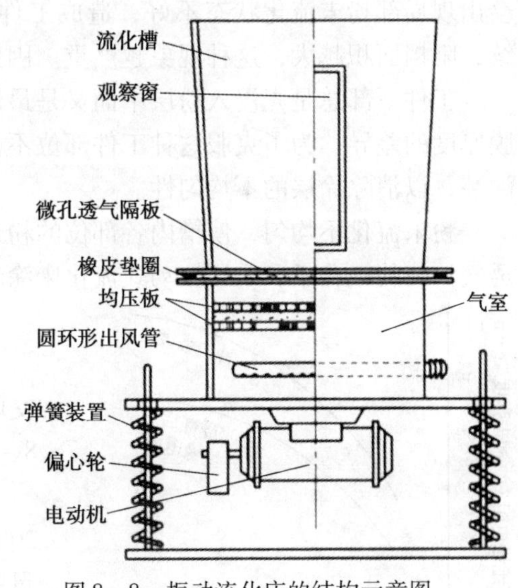

图 8－8　振动流化床的结构示意图

微孔透气隔板是保障流化床达到均匀流化状态的主要元件，微孔板有微孔陶瓷板、聚乙烯或聚四氟乙烯微孔板。采用环氧粉末和石英砂黏合制作的微孔板机械性能优良，微孔板每平方米的透气量一般为 60～100m^3/h 左右，气孔尺寸在 1.6～85μm 范围内。

(3)涂装工艺

流化床涂装的工艺流程见图 8－9：

① 工件预热

工件预热温度一般比粉末涂料熔化温度高 30～60℃。预热温度过高会导致粉末树脂裂解，涂膜产生气泡、焦化、过厚或流挂等现象；预热温度过低会造成涂膜流平不好、不平整，达不到涂膜厚度要求等弊病，热容量大的工件预热温度要偏低一些，热容量小的工件预热温度要偏高一些。

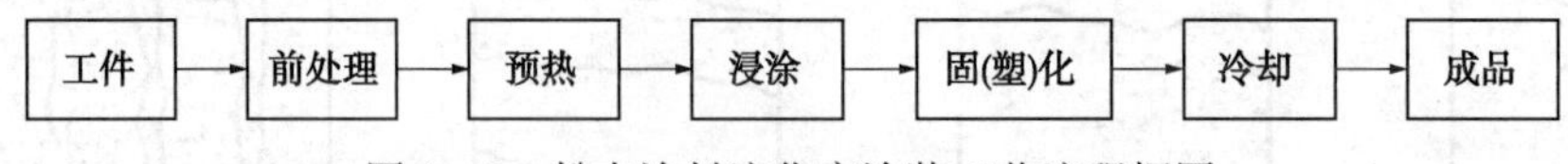

图 8－9　粉末涂料流化床涂装工艺流程框图

预热后的工件在浸涂时与粉末之间发生热量传递，热量从工件传递给粉末，使粉末温度上升至熔融温度从而黏附在工件表面达到初步流平。该过程传递的热量可用式(8－31)计算：

$$\Delta H = mc_{\mathrm{p}}\Delta T \tag{8-31}$$

式中　m——黏附于工件上的粉末质量；

c_{p}——粉末的比热容；

ΔT——粉末与工件的温差。

② 流化床浸涂

预热后的工件迅速浸入流化槽中，粉末熔融黏附于工件表面，工件沉浸于粉层中应保持运动状态，如转动或水平/垂直方向的移动，这有利于工件的均匀涂装。对于要求涂膜特别厚的工件而言，可以进行多次涂敷，这既能保证工件达到所需厚度，又能避免涂层产生气泡，消除针孔等缺陷。造成涂膜不均匀的因素有局部气流受阻、工件翻转不匀、粉末密度不同三种。

与液体有本质的不同，粉末流化是由于向上的气流造成的。因此只要局部气流受阻，就会出现局部粉末流化状态不好，造成工件上部表面粉末堆积，下部表面涂膜却很薄或不连续，阻挡面积越大，这种现象越严重。因此，应尽量使工件最小截面垂直浸入床内粉层。

工件下部总是先浸入粉层中而又是最后离开粉层，所以工件涂装后总存在着上下部位涂膜厚度的差异。为了克服这种工件部位不同造成的涂膜不均现象，一般采取工件翻转 180℃涂装，以消除涂层的不均匀性。

粉末流化不均匀，使槽内各部位的粉末密度不同，也会造成涂膜的不均匀。因而，选择透气均匀的微孔板和采用振动式流化床涂装是非常重要的。

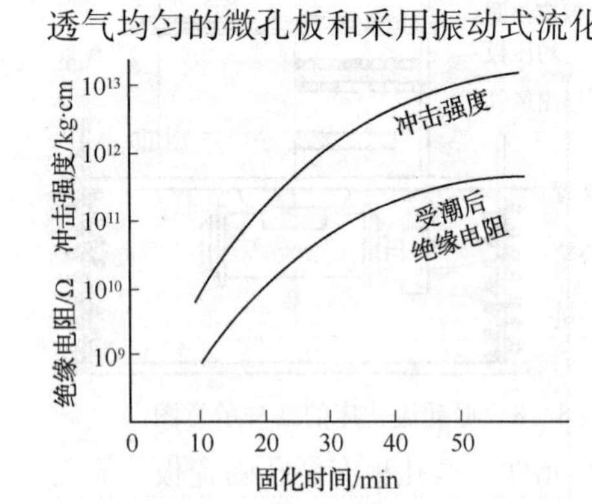

图 8－10　固化时间对涂层性能的影响

③ 加热固化(塑化)

加热固化工序对热固性粉末来讲使树脂获得充分交联聚合，对热塑性粉末而言则进一步流平成膜。图 8－10 反映了固化时间对涂膜性能的影响。

适用于流化床涂敷的粉末涂料粒径以 100～200μm 较好，该粒度范围的粉末质量应占粉末总质量的70%～80%。

工件采用流化床工艺涂装所获得的涂膜厚度与以下一些因素有关：被涂工件的材质、工件的热容量、基材的直径或厚度、工件加热温度、工件加热时间、浸粉时间以及粉末涂料的性能(见图 8－11)。

(4) 应用实例——流化床粉末浸涂钢丝、钢缆

钢丝、钢缆等工件能够提供巨大的拉力，广泛应用于建筑、道路、桥梁中，为了避免钢丝钢缆在户外条件下的腐蚀，延长这些构建的工作寿命，保持这些构建的拉力强度，往往对

这些构件进行防腐蚀涂层涂覆。这些涂装工艺中，最合适的就是流化床粉末涂料浸涂工艺。流化床浸涂钢丝的生产工艺过程如图 8－12 所示。

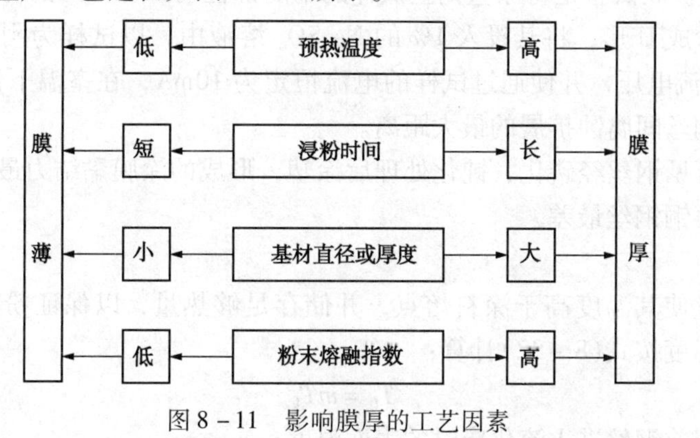

图 8－11　影响膜厚的工艺因素

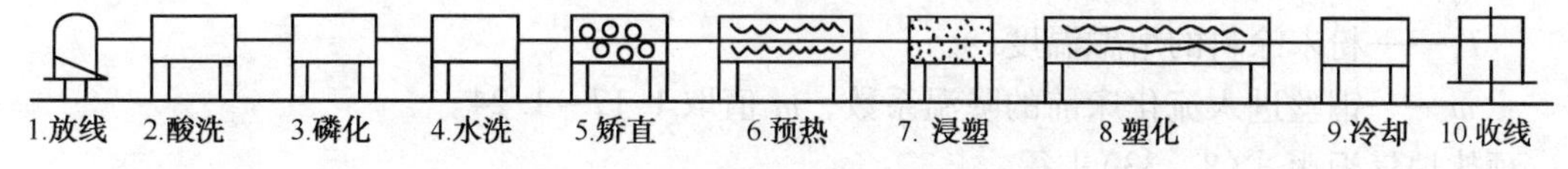

图 8－12　钢丝粉末流动浸塑示意图

① 钢丝表面预处理

预处理包括酸洗、磷化和水洗等工序，磷化效果的好坏对涂膜与钢丝之间的附着力影响很大(见表 8－17)。

表 8－17　不同表面状态对涂膜性能的影响

钢丝表面状态	耐环境开裂应力/h	机械性能		黏结特性	
		耐冲压 （一次，加重 500kg）	耐滚压次数 （ϕ6. 5，加重 50kg）	黏结强度/MPa	腐蚀扩展/mm
钝化处理	183	不裂	大于 120	37. 2	2. 1
	23	不裂	76	28	3. 9
磷化处理	143	不裂	大于 1000	33. 3	2. 3
	1	不裂	49	26	4. 2
镀锌	89	不裂	29	14. 9	11. 1
	1	不裂	4	17. 4	12. 6
镀铜	43	不裂	16	8. 2	9. 3
	4	不裂	2	6. 2	7. 5

表 8－17 的试验条件为：

(a) 涂装用聚乙烯粉末涂料的熔融指数为 0. 6g/10min；

(b) 耐环境应力开裂试验是将涂塑钢丝紧密缠绕 10 圈，芯径为钢丝直径 8 倍的弹簧，将试样浸入纯海鸥洗涤剂中保温 25℃，观弹簧圈上涂膜出现开裂的起始时间；

(c) 抗冲击试验中的冲头曲面半径为 300mm。自由下落的高度为 100mm；

(d) 耐滚压试验的速度为 15～30mm/s，行和为 600mm，一个往复计为一次；

(e) 涂膜黏结强度试验是将 100mm 的涂塑钢丝一端留下长 15m 的涂膜，其余涂膜剥去，并清除干净，在拉力机上测定把留下的涂膜拔出所需的抽力，再除以涂膜与钢丝的黏结面积；

(f) 涂膜腐蚀扩展试验是将涂塑钢丝试样的中间部位切开 10mm 的环形切口，并把涂膜清除干净，然后弯成 U 形，将其投入 1% 的 Na_2SO_4 溶液中，以试样为阴极，在试样和溶液间施加 100V 的直流电压，并使通过试样的电流恒定为 10mA，在室温下试验 100h，检查试样切口处涂膜与钢丝间腐蚀扩展的最大距离。

从表 8－17 可见钢丝经磷化、钝化处理后涂塑，形成的涂膜黏结力最好，镀锌钢丝的涂膜黏结力次之、镀铜钢丝最差。

② 钢丝预热

预先加热钢丝使其温度高于涂料熔点，并储存足够热量，以保证粉末涂料的熔融黏附量，钢丝的表面温度按式(8－32)计算：

$$T_0 = mT_k \qquad (8-32)$$

式中 T_0——涂塑前钢丝进入流化床时的表面温度；

T_k——粉末涂料的熔融温度；

m——钢丝进入流化床前的降温系数，m 值取 1.17～1.24。

预热炉气温由式(8－33)求得：

$$T_c = CT_0 \qquad (8-33)$$

式中 T_c——钢丝预热炉气温；

T_0——涂塑前钢丝进入流化床时的表面温度；

C——钢丝规格系数，一般取 2.01～2.46。

③ 钢丝浸塑

预热好的钢丝进入流化床中，流化床内粉末的流动状态应调整到最佳状态并控制好钢丝的线速度，钢丝沉浸于粉层中的时间越长其涂膜越厚。

④ 固(塑)化

钢丝经流化床浸涂后涂膜尚不能完全熔融流平固化，还需进入烘道进行固(塑)化。塑化温度应低于粉末涂料的分解点，温度过高会造成树脂裂解、发黄，过低则塑化流平不充分。不同粉末涂料的塑化温度不同，常用热塑性粉末涂料的塑化温度见表 8－18。

表 8－18 常用粉末涂料的涂塑条件

涂 料	预热温度/℃	塑化温度/℃	冷却条件
聚乙烯	270～290	220～300	风冷或水冷
聚氯乙烯	240～280	200～250	风冷或水冷
聚丙烯	260～370	200～310	风冷或水冷
聚酰胺（尼龙）	240～430	200～290	风冷或水冷
环氧树脂	180～230	150～220	风冷或水冷

（二）熔射法涂装

(1) 工作原理

熔射喷涂法又称火焰喷涂法，主要是对金属表面实施金属粉末或热塑性粉末的涂装，火焰喷枪是火焰喷涂施工的主要装置。其工作原理是用压缩空气将粉末涂料从火焰喷嘴中心吹出，并高速通过喷嘴外围喷出的火焰区域，使其成为熔融状态喷射黏附到工件表面。被涂物是需预热后喷涂还是直接喷涂，取决于所用的粉末涂料品种以及喷涂后涂膜能否借助喷枪提供的热能达到流平或交联固化。

火焰喷涂的主要设备和喷枪结构见图 8－13，粉末涂料从流化床粉末槽通过喷射器输送到乙炔或丙烷火焰喷枪，将粉末涂料熔融后喷涂至已经预热的被涂物表面，经流平或交联固化成膜。被涂物的预热一般是采用火焰喷枪或焊枪将其预热到粉末涂料熔融温度以上，这样可以防止粉末颗粒遇冷降低黏度造成流平和黏附性能的下降。

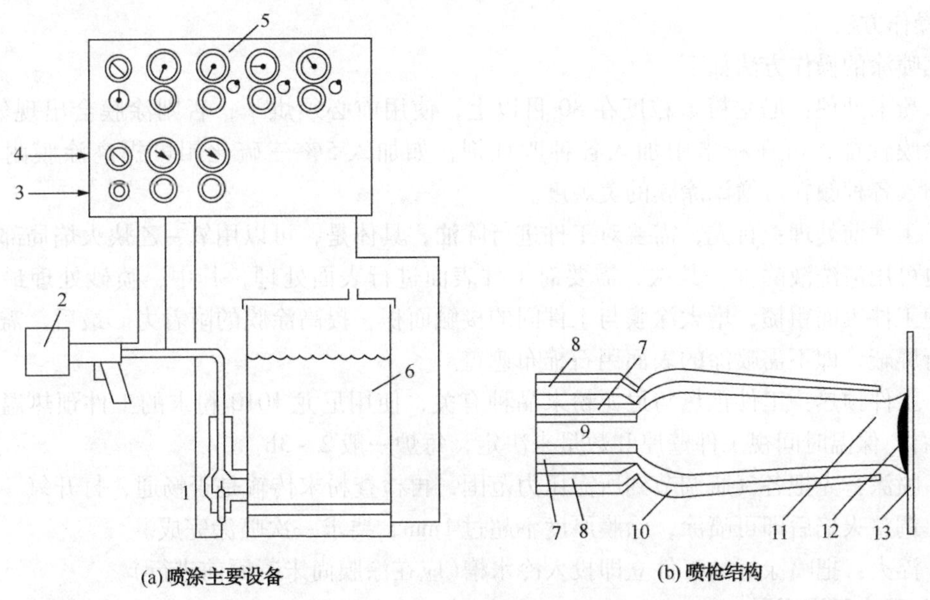

图 8－13　火焰喷枪的主要设备和喷枪结构

1—喷射器；2—火焰喷枪；3—丙烷气；4—压缩空气；5—控制板；6—粉末涂料槽；7—冷却空气；8—燃料气体；9—树脂粉末；10—火焰喷枪头；11—熔融树脂；12—涂膜；13—被涂物

(2) 火焰喷涂的特点

火焰喷涂法的优点是，涂装设备结构简单，价格低廉，可以在工作现场施工操作，一次喷涂可得到较厚的涂膜(达 500μm 以上)，不需要烘炉因而适用于大型工件的涂装和维修，可以在 100% 相对湿度和低温环境下施工。

火焰喷涂法的缺点是，涂膜厚度不易控制，施工中粉末飞扬严重，需在现场设置吸尘装置，喷涂工件过大和工件形状复杂时涂装较难质量控制。

火焰喷涂法用的粉末涂料主要是热塑性粉末涂料，如乙烯－乙酸乙烯共聚物(EVA)、聚乙烯、聚酰胺(尼龙)等，同时，热固性粉末涂料中，主要使用快速固化的环氧粉末涂料。火焰喷涂法常用于化工设备、化工池槽、机械另件修补等涂装，用作防腐涂层、耐磨涂层和一般装饰性涂层。也可用于对静电喷涂管道或流化床浸涂大工件时出现的涂膜弊病进行现场修补、喷涂钢管的接口、大型贮槽的内壁涂装或户外耐久性构造物、桥梁等的涂装和修补等。

(3) 应用实例——船用零件采用尼龙粉末火焰喷涂的施工工艺

尼龙 1010 粉末涂膜不仅耐磨性、硬度、抗冲击性能较好，且具有良好的隔热、隔音和绝缘等特性，因此在船舶工业中得到广泛应用(如手柄、垫块、罩壳、叶轮零部件等)，同时，使用尼龙 1001 粉末涂料，也可对磨损零件进行喷涂修补，喷涂后的零件进行车、铣、磨等机械加工就可获得合格产品。

① 主要设备

船用零件火焰喷涂采用的主要设备有：喷砂机；预热设备——电热鼓风烘箱；氧－乙炔

火焰；冷水槽(以工件能完全迅速浸入槽内为宜)；气瓶(二氧化碳气瓶的输出压力为0.05MPa，用作输送粉末及冷却保护，氧气瓶输出压力0.2MPa，乙炔瓶的输出压力0.05MPa。)；火焰喷枪(枪头不积粉，出粉畅通，操作方便，粉末损失少)；供粉桶；加热器(二氧化碳从固态转化为气态需吸收大量热能，所以在二氧化碳出口处的压力调节阀前需加装一个加热器)；辅助用具(半导体测温仪、钳子、点火枪、筛网、防护用品等)。

② 操作方法

火焰喷涂的操作方法如下：

(a) 粉末处理：尼龙粉末粒度在80目以上，使用前必须烘干，否则涂膜会出现气泡。为提高涂膜性能，可在粉末中加入各种改性剂，如加入5%三硫化钼可提高涂膜耐磨性30%，加入各种颜料可增添涂膜的美观度。

(b) 工件前处理：首先，需要对工件进行除油，具体是，可以用氧－乙炔火焰局部灼烧除油，也可用清洗液除油。其次，需要对工件表面进行表面处理，其中，喷砂处理最为理想，可使工件表面粗糙，增大涂膜与工件间的接触面积，提高涂膜的附着力。最后，需要对工件进行屏蔽，即不需喷涂的表面用石棉布遮盖。

(c) 工件预热：工件预热与尼龙粉末品种有关，使用尼龙1010粉末的工件预热温度为270℃左右，保温时间视工件壁厚和数量来决定，每炉一般2～3h。

(d) 喷涂：先把各气瓶调节到所需压力范围，再检查粉末传输是否畅通，打开氧－乙炔气开关，调整火焰后即可喷涂，涂膜厚度不超过1mm，要求一次喷涂完成。

(e) 淬火：把喷涂好的工件立即投入冷水槽(应在涂膜尚未凝固前进行)。

(三) 静电喷涂涂装

1962年，法国Sames公司研究成功粉末静电喷涂装置，它为粉末涂装技术快速发展奠定了基础。粉末静电喷涂法是静电涂装施工中应有得最为广泛的工艺，粉末静电喷涂技术的最大特点是实现了工件在室温下的涂覆，涂料利用率可达95%以上，涂膜较薄(50～100μm)且均匀，无流挂现象，在工件尖锐的边缘和粗糙的表面上均能形成连续平滑的涂膜，便于实现工业化生产流水线。

(1) 工作原理

高压静电喷涂中高压静电由高压静电发生器提供。喷枪工作原理以电晕放电理论为主，如图8－14所示。图中所知，静电喷枪口的高压放电针与高压发生器输出的负高压相连接，空气雾化的粉末涂料从枪口喷出，由于放电针端部产生电晕放电使其周围空间存在大量自由电子，当粉末通过该区域时吸收电子而成为带负电荷的粉末颗粒，它在空气推力和电场力作用下奔向带正电的接地工件并吸附其表面。这种粉末能持久吸附于工件表面而不掉落下来，但用毛刷或压缩空气可将粉末清除。

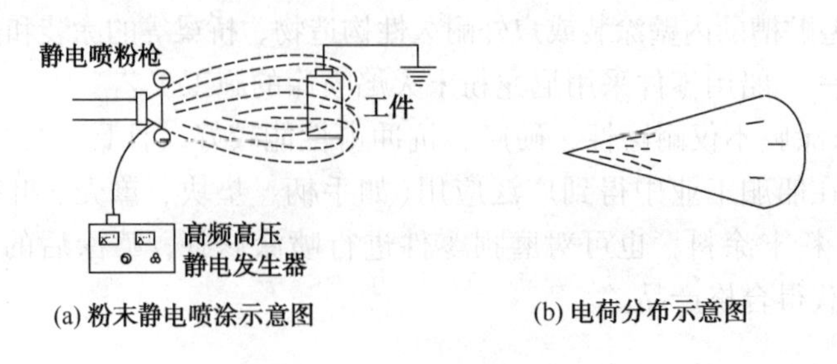

(a) 粉末静电喷涂示意图　　(b) 电荷分布示意图

图8－14 粉末静电喷涂示意图

① 电晕

静电学理论告诉我们，带电的孤立导体表面电荷的分布是和表面曲率半经有关的，曲率最大的地方(即最尖锐的地方)电荷密度最大(如图8－39所示)，其附近空间的电场强度也最大。当电场强度达到足以使周围气体产生电离时，导体的尖端产生放电，如果是负高压放电，那么离开导体的电子将被强电场加速，它与空气分子碰撞，使空气分子电离而产生正离子和电子，新生的电子又被加速碰撞空气分子，从而形成电子雪崩过程。电子质量很轻，当它冲击电离区域后，很快就被比它重得多的气体分子吸收，气体分子变成了游离状态的负离子，这种负离子在电场力作用下奔向正极，在电离层处产生一层晕光，这就是所谓的电晕放电，当粉末通过电晕外围区域时，会与奔向正极的负离子发生碰撞而充电。电晕放电过程中，空气电离产生的正离子奔向负极性的放电针，接受电子还原成中性分子，且这种电离现象仅发生在电极针周围。

理论上讲，正负电晕都可用于粉末充电。但实践中静电喷涂大多采用负电晕，因为正电晕产生偶发火花击穿的电压比负电晕的电压偏低，它所能得到的电晕电流也相对小一些，因而充电效率要低一些。

② 粉末的充电

大多数工业用粉末涂料都是结构复杂的高分子绝缘材料，只有当粉粒表面存在能接受电荷的位置时，负离子才能吸附到粉粒表面。对负离子来说，粉末表面的接受点可以是粉末组成中的正电性杂质或位能坑，离子的吸收也可以是纯机械性的。

分析图8－15所示的粉粒充电过程。假定发生碰撞的每个离子都被严格地“锁定”在粉粒表面的碰撞点上，由于粉粒的表面电阻很高，电荷不会像在导电微粒表面那样因导电而重新分布，使表面各处的电荷密度相同，因此图8－15的绝缘粉粒充电的模式是有代表性的，也就是说，吸附到工件上的带电粉粒表面具有电荷岛状态，表面电荷的分布是不均匀的。

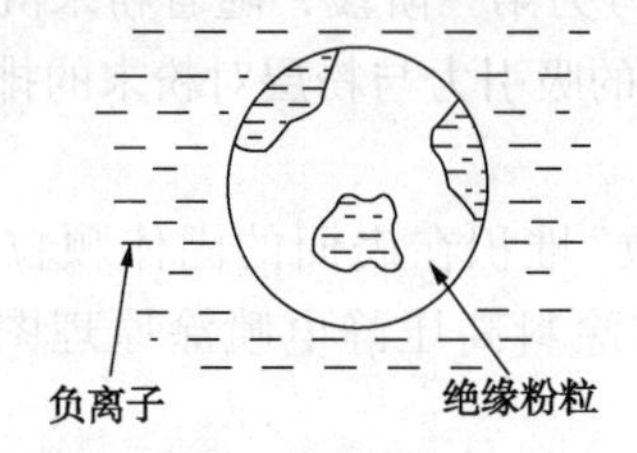

图8－15　电绝缘粉粒的离子充电

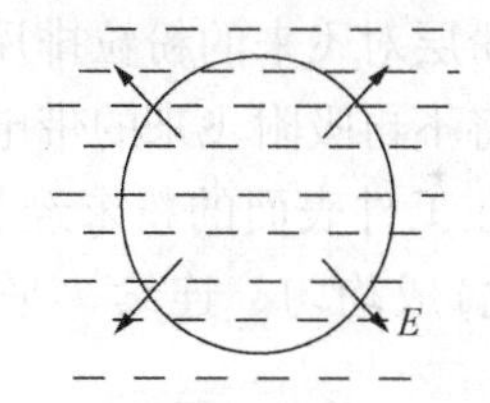

图8－16　绝缘粉粒的最大表面电荷

上面设想的绝缘粉粒离子充电模式，再加上3个限定条件，就可进行粉粒充电量的计算了，即，(1)在离子云中的一个绝缘粉粒，当其电势与周围环境的电势不相等时它会吸附离子，直至两种电势完全相等；(2)粉粒是球形的，离子在所有方向上碰撞粉粒的概率是均等的，所以粉粒表面的电荷分布将是均匀的(这种假定只有当粉粒完全不动的情况下才可能存在，实际喷涂中是不可能发生的)；(3)对绝缘粉末而言，存在一个最大的充电表面电荷值。

如图8－16所示，假定粉粒表面的所有区域都充电，那么离子碰撞粉粒表面的运动在粉粒的电势等于周围环境电势时将立即终止。这是因为图中的电场 E 是由粉粒表面电荷产生的，它是粉粒和周围环境之间的界面电场，随着累积电荷的增加，E 值也将同步增加，当 E 达到某个值时，离子不能再附着于粉粒表面，这时粉粒积累的表面电荷即为最大表面电荷量。表面电荷的极限值可由 Pauthenier 公式(式8－34)计算得到：

$$q = 12\pi\varepsilon_0 \frac{\varepsilon}{\varepsilon + 2} E a^2 \varepsilon \tag{8-34}$$

式中　ε_0——自由空间介电系数；

ε——粉末相对介电系数；

E——电场强度；

a——球形粉粒半径。

上面分析的是粉末粒子在负电晕下的充电，如果是正电晕充电，其带电特性和上面分析的是粉末粒子在负电晕下的充电类似，只是粉末粒子在电离区域内的电晕充电方式与负电晕充电有所不同。由于电极上施加了正高压，电子将从中性空气分子被剥离而产生正离子，同时电子很快被电极收集，正离子向接地工件移动，与粉末微粒碰撞充电，使粉末成为带正电的微粒。

③ 粉末的吸附

粉末静电吸附大体上可分为三个阶段，如图 8－17 所示。

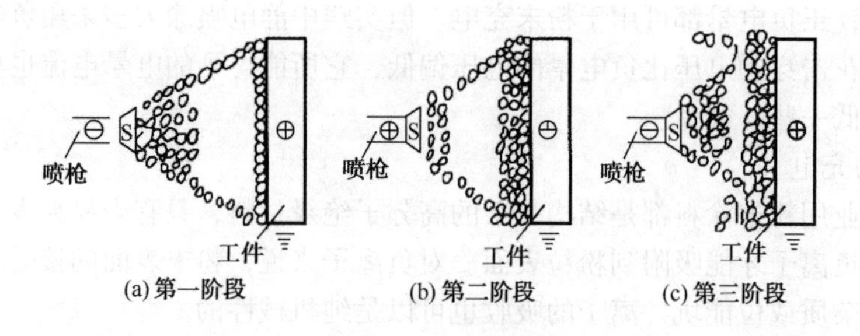

图 8－17　粉末带电粒子的吸附情况

图 8－17(a)为第一阶段，带负电荷的粉末在静电场中沿着电力线飞向工件，粉末均匀地吸附于正极的工件表面；(b)为第二阶段，工件对粉末的吸引力大于工件表面积累的粉末对随后沉积粉末的排斥力，工件表面继续积累粉末；(c)为第三阶段，随着粉末沉积层的不断加厚，粉层对飞来的粉粒排斥力增大，当工件对粉末的吸引力与粉层对粉末的排斥力相等时，工件将不再吸附飞来的带电粉末。

吸附在工件表面的粉末经加热后，就使原来“松散”堆积在表面的固体颗粒熔融流平固化(塑化)成均匀、连续、平整、光滑的涂膜。粉末涂料高压静电喷涂原理图如 8－18 所示。

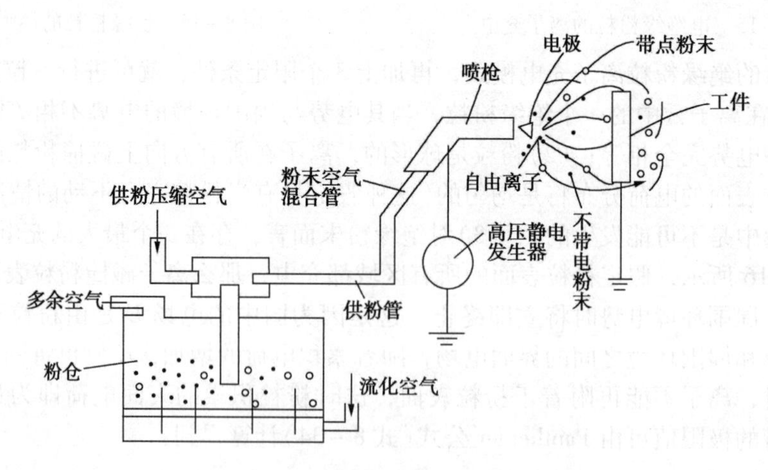

图 8－18　粉末涂料高压静电喷涂原理图

(2) 施工工艺

粉末静电喷涂工艺流程如图 8－19 所示。

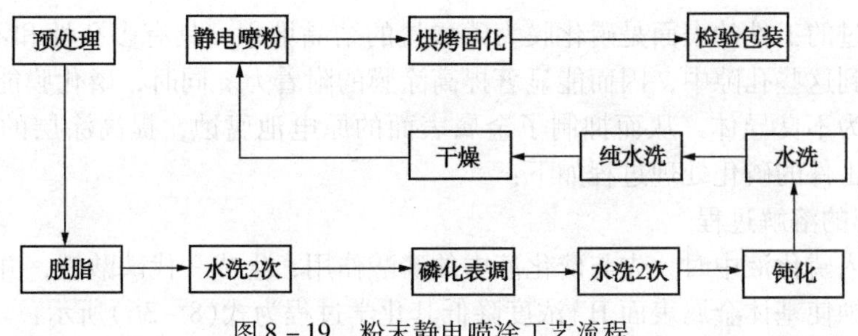

图 8－19　粉末静电喷涂工艺流程

① 表面预处理

表面预处理目的主要是通过脱脂和表面调质，除去型材表面油污、脏物、手印痕、轻微挤压缺陷以及自然形成的氧化膜，实现型材表面干净平整，然后再经过以铬酸盐为主的化学氧化法处理而获得 0.5～2μm 铬化盐氧化膜。由于该膜含有大量极性基团，与型材表面以化学形式相结合而不是一般的涂盖，因而在粉末加热烘烤固化时，型材、铬化膜、粉末三者产生化学链交联，从而使涂层附着力大大加强。脱脂、表面调质和铬化后都要进行彻底的水洗，一般每道工序后都要水洗两次，铬化后的水洗要用纯水，通过水洗去掉表面残留物。表面预处理分为喷淋式和浸渍式两种，具体的处理过程如下。

（a）脱脂的过程

工件在清洗前存在空气与工件、空气与油污、油污与工件、油污与油污四种界面，当待清洗的工件处在清洗液（清洗剂工作溶液）中后，清洗液置换空气，润湿油污与工件的界面，则仅存在工件与清洗液、清洗液与油污的两种界面，经过这种乳化分散过程后，油污被表面活性剂包围而形成乳化液滴分散到清洗液，达到工件表面脱脂的目的。

观察脱脂水洗完成后的工件表面，如果工件表面的水膜连续均匀，则表明脱脂水洗的效果比较好，否则需要对脱脂槽液进行检查。

（b）磷化

所谓磷化，是指把金属工件经过含有磷酸二氢盐的酸性溶液处理，发生化学反应而在其表面生成一层稳定的不溶性磷酸盐膜层的方法，所生成的膜称为磷化膜。

钢铁零件在含有锰、铁锌、钙的磷酸盐溶液中，进行化学处理，使其表面生成一层难溶于水的磷酸盐保护膜的方法，叫做磷化处理或称磷酸盐处理。磷化剂的主要成分为酸式磷酸盐（锌、镍、锰三元磷化剂），这些酸式磷酸盐在溶于水后，分解产生游离磷酸，与工件表面金属起化学反应，生成磷酸盐沉淀在工件表面。形成磷化膜（主要成分为磷锌矿 $Zn_3(PO_4)_2 \cdot 4H_2O$ 和磷叶石）。对于钢铁锌系磷化，膜主要由磷酸锌铁（P 相：$Zn_3Fe(PO_4)_2 \cdot 4H_2O$）和磷酸锌（H 相：$Zn_3(PO_4)_2 \cdot 4H_2O$）所组成。磷化处理的化学反应过程如式（8－35）所示：

$$Fe + 2H_3PO_4 \longrightarrow Fe(H_2PO_4)_2 + H_2 \quad (1)$$

（游离酸）

$$H_2 + O\text{（氧化剂）} \longrightarrow 2OH \quad (2)$$

$$Fe(H_2PO_4)_2 + O\text{（氧化剂）} \longrightarrow FePO_4 + H_3PO_4 + 1/2H_2O \quad (3)$$

（磷化渣）

（8－35）

$$3Zn(H_2PO_4)_2 \xrightarrow{H_2O} Zn(PO_4)_2 \cdot 4H_2O + 4H_3PO_4 \quad (4)$$

（磷化膜opeite）

$$Fe + 2Zn(H_2PO_4)_2 \xrightarrow[{[O]}]{H_2O} Zn_2Fe(PO_4)_2 \cdot 4H_2O + 2H_3PO_4 \quad (5)$$

（磷化膜Phosphopbyllite）

磷化处理过的工件的表面是磷化膜为磷酸盐的结晶堆积，具有多孔性和不光滑的表面，涂料可以渗入到这些孔隙中，因而能显著提高涂膜的附着力。同时，磷化膜能使金属表面由优良导体转变为不良导体，从而抑制了金属表面的原电池腐蚀，提高涂层的耐蚀性和耐水性。整个金属工件的磷化处理过程如下：

（ⅰ）金属的溶解过程

当金属浸入磷化液中时，先与磷化液中的磷酸作用，生成一代磷酸铁，并有大量的氢气析出，酸的浸蚀使基体金属表面 H^+ 浓度降低其化学过程为式(8-36)所示：

$$Fe - 2e \rightarrow Fe^{2+}$$

$$2H^+ + 2e \rightarrow 2[H]$$

或者

$$Fe + 2H_3PO_4 = Fe(H_2PO_4)_2 + H_2\uparrow \quad (8-36)$$

上式表明，磷化开始时，仅有金属的溶解，而无膜生成。

（ⅱ）氧化促进剂的加速除氢和促进磷酸盐加速平衡的过程

上步反应释放出的氢气被吸附在金属工件表面上，进而阻止磷化膜的形成。因此加入氧化型促进剂(例如亚硝酸钠)以去除氢气。其化学过程为式(8-37)所示：

$$[O] + [H] \rightarrow [R] + H_2O$$

$$Fe^{2+} + [O] \rightarrow Fe^{3+} + [R]$$

$$3Zn(H_2PO_4)_2 + Fe + 2NaNO_2 = Zn_3(PO_4)_2 + 2FePO_4 + N_2\uparrow + 2NaH_2PO_4 + 4H_2O \quad (8-37)$$

上式以亚硝酸钠为促进剂的作用机理中，[O]为促进剂(氧化剂)，[R]为还原产物，由于促进剂氧化掉第一步反应所产生的氢原子，加快了反应(1)的速度，进一步导致金属表面 H+浓度急剧下降，同时也将溶液中的 Fe^{2+} 氧化成为 Fe^{3+}。

（ⅲ）水解反应与磷酸的三级离解

磷化处理工件的磷化槽液中，基本成分是一种或多种重金属的酸式磷酸盐，其分子式 $Me(H_2PO_4)_2$，这些酸式磷酸盐溶于水，在一定浓度及 PH 值下发生水解反应，产生游离磷酸，其化学反应过程如式(8-38)所示：

$$H_3PO_4 \rightleftharpoons H_2PO_4^- + H^+ \rightleftharpoons HPO_4^{2-} + 2H^+ \rightleftharpoons PO_4^{3-} + 3H^+$$

$$Me(H_2PO_4)_2 \rightleftharpoons MeHPO_4 + H_3PO_4$$

$$3MeHPO_4 \rightleftharpoons Me_3(PO_4)_2 + H_3PO_4$$

$$H_3PO_4 \rightleftharpoons H_2PO_4^- + H^+ \rightleftharpoons HPO_4^{2-} + 2H^+ \rightleftharpoons PO_4^{3-} + 3H^+ \quad (8-38)$$

由于金属表面的 H^+ 浓度急剧下降，导致磷酸根各级离解平衡向右移动，最终全部变为 PO_4^{3-}。

（ⅳ）磷化膜的形成

当金属表面离解出的 PO_4^{3-} 与溶液中(金属界面)的金属离子(如 Zn^{2+}、Mn^{2+}、Ca^{2+}、Fe^{2+})达到溶度积常数 K_{sp} 时，即结晶沉积在金属工件表面上，晶粒持续增长，直至在金属工件表面上生成连续的不溶于水的粘结牢固的磷化膜，就会形成磷酸盐沉淀，其化学反应过程如式(8-39)所示：

$$2Zn^{2+} + Fe^{2+} + 2PO_4^{3-} + 4H_2O \rightarrow Zn_2Fe(PO_4)_2 \cdot 4H_2O\downarrow$$

$$3Zn^{2+} + 2PO_4^{3-} + 4H_2O \rightarrow Zn_3(PO_4)_2 \cdot 4H_2O\downarrow \quad (8-39)$$

磷酸盐沉淀与水分子一起形成磷化晶核，晶核继续长大成为磷化晶粒，无数个晶粒紧密堆集形成磷化膜。

磷化膜外观质量为深浅不等的灰黑色，允许有闪亮或不闪亮的白色点、不允许有肉眼可见的锈迹水分，磷化膜结晶要求均匀，细密、无严重挂灰和粗糙等现象，无漏底金属。

（ⅴ）磷化膜的质量判断标准

（a）工件磷化处理质量的好坏可以通过水洗后初步观察质量状况，对附着的杂质，可借助水膜，观察反光情况。肉眼观察磷化膜应是均匀、连续、致密的晶体结构。表面不应有未磷化后的残余空白或锈渍。由于前处理的方法及效果的不同，允许出现色泽不一的磷化膜，但不允许出现褐色。

（b）磷化膜的质量状况一般在烘干后进行检查，其结晶状况可用指甲轻轻刻划，如果有白色划痕，则表示有磷化膜存在，可根据划痕粗和细，判断结晶粗糙程度。

（c）盐水浸泡：3% NaCl 盐水浸泡试验，1h 无锈迹，5～35℃。

（d）硫酸铜点滴试验：记录液滴由蓝色变为浅黄色的时间。

在磷化后的工件上面滴上硫酸铜检测液，观察磷化工件由蓝色变为浅黄色的时间，一般而言，厚膜 >5min，中等膜 >2min，薄膜 >1min 不变色的情况下，视为合格。试液成分可以按照 $CuSO_4 \cdot 5H_2O$ 41g/L、NaCl 35g/L、0.1N HCl（盐酸）13mL/L 的比例配制（所有的试剂纯度均为化学纯）。

（ⅵ）表调

采用磷化表面调整剂使需要磷化的金属表面改变微观状态，促使磷化过程中形成结晶细小的、均匀、致密的磷化膜。常用的磷化工件表调剂可以分为酸性表调剂，如草酸和胶体钛表调剂两类。图 8－20 为有无表调磷化工件放大 400 倍电子显微镜照片对比情况。

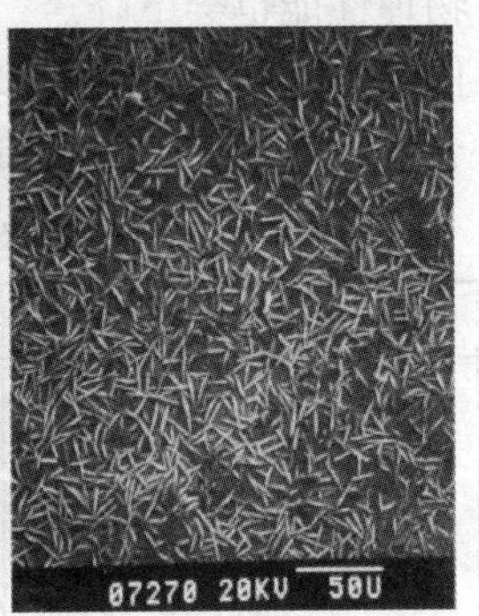

图 8－20　有无表调磷化工件放大 400 倍电子显微镜照片对比情况

可以看出，磷化工件经过表面调整后，磷化膜结晶颗粒细腻、结构致密，抗腐蚀效果要明细强于不经过磷化表面调整的工件。

② 静电喷涂

在自动喷涂时应注意根据工件高度调整好喷枪的上下行程，使其在保证工件充分喷涂的前提下尽量减少喷枪走空，从而避免沉积效率的降低。

手工喷涂时，手拿高压静电喷枪，开启高压静电发生器，同时开启供粉开关，调整好喷涂电压和喷粉量，使雾化粉末均匀地喷洒到工件表面上。喷涂大工件时，应根据工件形状尽量保持喷枪与工件表面等距离地进行连续往复喷涂，喷涂的移动速度尽量均匀一致。形状比较复杂的工件一般先喷凹槽和边缘，最后喷涂主要面。开始喷涂时喷枪可离工件近一些，当工件吸附一定量的粉层后，喷枪应距工件远一点，这样既可提高上粉速度又可防止因喷枪离工件太近使电场强度增大而产生反离子流击穿粉层，造成涂膜针孔和麻点。

对于阀件、仪器、仪表等壳体需要进行内壁喷涂时，应将专用喷枪头伸进壳体内腔进行喷涂，供粉气压要适当调小，并注意防止边角和台阶处堆积过多的粉末。

工件表面以装饰防腐为主时涂膜厚度为60~80μm，对于防腐性能要求高的工件则需适当加厚涂层，但一次喷涂不宜太厚，否则涂膜易产生麻点和流挂现象，对此，可采用多次喷涂或工件预热后再喷涂的方法。

③ 烘烤固化

烘烤固化是指使静电吸附在工件表面的粉层，通过固化处理而转变成符合质量要求的涂膜的工序。烘烤固化过程中，粉末涂料的主要成膜物质如，环氧树脂中的环氧基、聚酯树脂中的羧基与固化剂中的胺基发生缩聚、加成反应交联成大分子网状体，同时释放出小分子气体(副产物，通常在进出口等温度较低部位重新结晶)。

烘烤固化过程分为熔融、流平、胶化和固化4个阶段。

(a) 熔融：温度升高到熔点后工件上的表层粉末开始融化，并逐渐与内部粉末形成旋涡直至全部融化，此阶段粉末黏度逐步降低。

(b) 流平：粉末全部融化后开始缓慢流动，在工件表面形成薄而平整的一层，此阶段称流平，此阶段粉末黏度降至最低。

(c) 胶化：随着粉末的化学反应进行，流平的粉末黏度增加至胶体状态，流动性降低(树脂与固化剂间的交联反应)。

(d) 固化：温度继续升高和时间的继续，粉末涂层彻底转化为固态。

粉末涂料烘烤固化(塑化)时间要求严格，必须在涂膜温度达到规定温度后开始计时。固化时间太短则涂膜固化不完全，涂膜性能特别是机械性能变差；固化时间过长，会引起热老化使涂膜产生色差，物理性能也会下降。

在烘箱或烘道内工件彼此之间应留有足够距离和空隙，保证热空气畅通对流，同时避免相互接触使涂膜破坏。表8-19列出了各类粉末涂料的固化温度和时间。

表8-19　几种粉末涂料的固化(塑化)温度和时间

粉末品种	温度/℃	时间/min	备注
环氧树脂	160~180	10~15	
聚酯环氧	180~220	10~20	
聚酯	190~220	10~20	
酚醛环氧	220	3	
氯化聚醚	220~250	10~15	工件预热10~20min
聚四氟乙烯	300~350	20~30	
聚三氟氯乙烯	260~280	15~25	
聚氨酯	180~220	10~20	
低压聚乙烯	180~200	20~30	半塑化180℃，3~5min

④ 后处理

后处理是指对固化(塑化)后的涂膜进行整理，修补及后热处理。整理是指除去蔽覆材料，修整工件，拆除螺钉、夹具，剥去遮盖保护层，操作时应避免损伤或损坏涂膜。

修补是指在涂装施工中涂膜受到一定程度的损伤，但可以通过修补加以去除。涂装质量要求高的产品就需要进行重涂，重涂的表面应用砂纸打磨干净再进行静电喷涂，并送入烘箱固化。对于损伤面积很小，且不是主要装饰面的产品，则可用同色油漆或其他液体状树脂涂料修补，在室温下干燥固化即可，修补时要注意修补面积应尽量小，修补后的色泽要与原样基本一致；当工件在熔融流平后即发现涂膜存在缺陷时，可对损伤部位局部加热使之温度超过粉末涂料熔点，将粉末涂料均匀散布于损伤部位，待涂料熔融填满缺陷部位后，冷却，砂磨平整，再将工件送入烘箱固化，便可得到合格产品；另外一种修补方法是用少许水调和粉末涂料，将其涂布于缺陷处自然晾干后进行固化，也可得到满意的修补效果。

后热处理一般是指减热脆处理，如尼龙 1010 经高温塑化后在冷却过程中会产生内应力，为了防止涂膜变脆和碎裂，可将工件置于 120 ~ 140℃ 的油浴或烘箱中保温，再缓慢冷却至室温以消除应力。

⑤ 静电喷涂施工工艺参数

高压静电的施工工艺对粉末成膜的影响至关重要，根据不同的工件，选择相应的工艺参数进行操作，直接关系到产品的外观与质量。

（a）喷涂电压

在一定范围内，喷涂电压增大，粉末附着量增加，但当电压超过 90kV 时，粉末附着量反应随电压的增加而减少。电压增大时，粉层的初始增长率增加，但随着喷涂时间的增加，电压对粉层厚度增加率的影响小。喷涂电压过高，会使粉末涂层击穿，影响涂层质量。通常喷涂电压应控制在 60 ~ 94kV。

（b）供粉气压

供粉气压指供粉器中输粉管中的空气压力，在其他喷涂条件不变的情况下，供粉气压适当时，粉末吸附于工件表面的沉积效率最佳。在一定喷涂条件下，以 0.05MPa 的供粉气压为 100% 的沉积效率为标准，随着供粉气压的增加，沉积效率反而下降，如表 8 – 20 所示。

表 8 – 20　供粉气压与沉积效率的关系

供粉气压/MPa	沉积效率/%	喷涂条件
0.05	100*	喷涂距离 250m 喷粉量 60g/min 喷涂时间 20s 喷涂电压 90kV 环氧粉末涂料
0.07	97	
0.1	94	
0.15	88	
0.2	84	

注：* 以 0.05MPa 的沉积效率为 100% 计算。

因此，供粉桶流化压力一般确定为 0.04 ~ 0.10MPa。供粉桶流化压力过高会降低粉末密度使生产效率下降，过低容易出现供粉不足或者粉末结团雾化，适当增大雾化压力能够保持粉末涂层的厚度均匀，但过高会使送粉部件快速磨损；适当降低雾化压力能够提高粉末的覆盖能力，但过低容易使送粉部件堵塞。

（c）喷粉量

粉层厚度的初始增长率与喷粉量成正比，但随着喷涂时间的增加，喷粉量对粉层厚度增长率的影响不仅变小，还会使沉积效率下降。喷粉量是指单位时间内的喷枪口的出粉量。一般喷涂施工中，喷粉量掌握在 100 ~ 200g/min 较为合适。

（d）喷涂距离

喷涂距离是指喷枪口到工件表面的距离，当喷枪加的静电电压不变而喷涂距离变化时，电场强度也将随之变化，因此，喷涂距离的大小直接影响到工件吸附的粉层厚度和沉积效率。在其他喷涂条件不变的情况下，喷涂距离增大时，粉末的沉积效率下降，喷枪口至工件

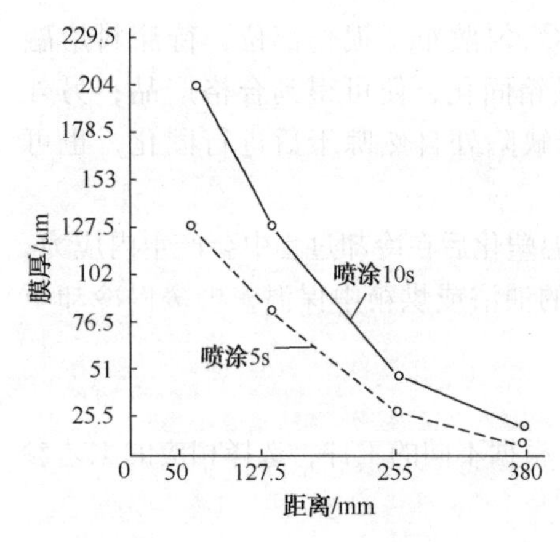

图 8-21 喷涂距离和分层厚度的关系

的距离过近容易产生放电击穿粉末涂层，降低生产效率。一般喷涂距离掌握在 150~300mm，如图 8-21 所示。

此外，粉末粒度和粉末的导电率对施工工艺的影响也是较大的，这里不再一一赘述。

⑥ 屏蔽保护

工件不需要粉末涂料涂覆的部位需要采取屏蔽保护措施。下面介绍几种常见的屏蔽保护方法。

（a）阀件

阀件内腔涂覆粉末涂料作为保护层，但阀两侧的阀体活动接触部位需要屏蔽。一般在需蔽覆的部位涂上一层硅酯，硅酯表面的粉末固化后很容易清除掉。

（b）内螺纹

一般采用相应规格的螺钉封堵螺纹孔，内孔可直接用紧配合的圆柱体堵封。

（c）外螺纹

外螺纹之类园柱体可用胶带包封，也可用套管蔽覆。在批量生产时常采用蔽覆夹具进行保护。模压硅胶夹具有很好的弹性和机械强度，能长期承受 180℃ 高温。粉末涂料与其黏结性很差，容易清理掉。对于位需要蔽覆保护的特殊部也可配制液体硅胶进行涂刷，室温固化，然后再进行粉末静电喷涂。对于批量大的金属蔽覆夹具，可对夹具表面涂刷甲基硅胶脱模剂，并在 200℃ 下烘烤 1~2h。这种脱模剂经烘烤后能牢固地附着于金属表面。因而夹具可以多次重复使用，甲基硅胶脱模剂的配方为：甲基硅胶酯∶溶剂汽油 =1∶10。不需喷涂的部位面积大时可先用纸张遮盖好，喷涂完毕再将纸张取掉。

⑦ 粉末静电喷涂的主要设备

（a）喷枪和静电控制器

喷枪除了传统的内藏式电极针，外部还设置了环形电晕而使静电场更加均匀以保持粉末涂层的厚度均匀。静电控制器产生需要的静电高压并维持其稳定，波动范围小于 10%。

（b）供粉系统

供粉系统由新粉桶、旋转筛和供粉桶组成。粉末涂料先加人到新粉桶，压缩空气通过新粉桶底部的流化板上的微孔使粉末预流化，再经过粉泵输送到旋转筛。旋转筛分离出粒径过大的粉末粒子(100pm 以上)，剩余粉末下落到供粉桶。供粉桶将粉末流化到规定程度后通过粉泵和送粉管供给喷枪喷涂工件。

（c）回收系统

喷枪喷出的粉末除一部分吸附到工件表面上(70%)外，其余部分自然沉降。沉降过程中的粉末一部分被喷粉棚侧壁的旋风回收器收集，利用离心分离原理使粒径较大的粉末粒子(12μm 以上)分离出来并送回旋转筛重新利用，12μm 以下的粉末粒子被送到滤芯回收器内，其中粉末被脉冲压缩空气振落到滤芯底部收集斗内，这部分粉末定期清理装箱等待出售。分离出粉末的洁净空气(含有的粉末粒径小于 1μm)浓度小于 $5g/m^3$ 排放到喷粉室内，以维持喷粉室内的微负压，负压过大容易吸入喷粉室外的灰尘和杂质，负压过小或正压容易造成粉末外溢。沉降到喷粉棚底部的粉末收集后通过粉泵进入旋转筛重新利用，回收粉末与新粉末的混合比例为1:（1～3）。

（d）喷粉室体

顶板和壁板采用透光聚丙烯塑料材质，以最大限度减少粉末吸附量，防止静电荷累积干扰静电场。底板和基座采用不锈钢材质，既便于清洁，又具有足够的机械强度。

（e）辅助系统

辅助系统包括空调器、除湿机。空调器的作用，一是保持喷粉温度在35℃以下以防止粉末结块；二是通过空气循环(风速小于0.3m/s)保持喷粉室的微负压。除湿机的作用是保持喷粉室相对湿度为45%～55%，湿度过大空气容易产生放电击穿粉末涂层，过小导电性差不易电离。

（f）固化设备

固化设备主要包括供热燃烧器、循环风机及风管、炉体三部分。供热方式为电加热、轻柴油燃烧加热、红外线加热等。

⑧ 电冰箱箱体喷涂工艺流程

图8－22是电冰箱箱体喷涂流水线的平面示意图。生产线各部分的设备情况介绍如下：

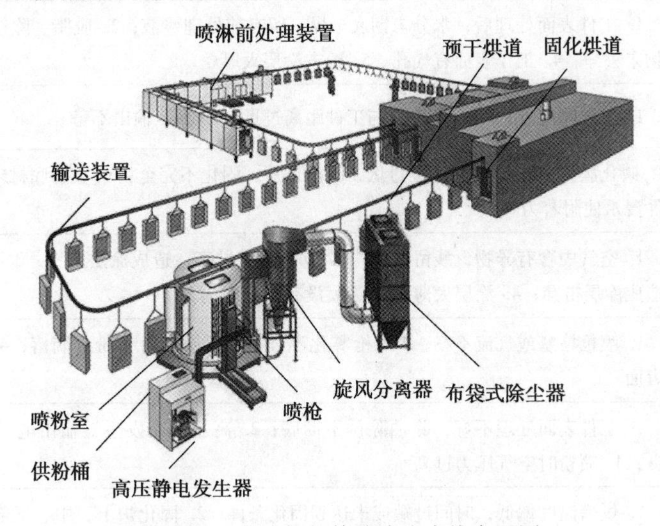

图8－22 电冰箱箱体喷涂流水线布置图

（a）悬挂式输送机

全长约200m，链条节距为304mm，挂钩承载能力最大60kg，运行速度为1.4m/min。张紧装置采用气压式及重锤式同时使用，输送链上装有自动喷雾式润滑装置。

（b）前处理设备

前处理全长19m，分为脱脂、清洗、磷化、清洗等部分，采用喷淋式处理，喷淋压力0.1～0.15MPa，脱脂温度60～70℃，脱脂时间3min。磷化采用锌系磷化剂，磷化温度40～50℃，磷化时间2min。采用室温净化自来水清洗，清洗时间1min。

（c）干燥烘道

烘道全长10m，采用燃油加热炉，烘道内温度控制在120～140℃。

（d）静电喷涂设备

喷室长3.6m，两侧相对各设有2把自动喷枪，另有一手工补喷工位，室内按装一套红外线火警探测仪及自动灭火装置。

（e）固化烘道

烘道全长32m，采用桥式形式，燃油加热炉将热风送入烘道以保证烘道内温度均匀。

（f）涂装施工中出现缺陷的原因分析

涂装施工中出现缺陷的原因分析见表8－21。

表8－21　涂膜缺陷原因分析

涂膜缺陷	粉末喷涂过程中造成的原因
涂膜光泽不足	1. 固化时烘烤时间过长；2. 温度过高；3. 烘箱内混有其他气体；4. 工件表面过于粗糙；5. 前处理方法选择不妥
涂膜变色	1. 多次反复烘烤；2. 烘箱内混有其他气体；3. 固化时烘烤过度
涂膜表面橘皮	1. 喷涂的涂层厚度不均；2. 粉末雾化程度不好，喷枪有积粉现象；3. 固化温度偏低；4. 粉末受潮，粉末粒子太粗；5. 工件接地不良；6. 烘烤温度过高；7. 涂膜太薄
涂膜产生凹孔	1. 工件表面处理不当，除油不净；2. 气源受污染，压缩空气除油、除水不彻底；3. 工件表面不平整；4. 受硅尘或其他杂质污染
涂膜出现气泡	1. 工件表面处理后，水分未彻底干燥，留有前处理残液；2. 脱脂、除锈不彻底；3. 底层挥发物未去净；4. 工作表面有气孔；5. 粉末涂层太厚
涂层不均匀	1. 粉末喷雾不均匀；2. 喷枪与工件距离过近；3. 高压输出不稳
涂膜冲击强度和附着力差	1. 磷化膜太厚；2. 固化温度过低，时间过短，固化不完全；3. 金属底材未处理干净；4. 涂覆工件浸水使附着力降低
涂膜产生针孔	1. 空气中含有异物，残留油污；2. 喷枪电压过高，造成涂层击穿；3. 喷枪与工件距离太近，造成涂层击穿；4. 涂层太薄；5. 涂膜没有充分固化
涂膜表面出现小颗粒疙瘩	1. 喷枪堵塞或气流不畅；2 喷枪雾化不佳；3 喷粉室内有粉末滴落；4 有其他杂物污染工件表面
涂层脱落	1. 工件表面处理不好，除油除锈不彻底；2. 高压静电发生器输出电压不足；3. 工件接地不良；4. 喷粉时空气压力过高
涂膜物理机械性能差	1. 烘烤温度偏低，时间过短或未达到固化条件；2. 固化炉上、中、下部温差大；3. 工件前处理不当
涂膜耐腐蚀性能差	1. 涂膜没有充分固化；2. 烘箱温度不均匀，温差大；3. 工件前处理不当
供粉器不均匀	1. 供粉管或喷粉管堵塞，粉末在喷嘴处黏附硬化；2. 空气压力不足，压力不稳定；3. 空压机混有油或水；4. 供粉器流化不稳定，供粉器粉末过少；5. 供粉管过长，粉末流动时阻力增大
粉末飞扬、吸附性差	1. 静电发生器无高压产生或高压不足；2. 工件接地不良；3. 气压过大；4. 回收装置中风道阻塞；5. 前处理达不到要求或处理后又重新生锈
喷粉量减少	1. 气压不足，气量不够；2. 气压过高，粉末与气流的混合体中空气比例过高；3. 空气中混有水气和油污；4. 喷枪头局部堵塞
喷粉量时高时低	1. 粉末结块；2. 粉末混有杂质，引起管路阻塞；3. 粉末密度大；4. 气压不稳定；5. 供粉管中局部阻塞
喷粉管阻塞	1. 由于喷粉管材质缘故，粉末容易附着管壁；2. 输出管受热，引起管中粉末结块；3. 输粉管弯折、扭曲；4. 粉末中混有较大的颗粒杂质

除去常用的粉末静电喷涂工艺之外还有摩擦静电喷涂法、静电流化床喷涂法、静电热喷涂法、真空吸涂法、粉末电泳涂装法、光固化等技术成熟的涂装法，广泛应用于粉末涂料涂装的各个领域，在这里不再一一赘述。

复习思考题

(1) 什么是粉末涂料？为什么粉末涂料的涂膜比较厚，适宜于厚涂涂装？

(2) 热塑性粉末涂料和热固性粉末涂料的性能有何不同？结构有何不同？热固性粉末涂料常用的固化剂有哪些？

(3) 环氧树脂作为粉末涂料的成膜物质的技术指标有哪些？如何理解环氧值？

(4) 热固性粉末涂料生产过程中，如何控制熔融挤出工序的熔融温度和挤出时间？温度过高和挤出时间过长，会引起什么问题？

(5) 粉末涂料生产过程中，如何控制粉末涂料的粒度达到合格标准？

(6) 什么是流化床粉末涂装？它的涂装原理是什么？

(7) 试设计一例具体的粉末涂料高压静电喷粉涂装的涂装工艺？涂装过程中应当满足的技术指标有哪些？

参 考 文 献

[1] 官仕龙主编．涂料化学与工艺学．北京：化学工业出版社，2013.
[2] 刘安华著．涂料技术导论．北京：化学工业出版社，2010.
[3] 黄健光主编．涂料生产技术．北京：科学出版社，2010.
[4] 机械工业职业技能鉴定中心编．涂装工技术．北京：机械工业出版社，2008.
[5] 张学敏编著．涂装工艺学．北京：化学工业出版社，2002.
[6] E. W. 利克著，陈山南，江磐等译．涂料原材料手册(第二版)．北京：化学工业出版社，1993.
[7] ZenoW 威克斯，FrankN. 琼斯，S. Peter 柏巴斯著，经桴良，姜英涛等译．有机涂料：科学和技术．北京：化学工业出版社，2002.
[8] 刘登良主编．涂料工艺(第四版)．北京：化学工业出版社，2009.
[9] 中化化工标准化研究所，中国标准出版社第二编辑室编．化学工业标准汇编：涂料与颜料(上)．北京：中国标准出版社，2002.
[10] 曹京宜等编著．涂装表面预处理技术与应用．北京：化学工业出版社，2004.
[11] 冯素兰，张昱斐编著．环保涂料丛书——粉末涂料．北京：化学工业出版社，2004.
[12] 林宣益编著．乳胶漆．北京：化学工业出版社，2004.
[13] 陆荣，黎冬冬，赵中编．涂料生产实用技术问答丛书——乳胶漆生产实用技术问答．北京：化学工业出版社，2004.
[14] [英]H. 瓦尔森，C. A. 芬奇著．合成聚合物乳液的应用(第 1 卷)(聚合物乳液基础及其在胶黏剂中的应用)．北京：化学工业出版社，2004.
[15] [英]H. 瓦尔森，C. A. 芬奇．合成聚合物乳液的应用(第 2 卷)(涂料中的乳液：乳胶漆)．北京：化学工业出版社．2004
[16] 耿耀宗，赵风清编著．现代水性涂料配方与工艺．北京：化学工业出版社，2004.